山林深处寻虫踪

——1964～1984 年中国西部高原昆虫区系考察笔记

王书永　著

科学出版社

北　京

内 容 简 介

本书由作者在 1956～1988 年昆虫采集过程中记录的 24 本采集笔记及 700 余张记录卡片整理而成。本书详细记录了作者于 1964～1984 年在青海、西藏、横断山区等地的昆虫采集经历，包括各次采集的时间、路线、生境及采到昆虫的种类及珍贵的寄主植物等信息。国内蚤蠊目昆虫的首次采集记录也收录于其中。

本书对昆虫分类学、害虫防治学、生态学等学科具有重要的参考意义，同时也是重要的科考史实资料。

审图号：GS（2018）2987

图书在版编目(CIP)数据

山林深处寻虫踪：1964～1984年中国西部高原昆虫区系考察笔记/王书永著. —北京：科学出版社，2022.6
 ISBN 978-7-03-057729-0

Ⅰ. ①山… Ⅱ. ①王… Ⅲ. ①昆虫-高山动物区系-科学考察-西北地区-1964-1984 ②昆虫-高山动物区系-科学考察-西南地区-1964-1984 Ⅳ. ①Q968.22

中国版本图书馆 CIP 数据核字（2018）第 115707 号

责任编辑：李 莎 / 责任校对：王 颖
责任印制：吕春珉 / 封面设计：东方人华平面设计部

科 学 出 版 社 出版
北京东黄城根北街 16 号
邮政编码：100717
http://www.sciencep.com

北京中科印刷有限公司印刷
科学出版社发行 各地新华书店经销
*
2022 年 6 月第 一 版 开本：B5（720×1000）
2022 年 6 月第一次印刷 印张：24 插页：5
字数：496 000
定价：248.00 元
（如有印装质量问题，我社负责调换〈中科〉）
销售电话 010-62136230 编辑部电话 010-62138978-2046（BN12）

序

　　我是到中国科学院动物研究所鞘翅组认识王先生的，算起来已超过30年了。1988年"西南武陵山生物资源综合考察"昆虫野外考察队组队，王先生任队长，提名我参加并负责管理考察队的财务工作。虽然我在大学及研究生期间也多次到野外采集，但作为队员参加大规模野外考察还是第一次。这次及以后的野外考察，使我从他那里学到了不少知识和经验。野外工作也使我对他有了更为全面的认识。

　　王先生1955年参加工作，野外工作占据他工作的主要部分。从1956年"中苏联合云南考察"开始，到1997年办理退休止，他多次参与中国科学院组织的大规模多学科生物资源综合考察。为了做好野外考察工作，他除了学好昆虫学、昆虫分类学等相关学科知识，还自修了生物地理学、物候学、生态学、植被学等。我们都称他为野外工作的"活字典"。每到一处，他只要看完地理环境和植被类型，就可以告诉我们在这个地区能采到什么类群、什么物种。他能直接给出所采昆虫所属阶元等信息，有的甚至到属或种。他坚持写考察笔记，记录包括地形地貌、植被特点、野外发现、寄主植物、昆虫各目科的基本情况等。四十年如一日，他为生物地理学积累了非常重要的第一手资料。随着知识与经验的积累，他也不断提升自己的工作目标。由于他的执着与孜孜追求，在野外工作中不断填补我国昆虫学研究的空白，从发现蛩蠊目昆虫到不同的新科、新属、新种和新记录种等。他同时也撰写了多篇具有重要参考价值和代表地域区系特性的有关区系分析的论文，有的甚至成为经典。

　　40年的野外工作，他付出了常人难以想象的努力与代价。在两个儿子尚小、特别需要父爱的时候，为了昆虫学事业、为了野外工作，他无暇顾及；在父母年迈、不能自理，需要照顾的时候，他仍无暇顾及。他内心隐存着对妻子、儿子、父母巨大的情感负债与自责，常常为此偷偷落泪。但对于野外考察工作，他真正做到了打起背包就出发，没有丝毫的犹豫和耽搁。

　　青藏高原的地理环境特殊，吸引了世界许多昆虫学家的目光。王先生为了避免中国的模式标本外流，为了摸清我国生物资源家底，填补昆虫区系考察空白，早在20世纪60年代，冒着巨大的风险踏上了青藏高原的珠穆朗玛峰地区和青海三江源（玉树和囊谦）地区，80年代初踏进横断山高山峡谷地区。他曾登上珠穆朗玛峰近6000m海拔处，接近昆虫自然分布的上限，并连续多年在我国西部高山高原地区考察，为我国高山昆虫学的发展做出了突出贡献。横断山区综合科学考察是有重要影响的一次考察，其产出的成果令世界同行高度关注。此次考察，王先生是昆虫考察组的组长。在他的精心策划和组织实施下，此次考察无论从标本数量、新的发现还是不同阶元的多样性方面，都成为野外工作的范式，其成果使我国昆虫分类学上升到一个新的高度。横断山区特殊的地形地貌和悠久的地质历史，使其成为物种分化的一个中心，物种的地理隔离与不同海拔、不同寄主等主要因素引起的分化，在此都有非常多的典型案例。横断山区的考察，催生了大量有价值的学术论文，使中国昆虫学家为世界昆虫多样性做出了令人瞩目的贡献。王先生也因此获得"竺可桢野外科学工作奖"的殊荣。

除了杰出的野外工作，王先生的研究工作也取得了非常显著的成果。在陈世骧院士的指导下，他主要从事叶甲亚科、跳甲亚科昆虫的系统分类工作，在肖叶甲科、萤叶甲亚科等类群上也有不同的建树；他是我国发现蚤蝼目昆虫的第一人，并系统地进行了研究；他为叩甲科的研究奠定了良好的基础；他多年来关注丸甲科等类群的标本积累及世界的研究动态。他以发表 140 多篇学术论文、发现 200 多个新种的耀眼成绩，彰显了对昆虫分类学的突出贡献。

我与王先生同在一个研究组，在我任组长以后，他全身心地帮助我做好研究生的开题、野外考察、标本制作、资料查阅、标本检视、成果整理等大量工作，给予学生们细致的辅导与帮助。对我们承担的科研任务，他总是不计个人得失，主动为我分担；论文署名，他总是坚持把自己放在次要位置，一心提携后学。由于他与大家密不可分，在他退休后，大家都离不开他。虽然他多次婉拒继续返聘，但研究组一直留他工作到快 80 岁。

他离开研究组后，在我的再三要求下，经过两年多的工作，他在 80 岁时把野外工作笔记整理完成，为后人留下一笔宝贵财富。书稿完成后，王先生希望我能为本书作序，作为晚辈和后学，实在诚惶诚恐，只能把自己对他的认识和亲身感受写出来，以表达崇敬之意！

杨星科

2018 年 4 月于西安

不忘师恩——引领我逐步走上科研路

不久前，我曾工作多年的研究组为我举办了一个祝贺 80 岁寿诞的座谈会，感慨万千。回首我在中国科学院动物研究所工作的 60 余载，主要围绕两方面开展工作：采集昆虫标本和研究叶甲科昆虫的分类与区系分布。估算共采集标本 30 万号，与导师陈世骧院士、谭娟杰先生等合作或独立描述昆虫新属 9 个，新种 271 种，发表有关叶甲科昆虫分类和区系分布的文章 149 篇。据目前不完全统计，所采标本经相关专家鉴定并发表为新种的，除最多的鞘翅目叶甲科，还涵盖多个目和科，共计约 800 种。其中包括我国首次发现的蛩蠊目昆虫，定名为中华蛩蠊 *Galloisiana sinensis* Wang, 1987，为我国填补了该目的空白。

1955 年 10 月，我时年 18 岁，从河北省保定高级农业学校毕业，分配到中国科学院昆虫研究所（现中国科学院动物研究所）。在陈世骧院士的指导下，开始从事昆虫标本的采集，随时间的推移进而涉及叶甲科昆虫的分类及区系分布规律的研究，直至退休。恍惚 60 载过去，黑发变斑白，活虎成龙钟，弹指转瞬间，忆往昔峥嵘岁月。在动物所走过的科研路，从本学科的一个侧面见证了中国科学院乃至中国半个世纪的坎坷发展历程。

踏入中国科学院时，正是其大发展的时期，到处一片繁忙景象。为了摸清国家资源家底，中国科学院除了筹建研究所，还成立综合考察委员会，组织多个综合科学考察队。我到所仅半年后就加入了其中之一的中苏联合云南考察队，学习采集昆虫标本，采集共持续 3 年。1959～1960 年转去中苏新疆综合考察队。1964～1965 年参加青海玉树、囊谦地区草场考察。1966 年参加西藏珠穆朗玛峰地区登山科学考察。1981～1984 年参加横断山区综合考察等。可以说我青年时期的大部分时间是在我国边远山区、在综合考察中度过的。每年春天出发，下半年才回到北京。

工作之初，即 20 世纪 50 年代，交通不便，没有火车直达云南，要先到汉口住一夜，再坐轮渡过长江，之后转车到南宁，然后坐 5 天汽车到昆明，从昆明到西双版纳还要再坐 5 天汽车。去青海西宁、新疆乌鲁木齐都要先到兰州，再换乘卡车。1966 年去西藏，从兰州出发坐 8 天汽车到拉萨，途中高山反应强烈。有的地方社会治安不好，白天外出采集需要军人陪同。1960 年以前，还需要自带行李，转点途中需要天天捆绑行李（倒是练就了一手快速捆绑行李的本领）。横断山区综合考察是最令人难忘的，在连续 4 年的考察中，我是唯一从野外考察到室内总结，直至成果鉴定及请奖全过程坚守到底的人。横断山区山高路险，随时有塌方、滑坡、泥石流、飞石、翻车的危险。1981 年在小中甸林场考察时，中国科学院昆明动物所彭鸿绶教授因受寒感冒转肺气肿在下山转诊途中去世。随队新华社记者在回京途中于二郎山翻车坠亡。1982 年我们在结束梅里雪山考察下山途中，李志英同志在快到澜沧江边的山崖陡峭地段掉队迷路，至日落前仍未归队。山下滔滔澜沧江水，若不是接应及时，后果不堪设想。从梅里雪山下山后，计划从红山顺澜沧江东岸北上，经西藏芒康东折直奔四川巴塘，但因不久前红山北一公路旁山体滑坡，道班房内的养路工人全部被埋，路基也被澜沧江水冲垮，我们不得不绕道德钦，再向东到中甸（现香格里拉）、乡城、理塘，向西到巴塘金沙江边，多绕行几百公里，诸此等等。横断山区考察是危险系数最高、条件最艰苦、投入的心血最大，也是目前取得成果最丰富的一次考察。有付出才有回报，1984 年我获得了中国科学院"竺可桢野外科学工作奖"，1994 年《横断山区昆虫》一书荣获中国科学院自然科学奖一等奖。

1955 年，我从保定高级农业学校毕业前夕，学校组织到河北南部邢台地区一国有农场生产实习，在此遇到华北农业科学研究所的齐兆生先生带着他的助手做棉蚜的药剂防治实验，给我留下深刻印象。幻想自己毕业后也能到这样的单位跟着专家工作，万万没想到毕业后竟直接分配到中国科学院昆虫研究所。在校没学过昆虫，需要从头学起。20 世纪 60 年代初，科学院开展向彭家木同志学习甘当铺路石子的精神，我表示愿为科研当好铺路石子。我跟着国际知名科学家陈世骧院士工作，如我的野外工作能为陈老提供有学术价值的资料，使其写出符合科学规律的论文就心满意足。这就是我工作价值的体现。多少年来我一直怀着这样的心态，努力配合陈老的工作，视陈老的要求为努力的目标。

怎样收集到更多更有价值的资料是我一直思考的问题。对我来说，不只是收集多少昆虫标本。在新的物种概念指导下，更重要的是收集有关物种的生物学、生态学等野外资料，信息量越多越好。为此，首先要求自己改变被动的随机采集为主动的搜索采集，即根据考察地区的生态环境、寄主种类推测应该采到哪些种类。做到随时提出问题，随时解答问题，并随时记录，记录得越详细越好。其次，在野外要多分析、多思考，要根据自己所研究类群的物种区系特性及其与生态环境的关系去分析。在物种的区系特性中，要明确区域分布上的广布种、狭布种，生态分布上的多带种、单带种与指示种等物种概念及其相互关系。书中一般没有现成的资料可借鉴，只有靠实际调查自己摸索。陈老在 1962 年发表的《新疆叶甲的分布概况与荒漠适应》一文给我们做出了很好的示范，该文区系分析的方法是我整个野外工作的指南。

野外记录切记要保证科学准确，不要张冠李戴。昆虫种类繁多，认识昆虫是保证观察记录准确的关键。鉴定昆虫是野外工作的基本功。在叶甲科昆虫调查中，寄主调查是重要的内容之一，不仅关系其经济意义，而且反映其系统演化关系，还可与植物相互检验分类系统的正确性。昆虫标本及其寄主标本都要保存，并在采集时编以对应号码，分开放置，寄主标本请植物学家鉴定，务必记录其拉丁学名。

适合自己的采集方法既要靠自己摸索，还要有导师的指导。我在几年野外工作的基础上试写了一篇《昆虫采集的体会》呈给陈老，他给了我高屋建瓴的指导。文章修改后，发表在《昆虫知识》上，也为我此后野外工作提出了更高要求。

陈老对我的野外工作是肯定的、尊重的。我配合他工作，他使用我的调查结果应该是很自然的事情。但陈老每次都像正式引用文献一样，写到"据王书永在北京调查……"。1964～1965 年，我在青海玉树、囊谦草场调查害虫回来后写了一篇《青海高原危害牧草的草原叶甲》并发表在《昆虫学报》的研究简报上，文中叶甲的检索表是陈老所作，全文也是由他审查修改的，我要求陈老署名，他却说"你写的东西送出去，我不署名也是我负责"。在编写《西藏昆虫叶甲亚科报告》时，其中区系分析部分陈老让我执笔，并嘱咐我要敞开思想大胆写，不要怕。在整篇文章署名上却让我作为第一作者，他作为第二作者。他说："区系分析部分你负责，新种描述部分我打头你其次，各负其责，清清爽爽。"陈老在世时，我写的文章都经他把关和修改，他的学术作风让我终生难忘，是我学习的榜样。

陈老经常对我说，科学在于创新、在于预见，科学论文要有新观点、新看法，工作要勤总结并要善于总结。总结的过程就是提高的过程，是将感性认识提高到理性认识的过程。陈老非常重视野外工作，是我野外工作的坚强后盾。每年野外工作结束后，陈老都在百忙中抽出时间鉴定标本，撰写论文，帮我将野外的感性认识逐步深化。1981 年横断山考察回来，其中丝跳甲属 *Hespera* 标本材料好、种类多，立刻鉴定做总结。当年共采到丝跳甲属 16 种，其中 10 个新种，并第一次发现适应高山环境的特异种类——短鞘丝跳甲 *Hespera brachyelytra* Chen et Wang, 1984。当年的总结指出"横断山区是物种形成的活跃地区"，根据其特有种分布的地带性特点得出了"海拔越高，区系特征越明显"的结论。之后两年又有许多补充和新发现，都及时鉴定总结，连续写出几篇很有分量的论文，从而奠定了后几年考察的指导思想和学术总结的基础。正确的学术思想来自科学实践，考察一总结一再考察一再总结，在总结中认识不断深化。这正是辩证唯物论的认识论：实践一认识一再实践一再认识。这种认识过程贯穿野外工作的全过程，包括考察，提出问题，通过考察回答问题，循环往复，螺旋式上升。

我刚到动物所时，陈老的夫人谢蕴贞先生经常讲杨集昆先生的采集经历，以鼓励我努力向他学习。杨先生的《昆虫的采集》一书，是我在野外工作时必带的，有空就读一读，特别注意书中指出的中国尚未发现的昆虫的目、科。我 1966 年到西藏樟木友谊桥最低海拔处采集，特别留意革翅目中尾铗是丝状的蝠螋亚目

Arixenina。1982年，我在四川乡城城南的一个山地石块下，采到一种体长达60mm的无翅昆虫，查看随身携带的中英文检索表，查到是双尾目昆虫，但心中疑惑，因为过去所认识的双尾目昆虫都是小型柔嫩的。当翻开《昆虫的采集》时，发现西藏特产一种世界上最大的双尾目昆虫，据此确认这是一种特有的种类。第二天专程到原地采集更多的个体，后经周尧、黄复生两位先生鉴定是双尾目的新属新种——伟铗虬 *Atlasjapyx atlas* Chou *et* Huang, 1986。此种的发现对该昆虫区系起源上的热带渊源有重要意义。填补我国蛩蠊目昆虫的目级空白，是脑海中时常惦念着的一件事。每到高海拔接近常年积雪的地方采集时就会多搬动石块，希望能找到蛩蠊。功夫不负有心人，终于给了我丰厚的回报。1986年8月，我在长白山爬山途中，蛩蠊突然出现在眼前，我如获至宝，立即把它收入到随身携带的唯一小瓶中。爬到山顶湖边，别人都在观景拍照，唯我一手拿着馒头吃午饭，一手不停地翻动石块，希望能再多采几个。下山途中还想再有所发现，但天不作美，乌云密布，大雨倾盆，只得作罢。表面看来是偶然的，实则蕴含着多年追寻的必然结果。回到北京向陈老汇报时，他高兴地说："这是对你30年采集的一个安慰。"他嘱咐我尽快鉴定撰写文章。为文章能尽早发表，他还亲笔撰写推荐信给《昆虫学报》编辑部。

在我的科研道路上，还要特别感谢谭娟杰先生的指导和帮助。在学习英语的过程中，她让我研读笔译英文版《昆虫学导论》，并当面批改。两人联合署名的《横断山区昆虫》总论，由她撰写英文摘要。有她的参与及学术上的把关更加增强了我学术上的信心。

我衷心感谢杨星科先生，他以宽厚的胸怀积极支持和鼓励我整理有关野外采集的体会和资料，并安排出版。非常感谢林美英博士，她在为我录入、整理资料等方面做了大量工作。感谢崔俊芝同志几年来帮助整理我的论文资料，并协助编辑整理我采集的新种模式标本名录。感谢中国科学院动物研究所鞘翅目形态与进化研究组同仁和研究生们给予我的帮助。感谢国家动物博物馆陈军馆长及其相关馆员帮助收集并整理部分新种模式标本名录。感谢李志英先生、姜恕先生、王金亭先生在野外工作中给予的多方面帮助。

本书是笔者历年野外考察的即时记录，因篇幅之限，仅择青海三江源（玉树、囊谦）地区、西藏珠穆朗玛峰地区和横断山区的笔记编辑成书。因笔者学识有限，书中定有不足之处，仅作人生历史记录的一页。如果对相关科研考察有所帮助，则是笔者之大幸。

王书永

2017年3月于北京

目录

第一部分　野外采集日记

历年考察行程

历年考察地点见图 1-1。

<u>1956 年滇东南（大围山、河口、金平勐拉），青海，内蒙古考察</u>

1956 年上半年，我第一次参加野外工作，加入中苏联合云南考察队。队伍先在北京西直门内北魏胡同的中国科学院招待所集合，乘火车至湖北汉口（京汉路，终点汉口，换轮渡过长江，其间曾游东湖），后乘火车到广西南宁，又转乘飞机到云南昆明，后乘小火车去云南蒙自，在此步行或骑马到屏边大围山（与苏联专家同行，住森林边临时搭建的茅草房），后去河口、河头寨、勐拉等地采集。昆虫组由陈宁生任组长，组员有王书永、龚韵清、黄克仁、方承莱、章有为、臧令超（从南宁到昆明后即患盲肠炎住院，未参加野外工作）。所采标本的采集者标签为黄克仁等。

云南考察工作结束后返回北京，又随黄克仁到青海参加马世骏先生组织的西北考察。具体时间和地点如下：

8 月 6～11 日青海海晏青海湖边，同行者：黄克仁。在此与中国科学院水生生物研究所黎尚豪先生和曹文渲先生等会合，后同在湖边采集。

8 月 22 日青海都兰，会师马世骏、侯无危、方三阳三位先生，重点采集蝗虫标本。

8 月 25～26 日青海格尔木。

9 月 2 日青海马海农场。

9 月 11～13 日青海乐都。

9 月 18 日，从甘肃兰州乘汽车（当时火车未通）到宁夏银川，后经内蒙古包头至呼和浩特，先后在包头和呼和浩特草场采集蝗虫，后经河北张家口返回北京。

青海和内蒙古考察的目的是采集中国北方的昆虫标本。

<u>1957 年云南西双版纳考察</u>

考察地点是西双版纳，分前、后两个阶段。3 月 1 日～5 月 16 日为第一阶段，与中苏联合云南考察队专家同行，后回昆明总结；6 月 10 日～10 月 28 日为第二阶段，与臧令超二人驻小勐养云南大学生物站附近放射采集。具体时间和地点如下：

2月12日从北京到广西南宁,并在南宁市人民公园采集,后与臧令超乘公共汽车从南宁出发,5天后到达云南昆明。

3月1日昆明黑龙潭采集。

3月2日昆明西山采集,后乘公共汽车,5天后到达西双版纳,随中苏联合考察队采集,参加昆虫组工作的还有景东紫胶工作站的洪广基和蒲富基、昆明植物园的梁秋珍和刘大华等。

3月11~12日允景洪(现景洪)采集,3月14~21日允景洪橄榄坝、曼洪采集,3月25日~4月4日小勐养采集。

4月8日允景洪采集,4月9~12日西双版纳大勐龙采集,4月14日允景洪采集。

4月15~19日允景洪橄榄坝采集,4月22日允景洪采集,4月23日允景洪至佛海间公路采集。

4月24日佛海茶叶试验场采集,4月25日允景洪采集,4月26~27日允景洪石灰窑采集。

4月28~29日允景洪至大勐龙采集。

5月1日允景洪采集,5月4~6日小勐养采集,5月8日思茅普文龙山采集,5月10~11日思茅采集。

5月12~13日普洱至景谷,5月15~16日元江,随队返回昆明总结。

6月10~28日与臧令超在小勐养及其周围专事采集。

7月3日放射至允景洪,后又回小勐养,采集至7月18日。

7月22~23日从小勐养到允景洪,后转去澜沧拉祜族自治县。

7月25~28日澜沧拉祜族自治县采集,返回小勐养云南大学生物站。

8月21日~9月13日小勐养采集。

9月19~30日与云南大学生物站生物系谢恩堂先生同行去小勐养以东的基诺山、孔明山采集。

10月1日从孔明山返小勐养,但因河水猛涨半路折回,于10月3日返抵小勐养。

10月8日允景洪采集,10月9~14日小勐养采集,10月19~28日小勐养振糯坝采集。

1958年云南西双版纳考察

1958年,野外工作时间最长,3月从北京出发,1959年元旦回到北京。

野外工作分两个阶段,前期昆虫方面参加的人数较多,有中国科学院昆虫研究所孟绪武、蒲富基(组织关系调入昆虫所)、王书永,南开大学郑乐怡,天津自然博物馆程汉华、朱志彬，上海昆虫研究所陈之梓。野外工作受云南科考队和昆虫所双重领导。具体时间和地点如下：

4月6日～5月7日西双版纳大勐龙曼兵、曼肥龙、曼伞、勐宋、曼养广（中缅边界）。

5月10～15日勐阿农场，5月16～25日勐康，5月26日勐康至勐往。

5月27日～6月2日勐往，6月6日勐阿黎明农场伐木场。

6月13～16日勐遮黎明农场试验场，6月17日勐混，6月19日勐遮黎明农场作业区。

6月22日勐遮至西定，6月23～26日西定，6月27日从西定返回勐遮，6月29日到勐满。

6月30日～7月13日勐满，7月14日回勐海。

7月18～26日勐海南糯山茶场。

8月3～23日西双版纳勐阿黎明农场伐木场，8月24日勐海，8月27～29日勐遮。后返回昆明队部总结、汇报。

受队部要求，10月15日从昆明出发，再下西双版纳小勐养，然后向东步行，经小勐仑至易武，后去勐腊、勐捧，主要调查农业害虫。由孟绪武带队，蒲富基、王书永参加，其他人员返回各自单位。

10月22日小勐养至小勐仑，10月23～30日小勐仑，调查农业害虫并采集。

10月31日启程去勐腊，因公路未通只能步行，途中夜宿路边。

11月4～13日勐腊农田调查，11月14日与孟绪武二人步行至勐捧。

11月19日从勐捧返回勐腊。

11月22～24日从勐腊返回小勐仑，夜宿草棚。

11月29日从小勐仑步行至易武，途中夜宿稻田草棚，11月30日到达易武。

12月1～5日易武，调查农业害虫。

12月6～7日从易武经小勐仑返回小勐养，后至昆明，元旦返回北京。

4～8月以一般采集为主，考察区在允景洪以南及以西地区，靠近中缅边境，多居住在边防站、伐木场、农场、茶场，多数时候与当地工人同吃同住，条件艰苦。但考察区的自然植被保护较好，处于较原始的自然状态，采集的标本自然也好，有些种类现在可能很难采到。10～12月以考察农业害虫为主。考察区是小勐养以东的易武、勐腊。当时从小勐养往东由于公路未修通，全靠步行，中途露宿。

<u>1959年新疆考察</u>（转入新疆科学考察队，目的是向杨惟义院士和汪广先生学习农业害虫防治方法，参加人员有王序英、陈国渊、李常庆、王书永）

2月21日哈密了敦，2月22日鄯善，3月4日阿克苏。

4月4日阿克苏、喀什、墨玉农场（驻点），调查防治棉花害虫（地老虎、棉蚜），其间去皮山县防治桑尺蠖。

7月16日陪杨惟义院士随中苏专家到喀什、塔什库尔干、乌什、阿图什等地做一般昆虫区系调查。

7月17日乌什，7月19～20日阿合奇，7月21日阿克苏，7月22日阿克苏至拜城。

7月23～28日库车，7月30日乌鲁木齐。

8月21日昌吉，8月22～27日石河子，8月30日阜康天池。

9月1～9日乌鲁木齐南梁，回队部总结工作。

1960年新疆补点考察

野外考察分两个阶段：第一阶段在南疆东南部的且末、若羌地区及天山乌（乌鲁木齐）库（库车）公路沿线天山南北坡考察，由钱燕文先生、张洁先生带队，配一辆解放牌汽车；第二阶段钱燕文、张洁先生离队返京，由王书永带队到北疆的阿勒泰、塔城地区考察，参加昆虫考察的还有张发财。

南疆考察的具体时间和地点如下：

4月8日从乌鲁木齐出发，夜宿库米什，4月9日夜宿库尔勒塔里木饭店，4月10日到塔里木四场，4月11日到铁干里克，遇大雪，4月12日到阿拉干，4月14日到若羌，4月15日到瓦石峡，4月17日到且末。

4月18～26日且末，4月27～28日若羌瓦石峡。

4月29日～5月1日若羌米兰。

5月2～5日若羌城郊，5月6～12日若羌阿拉干。

5月13～16日农二师塔里木六场。

5月17～24日农二师塔里木四场。

5月25日经库尔勒进入天山，分别在天山南坡和北坡胜利大坂冰川下及森林草原带设点工作到6月11日，6月12日回到乌鲁木齐，结束南疆工作。

6月25日从乌鲁木齐出发开始北疆阿勒泰地区的考察。

6月30日～7月8日青河二台、青河。

7月9～17日可可托海、沙部拉克，7月18～24日农十师师部、福海。

7月25～8月23日阿勒泰、西岔河大桥、阿祖拜、塔拉特、克木齐。

8月24～28日布尔津，8月29日～9月1日哈巴河，9月2日黑山头。

9月3日乌图布拉克和布克赛尔，9月4日和布克赛尔白杨河。

9月5日额敏库鲁木苏，9月6～12日塔城，9月13～14日托里老风口、托里。

9月15～16日克拉玛依乌尔禾，9月17日克拉玛依岔路口。

9月18～19日返回乌鲁木齐，结束考察。

1961～1962年，北京附近采集

为编写《中国经济昆虫志》，在北京近郊的香山、圆明园、八达岭、房山等地调查叶甲科昆虫的种类分布和经济意义。

1963年，广西采集，王春光、史永善同行；北京百花山采集

3月28～30日北京至桂林，3月31日～4月1日桂林七星岩、芦笛岩采集。

4月2～4日桂林雁山广西植物研究所，4月5～6日桂林至凭祥。

4月7～15日凭祥采集，4月16日凭祥至宁明下石调查油瓜害虫。

4月17日凭祥至大青山伐木场，4月8～27日大青山伐木场采集，4月28日返回凭祥。

4月29日凭祥至龙州，4月30日～5月2日龙州采集。

5月3日龙州至水口（中越边界），5月4～5日水口采集。

5月6～8日水口至桂林雁山中国科学院广西植物研究所，5月9～17日雁山采集并总结桂南工作。其间在植物研究所门前公路两旁的行道树桉树的树干和树皮裂缝处首次采到足丝蚁，此处是该虫已知分布的北界。

5月18～21日桂林附近采集，5月22日桂林至龙胜，5月23～28日龙胜采集。

5月29日龙胜至瓢里，5月30日从瓢里步行到三门。

5月31日步行到天平山花坪林区管理处。

6月1～5日天平山花坪林区管理处附近采集，6月9日坐虎山采集，并了解虫茶（由一种鳞翅目幼虫的粪便泡制而成，出口东南亚地区做消暑茶饮）的情况。

6月10日天平山至红毛冲沿途采集。

6月11日红毛冲至红滩，6月12～14日红滩采集，6月15日从红滩返回天平山花坪林区管理处。

6月16～17日天平山附近采集。

6月18日天平山、坐虎山至白岩沿途采集，6月24日从白岩返回天平山，结束花坪林区工作。

6月26～29日天平山、三门、瓢里至临桂宛田。

6月30日～7月1日宛田采集，7月2日返回桂林。

7月4～16日桂林附近采集，总结花坪林区工作。

7月17日桂林雁山至阳朔，7月18～21日阳朔附近采集。

7 月 22 日阳朔至白沙，7 月 23～24 日白沙采集，7 月 25 日返回桂林，7 月 28 日返回北京。

8 月中旬独自去京郊百花山采集。

1964 年玉树考察

5 月 24 日北京出发，5 月 26 日下午到达青海西宁。

6 月 1 日从西宁出发，经湟源、日月山、倒淌河，夜宿恰卜恰。

6 月 2 日恰卜恰至兴海大河坝。

6 月 3 日大河坝至玛多黄河沿，途经鄂拉山垭口、花石峡。

6 月 4 日黄河沿至清水河，途经巴颜喀拉山垭口。

6 月 5 日清水河至玉树，途经竹节寺、歇武山、歇武寺、通天河大桥，6 月 6～12 日玉树结古镇附近采集。

6 月 13 日玉树至巴塘，6 月 14～30 日巴塘滩及附近山地采集。

7 月 1 日巴塘至江西林场，途经古拉山垭口，到达小苏莽。

7 月 2～23 日小苏莽、错格松多、格龙、古拉山、西河马等地采集。

7 月 24 日西河马至巴塘，住热水沟口，翻古拉山，在海拔 4780m 处采集。

7 月 25～29 日巴塘采集，7 月 30 日巴塘至玉树。

8 月 5 日玉树至隆宝。

8 月 6～10 日隆宝哈秀山采集。

8 月 11 日隆宝至布朗，8 月 12～13 日布朗采集，8 月 14 日布朗至隆宝。

8 月 15～21 日隆宝、茶西山、尕乃沟采集。

8 月 22 日隆宝至玉树，8 月 23～24 日玉树。

8 月 25 日玉树歇武寺至四川石渠分水岭采集。

8 月 26 日直门达通天河北岸采集。

8 月 27 日～9 月 4 日玉树采集及总结。

9 月 5 结束野外工作，返回西宁，9 月 15 日抵达北京。

1965 年囊谦考察

5 月 10 日北京出发，6 月 5 日青海玉树至囊谦，6 月 10 日正式开始野外工作。交通工具为马和牦牛，野营住帐篷。

6 月 10～13 日囊谦香达附近采集。

6 月 14 日香达、毛庄至大苏莽，在峡谷扎营，6 月 15～16 日大苏莽采集。

6 月 17～22 日娘拉午买大队采集。

6 月 23 日娘拉至白扎马尚公社（途经昌都并采集），6 月 24～27 日马尚公社采集。

6 月 28 日马尚公社至白扎盐场。

7 月 2～6 日白扎盐场至吉曲三羊，7 月 7～12 日吉曲三羊采集。

7 月 13 日三羊至吉尼赛，翻越海拔 4600m 垭口，于海拔 4300m 处扎营。

7 月 14～18 日吉尼赛、吉曲河畔、江卖牧场、江都牧场采集。

7 月 19 日吉尼赛江都至德毛寺，在巴曲河边采集。

7 月 20～23 日德毛寺采集。

7 月 24 日着晓乡巴尕滩、巴曲河（调查短鞘萤叶甲 *Geina invenusta*）、东坝（吉曲河北岸）。

7 月 26 日德毛寺至东坝，7 月 27 日东坝肖格，在吉曲河边采集。

7 月 29 日东坝肖格至龙达，7 月 30 日龙达。

8 月 1 日龙达至过荣公社。

8 月 2 日拉庆寺吉曲河南（与杂多县交界）采集。

8 月 3 日囊谦与杂多交界处（三曲）采集。

8 月 4 日东坝拉庆寺（吉曲河边阶地）采集，8 月 5～6 日东坝采集。

8 月 7 日东坝至着晓乡肖格（班曲河边）。

8 月 8～14 日着晓乡肖格附近采集，班曲河左岸。

8 月 15～21 日兼作公社采集，8 月 22 日兼作公社至觉拉乡。

8 月 23～28 日觉拉扎曲河左岸及山地采集。

8 月 29～30 日返回香达，途中野营并采集。

8 月 31 日～9 月 9 日香达，总结汇报并在扎曲河岸边采集。

9 月 10 日从香达返回玉树，途中在郭欠寺拉秀采集。

9 月 11～12 日拉秀子曲河岸边采集，9 月 13 日上拉秀至玉树，途中采集。

9 月 20 日从玉树启程返回西宁，9 月 27 日抵达北京。

1966 年 4～8 月，西藏珠穆朗玛峰登山科学考察

3 月 11 日乘火车离开北京到兰州集训，3 月 17 日同郎楷永乘汽车到西宁中国科学院西北高原生物研究所（以下简称西高所），3 月 18 日前往拉萨，夜宿茶卡，3 月 19 日到香日德，3 月 20 日到格尔木，住西藏招待所，3 月 22 日全员体检，3 月 23 日到纳赤台，3 月 24 日到沱沱河，3 月 25 日到黑河，3 月 26 日到拉萨。

3 月 27 日～4 月 16 日拉萨，政治学习、体检、体育锻炼、制订考察计划，参观布达拉宫、罗布林卡、大昭寺，准备野外食品等。

3月17日达孜德庆（拉萨河左岸）采集。

4月23日拉萨至江孜，4月24日江孜至拉孜。

4月25日拉孜至定日，4月26日定日。

4月27日定日至聂拉木，4月28日~5月2日，了解聂拉木情况并制订考察计划。

5月3日聂拉木至樟木，5月4~15日在樟木及友谊桥等地考察。

5月16日樟木至曲乡，住兵站，至5月22日在曲乡附近及德庆塘考察。

5月23日曲乡至聂拉木，5月24日到定日，5月25日到绒布寺登山大本营。

5月26日绒布寺。

5月27日从大本营步行至中绒布冰川海拔5400m营地，一路沿冰川侧蹟行进。

5月28日中绒布冰川古冰川侧蹟采集。

5月29日从海拔5400m营地向下穿过冰塔林到西绒布古冰川侧蹟平台（海拔5600m）或称层层河地段采集，5月30日中绒布冰川采集，5月31日返回绒布寺大本营。

6月1~4日绒布寺大本营附近采集。

6月5日撤离绒布寺大本营到定日，转去希夏邦马峰北坡考察。

6月11~14日西峰北坡的聂拉木县色龙乡附近及湖边采集。

6月15日希夏邦马峰北坡河谷阶地采集，6月16日色龙乡附近采集。

6月17日从北坡又折转南坡翻越聂聂雄拉，沿聂拉木波曲河谷从北向南、从高向低，如聂聂雄拉、亚里、甲曲直至聂拉木沿线分段采集考察。

6月21~23日在聂拉木附近采集，6月25日起，总结前段工作，7月5日接队部通知，令7月8日前返回拉萨，野外考察结束，7月29日启程返回北京。

1978年安徽黄山、大别山采集（同行者：付万成）

8月13日北京至江苏南京，8月14日下午到达南京，住中国科学院南京地质古生物研究所。

8月15日到中山陵采集。

8月16日南京至安徽芜湖，晚上到赭山公园。

8月17日芜湖至黄山，住温泉宾馆，8月18~23日温泉宾馆附近及虎头岩、玉屏峰、北海、云谷寺等地采集，在温泉宾馆附近采到一萤叶甲新种。

8月24日黄山至歙县，8月25日歙县园艺场采集。

8月26日歙县至芜湖，8月27日芜湖至合肥，8月28日合肥至霍山。

8月29日霍山至磨子潭，并在附近采集。

8月30日磨子潭至马家河林场，8月31日~9月3日马家河采集。

9 月 4 日磨子潭采集，9 月 5 日磨子谭至霍山，结束安徽采集返回北京。

1979 年山东单县调查蓟跳甲 *Altica cirsicola* Ohno

5 月 30 日下午离京，5 月 31 日到达江苏徐州，转乘去丰县的汽车，后转乘去山东单县的汽车，6 月 2 日在单县农田调查，6 月 3 日离开张集公社去泰山采集。

6 月 4 日泰山竹林寺附近采集，6 月 5 日在泰安林业学校苗圃采集。

6 月 6 日登泰山。

6 月 7 日由林业学校刘世儒先生陪同到药乡林场采集。

6 月 8 日离开泰安返回北京。

1980 年海南采集，同行者：方承莱、蔡荣权、张宝林、蒲富基

3 月 6 日北京出发，3 月 8 日抵达广州。

3 月 9～10 日，中山大学生物系检视昆虫标本。

3 月 11 日在洲头码头乘船去海南海口，3 月 12 日抵达海口。

3 月 13～15 日海口府城公园采集。

3 月 16 日海口至尖峰，住中国林业科学院热带林业研究所（以下简称热林所），下午在附近采集，晚上灯诱。

3 月 17 日尖峰热林所参观并采集。

3 月 18 日尖峰至天池自然保护区采集，3 月 26 日返回尖峰热林所，3 月 27～28 日尖峰热林所附近采集。

3 月 29 日尖峰至三亚，3 月 30～31 日三亚及鹿回头采集。

4 月 1 日三亚至通什，4 月 2 日通什附近采集。

4 月 3 日通什至五指山，住五指山公社，4 月 4 日在附近采集。

4 月 5 日五指山主峰采集，在主峰顶采到中国科学院动物研究所第一只金斑喙凤蝶。

4 月 6 日五指山公社附近采集，4 月 7 日返回通什。

4 月 8 日通什至乐东，下午在附近采集。

4 月 9 日乐东至尖峰，4 月 10 日尖峰至天池自然保护区，4 月 11～13 日天池空军驻地附近采集，4 月 14～16 日天池附近采集，4 月 16 日下午返回热林所，4 月 17 日在附近采集，4 月 18 日又上天池空军驻地附近采集，4 月 19 日返回热林所。

4 月 20 日尖峰至海口（其他同行者自此返回北京或去广西）。

4 月 21 日独自从海口至陵水，然后至吊罗山。

4 月 22～25 日陵水吊罗山采集。

4月26日回海口，4月27日经湛江、长沙返回北京。

1981年横断山区滇西北考察

　　1981年考察滇西北，动物组由昆虫、无脊椎动物、兽类、鸟类专家组成。昆虫专业成员：赵建铭（中途从保山返回北京）、王书永、张学忠、崔云琦、廖素柏；无脊椎动物专业成员：李志英；兽类专业成员：林永烈、魏天昊、梁孟元；鸟类专业成员：唐谵珠、徐延恭；司机：马振录、邵宝祥。

　　5月9日由北京飞抵昆明，5月10日昆明西山采集，5月11~20日全队会议，讨论制订各专业组考察计划、路线及经费。其间，5月14日、16日曾到昆明植物园和大观园采集。

　　5月21日从昆明出发，夜住下关，5月22日下关至瓦窑。

　　5月23日瓦窑至六库，5月24日六库、泸水（高黎贡山东坡）至片马（高黎贡山西坡）。

　　5月25~31日片马及高黎贡山风雪垭口采集。

　　6月1日片马至姚家坪（高黎贡山东坡），6月2~6日姚家坪及高黎贡山风雪垭口采集。

　　6月7日姚家坪至泸水，6月8~11日泸水附近山地采集，泸水附近公路大塌方，回六库的公路受阻，考察成员参与抢修，6月12日强行通过塌方，连夜返回六库。

　　6月13日六库附近采集，6月14日六库至保山，6月15~17日保山内业并在后山采集（6月16日赵建铭、梁孟元离队返回北京）。

　　6月18日保山至泸水老窝公社，经瓦窑、漕涧在怒山南端分水岭以北一林场附近设营，6月19~21日及6月25日在老窝附近采集。

　　6月22~24日云龙志奔山地质队附近采集。

　　6月27日老窝至漾濞，途经永平，在海拔2100m处采集。

　　6月28日漾濞至大理，在点苍山东坡海拔2600m处山地设营，在此工作至7月3日。

　　7月4日在大理附近采集。

　　7月5日大理至丽江，7月6~7日丽江停留，7月8日丽江至维西。

　　7月9日维西至白济汛，在澜沧江边设营，7月10~13日白济汛采集。

　　7月14日白济汛至攀天阁，7月15~28日攀天阁采集。

　　7月29日攀天阁至石鼓（金沙江第一弯），7月30日上午石鼓采集，下午返回丽江。

　　7月31日~8月1日丽江。

8 月 2 日丽江至中甸，经虎跳江、小中甸，并在途中采集。

8 月 3 日在中甸附近山地采集，首次采到短翅丝跳甲 *Hespera brachyelytra* 新种，填补了中国高山叶甲区系中跳甲亚科无短鞘翅型的空白。

8 月 4 日中甸至格咱（翁水公社），在林缘河边宿营，8 月 5～13 日格咱采集，8 月 13 日红山山地采集。

8 月 14 日格咱至大雪山垭口，在南侧海拔 4000m 处公路边设营，8 月 15～20 日垭口采集。

8 月 21 日大雪山垭口至中甸，途中在翁水采集。

8 月 22 日中甸采集。

8 月 23 日中甸至德钦奔子栏，在附近采集。

8 月 24 日奔子栏至白茫雪山东坡路边设营，营地位于针叶林带上限附近。

8 月 25～31 日白茫雪山东坡至垭口草甸、砾石滩。

9 月 1～2 日白茫雪山东坡至德钦。

9 月 3 日德钦至高峰公社阿东大队，在此工作至 9 月 9 日，至此野外工作全部结束。

9 月 10 日阿东至西藏芒康盐井，9 月 11 日盐井至四川巴塘，途中在海拔 4100m 盐井北山垭口采集，9 月 12 日巴塘，9 月 13 日巴塘至雅江，9 月 14 日雅江至康定。

9 月 16 日康定至新沟（二郎山东坡），9 月 17 日新沟、天全至邛崃，9 月 18 日抵达成都。

9 月 25 日乘飞机返回北京。

1982 年横断山区川西、滇西北考察

昆虫专业和无脊椎动物专业参加考察成员：王书永、张学忠、崔云琦、柴怀成、李志英、尚进文。前期和动物组同行，后期昆虫和无脊椎动物专业单独行动，司机为牛春来。

5 月 18 日北京飞抵四川成都，5 月 26 日成都至天全，5 月 28 日到康定，5 月 29 日到雅江，5 月 30 日到理塘，住在兵站（李志英等出现严重高山反应），5 月 31 日临时决定在康嘎设第一个非正式工作点。

6 月 1～4 日康嘎采集。

6 月 5 日康嘎至稻城桑堆，6 月 6～9 日桑堆附近工作，6 月 10、11 日理塘海子山采集。

6 月 12 日桑堆至乡城（尚进文因意外枪伤事故，急送乡城抢救），6 月 13～16 日处理尚进文枪伤事故，6 月 17 日由林永烈、李志英、徐延恭护送尚进文去成都。

6月17~18日乡城后山采集。

6月19日乡城至柴柯道班，工作至6月22日。

6月23日柴柯道班至马熊沟，工作至6月25日，后返回乡城。

6月6~30日乡城采集，6月27日在乡城南15km处首次采到双尾目伟蜓蚣新属。

7月1日乡城至中热乌三道桥，工作至7月8日。

7月9日四川乡城中热乌至云南中甸翁水，7月10日工作一天。

7月11日翁水至中甸，7月13日中甸至奔子栏，7月14日奔子栏至德钦。

7月15日、16日联系去梅里雪山所需的马帮等事宜（自此昆虫与鸟兽专业分开工作，昆虫专业司机为牛春来）。

7月17日德钦至梅里石（澜沧江西岸江边帐篷野营，海拔2200m），7月18~20日江边工作，7月21~31日梅里雪山东坡第一营地、第二营地附近采集。

8月1日云南红山，原计划北上西藏芒康，因江边塌方路断，北上受阻。

8月2日红山回撤奔子栏，8月3日到中甸，8月4日到四川乡城，8月5日到理塘，8月6日到巴塘。

8月7日巴塘至西藏芒康海通第四道班，8月8~12日海通第四道班采集。

8月13~14日巴塘采集，8月15~18日义敦。

8月19~21日巴塘海子山采集。

8月22~23日理塘采集。

8月24日理塘至雅江兵站，8月25~28日在雅江兵站附近采集。

8月29日雅江兵站至康定六巴，由此骑马上贡嘎山西坡。

8月31日~9月1日六巴途经莫达、子梅山垭口至贡嘎寺。

9月2~4日贡嘎寺采集，9月5日下午下山至子梅村，9月6日子梅村采集，9月7日子梅村至莫达，9月8日莫达采集，9月9日六巴，9月10日从六巴返回康定。

9月12日康定，途经泸定、德威大桥至磨西。

9月13~19日磨西、海螺沟、新兴、燕子沟等地采集，9月19日结束野外工作。

9月20日磨西到泸定，9月21日到康定，9月26日到成都，9月29日和牛春来返回北京。

1983年横断山区川西考察

昆虫专业单独采集，参加人员：王书永、张学忠、崔云琦（后随动物专业采集）、柴怀成、陈元清（中途返京）、王瑞琪（中期后加入），司机牛春来。考察地区为川西的贡嘎山、雀儿山和卧龙地区。

5月19日北京至四川成都，5月24日成都至天全，5月25日天全至康定。

5月28～30日康定跑马山、榆林宫、后山采集。

6月1日康定至泸定新兴，6月3日新兴至燕子沟药王庙（常绿阔叶林内野营）。

6月4～5日药王庙采集，6月6日药王庙至燕子沟南门关沟口（第二营地），工作至6月10日，6月8日步行至倒栽葱海拔3400m的灌丛带采集。

6月11日南门关沟口至新兴，6月12～15日新兴采集。

6月16日新兴至磨西，6月17～20日磨西附近及海螺沟口采集。

6月21日磨西至泸定，途中在大渡河德威桥边采集。

6月22日泸定至康定，途中在瓦斯沟口采集。

6月24日康定折多山垭口采集。

6月27日康定途经乾宁、松林口至道孚（松林口采集）。

6月28日道孚途经朱倭、罗锅梁子至甘孜。

6月29日～7月1日甘孜、拖坝、大塘坝采集。

7月2日甘孜途经雀儿山至柯洛洞，7月3～7日柯洛洞、德格、金沙江边、雀儿山西坡、雀儿山东坡采集。

7月7日柯洛洞至马尼干戈兵站，7月8～10日马尼干戈采集。

7月11日马尼干戈至炉霍，途经罗锅梁子并采集。

7月12日炉霍途经崩龙、道孚、松林口、乾宁至新都桥，7月13日返回康定。

7月16～17日康定至成都。

7月22日成都至卧龙自然保护区，7月22日～8月10日卧龙自然保护区内木江坪、耿达七层楼沟、转经沟、英雄沟、三圣沟、巴郎山，下至映秀，上至巴郎山垭口全剖面采集。

8月11日映秀至理县米亚罗，8月11～15日米亚罗采集。

8月16日米亚罗途经鹧鸪山垭口、刷马寺至马尔康。

8月17～22日马尔康工作，8月19日到梦笔山垭口采集。

8月23日马尔康至红原龙日坝，8月24～25日龙日坝。

8月26～29日红原附近及阿木柯河前山等地采集。

8月30日红原至若尔盖，工作两天。

9月2日若尔盖途经瓦切、尕力台至松潘漳腊。

9月3日漳腊至九寨沟，在此工作至9月7日。

9月8日九寨沟、贡嘎岭、漳腊、雪山梁子至黄龙寺。

9月9～11日黄龙寺采集，9月12日黄龙寺至茂文，9月13日茂文至映秀。

9月4～15日映秀采集，9月17日青城山，9月20日返回成都，结束考察。

<u>1984 年横断山补点考察</u>

参加人员：王书永、王瑞琪、陈一心、刘大军、范建国、李畅方、孙德伟，司机为牛春来、邵宝祥。

6 月 18 日北京至四川成都。

6 月 24 日成都至荥经泗坪，6 月 25 日泗坪附近小山采集。

6 月 26 日泗坪、石棉、菩萨岗至西昌，6 月 28 日邛海采集。

6 月 29 日西昌至盐源金河，原计划去木里，因塌方改在金河工作至 7 月 2 日。

7 月 3 日金河至西昌，翻越磨盘山，7 月 4 日西昌停留。

7 月 5 日西昌至渡口，7 月 6 日四川渡口、云南华坪至永胜六德碧泉林业局红旗营林队。

7 月 7～11 日六德采集，7 月 12 日离开六德至丽江，7 月 15～20 日，住白水营林所，云杉坪、牦牛坪、玉龙雪山的高山草甸、干海子等处采集。

7 月 21 日白水营林所至玉湖高山植物园，工作至 7 月 25 日返回丽江。

7 月 30 日丽江至小中甸，工作至 8 月 2 日，8 月 3 日南下 40km 处的冲江河野营，工作至 8 月 8 日，8 月 9 日到丽江鲁甸拉美荣高山实验药场，8 月 12 日下午到维西犁地坪，住道班房。

8 月 13～16 日，犁地坪采集，8 月 17 日，犁地坪至剑川，8 月 18 日兰坪。

8 月 19～25 日兰坪采集，8 月 30 日返回昆明，至此连续 4 年的横断山区考察全部结束。

<u>1986 年长白山观光考察</u>

8 月 24～26 日，参加在长春召开的横断山综合自然区划总结会议。会后，去长白山观光考察。8 月 28 日在天池左侧山坡采集到中国首个蚤蝼目昆虫，填补了我国该目的空白。

<u>1988 年武陵山考察</u>

第一阶段：踏查选点。

1 月 9 日由北京出发参加踏查选点，同行者：林永烈、高耀亭、司机牛春来，共 4 人。

1 月 9 日夜宿河北石家庄，1 月 10 日下午在河北磁县汽车抛锚，四人夜宿车上。1 月 11 日到河南郑州，1 月 12 日到南阳，1 月 13 日到湖北荆门，1 月 14 日经当阳长坂坡、枝城，过长江大桥，夜宿湖南澧县。

1月15日经张公庙、石门、澧水、慈利、索溪峪风景区，夜宿大庸，进入武陵山区域，1月16日到大庸科委了解情况，1月17日到大庸猪石头林场，选为下一步考察的工作点，1月18日到张家界，选为工作点，1月19日从永顺古丈、天子山到吉首，住湘西土家族苗族自治州政府招待所，1月21日参加州科委座谈会，1月22日经凤凰县到贵州铜仁，1月23日参加铜仁地区行政公署座谈会，1月24日到凯里，1月25日参加凯里区划办、林业局、雷公山保护区座谈会，在雷公山及桃江站实地考察，1月27日结束踏查选点到贵阳。

惊悉陈老病逝。1月28日、29日到贵州省林业厅、省科委座谈，1月30日返回北京。

第二阶段：正式考察。

6月22日乘火车离京，24日到贵州凯里，带队参加武陵山区昆虫考察，考察成员共计14人，是历年考察人数最多的一次。

6月25日到贵阳接车，6月28日到雷山桃江选点。

6月29日住雷公山管理站，6月29日～7月4日雷公山采集。

7月5～7日雷公山管理站采集。

7月8日返回凯里，7月10日凯里至铜仁，7月11日与铜仁科委、地区林业局联系。

7月11日下午到梵净山保护区里湾保护站，7月12～20日梵净山考察。

7月20日梵净山、江口至石阡，7月21日石阡至中坝区扶堰乡金星木材收购站。

7月22～25日金星采集，7月26日金星至江口，结束贵州武陵山区的考察。

7月27日贵州江口至湖南吉首，7月29日吉首、古丈至高望界林场，工作至7月31日。

8月1日高望界、古丈至王村，8月2日游猛洞河。

8月3日王村至永顺杉木河林场，在此工作至8月10日。

8月11日杉木河林场、桑植至天平山保护区，在此工作至8月15日。

8月16日天平山至桑植，8月17日游天子山。

8月18日桑植、大庸至猪石头林场，在林场工作至8月21日，结束考察。

<u>1989年继续参加武陵山湖北地区考察，由杨龙龙带队</u>

7月8日乘火车离京，7月9日到重庆，7月12日到武隆，7月13日到彭水，7月14日到酉阳。

7月16～17日酉阳清华林场、茅坝采集。

7月18日酉阳、黔江至湖北咸丰，7月19日在咸丰考察猕猴桃害虫。

7月20日咸丰至星斗山保护区,在此工作至7月25日。

7月26日星斗山、咸丰、来凤至鹤峰,7月27～31日鹤峰分水岭林场采集。

8月2日鹤峰至宣恩,8月3日宣恩晓关区采集,8月4日与李鸿兴提前离队返回北京。

1990年昆虫调查

1990年6月10日～7月4日与黄大卫到山西太原、古交、山阴、大同,以及北京延庆调查美国马铃薯甲虫天敌二十八星瓢虫。

1990年7月11日与杜继武到河北蔚县、张北、沙岭子调查药用芫菁。

1993年参加由杨星科、王淑芳主持的三峡库区昆虫考察

5月9日与王淑芳二人离开北京赴湖北宜昌踏查选点,5月12日赴宜昌林业局、农业局了解情况。

5月13日宜昌、兴山至龙门河林场,5月14日兴山、香溪至宜昌。

5月16日宜昌至巴东,5月17日巴东后山考察。

5月18日乘轮船至重庆巫山,5月19日小三峡考察。

5月20日巫山至万县,5月21日万县林业局,5月22日万县至龙驹区林管所,王二包林区考察,5月23日万县至重庆,5月25日重庆市林业局,5月26日返回北京。

1995年陪同中央电视台《与你同行》栏目组拍摄长江三峡库区昆虫考察电视纪录片和昆虫照片

6月5日与于延芬(负责昆虫拍摄)二人先行离开北京,6月7日到湖北宜昌,上午在湖滨公园拍摄,12时乘船,晚7时到秭归,6月8日到龙门河林场,当日下午至6月13日进行昆虫拍摄,6月13日中午与姚建陪中央电视台钟里满等三人到龙门河林场,6月14～15日龙门河林场拍摄。

6月16日兴山昭君故里,6月17日兴山、香溪乘船至龙驹,6月18日王二包。

6月19日龙驹至万县,6月20日万县至丰都长江岸边拍工作照,6月22日丰都世坪。

6月23日世坪至丰都鬼城,6月24日双桂山,下午乘快艇到重庆,6月26日重庆缙云山。

6月27日乘机返回北京,拍照工作全部结束。

<u>1998年参加由杨星科主持的秦岭西段及甘肃南部昆虫区系考察</u>

6月21日乘火车离开北京，6月22日到甘肃文县，6月23日文县县城南山采集。

6月24日文县至碧口，6月25日碧口碧峰沟采集，6月26日碧口至范坝采集，6月27日范坝至刘家坪采集，6月28日刘家坪、文县至邱家坝，6月29日～7月1日邱家坝采集。

7月2日邱家坝至文县，7月3日文县至武都沙滩林场，7月4～6日沙滩林场采集。

7月7日沙滩林场、两水镇至宕昌，7月8日宕昌、哈达铺、岭洪村至黄家路采集，7月9日宕昌大河坝林场采集。

7月10日宕昌至武都，7月11日武都至康县，7月12日康县白云山采集，7月13日康县黑马关采集，7月14～15日康县青河林场采集。结束考察提前离队返回北京。

1964年青海玉树考察记录

<u>1964.VI.1　多云转晴，西宁至恰卜恰</u>

西宁至湟源，湟源海拔2590m，采到步甲。

日月山，海拔3400m，中午12时采到大蚊、螟蛾、馒蚁、拟步甲、丸甲、步甲、鳞翅目幼虫。日月山山口，海拔3500m，阴坡是山柳灌丛，阳坡是草甸化草原，以嵩草为主。日月山西坡，海拔3360m，植物有芨芨草 *Achnatherum* sp.、蒿 *Artemisia* sp.、葱 *Allium* sp.等。芨芨草根下只有步甲，地面有黑蚂蚁。

倒淌河，海拔3200m，是柴达木与玉树的岔路口。青海南山柳梢沟垭口，海拔3580m，采到馒蚁、蝴蝶。

日月山海拔3400m处为亚高山草甸，植物有高山嵩草 *Kobresia pygmaea*、矮生嵩草 *Kobresia humilis*、火绒草 *Leontopodium* sp.、唐松草 *Thalictrum alpinum*、龙胆。在此采集的昆虫有步甲、拟步甲、隐翅虫、粪金龟、小灰象甲、丸甲、肖叶甲、螟蛾、大蚊、草原毛虫、馒蚁、黑蚂蚁和蝉类等，其中除大蚊、螟蛾、馒蚁、蝉类采于草丛中，粪金龟采自牛粪中以外，其余均采于石头下。丸甲3个，有大小2种。馒蚁见2、3巢。大蚊的成虫有有翅与无翅两种，大蚊幼虫几乎在每块石头下都可见到，可称为优势种。螟蛾不多，但并不罕见，与新疆天山南坡草甸情况相仿。拟步甲和步甲普遍。

柳梢沟垭口，海拔3580m，倒淌河南7km处为草原化高山草甸，植物以嵩草、藏异燕麦 *Helictotrichon tibeticum*、针茅 *Stipa* sp.、香青 *Anaphalis* sp.、野决明

Thermopsis sp.、薹草 *Carex* spp.为主。采到的昆虫有蛱蝶（1 种 2 个，像是酒蝶，翅上有黑斑）、步甲、拟步甲、黑蚂蚁和馒蚁。石头下有黑色、淡色两种跳虫。黑蚂蚁不仅巢数多（每块石头下都有），而且数量多，可称为优势种。小隐翅虫极普通。馒蚁只见 1 巢。

1964.VI.2　下午 4 时 30 分下冰雹

恰卜恰途经三个塔拉至兴海县大河坝，全天行程 117km（塔拉一词源于蒙古语，意指山间宽广平坦的大草地）。

一塔拉，海拔 2950m，主要植物有锦鸡儿 *Caragana* sp.、小果白刺 *Nitraria sibirica*、芨芨草、针茅、猪毛蒿 *Artemisia scoparia*、蚓果芥 *Neotorularia humilis*、赖草 *Aneurolepidium dasystachys*、委陵菜 *Potentilla* ssp.。采集的昆虫以拟步甲的荒漠种类（琵琶甲 *Blaps* sp.）为绝对优势，其次有大象甲、小蚂蚁、粪金龟、步甲等。拟步甲常 3～4 个聚集在白刺、锦鸡儿的根丛下，有时在动物洞穴中，少数在地面爬行。本区土质砂性，有小砂，呈现荒漠景观，昆虫主要是荒漠区系成分。在土壤剖面采到步甲的蛹 1 个。

二塔拉，海拔 3000m，主要植物有优若藜 *Eurotia* sp.、芨芨草、克氏针茅 *Stipa krylovii*、短花针茅 *Stipa breviflora*、早熟禾 *Poa* sp.、蒿等。昆虫有拟步甲和蚂蚁。二塔拉比一塔拉更高一个台阶，是阶地的第二级，三个塔拉即三级阶地，据说是黄河故道。

三塔拉，海拔 3100m，主要植物有固沙草 *Orinus* sp.、芨芨草（小穗成对）、优若藜、马兰 *Iris* sp.、针茅等。昆虫有 2 个步甲，1 个拟步甲，还有黑蚂蚁。步甲在鼠洞或优若藜根丛下。三塔拉地势有更大起伏，过了一个小山之后，到河卡。

河卡，海拔 3270m，草原站羊场，地势平坦，草原植被。126km 后进入河卡南山，134km 处为山垭口，海拔 3960m，山地植被为草甸，阴坡有锦鸡儿 *Caragana sinica*。昆虫均在石头下，有螻蛄、拟步甲、步甲、蚂蚁、隐翅虫等，以螻蛄占优势，其次为拟步甲。拟步甲是高山种类，外形与日月山亚高山草甸的种类类似，而与平原荒漠种类截然不同。未发现馒蚁，可能是山坡的原因。

科学滩，海拔 3720m，山间冲积平原（山前平原）。飞机滩，草甸草原，以针茅为主，其次为嵩草，昆虫有小步甲、拟步甲等。

大河坝，海拔 3800m。

1964.VI.3　阴有雾，大河坝至玛多县黄河沿

早晨 6 时 40 分从大河坝出发。鄂拉山垭口，海拔 4500m，沼泽草甸，有薄雪，主要植物有野葱 *Allium chrysanthum*、点地梅 *Androsace* sp.、棘豆 *Oxytropis* sp.、

鸭跖花 Oxygraphis sp.、报春花 Primula sp.、嵩草 Kobresia sp.等。昆虫有蝇类成虫（体黑色，石头下有蝇蛹），步甲，弹尾虫（一种极大，另一种普通；数量很多，成群），大蚊及其幼虫等。

温泉，海拔3900m，山间谷地。玛多县花石峡，海拔4250m。海拔4200m处盐生草甸土下采到1个拟步甲，看到1个鳞翅目幼虫、1个蝇类和1个步甲。山间盆地，主要植物有蒿、碱茅 Puccinellia sp.、橐吾 Ligularia sp.、兔耳草 Lagotis sp.、嵩草等，地表有盐斑，植被稀疏。翻过海拔4600m高山后进入黄河谷地。玛多县黄河沿，海拔4270m。

确定植被类型以地貌为纲。在鄂拉山之前均为山间盆地，海拔3700～3800m，植被为草原化草甸，非典型草甸。因地下水位低，地面切割严重，水分条件差，牧场的利用价值低。翻过鄂拉山之后，又上升一个阶地，海拔在4200m左右，属于草甸类型，地下水位较高，在滩地中央有苦海，部分地段形成盐化草甸，盐化草甸的成因不明。在阴坡嵩草草甸形成龟裂，龟裂的成因可能与旱獭有关。土层在冲积扇部分有洪积物，亦有冰碛物（带棱角夹杂土壤的大小石块）。

高原山地的特点：山体浑圆，相对高差小，原因是高原切割不严重，高原山地是河流的发源地。此地主要牧场是山间宽谷，牧场利用率低。

1964.VI.4　晴，夜间雨转雪，玛多县黄河沿至清水河

早晨10时从黄河沿出发，下午6时到达清水河，行程181km。途经多泽湖，海拔4250m，在湖四周的石头下，采到步甲、象甲。

翻过小山到野马滩，有很多分割的小海子。绿绒蒿 Meconopsis sp.正开黄花，花中有蓟马（浸渍保存）。野牛沟海拔4480m，为山间谷地，有河沟。阳坡为草原草甸，植被稀疏；阴坡有灰黑色金露梅 Dasiphora fruticosa 灌丛和嵩草。昆虫有熊蜂、蝴蝶、大蚊、步甲。绿绒蒿的花中有蓟马。摇蚊很多，水中有其幼虫。

巴颜喀拉山山口，海拔4970m，在公路里程碑502km道班处北坡厕所看到熊蜂、食蚜蝇及蝇类等。

清水河，海拔4500m，清水河桥下尚有一厚冰层，水在冰层下流淌。清水河有食宿站、汽车站、粮站、气象站、兵站等。

1964.VI.5　阴雨转晴，清水河至玉树

早晨7时30分出发，途经竹节寺、歇武寺、直门达，下午4时到达玉树，行程154km。清水河至竹节寺（海拔4340m），沿清水河谷行进，沼泽草甸，硬秆嵩草占优势，有许多黄花杂类草；山坡上是高山草甸，有金露梅灌丛。歇武第五道

班，海拔 4300m，沼泽草甸，采到的昆虫有褐条步甲、大蚊、蝇类、粪蝇（黄色，以牛粪为食）。

歇武山，海拔 4050m，峡谷地貌，山地阴坡出现小叶杜鹃 *Rhododendron* sp. 和山柳 *Salix* sp.灌丛。

歇武寺，海拔 3950m，有青稞 *Hordeum vulgare* var. *coeleste* 和油菜 *Brassica rapa* var. *chinensis* 等作物，山坡是草丛。

通天河大桥海拔最低，为 3600m，过通天河海拔又稍上升。顺通天河，后逆结古河上行，直至玉树，沿途为峡谷地貌，海拔 3750m。

1964.VI.6　多云间雨，玉树

上午整理途中采到的标本和笔记，下午整理浸渍标本。晚饭后与玉树州政府同志打篮球。王质彬采到很多取食青杨 *Populus cathayana* 叶片的铜绿色金龟子。

1964.VI.8　阴，玉树州政府

西宁至玉树采集小结。

（1）1964 年 6 月 1～5 日在西宁至玉树的沿途做粗放采集。

（2）采集地点：湟源附近，海拔 2600m，谷地，草原；日月山，海拔 3400m，山地阴坡，亚高山草甸；柳梢沟垭口，海拔 3580m，山地；共和县一塔拉，海拔 2950m，黄河故道、阶地，荒漠化草原；共和县二塔拉，海拔 3000m，黄河故道、阶地，荒漠化草原；兴海县三塔拉，海拔 3100m，黄河故道、阶地，草原；兴海县河卡南山，海拔 3960m，山地，草原；兴海县大河坝，海拔 3720m，山间盆地，草甸草原；兴海县鄂拉山口，海拔 4500m，高山沼泽草甸；玛多县温泉，海拔 4200m，平地、盐生草甸；玛多县野牛沟，海拔 4480m，山间谷地，沼泽草甸；巴颜喀拉山北坡，海拔 4800m，高山草甸；巴颜喀拉山南坡，海拔 4700m，高山沼泽草甸；歇武寺，海拔 4300m，沼泽草甸。

（3）采到如下目（科）标本：鞘翅目[拟步甲科、步甲科、象甲科、瓢虫科、丸甲科、隐翅虫科、葬甲科、小头水虫科（现沼梭甲科）、龙虱科、萤科、肖叶甲科、粪金龟科]，膜翅目（蚂蚁科、熊蜂科、叶蜂科），双翅目（大蚊科、摇蚊科、粪蝇科、丽蝇科），鳞翅目（粉蝶科、螟蛾科），革翅目，双尾目，弹尾目，缨尾目。

（4）分布特点：沿途似以鄂拉山为界分南北两部，北部海拔低，气候干燥，在滩地有荒漠景观，山地植被为草原、草甸，南部在歇武寺以北为高原台地景观（海拔 4000m 以上），歇武寺以南呈峡谷景观，开始出现杜鹃草丛，玉树出现青杨。昆虫的垂直分布，大致分为如下 3 个区系。荒漠带区系：海拔 3100m 以下，以拟

步甲为代表；草原带区系：海拔3100～4000m，有馒蚁、大蚊、步甲、螟蛾；草甸带区系：海拔4000m以上，没有馒蚁，有大蚊、步甲、蝼蛄、弹尾虫、粪蝇、摇蚁、拟步甲。沿途分布最广的是步甲、拟步甲和蚂蚁。拟步甲的山地与平地种类不同。

1964.VI.9　晴间多云，玉树州政府

上午及下午由州政府有关同志介绍本州的自然条件、交通、牧业、草原等情况。

中午到州政府后山采集，昆虫种类相当丰富。

采到叶甲、拟步甲、芫菁、步甲、象甲、鳃金龟、金龟、土鳖、蜜蜂、寄蝇、小灰蝶、蛱蝶和蚂蚁。其中，金叶甲 *Chrysolina* sp.在石头下只采到4个，少见，寄主不详。露萤叶甲 *Luperus* sp.寄主为铁线莲 *Clematis* sp.，采到10个。金龟子为害青杨、蒿等，在山地群聚，数量极多，是绝对优势种。一种中等大小的拟步甲在山地石头下分布极普遍，有时一块石头下有10个，亦可作为优势种之一。石头下还采到隐翅虫。

1964.VI.11　晴间多云，玉树

上午及下午分别由中国科学院植物研究所（以下简称植物所）姜恕、张经炜做有关地植物学及植被制图的报告。

中午独自到结古河边采集，河边为杂草地、麦田、白菜地，水渠边生长有杨、柳等树木。采到昆虫：蜉蝣（1个，在水边柳树树干上），石蝇（水边草丛、麦田），石蛾，叶蜂（寄主为白菜），丽蝇，粪蝇，麻蝇，多种小蝇类，蚜虫，盲蝽，隐翅虫等。

青杨、柳树、大黄 *Rheum* sp.等植物上金龟子很多。中午天晴、气温高，金龟子于空中飞翔。

柳树、杨树上未见叶甲类害虫。白菜地未采到菜跳甲 *Phyllotreta* sp.。

1964.VI.12　雨间有雪，玉树

上午协助绘制地形图，并抄写草原毛虫资料。中午召开全分队人员会议。

下午3～5时，在玉树北山山脚采集，环境与6月9日相同，山谷谷底有冲沟、河石，谷旁岩石陡峭，生长有苔藓、锦鸡儿，谷底有蒿草及唐古特铁线莲，坡前为麦田。

露萤叶甲 *Luperus* sp.的寄主为甘青铁线莲 *Clematis tangutica*，成虫取食花瓣和雄蕊花药，1朵花中竟多达15个成虫。有时在花中同时采到1种小步甲，其形颜与露萤叶甲相似。

多种杂草的花中都有花蚤。在蒿属植物顶端看到有蓟马。山坡蒿属植物根丛（有苔藓）采到 2 个丸甲，其中 1 个浸渍保存，另 1 个干燥保存。

坡前麦田内 1 种蓼科植物顶端看到很多金龟子群集，为害叶片呈缺刻状。寄蝇 2 个，其中 1 个为长脚寄蝇。灰蝶 2 个，停在蒿子顶端。苦荬菜 *Ixeris* sp.的叶柄（埋在地下）上有 1 种绿色蚜虫，其中 3 个为有翅蚜。在杂草上扫网采到 1 种花翅实蝇。石头下仍然以拟步甲、步甲、隐翅虫为主，有时有蚂蚁。

1964.VI.13　晴，青海玉树至四川巴塘，转巴塘试点

12 时 30 分左右到达巴塘。巴塘是一个很大的山间洪积冲积平原，地面平坦，切割微弱，倾斜度约为 1°，从西南向东北倾斜，谷向为西南向东北。植被是以薹草、蒿草为主的草甸，海拔 4100m。空中有蜂虻，采到 2 个；草丛中有少数蝇类，石头下有步甲、象甲、拟步甲、黑蚂蚁、隐翅虫、蝗虫若虫。

玉树至巴塘途中，在海拔约 3900m 的阴坡山柳上采到 3 个柳十八斑叶甲 *Chrysomela salicivorax*。巴塘滩上独一味 *Lamiophlomis rotata* 叶部有被害痕迹，可能是黑象甲为害，需要进一步观察。

1964.VI.14　巴塘

在山地裸岩、灌丛带、草甸带扫网采到蝇类、小跳甲、叶甲幼虫、蝗虫若虫、熊蜂、小蜂等。

11 时 30 分，在高山沼泽水池采集，水中有龙虱、拟步甲等。

上巴塘盆地，西至巴颜喀拉山垭口，海拔 4500～4600m，植被为草甸与灌丛。灌丛是小叶杜鹃和山柳，草甸是嵩草和圆穗蓼 *Polygonum macrophyllum* 等。

在草甸扫网采到蝇类、蜂类（熊蜂疾飞，未采到标本）、蝗虫若虫、叶甲幼虫、小跳甲、蛱蝶、小蛾类。草甸积水中采到龙虱和步甲。

灌丛带：石头下采到红拟步甲 2 种，灌丛带上限裸岩带下的石头下采到 1 个金蓝条纹步甲（外形与滩地相同）。灌丛中扫网采到绿色弹尾虫。

巴塘滩营地附近又采到 1 个肖叶甲。

1964.VI.15　阴有雨，巴塘

巴塘滩北面阳坡，海拔 4200～4500m，山谷谷底密生大黄，株高 1m。山坡植被为草甸，生草层不发育。岩石裸露，碎石较多，有昆虫的栖居场所。山顶越平缓，生草层越厚。

采到双翅目 322 个，其中寄蝇 9 个，体形大，具蓝色光泽，腹背有黑纵斑，采自山顶海拔 4500m 处，当时未发现可疑寄主。其他蝇类采自草甸草丛、大黄花

穗和河谷溪边的金露梅草丛中。根据观察草甸带若无裸露石块，蝇类则是优势类群，其次为膜翅目的叶蜂、姬蜂、熊蜂等。熊蜂是高山昆虫，飞翔迅速，其他蜂类都是在草甸草丛中扫网而得。

鞘翅目采到拟步甲、步甲、隐翅虫、瓢虫、金龟子等，前3者采自有裸露石块的山坡上的石头下，同时采到革翅目的一些种类。看来在有石块的山坡除蝇类，鞘翅目昆虫中的上述种类也是主要区系成分。今天采到的拟步甲多为小型，体黑色，与玉树采到的近似，与6月14日在灌丛带采到的红足者不同。

毛翅目，在山谷溪边石块下较多。

直翅目若虫，采自草甸灌丛，种类较草甸带为多，除绿色者外，尚有黑灰色者。据藏族同胞反映7月、8月蝗虫发生多。

革翅目11个，采自石头下。

鳞翅目螟蛾科6个，在谷地草丛中采到。

大黄枝叶完整，无虫害痕迹，枯死的茎基部偶见虫洞，剖开后未发现昆虫，只在花穗部发现蝇类。

采集地的自然地理特征：海拔4350～4500m，山地坡度平缓，山脊浑圆，远望呈波浪状，各个山峰几乎在同一高度线，基岩较老，多露头，常见有石灰岩、花岗岩、闪长岩。

1964.VI.16　多云有雷雨，巴塘

昨夜大雨，地植物组在巴塘滩做样方调查，植物和昆虫小组共计3人沿河谷采集。

从滩地上升一个阶地，进入谷地，中央有河流切割，谷宽约50m，两旁为较陡的山坡，其上密生山柳、聚枝杜鹃、锦鸡儿等灌丛植物，在谷底除薹草、嵩草，还有银莲花，犹如黄色宝石点缀在草甸上，美丽夺目。

灌丛中的山柳叶片有被害痕迹，多呈缺刻状，其上采到绿色叶蜂成虫及结网的1种鳞翅目幼虫，未见柳叶甲 Chrysomela sp.，估计其叶片被害状是由前两种昆虫的幼虫造成的。但叶甲真正有无，尚需进一步观察。

灌丛中扫网又采到弹尾虫，但非金色和绿色，而是多灰色者。

采到1个弄蝶、1个蜂（前足膨大如刀状，疑似切叶蜂科）。食蚜蝇多在灌丛中飞翔。黑色象甲吃橐吾叶片，在叶片上采到1个。

下午在山坡上采到金色的寄蝇4个，采集地的小地形为向阳、温暖、避风，位于草甸与灌丛交界处，呈斜"V"形，小地形前为水沟。

又采到 2 种粉蝶。1 种白色，翅腹面黄色；1 种褐色有毛，近似酒蝶。

1964.VI.17　雨，巴塘

应注意青海高原可能采到，但至今尚未发现的昆虫。例如，雪蝎蛉，隶属于长翅目，体微小，体长 2.5～3.0mm，黑色，无翅，雌虫有长的刀状产卵器，雄虫有极退化的刚毛状翅。雪蝎蛉为全变态昆虫，幼虫像鳞翅目的幼虫，多足型，除 3 对胸足外，腹部 1～8 节各有锥形腹足，第 10 节有发达的臀足。雪蝎蛉的幼虫生活在青苔、朽木、腐殖质中或石块下，以腐殖质为食。蛹为离蛹，在土室中化蛹，羽化出土。成虫生活在石块下或木头下，冬天常群集在雪上。

1964.VI.18　多云，早晨 7 时 3.8℃，晚上 8 时 11.8℃，巴塘

营地南山沟中采集，生境为草甸、灌丛、河边。

山谷为南北向，最南边的山峰发育两个古冰斗和一个兄强谷，山顶为裸露岩带，其下为灌丛，谷地西坡发育有悬形谷——古代冰川的遗迹。冰川谷开始为"U"形，后被流水切割冲蚀逐渐变为"V"形。悬形谷的形成表明古代冰川的发育。山谷的东西两侧对称，高度、坡度近似，表明东西两侧隆起一致。

灌丛植被为鲜卑花 *Sibiraea laevigata*、山柳、聚枝杜鹃；草层为薹草、嵩草、委陵菜、橐吾等。

昆虫情况：山柳嫩梢被 1 种幼虫为害，很严重，其上还有弹尾虫。鲜卑花上有绿叶蜂、鳞翅目幼虫、姬蜂、尺蠖等。河边草丛中有寄蝇、丽蝇、叩甲、步甲、拟步甲、隐翅虫、金龟子、大蚊、蛱蝶、灰蝶、弄蝶。叶甲 1 种，采自鼠尾草 *Salvis* sp.根丛表层土中。

1964.VI.19　雨转多云，早晨 7 时 3℃，下午 1 时 12℃，晚上 7 时 7℃，巴塘

白天的主要任务是协助炊事员做饭。

下午 1～3 时在帐篷附近采集，昆虫有如下几个方面情况。

（1）巴塘滩草甸中的杂草如独一味，至少有 3 种害虫：夜蛾幼虫，吃叶，栖于叶下表层土中；象甲，吃叶，栖于叶下；蝇蛆幼虫，蛀茎，解剖可见蝇蛹。

（2）蝗虫有数种，其中 2 种为成虫，体小、短翅，翅端不盖及腹端，只见跳跃，不见飞翔；另有无翅笨蝗若虫 1 种，前胸背板具 3 条明显横沟。

（3）采到叶蝉。

（4）粪便上有金绿色丽蝇。

（5）滩中未见寄蝇。

（6）橐吾上尚未发现虫害。

<u>1964.VI.20</u>　晴间有冰雪、雨，早晨 7 时 3℃，晚上 7 时 8℃，巴塘兄强沟

1）灌丛带：兄强河谷，冰斗景观下的灌丛带

双翅目：食蚜蝇 4 个，2 大 2 小，小的是灌丛带的种类，大的采自本带上限的绿绒蒿花中；丽蝇 13 个，采自本带山脊海拔 4500m 的灌丛；寄蝇 1 个，采自滩地海拔 4100m 的营房。拟步甲 1 个，红足，采自灌丛带，见其在草丛中爬行。脉翅目褐蛉 1 个，于雨后在兄强沟海拔 4200m 处飞翔时采到，是稀有种类。同翅目沫蝉科 1 个，采自本带海拔约 4500m 的山脊草丛中。鳞翅目粉蝶科 2 个，采自灌丛带，早晨天冷不太飞翔，躲在草丛中，是本带种类；凤蝶 1 个，采自海拔 4500m 的山脊，寄主不详。

2）灌丛带以上：冰斗景观，高山草甸植被

鞘翅目 24 个：拟步甲 11 个，其中 10 个为红足，栖于石下，较普遍，为高山代表昆虫之一；步甲 8 个，其中 5 个为蓝紫色纵条纹，美丽异常，栖于石下，与上述红足拟步甲同居，平地或低海拔处不见，也是高山类昆虫；金龟子可分布到冰斗地形，与放牧活动有关。在冰斗地形中，采到直翅目蝗科昆虫 1 个，石头下看到 1 个阔胫萤叶甲 *Pallasiola* sp.，证明该虫可分布至此海拔。在冰斗地形只采集了 20 分钟，下午 3 时之后下冰雹。

<u>1964.VI.21</u>　晴间有雨，早 7 时 3℃，下午 1 时 13～16℃，晚上 7 时 30 分 9℃，
　　　　巴塘扎河沟

自然地理特征：扎河沟出山口海拔 3900m，在山中深切达 400m，两山峡谷形成典型的"V"形谷，谷底很少堆积，谷宽 20～30m，谷中砾石分选差，河川中砾石均有较好的磨圆度。阴坡大叶杜鹃数量极多，大量被砍伐，发生流石滩（或流石坡）。流石滩的发生，可能与杜鹃的砍伐有关。因为它破坏了原始植被，减少了地面覆盖，增加了水土冲蚀。晚上向姜恕先生请教时，他认为破坏原始植被只是次要原因，更主要的是高原地区发育有冻土层，在冻土层之上由于夏季气温增高而融化，形成滑坡，已融化的上层石土层受重力作用而下塌，造成流石滩，而原始自然植被的破坏，加大水土冲蚀，进一步推动了这种现象的发生。

草甸中土墩子的形成是气候与放牧双重作用的结果。扎河沟（热水沟）为一条很长很深的山沟，在河流上游，有温泉，水温高，在它流注以后的河流，如玉树河，终年不冻。扎河沟的海拔较低，气候较暖，植物较丰富，有小檗 *Berberis* sp.、铁线莲（与玉树相同，而在巴塘滩海拔超过 4000m 处则无）、木本委陵菜等。

鞘翅目 55 个，包括叩甲、步甲、拟步甲、象甲、隐翅虫、金龟子等，其中隐翅虫中有 1 种体极小形者，扫网采到，为首次采到。膜翅目 34 个，包括蜜蜂、叶蜂、锤角叶蜂、姬蜂、小蜂、金小蜂等，而以叶蜂的种类最多，为灌丛带的优势代表昆虫，因为它以灌丛的主要植物鲜卑花和山柳为寄主。双翅目 71 个，包括寄蝇、实蝇、丽蝇、食蚜蝇等，其中虻 1 个，体多绒毛，腹端红色与熊蜂颇相像，是拟态昆虫。同翅目 8 个。半翅目 9 个，包括缘蝽、长蝽和盲蝽。直翅目 4 个，大概有 3 种，2 个有翅。毛翅目 3 个，采自河边。襀翅目、蜉蝣目、鳞翅目共 15 个。

叶甲采到 3 种，其中叶甲亚科 1 种（可能是弗叶甲），隐头叶甲亚科 1 种，萤叶甲亚科 1 种（寄主可能是蓼草）。

此沟谷中有铁线莲，但无露萤叶甲。山柳上未采到柳叶甲，石头下未见金叶甲，鼠尾草根下也未见叶甲。

1964.VI.22　白天晴间多云，傍晚暴风雨，早晨 7 时 4℃，中午 12 时 18.5℃，晚上 7 时 8℃，巴塘

上午整理 6 月 21 日所采标本，并补写笔记。

中午和下午沿兄强河在巴塘滩地上采集。

滩地上昆虫仍以蝇类、蜂类占优势。

滩地上有 2 种蝴蝶，1 种似酒蝶，飞翔迅速；1 种似眼蝶，不太飞，飞不远即停，易采集。

熊蜂 1 种，体金黄色。

河滩边采到在地面筑巢的红胸蚂蚁，但其巢极矮。

1964.VI.23　多云，早晨有小雨，山上有雾，巴塘

上午看赛马。

下午在帐篷附近采集。在风毛菊 *Saussurea* sp.叶片背面发现 1 种龟甲，采到成虫 1 个，幼虫数个，准备饲养。幼虫、成虫取食叶背面叶肉，呈一块块的坑状。

晚上给陈世骧先生写信，把 1 个龟甲成虫随信寄回。

1964.VI.24　多云，早晨 8 时 8℃，中午 12 时 16℃，晚上 7 时 12℃，巴塘

早饭前向左克城先生汇报巴塘的工作情况。

在滩地上做风毛菊的害虫调查，其结果如下。

（1）调查 40 株，受害 31 株，受害株率 77.5%。

（2）主要害虫有大黑象甲、小黑象甲（叶面被害呈坑状者，可能是它的害状）、拟步甲、叶蛾幼虫、卷叶虫、潜蝇、介壳虫、肖叶甲、红蜘蛛、龟甲共计10种。

（3）介壳虫极普遍，受害25株，受害株率62.5%。

1964.VI.25 早晨多云，上午11时雨，下午2时停，早晨8时5℃，中午12时11℃，下午7时13℃，巴塘

独一味害虫调查：调查10株。

第1株：叶缘被害，地面上有2个步甲，鼠洞口有鼠粪。第2株：叶缘被害，无虫，鼠洞口有鼠粪。第3株：叶缘被害，无虫，鼠洞口有鼠粪。第4株：叶缘被害，花序被害，无虫，鼠洞口有鼠粪。第5株：叶缘被害，花序被害，有步甲1个，鼠洞口有鼠粪。第6株：叶缘被害，花序被害，有步甲1个，鼠洞口有鼠粪。第7株：叶片完整（小株），无虫。第8株：叶缘被害，无虫，叶背有小蜗牛。第9株：叶缘被害，花序吃完，叶背有小蜗牛。第10株：叶片被害，无虫。

总结：鼠害地区，虫害轻微。

艾蒿根下有大蚊幼虫、夜蛾幼虫和步甲。

地面采到爬行的小步甲和小隐翅虫。

巴塘滩上公路旁，在海拔3950m处（飞机场以西，帐篷以东）石头下采到较多的大型拟步甲（像是琵琶甲 *Blaps* sp.，足黑棕色），与玉树采到的为同种，但在海拔4000m以上的地方，则极少见。可能海拔4000m左右为其分布的界限。步甲有大、小两型，多是广布种类。

在同一地点的石堆中采到2个叶甲，该处生长有艾蒿，但是否为其寄主尚不得而知。

1964.VI.26 中午雨，下午大雨，早晨5℃，巴塘

1）到巴塘滩，向西沿巴颜喀拉山口补点采集

在山口阳坡石头下采到小拟步甲、大小步甲、隐翅虫、金龟子等，草丛中有螟蛾（与平地相同）。未见大拟步甲，可见大拟步甲是亚高山种类，而小拟步甲则是高山种类或广布种。

附带采集了一些植物标本，目的在于认识高原植物，今后还要再采集一些。

2）在巴塘滩内采集

草原化草甸有熊蜂、蝗虫、隐翅虫、金龟子、龟甲的卵等，与帐篷附近的昆虫种类基本相同。

沼泽草甸有蝇类、毛翅目昆虫等。

1964.VII.1 晴，巴塘至江西林场

早晨 8 时出发，下午 5 时到达，行程 125km。

巴塘飞机场东（巴塘所在地附近）海拔 3850m 处，开垦荒地种植青稞。

沿巴塘滩向东，到下巴塘时折转向南进入古拉山山沟。山沟初为南北向，后为东北西南方向，古拉山山口海拔 4900m，公路左侧为古冰斗，高山草甸带的上限和流石滩的下限，山峰陡峭，岩石裸露。风化壳很发育，向阴处有积雪。

越过垭口，在石头下仅采到几个步甲，体形很扁。看到蝇类，似乎还有蝶类，因采集时间很短未见到其他昆虫。

小苏莽距江西林场 7.5km，位于古拉山南麓山谷中，海拔 3800m。种植青稞（似乎有菜籽），草丛中百花盛开，昆虫种类丰富，曾扫网采集。

近小苏莽乡时，山坡上出现圆柏 Juniperus chinensis，有的地方有森林，谷底有柳树。江西林场位于谷底，三岔口处，有三个山谷。林场前面小山上森林稀疏，仅分布到半山腰稍上，林场右侧山坡较陡峭，森林较密，林场后山只生长稀疏草丛。

1964.VII.3 晴，小苏莽

小苏莽情况介绍。

上午 10 时至下午 1 时在南山云杉林内采集。

跳甲 Altica sp. 2 个，采于林间空地草丛，寄主不详。

实蝇在蒿草上扫网采到，数量极多。

云杉 Picea sp.树皮中采到步甲和拟步甲，后者体形中等，足棕色。

林间鼠尾草的花部有熊蜂、叶蜂、盲蝽、缘蝽等。

1964.VII.4 晴，盖曲河边至四川白亚寺

顺盖曲河西岸向下至白亚寺南面的东西向山谷中沿河采集。盖曲河西岸草地中有较多的长足寄蝇，叶甲种类也较多。

紫草 Lithospermum erythrorhizon 上有 1 种小蓝跳甲。

上午在草丛中扫网采到脊萤叶甲 Geinula sp.，下午 6～7 时在河边蒿草顶端采到其大量成虫，处于交尾期，有假死性，受惊落地。雌虫腹部膨大，腹末露于鞘翅外的部分长。

在小花草玉梅 Anemone rivularis 的叶面上采到球跳甲 Sphaeroderma sp.，体粉红色，有黑色斑点，很像瓢虫，但触角丝状，后足膨大，跳跃。

铁线莲叶面花中仍有露萤叶甲，在整个河谷中都有分布。

草丛中扫网还采到锯角叶甲 *Clytra* sp.、隐头叶甲 *Cryptocephalus* sp.及 1 种跳甲。

在风毛菊根部采到 1 个平肩肖叶甲 *Meriditha* sp.。

在东西向的河谷至云杉林内的山谷采集。

溪边密生山柳，在山柳上采到 3 种叶甲，即萤叶甲亚科 1 种（雄虫触角与体等长，雌虫触角短，约为鞘翅之半，与为害铁线莲的 1 种相似，但体形瘦小，蓝黑色，触角长等特点可与之区分）；叶甲亚科 1 种（可能是白杨叶甲 *Chrysomela tremulae*）；大肢叶甲亚科 1 种。在山柳上始终没发现曾在玉树采到的柳十八斑叶甲。云杉林内，除牛虻较多以外，未发现叶甲亚科昆虫。曾看到馒蚁，但不在地面以上筑巢。

早晨 8 时出发，晚上 8 时返回营地，野外工作 12 小时之久。

1964.VII.5　晴，盖曲河

上午 8 时至下午 2 时整理 7 月 4 日采到的标本。

下午 2 时外出采集，沿盖曲河岸向上，在一个南北向的山谷采集。

在山坡向阳处风毛菊叶上采到 1 个豆肖叶甲 *Pagria* sp.，未见龟甲。

山柳上未见叶甲。

馒蚁在石头下筑巢。

河边种植的马铃薯已枯死，估计是寒害所致。

石头下见步甲、拟步甲、蠼螋等。

思考问题：山上尚未见螳螂，河边未见蜻蜓，这些物种在青海玉树没有分布吗？

1964.VII.6　晴，小苏莽乡错格松多

错格松多后山采集。海拔 3985m 的山地阳坡，有风毛菊，在其叶下有卷叶虫幼虫。

香青 *Anaphalis* sp.上有锯角叶甲。风毛菊叶背面有龟甲幼虫。锯角叶甲的寄主为高山蓼 *Polygonum alpinum*，数量多，为害花。角胫叶甲 *Gonioctena* sp. 足黄色，采于石头下。萤叶甲亚科采到 1 个。

山地阳坡圆柏林内，草地上有点地梅、钝叶银莲花、委陵菜、高山蓼、狼毒 *Stellera chamaejasme* 等。昆虫有粉蝶、寄蝇、痂蝗、雏蝗、花金龟、斑芫菁、灰蝶、蛱蝶、虻等，石头下的拟步甲、步甲、隐翅虫较少，未见蠼螋。

锯角叶甲取食高山蓼、狼毒、锦鸡儿、委陵菜等多种植物的花，分布在海拔

4000m 左右的山地阳坡，数量多，共采到 80 个。7 月 4 日曾在盖曲河西岸边草丛中扫网采到 2 个，头胸红色，鞘翅蓝色，臀区有 2 个黄斑，处于交尾期。

角胫叶甲，足黄色，鞘翅刻点行清楚，体圆球形，采自石下，1 块石头下只有 1 个成虫，是首次采到。

隐头叶甲，扫网采到 2 个。

1964.VII.8　阴转雨，错格松多至格龙

上午 11 时骑马出发，用牦牛驮行李，沿盖曲河向下，下午 4 时到达营地，行程 20km。营地为山间宽谷，盖曲河拐弯处百花盛开，山坡为原始云杉林，未经砍伐，林下苔藓层厚。

云杉、松及冷杉的区别：云杉为常绿乔木，叶四棱形，有气孔线，或扁平型，单叶有叶针；松为落叶或常绿乔木，叶 2~5 枚；冷杉的叶痕为圆形。

1964.VII.9　晴，格龙

海拔 4520m 的山顶有虫草，土壤组同志在土层中掘出 1 个幼虫，并送给我 2 个虫草，作为标本。

山顶南坡草丛上限及草甸交接处有白色绢蝶，数量多，与新疆阿尔泰山的情况相似。山顶采到锯角叶甲、脊萤叶甲、豆肖叶甲，但数量极少。在鼠尾草上采到 1 个叶甲幼虫。

此处昆虫与巴塘有许多不同点：

（1）步甲数量少，无拟步甲，无在巴塘草丛带至流石滩带特有的红足拟步甲，也无体色蓝紫色的步甲。

（2）有锯角叶甲和脊萤叶甲，巴塘则无。

（3）蝶类中出现绢蝶，而且数量较多。

（4）山顶有蝗虫数种，均为无翅种类，有笨蝗、曲背蝗等。

（5）石头下有蟋蟀，巴塘阳坡也有。

（6）小蛾类是本地代表性昆虫。

1964.VII.10　多云转雨，格龙

在格龙西北向山谷内采集，谷地有溪流，密生山柳、茶蔗子等灌丛。

昆虫种类不多，以蝇类占优势，寄蝇有数种，食蚜蝇数量不多，但都是常见种。另有少数鳃金龟、白色粉蝶、蛱蝶、盲蝽、蝽象、朽木甲。

小白菜叶片完整，生长良好，扫网未发现菜跳甲。

山柳上除有少数长角蓝守瓜，没有其他害虫。

在伞形花科植物的花上采到 1 个天牛，属于沟胫天牛亚科，很像桑天牛。

1964.VII.11 雨转多云，盖曲河边，帐篷附近采集

溪畔银莲花叶上有银莲曲胫跳甲 *Pentamesa anemoneae*。铁线莲叶上有露萤叶甲。山柳叶片上仅有少数蓝守瓜。在青稞地边有很多紫草，但无蓝跳甲，而花间多熊蜂。石蝇，体大型，均采自河边死云杉树皮下。

傍晚时山间小溪上空蜉蝣成群飞翔，此后不久降雨。河边草丛花间，长足灰色寄蝇很多，是盖曲河岸边的优势种之一。

杨永昌在山地阳坡森林火烧迹地采到 1 个斑芫菁 *Mylabris* sp.。

1964.VII.12 雨转多云，盖曲河边

沿盖曲河向下在河岸采集，海拔 3620m，草甸植被，植物种类与格龙帐篷附近及错格松多大致相似。

昆虫采集情况如下。

（1）山柳叶上只有长角蓝守瓜，没有其他叶甲。

（2）银莲曲胫跳甲有分布，在叶背面取食叶肉，留下表皮，呈膜状干枯。

（3）黄腹蓝守瓜寄主为铁线莲。

（4）青稞地油菜花盛开，花间有数种熊蜂。熊蜂除在油菜中采到外，其余基本上全在紫草花上采到。

（5）青稞地田埂草丛中，艾蒿顶端仍有脊萤叶甲，此虫未在青稞上发现。

1964.VII.13 多云转阴，傍晚有雨，帐篷南山

帐篷南山山顶草丛及草甸采集，海拔 4100～4480m。

穿过南坡云杉林到第一个山头，海拔 4100m 左右，为草甸植被。由此再向上，阳坡为草甸，阴坡为山柳、聚枝杜鹃、高山绣线菊 *Spiraea alphina* 及鲜卑花等组成的灌丛，阴坡草丛一直到达山顶，即海拔 4400m 左右。

森林上限海拔 4100～4200m，灌丛上限海拔 4400m 左右，鲜卑花上限海拔 4200m。

此处昆虫情况如下。

（1）山顶海拔 4480m 处，在太阳光照射时有 1 种大寄蝇在草丛中盘旋疾飞，与 6 月 15 日在巴塘山顶所见情况相似，区别在于此地植被覆盖度更大。

（2）高山草甸百花盛开，如山葱、圆穗蓼、紫菀 *Aster* sp.等。因此，访花昆虫如熊蜂，种类与数量均多，且多数在山葱花间采到。

（3）山顶石头很少，但在石头下仍采到红足拟步甲，与巴塘冰斗南山情况相似。

（4）蝶类种类多，包括黄凤蝶、蛱蝶、绢蝶、小灰蝶、粉蝶等。绢蝶多在阳坡迅速飞翔，不时停留在花上，在海拔 4200m 左右少见或不见踪迹。看到黄凤蝶 1 对，在山顶以下阳坡飞翔，未采到标本，发现此蝶分布的海拔与巴塘采到此蝶的海拔相近。

（5）锯角叶甲和蝗虫等均在海拔 4200m 左右发现，经查鲜卑花的分布上限与这两种昆虫的分布上限一致。

（6）山顶蝗虫分别属于凹背蝗属 *Ptygonotus* 和金蝗属 *Kindonella*，均属微翅种类，无有翅者。在低海拔分布普遍的雌蝗虫，在山顶未发现。

（7）一种泥蜂在石下筑土巢，巢中有已捕获的呈休克状态的多种蝗虫，约 10 个。在个别蝗虫的腹板上还有 1 个泥蜂幼虫。蝗虫、泥蜂成虫、泥蜂幼虫全部浸渍保存于瓶中。

（8）山顶草甸中采到的无翅蝗虫，有 10 余种，种类相当丰富，但数量少，今后需注意多采集。

1964.VII.14　多云转阴，下午有阵雨，格龙至错格松多

结束格龙工作，返回错格松多。早晨 7 时 30 分起床，8 时 30 分吃饭，饭前捆好行李、帐篷，饭后备马，11 时左右出发，沿路牦牛不时把驮物踢落，行进速度较慢，至下午 2 时到达错格松多林业站。

今日拉木料的汽车很多，达 10 余辆。房间全住满了，我们被迫搭帐篷，但因帐篷透雨，后又转移到林业站干部宿舍，挤在床下睡觉。

1964.VII.15　晴间多云，有阵雨，错格松多

错格松多整理标本。上午整理 7 月 12 日、13 日在格龙采集的标本，下午洗衣服。

格龙工作小结：

工作 5 天，海拔 3650~4520m，地貌类型包括盖曲河谷两岸、山谷、山坡、高山山顶，植被类型包括草甸、溪边山柳茶藨子 *Ribes* sp.高山灌丛、高山草甸等。

植被的垂直分布：林带上限海拔 4200m，阴坡为云杉，阳坡海拔 3700~4300m 为桧柏林。灌丛带上限海拔 4450m 左右，阳坡海拔 4300m，鲜卑花只分布于海拔 4300m 以下。高山草甸在海拔 4500m 或阳坡灌丛边及森林处。

昆虫的分布初步分为两带：森林带和灌丛草甸带。森林带的主要采集地是盖曲河岸草甸和山谷灌丛，叶甲科昆虫多数在此处采得，包括银莲曲胫跳甲、脊萤

叶甲、露萤叶甲，蝗虫以雏蝗 *Chorthipus* spp.为主，还有长足黄色寄蝇。灌丛草甸带分为 2 种类型：草甸类型，昆虫种类繁庶，但没有上述叶甲科昆虫，代表昆虫为钳肖叶甲 *Labidostomis* sp.、绢蝶、多种无翅蝗虫、小螟蛾、虫草、寄蝇、熊蜂等；灌丛类型，在海拔 4300m 以下有鲜卑花，昆虫以叶蜂为主，海拔 4300m 以上无鲜卑花，而以山柳和绣线菊为主，昆虫以木虱、无翅蝗虫等为主，无雏蝗。

1964.VII.16　多云转晴，错格松多附近，河漫滩采集

（1）河漫滩河卵石下采到 4 种叶甲，其中 1 种为阔胫萤叶甲 *Pallasiola* sp.，2 种属于叶甲亚科（1 种体小，为首次采到；另 1 种蓝色者为雌性，跗节第 1 节腹面光秃，可能在巴塘飞机场采到过），1 种与错格松多后山海拔 4100m 处石下采到的为同种，但只采到 2 个。就叶甲而言，一般 1 块石头下只有 1 个昆虫，最多不过 3 个，大部分栖居在石头边缘有草根的地方。此外，在石下还有步甲、拟步甲，很少见隐翅虫，未见蠼螋。

（2）在河心岛上的柳树与沙棘林中，小金龟子为害非常严重，首先是沙棘受害最重，有的整株叶片干枯，其被害状是成虫取食叶片正面叶肉，留下表皮，致使叶片向上卷曲（内卷）。柳林中未发现叶甲。

（3）河边艾蒿穗部又采到 70 个脊萤叶甲。

（4）白菜地未见到菜跳甲。

（5）河漫滩石头下采到 1 个丸甲。

1964.VII.17　阴，错格松多

整理格龙照相记录。

画格龙、错格松多的工作地点示意图，撰写工作小结。

查蝗虫检索表，首先摘录出蝗科中的无翅蝗虫属名录，做属特征卡片。查出格龙高山上无翅蝗分别属于凹背蝗属和金蝗属，且以前者种类最多。

1964.VII.18　错格松多至西河马公社古拉山下

上午 11 时出发，下午 4 时到达。搭帐篷时在石头下采到 1 个金叶甲，与错格松多河漫滩采到的种类相同。

了解西河马公社的情况，并做工作安排。

1964.VII.19　西河马公社古拉山下

爬南坡（山地阳坡），海拔 4200～4720m，主要植物：圆穗蓼、紫菀、风毛菊、藏异燕麦、绣线菊、黄色金露梅、独一味、嵩草、委陵菜、山葱、绿绒蒿、锦鸡儿（阴坡）。海拔 4600m 处的岩石缝苔藓根土中采到 2 个丸甲，背部有黄色锚形

花纹。山顶海拔 4720m，有寄蝇、缘蝽、食蚜蝇等。风毛菊落叶根土下采到丸甲、红足拟步甲和 1 个步甲。石头下采到蠼螋成虫和若虫，成虫体大、黑色，若虫黄褐色、群居，还有大型步甲。山顶采到白色小型绢蝶和红色蛱蝶。山顶蝗虫较少见，但不能认为是蝗虫的分布上限。

在半山腰海拔 4500m 左右，石头下有黄足拟步甲、步甲、蠼螋等，无叶甲。

山脚海拔约 4200m 处石头下的昆虫与山腰处相同，仍无叶甲。

小蛾类多数分布于海拔 4500m 以下，山顶少见。半山腰海拔约 4400m，采到 1 个虫草，虫体已空。山地阳坡所采到的蝗虫均为凹背蝗属，有数种，但未采到金蝗和雏蝗。

通过今日阳坡的采集证明了以下几个问题。

（1）红足拟步甲（中等大小，发出似烂甘薯一样的臭味）是高山昆虫的代表之一，此外还有绢蝶、凹背蝗、小蛾类、蠼螋、丸甲、寄蝇、食蚜蝇、丽蝇、蜂类等。

（2）山顶有太阳时，有金色寄蝇，似蜂的食蚜蝇等。蝇类相当丰富，与格龙山顶昆虫区系基本相同。

（3）海拔 4300m 以上山地未采到叶甲科的任何种类。

（4）山顶昆虫区系如拟步甲的分布表明，与巴塘海拔 4600m 以上的高山如兄强沟有相同点，但缺乏赤条步甲。两处相同点表明可能在海拔 4600m 以上又有一个昆虫区系带的存在，海拔 4600~4700m 可能为蝗虫的分布上限。

（5）高山与亚高山的分界线，即森林上限，海拔约 4200m，是叶甲及雏蝗的分布上限。高山昆虫区系中以凹背蝗、绢蝶为代表。

1964.VII.20 夜间及早晨雨，上午 8 时停，后阴转多云，热水沟

帐篷附近滩地石头下采到步甲、隐翅虫、象甲、叶甲（3 个），以步甲居绝对优势，而未见拟步甲。

在山脚处石头下有步甲、小红足拟步甲、隐翅虫等，未见叶甲。

山脚草丛中采到的蝗虫主要是金蝗，而凹背蝗极少。

山脚蓼草叶片被害，主要是金龟子成虫所致，未见叶甲。

山脚草丛中有小蛾类，也有大蛾类（昨夜灯诱到 3 个）。

河边石头下采到的石蝇，胸部黑色，与他处采到者显然不同。

金叶甲共采到 3 个，其中 2 个在石头下，1 个在河边豆科植物下，本种在此地少见。

河谷有铁线莲，但无露萤叶甲。

山脚有蒿草，但无脊萤叶甲。

河岸边有溪畔银莲花，但没有见到曲胫跳甲。

河谷山柳丛中未见叶甲。

滩地海拔与巴塘差不多，但此地风毛菊已不同于巴塘。

滩地、河谷山脚始终未见雏蝗。

左克成等在热水沟海拔 4500m 处采到虫草、幼虫和蛹等，送给我 2 个蛹，其中 1 个饲养待羽化为成虫。据初步观察，虫草生长处的土壤特点是湿度大，具酸性，没有石灰发育现象，土层厚 40～50cm。

综合上述情况，可以认为此地是昆虫区系中的高山和亚高山的分界线。

1964.VII.21　昨夜至上午雨，11 时转多云，西河马古拉山

山谷海拔 4250m，植物以蓼草为主，昆虫中大蓝丽蝇较多，其次是黑色的高山盲蝽、蛱蝶、金龟子等。

海拔 4450m，山前谷地，为高山草甸。

海拔 4600m 左右，流石滩的阳坡石头下有蓝紫条步甲、隐翅虫（优势）、红足拟步甲、锚纹丸甲、金蝗、凹背蝗（体形小者）。

流石滩山顶，海拔约 4700m，阳坡流石呈条状，不生草木。山顶石下有红足拟步甲（优势）、蝼蛄若虫（成群）、大型步甲、小型步甲、大个熊蜂（在花间，采到 5 个）、绢蝶。

小结：流石滩代表植物有大风毛菊、虎耳草 *Saxifraga* sp.、景天 *Sedum* sp.、点地梅等。本带昆虫以隐翅虫（32 个）、红足拟步甲（30 个）、大型蓝紫条步甲、金蝗、凹背蝗及锚纹丸甲等为主，未见叶甲，小蛾类亦少。

红足拟步甲多数在石下，有的采自风毛菊根丛下。流石滩前似古冰斗地形，底部是薹草沼泽草甸，草丛中无昆虫，积水中也未见有龙虱、小头水虫等水生昆虫。在冰斗地形的坡度石下仍有红足拟步甲、蓝紫条步甲。

流石滩山顶土层很薄，未见虫草，亦未见寄蝇。

蛱蝶多在低海拔处采到。金龟子 15 个，在流石滩海拔 4500m 处，系大便诱集而来。

1964.VII.22　冬草场山谷

灌丛冻土 62cm，正阴坡。谷底植被为圆穗蓼、紫菀、风毛菊、银莲花、少裂马先蒿 *Pedicularis potaninii* 等组成的草甸草丛，谷底靠阴坡边缘有珠芽蓼 *Polygonum viviparum*，阴坡为山柳、卷枝杜鹃、金露梅等组成的灌丛，正阳坡为草甸，河流中间有水柏枝 *Myricaria* sp.。

山谷溪流源头，分为 2 支，分别发源于 2 个古冰斗。

石头下以蠼螋、步甲为主，拟步甲数量少。

岩蛾1种，下雨时沿岩石飞翔，不时停留在岩石上，翅面颜色与岩石的白褐色苔藓颇为相似，不易发现，为良好的拟态（曾拍到1对雌雄岩蛾正停留在岩石上交尾）。

阔胫萤叶甲2个，其中1个在珠芽蓼叶片上，另1个在菊科植物上。

叶蜂也访问圆穗蓼的花，蛱蝶也常停留在石头上。

在阴坡山脚有珠芽蓼并发现叶甲的地方，寄蝇较多，因天气不好，不太活动，用手即可捉到。

山柳顶端嫩叶发现被害痕迹，但未见其虫，可能是卷叶虫为害。

河边风毛菊叶片背面只看到2个白色的叶甲幼虫。

1964.VII.23　古拉山南坡

地貌为宽形山谷，洪积坡或洪积扇相当发育，形成阶地地貌。此处是良好的夏季牧场，植物以珠芽蓼为优势种，其种子穗是良好的饲料。

珠芽蓼与圆穗蓼的区别：珠芽蓼的根为白色，花穗长，边开花边结实；圆穗蓼的根为红色，花穗短，开完花再结实。

蒲公英 *Taraxacum* spp.与紫菀的区别：蒲公英花序外不止一层苞叶，茎流白浆；紫菀花序外只一层苞叶，茎不流白浆。

因天气下雨，昆虫不太活动，只采到蛱蝶、螟蛾、熊蜂、食蚜蝇、金蝗和凹背蝗等。石头下有蠼螋、步甲和象甲。石头下曾发现阔胫萤叶甲的虫壳，说明海拔4400m的山地有此虫的分布。谷底河边风毛菊的叶片下又采到白色叶甲幼虫1个。

下午小苏莽分队归来，采到3种叶甲，即金叶甲（与错格松多河漫滩及西河马所采同种），阔胫萤叶甲（与西河马所采不同），高山叶甲 *Oreomela* sp.（黑色，雌虫腹部膨大）。

1964.VII.24　小苏莽西河马至巴塘

上午11时出发，下午5时到达，住于热水沟沟口部队帐篷附近。

翻古拉山时，在南坡海拔4780m处趁修车间隙采集，在流石滩下主要昆虫为红色拟步甲和步甲。

热水沟河边气象站附近河漫滩卵石下采到金叶甲和阔胫萤叶甲，前者数量多。

1964.VII.25　多云转晴，巴塘至玉树间山脚及河边

海拔约3900m处，采到柳十八斑叶甲，多为蛹期和幼虫期，数量多，有几

个蛹同时悬于一片叶子或小枝上，1 个羽化为成虫。山脚小阳坡在蒿草、火绒草根丛下及石头下采到萤叶甲 *Galeruca* sp.，数量少，分布不普遍。

公路旁溪边山谷碎石下又采到曾在玉树采到的 1 种金叶甲，黑色带瘤斑。

溪畔银莲花叶茎上采到与错格松多一样的曲胫跳甲，该虫取食茎、叶柄，呈坑状，取食叶片下表皮及叶肉，留上表皮呈膜状干枯。

在溪边沼泽草地首次采到蜻蜓。

飞机场附近小孤山上石下采到 3 种叶甲：1 种为红足，与错格松多后山采到者相同；1 种与巴塘河漫滩卵石下的 1 种相同；1 种似为卵形叶甲。

今天是采到叶甲最多的一天。

1964.VII.26　晴，热水沟内河边

考察沟内溪边山柳上是否有叶甲分布。进沟不远的山柳上有 1 种煤黑色的叶甲幼虫，未见成虫。

沟口小山上草地有风毛菊，在其叶下发现龟甲幼虫，未见成虫。

帐篷附近卵石下采到另 1 种金叶甲。

1964.VII.27　巴塘草原工作站后山，阳坡，海拔 4300m

山顶以寄蝇、丽蝇、熊蜂及小蛾类为优势种，蝶类有小灰蝶、蛱蝶、粉蝶，还采到 1 对弄蝶，正在交尾，未见绢蝶。

阳坡蝗虫有痂蝗的雌性若虫，未见雄性成虫（棉层中放的一个雄性成虫是 7月 24 日在古拉山北快到巴塘的山谷中采到的）。

石头下以小型拟步甲为主，间有少数大型者，步甲、蠼螋都有，但缺乏高山种类。

海拔 4200m 左右，在鼠类活动地段以橐吾、风毛菊为主的群落中发现龟甲幼虫。同时，在风毛菊叶上还采到肖叶甲，与巴塘滩所采者相同。采到 1 个石蛃。

山脚白菜地未见叶甲科的任何种类，白菜叶片生长完好，青稞地里扫网也未见叶甲科害虫。山顶蒿草上有很多黑色蚜虫。

1964.VII.28　巴塘

河边及滩地采集，主要植物：菊蒿、紫菀、石竹 *Dianthus* sp.、艾蒿、异叶青兰、棘豆、金露梅、针茅、蚤缀等。

河漫滩卵石下采到萤叶甲、金叶甲、阔胫萤叶甲、拟步甲、步甲、痂蝗、金蝗等，以阔胫萤叶甲占优势，而 7 月 24 日在该河的另一边同样生境下，优势种则是金叶甲。

滩地紫菀叶片上有 1 种白色的叶甲幼虫，受惊即落入叶柄基部。

中午太阳照射时熊蜂访花，数量多，是滩地常见种之一。采到 2 种粪蝇。

小蛾类在滩地草丛中很多，紫菀叶片被 1 种卷叶虫幼虫为害，叶片内卷，被害叶呈白色薄膜状。

王质彬在河边采到 1 个朽木甲，其翅端有黑斑。

1964.VII.29　晴，巴塘

去上次搭帐篷的地方采集风毛菊上的龟甲 *Cassida* sp.，检查河边铁线莲上有无露萤叶甲，采集滩地上的蝗虫。

采到 3 个龟甲成虫，多个幼虫，有老熟幼虫被寄生虫寄生，体色发黑，剖开后看到寄生昆虫的幼虫。

滩地上有咬人的蚊虫，在如此高海拔的地段采到蚊虫尚属少见。

采到 1 个大树蜂。蝗虫为几种无翅种类，还有小雏蝗。铁线莲上没有露萤叶甲。

1964.VII.30　晴，巴塘至玉树，住玉树州政府

在到玉树之前先下车，在县城附近山脚、农田边缘、河漫滩采集约 2 小时。

河漫滩采到金叶甲和阔胫萤叶甲。金叶甲系红足，曾在错格松多后山石下采到，而后又在错格松多河漫滩、巴塘小山、玉树河漫滩采到，以玉树采到的数量最多。此虫主要栖居于河漫滩，在玉树地区北部数量可能多于南部。阔胫萤叶甲也主要分布于河漫滩，这与新疆分布于山麓荒漠的情况是一致的。上述两种叶甲都属于干性、阳性昆虫。

石头下有步甲、拟步甲（大小两种）、象甲、隐翅虫等。

白菜、萝卜生长良好，未见菜跳甲，但有黑色叶蜂幼虫为害。

1964.VIII.5　多云，玉树至隆宝，海拔 4200m

上午 9 时出发，下午 1 时到达，行程 70km。住于乡政府，部分人住窑洞，部分人住帐篷。

离开玉树一直向西北，沿河谷前进，约海拔 4100m 处的山地阴坡出现以山柳及锦鸡儿为主的灌丛，翻过海拔 4500m 的茶西山进入隆宝滩，滩中间有隆宝海。

途中在茶西山山顶以东的阴坡山柳灌丛中采集，没有找到柳叶甲。进入隆宝滩之后，南北两面山地全然不见灌丛。

1964.VIII.6　多云间雨，隆宝鱼山

上午全体讨论隆宝工作计划，中午至下午 4 时在鱼山采集。

蝗虫种类多，包括痂蝗、金蝗、雏蝗、短翅曲背蝗等。在山的东坡岩石风化严重，地面散布片状石块，植物呈点状分布，表现为荒漠景观。这里痂蝗较多，呈数量优势，间或有金蝗。在小山的南坡，土壤发育良好，地面坚硬，植物以莎草为主，但植株较矮。蝗虫以短翅曲背蝗及小雏蝗为主。

在鱼山采到绢蝶和小灰蝶。

蚊虫非常多，不时袭击人的面部。

山顶未见寄蝇，但有牛虻和熊蜂。

蒿草根丛下只找到步甲、拟步甲，而没有看到金叶甲。

据自然地理组蒋国豪同志讲，隆宝滩内河流发育古老，古老的特征表现为河道旁有凌乱的小水塘。年轻的河流河道整齐，下切较深。隆宝滩由于地势升高，河流不能外流，故而形成隆宝海。

1964.VIII.7　阴，哈秀山口

哈秀山山顶，海拔 4700m 处为高沼泽草甸植被，主要植物有甘肃蒿草、蒿草、矮蒿草、小蒿草、薹草、大黄、高山蓼、细叶高山蓼、乌头、虎耳草、风毛菊。地面龟裂有积水，呈现草墩子地貌。山口多风，气温低。

在海拔 4700m 处，昆虫有蝇类、蛱蝶、绢蝶、步甲、小蛾类、叶甲等，以蝇类及 1 种短鞘萤叶甲 *Geina invenusta* 为优势种。

短鞘萤叶甲，体黑色，鞘翅完全消失，据观察取食甘肃蒿草的叶片，山口海拔 4650m 至山顶海拔 4700m 均有分布。在哈秀山前的节宗滩，海拔 4300m 的沼泽草甸，植物群落以另一种蒿草为优势，在此处仍有短鞘萤叶甲，趴在蒿草叶片顶端或花穗部，取食密度较大，曾检查 $1m^2$，有虫 12 个。短鞘萤叶甲是今年首次采到，其是牧草害虫。

在哈秀山上，公路旁草丛中采到另一种金叶甲，鞘翅表面有黑色纵隆起，与萤叶甲或阔胫萤叶甲一样，也是首次采到。

1964.VIII.9　雨转晴，隆宝

山地草甸，海拔 4200～4400m，昆虫以蝗虫为主，有金蝗、凹背蝗、短翅曲背蝗、无翅小雌蝗，在阳坡山脚海拔约 4200m 处还有痂蝗。除痂蝗外，山地的蝗虫均为多翅种类。

阳坡石头下有大型的拟步甲，经观察与玉树阳坡者相同。

蝶类中以黑翅酒蝶和小灰蝶为多，也有蛱蝶。山顶未见寄蝇。隆宝滩河边沼泽采到 3 个短鞘萤叶甲和 1 个阔胫萤叶甲。

滩地沼泽处未见飞蝗。

地植物组同志采到绢蝶、食蚜蝇和金龟子等。

1964.VIII.10　雨转晴，哈秀山

翻过哈秀山，在哈秀山阴坡采集，海拔 4500～4800m。山顶为砾石与垫状植物（景天、蚤缀、点地梅），山顶以下为沼泽草甸（以嵩草为主）。采到萤叶甲、金叶甲和短鞘萤叶甲。短鞘萤叶甲体黑色，采到 2 个；采到 1 个金叶甲雌虫，腹部膨大，寄主不详。

接近山顶处石头下采到红色拟步甲。在沼泽草甸首次采到 1 个蟒象；蝗虫多是凹背蝗虫，均属无翅类。

绢蝶一直分布到山顶海拔 4800m 处，但在山顶以下较多。

沼泽草甸处有跳蟓和无翅蛾，均为小体形者。

1964.VIII.11　多云，隆宝至布朗

上午 9 时从隆宝乘汽车出发，到尕耐沟转骑马，下午 5 时 30 分到达布朗。

隆宝至布朗沿途景观：从隆宝乡政府乘汽车 1 小时至尕耐沟口，骑马沿沟而上，洪积坡的顶部岩石裸露，悬崖峭壁，海拔在 4700m 以上。翻过分水岭顺流而下，进入通天河水系，景观截然不同。分水岭南坡即隆宝滩北缘，因地势开阔，气温低，湿度小，在山地阴坡很少有灌丛。但在分水岭以北，即北坡，峡谷地形（"V"形），岩石为砂岩、石灰岩，流水切割作用强烈，小气候良好。在阴坡均生长有山柳、忍冬、杜鹃、铁线菊等灌丛。在沟的后半部，出现农田，种植青稞等。沟边有几个山峰，岩石裸露。

沟内山柳叶上看到柳二十斑叶甲高山亚种 *Chrysomela vigintipunctata alticola* 的蛹，也看到在错格松多曾采到的 1 种灰色寄蝇，停留在石头上，可见此处海拔低，昆虫丰富。

1964.VIII.12　晴，布朗

通天河在布朗附近为南北走向，河的东岸山势陡峭，河流湍急，只少数地段发育有不完整的阶地。山地干旱，植被稀疏，部分阴坡地段生长有山柳灌丛，沟谷有松柏。通天河南岸，山势平缓，阶地发育。山地阳坡植被为草甸或草原，阴坡是以山柳为主的灌丛。部分地段受风影响大，积成沙丘。布朗附近约有四级阶地，第一级阶地最宽，第四级阶地最高，阶地是重要的农业种植区。

昆虫情况如下。

（1）山柳上有 4 种叶甲，即柳二十斑叶甲高山亚种、瘤胸叶甲 *Zeugophora*

thoracica、蓝瘤胸叶甲 *Zeugophora cyanea*、玉树露萤叶甲 *Luperus yushuanus*。柳二十斑叶甲高山亚种从河阶地至山地均有，密度大，为害严重，轻者致叶片变黑干枯，重者致叶片全部吃光仅留枝条，此虫现在正值成虫期和蛹期。

（2）寄蝇种类丰富，有黄色绒毛寄蝇，该类昆虫多数停留在伞形花科植物的花间。

（3）蝶类有粉蝶、蛱蝶、灰蝶、眼蝶等，其中以黑色眼蝶的数量最多。

（4）河边草丛中采到 1 个飞蝗 *Locusta* sp.，山脚草丛采到的蝗虫可能属于雏蝗和曲背蝗，无翅蝗虫仅采到 1 个，似金蝗。

（5）阶地草丛中尺蛾数量多。

1964.VIII.13　多云间晴转阴，布朗

在布朗山地阴坡灌丛草甸采集，海拔 4000～4500m（或以上），直达山顶。

岩石多为砂岩，包括多种岩石成分，容易受雨水冲蚀，布朗附近之所以充分发育切割地貌即为此故。

山地阴坡灌丛矮小稀疏，以金露梅为主。

昆虫情况如下。

（1）山下部有痂蝗，山上半部则为金蝗、凹背蝗、短翅曲背蝗、小翅（无翅）雏蝗等，种类丰富，数量多。

（2）山顶寄蝇数量多，有黄色绒毛者，喜欢停留在蒿属植物的花上，有时成群。

（3）黄粉蝶一直分布到山顶，白色绢蝶有的在山顶草丛中，有的在蓼草的花穗上交尾。草丛中扫网采到金小蜂及长尾黄色寄蜂。

（4）黄色食虫虻外形似熊蜂，数量较多。

（5）海拔在 4500m 或以上，采到 2 个叶甲，1 个疑为灰褐萤叶甲 *Galeruca pallasia*、1 个为露萤叶甲，寄主不详。

（6）红胸馒蚁在山中部阴坡很多，巢高约 16cm，周围生长草本植物，顶部有碎草梗。

1964.VIII.14　晴，布朗至隆宝

早晨 7 时 45 分出发，下午 7 时返抵隆宝乡。

在尕耐沟顶高山草甸，植被以嵩草为主，采到萤叶甲、短鞘萤叶甲、跳蟓、大蚊、凹背蝗、金蝗、无翅小雏蝗、短翅曲背蝗。

<u>1964.VIII.15</u>　晴，隆宝

上午整理布朗所采标本，晒标本，洗衣服，帮助做饭等。

据姜恕先生讲，在阿荣滩海拔 4700～4800m 的草甸上有很多短翅萤叶甲。

<u>1964.VIII.16</u>　晴，隆宝乡至尕耐沟

上午由隆宝乡政府搬到隆宝滩的尕耐沟口设营。

晚上布置工作，在此工作 5 天，争取 8 月 22 日返回玉树，因粮食不足，不能延期。

<u>1964.VIII.17</u>　晴，隆宝滩湖边沼泽

从帐篷向下至沼泽中心，植被呈现两种不同类型。在沼泽边缘为草甸植被，有嵩草、风毛菊、独一味、异叶青兰、棘豆等，在地貌上应属于一级阶地或洪积扇的下部。洪积冲积平原的土壤属于沼泽土或草甸化沼泽土，分上下两层，上层有锈斑，下层黑色，均呈酸性反应，pH 为 5，有泡沫反应（石灰反应）。沼泽内以莎草科植物为主，嵩草有 2 种。

昆虫也明显分为两带。

沼泽：以蚊、小蛾类、短鞘萤叶甲、萤叶甲、阔胫萤叶甲等为优势代表。小蛾类体色黑，数量多。短鞘萤叶甲在个别地段曾达 25～50 个/m²，中午日晒时趴在嵩草顶端取食，呈黑色星点，有强假死性。

洪积冲积平原：以熊蜂、黄色粪蝇、叶蝉、寄蜂等为优势代表。

据自然地理组同志讲，此沼泽仍在向周围扩大，因为在洪积冲积平原上的两个土壤剖面中没有发现沼泽痕迹，而且地面应是高低不平的土丘。

<u>1964.VIII.18</u>　晴，傍晚狂风暴雨，隆宝乡尕耐沟

隆宝乡尕耐沟错龙公社，高山草甸（沼泽草甸）及砾石带采集。

砾石带：石下有红足拟步甲、小型步甲、蠼螋等，其中蠼螋尾狭及中尾突等特征与古拉山砾石带所采相同。

砾石带前缘有花草，昆虫有胡蜂、丽蝇、蛱蝶、大蚊、姬蜂。

高山草甸带上缘草丛中采到 1 个高山叶甲，体黑色。

高山草甸带的上缘及砾石带均无蝗虫，在海拔约 4650m 时才见到蝗虫。

砾石带的倒石堆中采到知母，属百合科，藏族同胞称之为贝母。

<u>1964.VIII.19</u>　多云转阴，狂风冰雪，隆宝新疆沟

山地阴坡为草甸及山柳灌丛，山柳植株矮小。昆虫有金蝗、凹背蝗（均属无翅类）、阔胫萤叶甲、短鞘萤叶甲，扫网采到金小蜂、姬蜂等，无特异种类。

河沟边河卵石下（河漫滩生境）未见金叶甲。迄今为止，隆宝滩内尚未见此属标本。隆宝的优势叶甲仍为短鞘萤叶甲和阔胫萤叶甲。

<u>1964.VIII.20</u>　晴，隆宝至茶西山采集

从隆宝尕耐沟骑马到茶西山口。山口附近植被稀疏，阴坡出现矮小的山柳灌丛，呈现干旱景象，昆虫极少，蝗虫与新疆沟、尕耐沟相同海拔处的相同，蝶类以蛱蝶为主。隆宝至茶西山之间有一个较大的卵石河滩，只有边缘一小股细流。此种景观内应有金叶甲及阔胫萤叶甲，但翻了许多卵石块，均未发现，原因可能是隆宝滩海拔超过了4300m，超过了金叶甲及阔胫萤叶甲的分布上限。

土壤组在新疆沟采到1种萤叶甲，为害大叶龙胆和橐吾。

<u>1964.VIII.21</u>　晴，隆宝滩尕耐沟

晾晒昆虫标本，协助做饭等。

土壤组又从茶西山采到萤叶甲。

检查送牛奶的牦牛，未发现牦牛身上有寄生虫。

<u>1964.VIII.22</u>　隆宝至玉树

上午11时出发，下午1时到达，住于玉树州政府。

<u>1964.VIII.23</u>　玉树休息

<u>1964.VIII.24</u>　玉树

茶西山口海拔4500m，有短鞘萤叶甲。

<u>1964.VIII.25</u>　晴间多云，青海玉树歇武寺至四川石渠的分水岭

乘汽车，从歇武寺出发。山地阳坡为高山草甸，阴坡有山柳、西藏柳、金露梅、忍冬 Lonicera sp.等灌丛，草甸以嵩草和珠芽蓼等为主。分2个工作点：灌丛及附近（海拔4200m左右）；草甸（海拔4500m）。

海拔4200m与海拔4500m的蝗虫种类相同，以凹背蝗为主，少见金蝗，无痂蝗和雏蝗等，但在歇武寺附近海拔4200m或以下，山地阳坡有痂蝗，采到1个雌性标本。

海拔 4500m 的草甸处，扫网采到 1 个隐头叶甲和 1 个萤叶甲，但未见金叶甲，山柳上未发现柳二十斑叶甲高山亚种。

海拔 4200m 的河谷有蚊子，伞形花科植物的花上有寄蝇，其他杂草的花上有熊蜂、牛虻（较多）。

海拔 4200m 处谷底石块下以步甲为主，有 2 种，均为小型，还在河谷卵石下采到 1 个食虫蝽。

1964.VIII.26　晴，直门达通天河北岸南北山坡

山势陡峻，植被稀疏，零星分布，以半灌木蒿草、大戟（红叶）等为主，呈现干旱草原景观。

山前洪积扇或阶地上为青稞种植区，田埂生长铁线莲、荆芥 *Nepeta cataria* 及溪畔银莲花等。铁线莲和银莲花上都没有找到曲胫跳甲和露萤叶甲，但根据玉树至巴塘间的山谷上曾采到上述两种昆虫推断，此处定有分布，现在没采到可能和时间有关系。荆芥花上有较多的七星瓢虫。

阳坡山地以痂蝗及雏蝗为优势，尤其后者种类多。在该坡地只有 1 种马头状的无翅蝗虫，其他均为有翅型，善跳跃。白粉蝶在山前飞翔。没有采到叶甲。荆芥花上有熊蜂、寄蝇和食蚜蝇等。

1964.VIII.28　阴间有小阵雨，玉树北山

玉树北山（山地阳坡），海拔 3750～4000m，干旱，植被稀疏，有蒿草、野葱、香青、嵩草、羽茅 *Achnatherum sibiricum* 等。

昆虫有痂蝗、雏蝗、金蝗及无翅锤角马头蝗等，种类多，其中痂蝗有 3 种。金蝗及曲背短翅蝗虫均采自山顶海拔约 4000m 处，不分布在山坡，而痂蝗则自山脚一直分布到山顶。

石头下采到蜚蠊，有有翅与无翅两种类型。拟步甲多数为中等体形。

扫网采到花翅实蝇、叶蝉及小蜂等。

蓝色金叶甲，鞘翅上具有圆形小突起，采自石头下，只采到 1 个，寄主不详，与过去在玉树及玉树至巴塘间采到的相同。

黄色粉蝶，从山脚一直分布到山顶。

山顶有大寄蝇，但因阴天数量不多，只采到 1 个。在山脚处看到灰色长足寄蝇，外形与错格松多林区所采相同，说明此虫是林区、耕作区即较低海拔的昆虫，因为在高山带（海拔 4200m 以上）未见其分布。

采到 1 个石蛃。

痂蝗翅下有红色寄生螨，已浸渍保存。

长蝽采自石下土中。

1964.VIII.30　多云，玉树附近菜园，调查蔬菜害虫

蔬菜有甘蓝、白菜、萝卜、油菜、菠菜、马铃薯、胡萝卜、蒜、元根。

害虫情况如下。

甘蓝生长良好，能包心，有的抽茎开花。大部分叶片完整，少数叶片有虫洞，可能是叶蜂为害。

白菜有虫害，叶片有虫洞，采到叶蜂幼虫。在小白菜与油菜混种的菜苗田内调查约 $1m^2$，有叶蜂幼虫 21 头。白菜的病害严重，叶片呈白色斑点状干枯。

看到白粉蝶成虫在花间飞舞，未见幼虫。

萝卜被叶蜂幼虫为害，叶片被害严重。

元根和马铃薯上未见虫害。

河边田埂上采到 1 种新的萤叶甲，寄主为蓼和车前。

1964.VIII.31　上午雨，下午多云，玉树

玉树州政府，做总结。草拟总结提纲，撰写农业害虫及分布概况。

1964.IX.1　玉树

下午玉树州农牧局相关同志介绍农业情况。

1964.IX.5　玉树至黄河沿

离开玉树返回西宁，早晨 8 时 30 分出发，晚上 8 时 30 分抵达黄河沿。原计划夜宿清水河，因天气阴雨，巴颜喀拉山顶白雪皑皑，无法工作，故直达黄河沿。

1964.IX.6　黄河沿至恰卜恰

早晨 7 时 30 分出发，晚上 10 时抵达恰卜恰，行程 342km。

1964.IX.7　恰卜恰至西宁

昨日小汽车发电机烧坏，今日早晨司机修车至中午 11 时，故 12 时左右才启程，至下午 4 时 45 分抵达西宁，行程 144km。

1964.IX.9　西宁

目的是采集锥头蝗及突鼻蝗。山地荒漠以蝗虫为主，有曲背蝗、雏蝗、意大利蝗、痂蝗等，没有采到锥头蝗和突鼻蝗，其他昆虫也不多。此地已有标本积累，故决定不再继续采集，准备返回北京。

1965 年青海囊谦考察记录

<u>1965.V.10</u>　北京至玉树
乘火车前往玉树。

<u>1965.V.11 ~ 12</u>　火车上
　　5 月 12 日下午 6 时 28 分到达西宁，行程 2100km，用时约 49 小时。乘汽车到西高所，住招待所。

<u>1965.V.13</u>　阴雨，西宁，西高所
　　上午安排日程，初步决定 5 月 20 日出发去玉树。下午注射鼠疫疫苗——勃氏杆菌。

<u>1965.V.14</u>　早晨有雨转阴，下午多云，西高所
　　西高所成果鉴定，请姜恕报告草场问题。

<u>1965.V.20</u>　从西宁出发前往玉树
　　西宁至恰卜恰，行程 144km，恰卜恰海拔 2800m。上午 9 时出发，下午 3 时 30 分到达。日月山海拔 3500m，倒淌河海拔 3300m。

<u>1965.V.21</u>　恰卜恰至温泉，行程 207km
　　河卡，海拔 3200m，在滩地石头下采到蚂蚁、象甲、步甲等。在河卡南山脚石头下采到步甲、拟步甲、隐翅虫。
　　共和第十二道班，海拔 3700m，石头下采到步甲、拟步甲、蟒象及食蚜蝇。
　　大河坝，海拔 3800m，地形上升，河水强烈下切。早晨 7 时 30 分出发，下午 6 时 30 分到温泉，夜宿温泉。温泉海拔 4000m，看到 1 对石蛾。

<u>1965.V.22</u>　晴，温泉至黄河沿，行程 155km
　　早晨 7 时 30 分开车，10 时 45 分到花石峡。花石峡海拔 4200m，在此用午餐，附近山顶都覆盖着厚厚的雪。
　　花石峡往西爬上长石山，在长石山顶海拔 4600m 处草甸中看到 1 种黑色的小跳蟒，可惜未得标本。海拔 4600m 之后，下坡直驱黄河沿，下午 3 时 30 分到达，历时 8 小时 30 分。

<u>1965.V.23</u> 晴，黄河沿至清水河，行程 185km

早晨 7 时 30 分出发，下午 6 时 30 分到清水河，历时 11 小时。野水沟的石头下有步甲。巴颜喀拉山山下海拔 4600m 处的烂滩地，植被少，在嵩草植物根下找到大蚊幼虫、步甲、象甲、大叶甲等。巴颜喀拉山垭口，海拔 4880m，石头下采到步甲，雪地上有蝇类。清水河气象站，海拔 4430m。从黄河沿至野牛沟或直至巴颜喀拉山，基本上都属于草原景观，以羽茅为主，大部分地面裸露，土质松散，犹如退水后的沼泽。

<u>1965.V.24</u> 清水河至玉树，行程 155km

早晨 8 时开车，下午 3 时 30 分到玉树，历时 7 小时 30 分，途经竹节寺、歇武山、歇武寺、直门达（通天河大桥）等地。

竹节寺以下约 10km 第四道班，海拔 4300m 的滩地草甸草丛中采到跳甲的成虫和幼虫。成虫具蓝色光泽，鞘翅中缝虽未愈合，但膜翅消失，中午风和日暖，趴在草丛上部，易于发现并采集。幼虫体黑色、活泼，爬行迅速，有假死性。看来本种发生相当早，幼虫已相当成熟了，成虫色泽鲜艳，是新羽化的。估计可能是幼虫土下越冬。

在竹节寺以北，公路边采到金龟子。

歇武寺山垭口，海拔 4500m。翻过歇武寺后灌丛较发育，歇武寺附近海拔 3900m，种植青稞，青稞苗已有 6～7cm 高，山地有圆柏生长，通天河直门达大桥附近山地生长有大戟。

玉树海拔 3750m，柳树已经发芽，青杨刚刚发芽。

<u>1965.V.26</u> 晴，玉树

上午学习《实践论》，下午再次修订工作计划。

1965 年野外工作总计划。

1）目的和任务

以采集叶甲、蝗虫为主，初步探讨杂多、囊谦两县高原昆虫区系的性质，分布规律及高原昆虫的高寒适应，填补高原昆虫区系及地区空白，为编写《中国动物志》和《中国经济昆虫志》积累基本资料。

2）工作地区和时间分配

调查地区是囊谦、杂多两县，分队调查。昆虫只一人，既要照顾到点又要照顾到面，既要照顾区系要求又要照顾生产需要。囊谦位置在南，峡谷地貌，昆虫种类最丰富；杂多位置在北，丘原地貌，昆虫区系相对简单，但却是纯牧业区。

为生产和区系兼顾,故两县都去调查。6～7月在囊谦,随队调查,8～9月转随杂多分队工作。

3)主要工作内容

(1)调查高原草场主要牧草害虫。

(2)调查农林害虫。青稞害虫有脊萤叶甲、*Swargia nila*;蔬菜害虫有蚤跳甲、菜跳甲、长跗跳甲、叶蜂、夜蛾、蚜虫;林木害虫有金龟子、叶蜂。调查寄生昆虫:寄生蝇、寄生蜂。调查卫生昆虫:蚊虫成虫及滋生地特征。调查资源昆虫:冬虫夏草、蝙蝠蛾成虫、幼虫、蛹、卵,并询问产量、采收季节、海拔,以及产地的植被类型、土壤条件,采集真菌孢子。调查一般昆虫区系:以叶甲和蝗虫为着眼点。调查牲畜上的蜱类。

(3)昆虫分布调查。考证去年所做的垂直分带的正确性,有翅蝗虫的分布上限。分作三个垂直带是否合适,海拔4300m以下要不要再分为两带,即海拔4000～4300m为一带,海拔4000m或3900m以下为一带。

(4)地理分布要解决的问题。丘原区与峡谷区的界限在哪里?玉树与杂多有无分区现象?横断山脉的东北与西南有无差异?短鞘萤叶甲是否为丘原区系代表种?绿翅脊萤叶甲 *Geinula jacobsoni* 是否为峡谷区系代表种?囊谦的森林与纯牧区的分异问题。

1965.V.27～VI.1 玉树州政府

讨论并制订工作计划。

1965.VI.2 上午雨,下午多云,玉树

下午到玉树至隆宝方向的河边沼泽地采集。

水中:有大小2种龙虱及有翅水黾,均不太活动,徒手可捉到。

水边:有小跳蝽,去年似乎未采到。

河水石头下有石蝇,采到2个成虫。

河边石头下有步甲、隐翅虫、象甲、缘蝽、盲蝽、蚂蚁等,且步甲和隐翅虫占优势,种类也多。

此外,采到1种叶甲的成虫和幼虫,均在石头下。成虫体蓝色,鞘翅刻点极整齐,像是猿叶甲属 *Phaedon* 的种类。幼虫黑褐色,腹末膨大如梨形,不活泼,寄主不详,去年未采到。

玉树南山北坡山脚,为半阴坡,土层厚,坡度大,植被稀疏,有少数锦鸡儿(已开花)、点地梅、嵩草等植物,昆虫少,采到拟步甲、步甲、粉蝶、隐翅虫、象甲、熊蜂(在锦鸡儿花上)及平肩肖叶甲。昆虫以拟步甲占优势,多在鼠洞口

的碎石下，观察其外形与玉树北山阳坡干性种类相同。柏树树皮下剥到很多天牛幼虫及 1 个成虫，成虫和幼虫放一起浸渍保存。青稞田内车前叶片有被害孔洞，未找到害虫。

1965.VI.3　上午雨，玉树

下午到玉树西北山地南坡山脚洪积扇农田边采集。采到拟步甲、步甲、隐翅虫、象甲、蚂蚁、熊蜂、短翅芫菁（*Meloe* sp.，短翅型，正在取食伞形花科植物）及薄荷金叶甲（*Chrysolina exanthematica*，5 个，采于石下）。山前洪积扇石下红蚂蚁很多。

1965.VI.4　上午有雨，玉树

下午到结古寺小山采集。

在结古寺以下阳坡多草的石头下，丸甲群居，有时多至十余个。体背面灰色，犹如羊粪蛋，体腹面带紫红色，采到很多，为优势种。在小山脚石头下则无，仅有拟步甲等。

一种十字花科植物的幼苗（像小白菜）叶片被食呈坑状，像菜跳甲或长跗跳甲的为害状，但未见成虫。

鼠尾草上采到 1 种叶甲的幼虫。

在紫草幼苗上发现曾在小苏莽采到的 1 种蓝黑色的小长跗跳甲。

玉树地区早春有很多昆虫，但因连日下雨，不便采集。

1965.VI.5　玉树至囊谦

上午多云未下雨，决定出发去囊谦。上午 8 时 30 分出发，途经上拉秀、下拉秀，傍晚快到下日拉山时，下起雨来，路面狭窄，坡度大，汽车打滑，差一点儿滑到坡下去，又推又垫，才免于危险。晚 8 时 30 分到达囊谦县扎曲河北岸渡口，因夜晚水深不能过河，渡口附近只有一座供摆渡人住宿的土房，我们只能坐在汽车里睡了一夜。快天亮时又下起雨来，更加湿冷。

从玉树出发，穿过巴塘滩，过暴日尕拉山口，进入上拉秀。公路折转向南，行至 70km 处与杂多分队分开，杂多分队向西，囊谦分队向东南到下拉秀，即到子曲河谷。子曲河谷谷向为西北东南，坡面有稀疏松柏，植株矮小，下拉秀南面临一高山，山峰挺拔、岩石裸露、悬崖峭壁、白雪皑皑、寸草不生，可谓砾石带，其下有一条明显的水平线，即高山草甸的上限。

公路过下拉秀后转向西南，与子曲河谷分开，进入下日拉山北坡。下日拉山垭口海拔 4400m 左右，在此以北平均海拔都在 4200m。

过了下日拉山后进入峡谷，公路一直向下，山峰陡立，坡度达 80°～90°，地势险要，溪流淙淙，灌木丛生，柏树稀疏不成林。行至峡谷口即到扎曲河边，沿河而下至渡口，海拔约 3800m，出现青稞农田。

1965.VI.6　晴间多云，有小雨

扎曲河渡口至囊谦，行程 7km。

1965.VI.7　上午小雨，下午晴，夜间大雨，囊谦

到囊谦县政府了解当地情况。

1965.VI.8　阴，囊谦

囊谦扎曲河渡口，推汽车过河。

1965.VI.9　多云，晚间有雨，囊谦

上午休息，下午开会讨论出发前的准备工作，决定大量删减东西，以减少运送行李的开支。

我们从北京带来的粮票（80 斤，1 斤=500g）全部交给西高所，并决定再速寄60 斤粮票到西宁，苏华代收并转交，然后买成面粉送来。

1965.VI.10　晴，夜间雨，囊谦

上午清理行李。

下午到囊谦县后山的小山坡采集。

红足金叶甲，体形圆鼓，日前曾在渡口河漫滩处及附近山脚采到，今天又在山前（农田以上）杂草丛生地面有散乱石块的地方采到很多，几乎每块石头土块下都有。它不是直接在土石块下，而是有一条小隧道，有的深入地下，数量很多，为优势种。

芫菁有 3 个属：斑芫菁属、短翅芫菁属、绿芫菁 *Lytta* 属。斑芫菁有红色花斑；绿芫菁有红色纵条，采自阳坡，发现为害菊科杂草。

铜色金龟子成虫为害直穗小檗 *Berberis dasystachya*。

山地阳坡与玉树相比显然不同：玉树阳坡以拟步甲占优势，但囊谦却很少；玉树阳坡有薄荷金叶甲，囊谦阳坡则无，而以红足金叶甲占优势。囊谦采到蜜蜂。

石块下有很多长蝽，大部分为若虫。

1965.VI.11～13　晴，囊谦

出发前准备。

1965.VI.14　晴，下午 7 时雨，囊谦至毛庄

上午 9 时出发，约 10 时到渡口，沿扎曲河向上，到坎达公社时折转向东进入峡谷，在峡谷以上扎营。

驻地为峡谷以上的较宽阔的盆地地形，谷地密生小檗、西藏忍冬、粗毛忍冬、鲜卑花、茶藨子、山柳等灌丛。在山坡上有松柏，土壤为质石灰岩。昆虫以蝇类、蜂类为主，蝇类有丽蝇、寄蝇、食蚜蝇等，蜂类有叶蜂、姬蜂等。此外还有盲蝽、长蝽、短翅蝗虫，石下有蚂蚁、步甲、拟步甲、金龟子、长蝽等。未见叶甲。

扎曲河谷的黑刺灌丛中黑绒小金龟子和铜色金龟子数量极多，为害黑刺、芨芨草、蕨麻花。此种情况与去年在小苏莽所见相似，但小苏莽的昆虫以银腹金龟子为主，为害沙棘。

1965.VI.15　晴，下午 4 时 30 分小阵雨，大苏莽寺

早晨 7 时出发，下午 5 时到达大苏莽寺。

1965.VI.16　毛庄至午买，海拔 4000m 以上

上午 10 时从毛庄出发，向南翻过一个山顶，又顺沟而下向东南方向行进，到达娘拉乡午买生产队。午买海拔 4150m，位于山脚，四周环山，山谷南北向，谷底部有水流入子曲河，由南向北，半农半牧，种植青稞等。

在到达午买之前稍作采集，发现风毛菊叶下有龟甲幼虫，并有蝽象。

1965.VI.17　雨转晴再转阴，午买东北黄土山（西坡）

黄土山，坡向西，坡度 21°。土层较厚，无基岩裸露，密生禾草、杂类草，有片状灌丛。因上午有雨，昆虫较少，有龟甲、蝗虫，黄色姬蜂（在杜鹃花中）。

北坡有杜鹃、木本委陵菜、鲜卑花、山柳灌丛，东坡有圆柏。山柳上发现 3 种害虫：白杨叶甲、双色弗叶甲 phratora bicolor 和鳞翅目幼虫。鳞翅目幼虫群居，吐丝结网，对山柳叶片及嫩芽有毁灭性危害。

在北坡山脚海拔约 4000m 处，草丛中采到 1 个隐头叶甲，寄主不详。

在黄土山海拔 4200m，石下采到 2 个金叶甲。在沟底发现平肩肖叶甲，为害蓼。在营地附近采到多种叶蜂，向阳坡有斑芫菁。

1965.VI.18　阴，午买果谱峨沟牧场，海拔 4200m

沟向西北东南，坡向西南。土层黄色，沟底有零星农田，种植青稞，山坡上以草原为主，很少见灌丛，下部以小嵩草为主，上部以蕨麻为主。牧场地处山前洪积群，地势坡度小，为春夏牧场。

牧场是以薹草为主的草甸草原：草原毛虫 *Gynaephora alpherakii* 密度较大，其次是毛蝇较多，并采到 1 个金叶甲，在草间爬行。蝗虫有数种，有雏蝗和短翅蝗类。大蚊 2 种，1 种体色黑，1 种体色淡，均无翅。新鲜马粪上有丽蝇及粪金龟。在薹草丛中有银莲花，花黄色，花中有 1 种鳞翅目幼虫。风毛菊叶片背面有龟甲。

岩石裸露的山坡植被有风毛菊、樱草、薹草、蚤缀、报春花、龙胆等。昆虫以小鳞翅目主，石头下有蚂蚁，还采到 1 个丸甲，没有步甲及拟步甲，这与玉树山地石下多拟步甲不同。

海拔 4200m 的山前洪积坡草甸植被以嵩草、委陵菜、风毛菊等为主，植株矮小。采到 3 种叶甲：平肩肖叶甲 *Meriditha* sp.的寄主可能是委陵菜，看到成虫趴在叶片上，并看到 1 个叶片有圆孔被害状，叶片多有虫孔；长跗跳甲，黑色，极小，在草丛中爬行，寄主不详；采到 1 个龟甲。

地面草丛中有黑色拟步甲及无翅黑色小盲蝽，还有雏蝗及小型无翅蝗。

1965.VI.19　大雪转晴，午买

昨夜大雨，拂晓大雪，直至上午 9 时，下午转晴。

原计划今日部分同志到多伦多公社采集，因雨停止。上午处理昨天采集未整理完的标本。下午学习《实践论》《湖南农民运动考察报告》。

1965.VI.20　午买

第 1 号样地：海拔 4250m，坡向西南，坡度 30°。昆虫采集编号 019 号，土壤编号 9 号，地植物样方编号 8 号。发现龟甲幼虫及卵（寄主为美丽风毛菊，调查 10 株，被害株 8 株）、叶甲幼虫（寄主为风毛菊）、拟步甲（黑色、小型，2 个）。石竹及紫菀花中有蓟马。平肩肖叶甲成虫有假死性，可能为害圆穗蓼，取食叶片，被害状长形。火绒草叶上有 1 种绿色灰蝶。隐翅虫 1 个，棒角食虫蝽 1 个，草原毛虫 1 个，此外还有食蚜蝇、叶蝉、黄粉蝶、黄凤蝶、黑蛱蝶等。

第 2 号样地：山顶，海拔 4420m，主要植物有锦鸡儿、蓼、嵩草、贝母等。主要昆虫有步甲、红斑芫菁、蛱蝶、麻蝇、食蚜蝇、食虫虻、叶蜂、黄凤蝶、白绢蝶、黄粉蝶、蠼螋、熊蜂等。

第 3 号样地：谷底有小檗灌丛、松柏、蒿等。昆虫除有 2 号样地半山腰处的各种昆虫外，最突出的特点是铜色金龟子和叶蜂数量增多，显然成为优势种。

小结：从囊谦、毛庄、午买三处看，河谷农业区优势昆虫是铜色金龟子、黑绒毛金龟子、牛虻（花翅）；河漫滩及附近山脚的金叶甲数量很多，为次优势昆虫（扎曲河谷），河谷区与去年在玉树和小苏莽所采相似；午买区系以湿生昆虫为主。午买农作物青稞的分布海拔比玉树地区上升100～200m，昆虫的分布海拔也相应升高，如风毛菊龟甲曾在海拔4400m以上发现其幼虫、卵等。午买山地的昆虫垂直分布可概括为三带：山顶带，海拔4400m以上，以寄蝇为优势种；山腰带，海拔4200～4400m，以无优势种为特征；谷底部，海拔4100～4200m，以铜色金龟子为优势种。

1965.VI.21 早晨小雨，上午阴，午买至娘拉，海拔3650m

上午8时45分骑马出发，于下午1时到达扎曲河边的娘拉乡政府。下午2时到附近河谷采集。

绿翅脊萤叶甲、蓝色瘤胸叶甲、银莲曲胫跳甲都有分布，蓝色的金叶甲也生活于河漫滩及空地的石头下。

阴坡森林有松柏、山柳、桦树、茶藨子、鲜卑花、绣线菊、枸子、木香等。山柳和桦树遭一种金龟子为害，此虫头部和胸部呈金属蓝色，鞘翅淡色，取食叶片，处于交尾期。另有1个鳃金龟也在山柳上采到，还采到3个天牛。

雏蝗的雄虫较多，其次有短翅蝗类，菱蝗是首次采到。

森林内有黄蚂蚁，筑巢于地面以上呈馒头状。

1965.VI.22 上午雨，下午晴，娘拉

因雨上午休息，下午天晴，护送驮行李的牦牛过河。

趁护送牦牛之机，也进行了采集。

发现绿翅萤叶甲不仅为害蒿属植物，而且为害木本委陵菜，吃叶呈圆孔状。

河边沙地有虎甲，有两种花斑，一种酱色白斑，另一种蓝色黑斑。

赤条芫菁为害铁线莲。

油菜开黄花，花间有食蚜蝇。

麦田十字花科植物的花间有蜜蜂。

1965.VI.23 娘拉、昌都至白扎乡马尚公社（马尚村）

上午8时出发，沿扎曲河而下，过一险路折转向西，离开扎曲。逆一小溪而上，进入昌都，河水猛涨，不易过河。原计划的路线是一直逆河而上直至白扎，此路需多次穿河，因此不得不改变计划，请一当地老乡做向导，走另一条小路，

翻过一座大山，离开昌都进入囊谦县白扎乡。下午 7 时 30 分到达马尚公社，住在马棚，海拔 4000m。驮行李的牦牛帮又宿于半路。

1965.VI.24　上午阴，下午雷阵雨有冰雹，马尚公社

上午请马尚公社领导介绍情况。

下午在附近山地阳坡采集。蝗虫普遍以雏蝗的雄虫为多。大蚊很多，体黄色，成双。长蝽也很多。在鼠尾草株丛中有锤角的缘蝽，此乃初次采到。蝽象的种类不少，数量极多，有的成群在鼠尾草上，有的在草丛中爬行。

叶甲采到 4 种：肖叶甲、薄荷金叶甲 Chrysolina exanthematica、金叶甲 Chrysolina sp.、锯角叶甲 Smaragdina sp.。肖叶甲的寄主为委陵菜 Potentilla sp.；薄荷金叶甲在鼠尾草的植株下采到，同时也采到另一种金叶甲。另有 1 种叶甲科的白色幼虫取食蒲公英和风毛菊 Saussurea taraxacifolia 的叶片。

小檗上仍有很多金龟子。

1965.VI.25　上午阴，马尚公社山地

马尚公社南山山顶，植物主要以小嵩草为主，其次有火绒草、黄耆、蒲公英、风毛菊、委陵菜等，阴坡有金露梅灌丛。

采到的昆虫有黑色肖叶甲、隐翅虫、步甲、短翅凹背蝗、绿色凹背蝗、盲蝽、铜色金龟子（在金露梅花中）、拟步甲、寄蝇、蓟马（在银莲花中成群）。

样方昆虫调查：山脚至山腰，半阴坡，主要植物有风毛菊、委陵菜、橐吾、金露梅、高禾草、狼毒、马先蒿等。采到的昆虫有肖叶甲、金叶甲、短翅芫菁（极小，像叶甲）、跳蝽、麻蝇、姬蜂、短翅蝗虫、雏蝗、蓟马、馒蚁、拟步甲、象甲（黑色小型，取食委陵菜的花）、草原毛虫、步甲及双尾虫等。

1965.VI.26　阴雨，马尚公社，海拔 4150m 以上

山地西南坡或南坡，从山脚至小山顶，植被是以小嵩草为主的草甸，部分地段有小檗灌丛，其次有委陵菜、紫菀、西藏银莲花、蓼、风毛菊、高山唐松草、橐吾、兰石草等。昆虫以蝗虫类为主，但有小檗的地方则以铜色金龟子为优势种。其他昆虫与昨天所采差异不大，美丽风毛菊下没有找到龟甲。

1965.VI.27　上午阴，中午阵雨，下午晴，最低气温 7.5℃，最高气温 23℃

马尚公社河边河漫滩及附近小山采集。

河边河漫滩采到金叶甲、曲胫跳甲、绿翅脊萤叶甲。丸甲，体色黑，与去年在山上及今年在玉树所采不同。水中有 2 种龙虱，石头下还有步甲、拟步甲、隐翅虫、象甲、叩甲等。

河边棘豆有一种黑色叶甲的幼虫，估计是金叶甲的幼虫。小翅雌蝗雄虫绿色，翅不达腹末；雌虫体色绿，翅呈鳞片状，短于雄虫。在河边采到1个毛翅目昆虫。

门前小山海拔 4100m 处采到薄荷金叶甲（石头下）、金叶甲（寄主：艾菊 *Tanecetum* sp.）、平肩肖叶甲 3 种。芜菁有 2 种，即斑芜菁和绿芜菁，后者为害紫菀。鼠尾草和艾菊下有很多的小型长蝽，岩石边还有红色的长蝽。

1965.VI.28　上午多云，下午雨，夜间大雨，马尚公社至白扎盐场

只翻一山就到一平坝，海拔4250m。在海拔4450m的山垭口采集，垭口右侧山峰下坡地——南坡，锦鸡儿灌丛正在开花，熊蜂在花间飞翔，在锦鸡儿灌丛中采到 1 个八斑隶萤叶甲 *Liroetis octopunctata*。

1965.VI.29　昨夜大雨，今日阴雨，不时阵雨，最低气温 5℃，最高气温 25℃，白扎盐场

白扎盐场云杉林内采集。顺着通往白扎林场的公路一直向西南，通过一峡谷。山地阳坡出现松柏林，有少数巴氏云杉，山地阴坡为纯云杉林，但被严重砍伐，非常稀疏。林下有山柳、鲜卑花、聚枝杜鹃，木本委陵菜等灌丛，谷底为山柳、鲜卑花灌丛或薹草草甸。

采到了如下叶甲：白杨叶甲（山柳，山坡）、双色弗叶甲（山柳）、隐头叶甲（鲜卑花，谷地）、曲胫跳甲（林间草地）、薄荷金叶甲（鼠尾草株丛下）。

林间空地及谷底草地昆虫种类极少，蝗虫少见，但小蝇类、叶蝉及草原毛虫较多，采到 1 个脉翅目昆虫，外形与去年在巴塘曾采到的 1 个相同。山柳上尚未采到玉树露萤叶甲、瘤胸叶甲。

1965.VI.30　雨，下午阴，最低气温 5℃，最高气温 23℃，白扎盐场

盐场北边半山腰采集，海拔 4400m，草甸植被。岩石缝上有一种开蓝花的绿绒蒿，岩基露头，但活动的石块少，石下除有步甲、拟步甲、丸甲、隐翅虫外，其他昆虫极少。在半山腰美丽风毛菊下采到：高山叶甲、金叶甲、龟甲。龟甲的寄主肯定是风毛菊，金叶甲的寄主可能也为风毛菊，因为好几个标本均是在该植物下采到的。

1965.VII.1　多云，下午有雷阵雨和冰雹，最低气温 5.5℃，最高气温 25℃，白扎盐场

上午政治学习并讨论自野外工作以来队伍存在的问题及解决方法。

下午在附近山前洪积扇上采集，部分地段是以嵩草为主的草甸，部分地段是嵩草沼泽草甸。

采到 2 种叶甲，均是金叶甲，全部在独一味的叶片下，有的一株下有 2～3 个，几乎每株下都有。水中采到龙虱和拟步甲。

1965.VII.2　上午晴，下午暴风雨、冰雹，最低气温 2℃，最高气温 25℃，白扎盐场
　　　　　全体休息。

1965.VII.3　早晨雾，多云，白扎盐场至吉曲

白扎盐场出发到第一站小山垭口，海拔 4300m 左右，发现草原毛虫为害矮镳草 *Scirpus pumilus*，幼虫趴在草上，专食其尖端。采到黄色粪蝇。

翻过一山岭，海拔 4550m 左右，基岩裸露，满布碎石，土层极薄或无土层，垭口处主要植物是高山蓼及嵩草类，植被稀疏，由此向西远眺可见扎曲河谷北山。

宿营地海拔 4300m，位于山谷中。山坡上有松柏、山柳、木本委陵菜、忍冬、金露梅等。草丛中采到 1 种蝽象，体极扁。绿翅脊萤叶甲在风毛菊叶面取食叶肉，呈麻点状。草地上有象甲，常爬到油布上来。挖帐篷排水沟时采到冬虫夏草蝙蝠蛾幼虫及蛹。有草原毛虫，但数量不多。

1965.VII.4　上午雨，下午晴间多云，白扎盐场至吉曲

因雨延至中午 12 时左右才出发。从海拔 4300m 的半山腰至巴曲河谷，河面只有几米宽，水流湍急，借助一小木桥可通过。在河边采到 1 个八斑隶萤叶甲。过了巴曲河后一直爬山，几至山顶，海拔 4680m，然后下山，在凹处宿营。

营地小山顶海拔 4600m 处，以高山蓼为主，采到 1 对高山叶甲。未找到冬虫夏草。

巴曲河边海拔 3900m，云杉林内空地银莲花盛开，花间多食蚜蝇，扫网采到许多。绣线菊上银腹金龟子群集，林带内数量最多的昆虫是牛虻。

1965.VII.5　早晨雨，阴，最低气温 0℃，吉曲至三羊

开始在群山顶部绕行，脚下悬崖峡谷，地形十分险要，过山后进入昌都区界，遇见公路而折转向北。宿营地海拔 4300m。

1965.VII.6　上午晴，傍晚风雨，吉曲至三羊

山地以草甸、灌丛为主，偶尔见到桧柏被草原毛虫为害，食其尖端或从中部咬断。

采到薄荷金叶甲，寄主为鼠尾草。

"石峡"——石灰岩被河水切割成一孔道，为牛马必经之道。石峡前有一牧场，是三羊的夏季牧场。据了解三羊附近多是冬牧场，夏场多在山的右侧。

晚上8时左右到达三羊。

1965.VII.7 白天多云间晴，下午和夜间风雨，三羊

上午讨论工作计划，预计在三羊工作5天。

白天天气较好，晾晒已采的标本。

晚上自学《正确处理人民内部矛盾的问题》。

1965.VII.8 早晨雨，阴，最高气温22℃，三羊

全体队员会议。

1965.VII.9 白天晴间多云，最低气温5℃，最高气温29℃，三羊

山地主要植物有鼠尾草（蓝花）、狼毒、圆穗蓼、唐古特岩黄耆、火绒草、木本委陵菜、橐吾、高山唐松草等。

主要昆虫有叶蜂幼虫（取食鼠尾草）、姬蜂（蓝色，长尾）、熊蜂、食蚜蝇（黄色）、寄蝇（黄尾，黑色）、小翅雏蝗、绿色短翅蝗虫、象甲、银腹金龟子（取食火绒草的花部）、肖叶甲、龟甲（美丽风毛菊叶下）、缘蝽、草原毛虫、蝽象、黑色无翅长蝽、二点红长蝽、粪金龟子等。

石头下，海拔4400m左右，小牛粪金龟子数量极多，在草丛地面爬行。首次采到食虫蝽，还采到长蝽、小象甲（取食紫菀的花）、蜂类（以姬蜂为多）、蝗虫及襀翅目的一些种类等。

海拔4200m以下至谷底有高山蓼、正在开花的狼毒等，扫网采到隐头叶甲（龙胆花上）、锯角叶甲及黄腹的萤叶甲。

溪边石头下采到红足的金叶甲、石蛾、蜜蜂、二点红长蝽、食蚜蝇、花翅实蝇、小象甲及襀翅目的一些种类等。

小结：小黑象甲为害多种花，从谷底至山顶均有分布。蝗虫以雏蝗为主。海拔4300m以下均有肖叶甲和风毛菊龟甲 Cassida rubiginosa rugosopunctata，海拔4400m以上则无。海拔4200m左右的草丛中扫网采到多种叶甲，较高海拔处丰富。蜂类在海拔4300m以上以姬蜂为多，在海拔4200m左右则多为蜜蜂。

1965.VII.10 白天晴，下午7时暴雨，最低气温4℃，最高气温30℃，吉曲河边

在吉曲河边采集，西边山坡为云杉、松柏林，夹有山柳、茶藨子及杨树等。海拔3980m（吉曲支流），水深至马肚子，水流湍急。

河谷密生委陵菜、银莲花、紫菀、铁线莲、珠芽蓼、喜马拉雅嵩草、狼毒和酸模等。

草原毛虫为害喜马拉雅嵩草。

采到 6 种叶甲：曲胫跳甲（寄主银莲花）、绿翅脊萤叶甲、玉树露萤叶甲（柳树林内）、萤叶甲 *EulePerus*（体全蓝色，寄主铁线莲）、锯角叶甲（珠芽蓼花上）、凹胫跳甲 *Chaetocnema* sp.。

叶甲的种类与小苏莽完全相同，但缺乏白杨叶甲和蓝瘤胸叶甲。曲胫跳甲生活于叶背，隐蔽，怕强光。

草丛中细毛蝽较多，并有红色长盲蝽，伞形花科植物上有蝽象。

草丛中以蜂类、蝇类占优势，在花上以姬蜂占优势，采到 1 个三节叶蜂。

看到 1 个蜻蜓，但未采到。

1965.VII.11　白天晴间多云，夜间暴雨，最低气温 4℃，最高气温 25℃，三羊至囊谦

在三羊向北至囊谦途中的野儿山山顶海拔 4800m 的流石滩采集。流石滩间或有暗绿紫堇、圆穗蓼、窄果薹草、矮生嵩草及高山唐松草等植物。流石滩地段的昆虫有红足拟步甲 *Prosodes* sp.、叶甲幼虫（在山顶海拔 4800m 处采到）、蛱蝶、白粉蝶（触角黑白相间）、黑粉蝶、蝇类。没有蝗虫及螳螂。

海拔 4600m 的高山鞍部沼泽草甸有蚊虫。

1965.VII.12　上午阴，下午雨，最低气温 6℃，最高气温 25℃，营地

在营地附近小山上采集，以观察为主。

上午 10 时以前因天阴，气温低，昆虫不活动。锯角叶甲栖于狼毒、木本委陵菜、艾蒿等植物叶片上，不活动。草原毛虫栖于草丛中，头向腹部蜷曲，不食不动。10 时以后气温渐高，草原毛虫开始取食。又见一草原毛虫取食小叶金露梅的叶片。

叶甲幼虫采自紫菀上，未见被害状。小黑象甲取食蒲公英的花。细毛蝽与 7 月 10 日在山上及吉曲河畔所见情况相同。

1965.VII.13　雨，三羊至吉尼赛乡

逆吉曲河一支流而上，后折转翻山垭口（海拔 4600m），进入吉尼赛乡夏牧场。在夏牧场稍事休息，问明道路方向再往下走一段，在海拔 4300m 处扎营。

1965.VII.14　阴雨，吉尼赛乡

了解吉尼赛乡畜牧业情况，并在吉曲河边采集低海拔昆虫。因雨迟至 10 时 30 分出发，中午 12 时 30 分左右到达，一直顺河而下，出了小山口奔上吉尼赛通着晓乡的公路。

吉尼赛乡位于吉曲河北岸，有一铁索桥可达南岸。海拔 4100m，半农半牧区，种植有青稞、元根等。草山坡度陡，土层薄，植被不佳，在山脚与农田交接处有小檗灌丛，田边草类丛生，如铁线莲、银莲花、蓼、荨麻、蕨麻，山脚有党参，开白花。

在蓼的花穗上采到锯角叶甲，还采到白粉蝶和食蚜蝇等。

1965.VII.15　阴雨，吉尼赛乡

吉尼赛乡吉曲河畔采集，下午 2 时 30 分返回营地。

吉曲河边卵石下采到红足金叶甲。阔胫萤叶甲，寄主为野葱，大部分成虫采自石下，与金叶甲同居，只有 1 个成虫趴在野葱叶片上取食，取食方式与草原毛虫相同，均为自上而下啃食，速度快，成虫鞘翅软，可能刚羽化不久（在此之前未曾采到本种，怀疑是时间问题）。

伊尔萤叶甲 *Erganoides* sp.（全体蓝色，腹末非黄色），采自铁线莲花瓣中，取食花瓣呈孔洞状。

黄腹萤叶甲在铁线莲叶片上扫网采到。

曲胫跳甲，寄主为银莲花。

伞形花科植物的花上扫网采到很多花蚤。此处熊蜂多，蝗虫极少，只采到 1 个雏蝗。

1965.VII.16　晴，吉尼赛乡（江卖牧场）

山地阴坡（东北坡）植被是以山柳、聚枝杜鹃、鲜卑花、绣线菊、锦鸡儿、忍冬等为主的灌丛。

蚊科昆虫从海拔 4300m 直至山顶海拔 4600m 处都有分布。大蚊分布于海拔 3000～4600m。

摇蚊科昆虫在灌丛处极多，空中成群飞舞。

双色弗叶甲，成虫采到 5 个，柳叶背面有 1 龄幼虫，黑色，散居，1 叶 1 头，有时多至 3 头，取食叶下表皮及叶肉，仅留上表皮呈坑状。

蝗虫有雏蝗、凹背蝗及 1 种无翅蝗虫。初步观察雏蝗分布于海拔 4500m 以下，凹背蝗分布于海拔 4500～4600m，无翅蝗于海拔 4500m 上下都有，但以下部为多。山顶的凹背蝗多为若虫。

寄蝇及食蚜蝇采自山顶海拔 4600m 处，前者有黄毛及黑腹条纹两种。

叶蜂 1 种，见到其捕食 1 种鳞翅目幼虫的颈部，用其大颚咬食。

象甲采自紫菀的花中。

在海拔 4500m 左右的灌丛空地中采到冬虫夏草数枚，但虫体已烂。

石蜗 1 个，浸泡保存。

草原毛虫在 19 时前不食不动，在河谷及山脚密度较大，约 11 头/m²，灌丛内极少见（海拔 4400m），山顶未见。

1965.VII.17　晴，昨夜有雨，吉尼赛乡

吉尼赛乡（江都）牧场，工作小结。

1965.VII.18　最低气温 4.5℃，最高气温 28℃，吉尼赛乡

营地前山地阳坡采集（与 7 月 16 日阴坡相对），坡度陡峻，零星分布有小檗灌木，坡脚较密，偶见木本委陵菜，草本有高山嵩草、委陵菜、美丽风毛菊、火绒草，在坡度小的沟谷中有珠芽蓼、高山唐松草、马先蒿、米口袋和独一味等。

坡度小的地段及沟谷处采到锯角叶甲，在蓼属植物的花上屡见，并在木本委陵菜株丛中采到很多。绿芫菁在木本委陵菜上取食。叩甲、拟步甲、象甲、步甲、隐翅虫等均在石头下。还有雏蝗、金蝗、食虫虻、寄蝇、食蚜蝇、鳃角金龟子（去年观察为害蓼属植物，今年未见其取食）。

坡度大的地段有雏蝗、金蝗、蟓象（委陵菜花中）、拟步甲、步甲、象甲等。

山顶海拔 4750m 以上主要植物有圆穗蓼、锦鸡儿、高山嵩草、风毛菊、紫菀、高山唐松草、狭叶地胆、小叶金露梅、糙喙薹草。

山顶主要昆虫有黄毛寄蝇、黑腹寄蝇、大红足拟步甲、小拟步甲、大型紫条步甲、熊蜂（岩黄耆花中）、姬蜂、凹背蝗若虫、螳螂（石下）、瓢虫、隐翅虫、象甲（灰色、黑色）、长尾黄姬蜂及蚊虫等。

1965.VII.19　吉尼赛乡江都至德毛寺

巴曲河边海拔 4350m，黑褐短鞘萤叶甲大量发生，其寄主植物有藏北嵩草、矮嵩草、甘肃嵩草、青藏薹草、圆穗蓼、珠芽蓼、甘肃棘豆、早熟禾等。成虫正在交尾，有的被螨类寄生。

巴曲河边海拔 4500m，草原毛虫严重危害牧草。

<u>1965.VII.20</u>　多云间晴，最低气温 4℃，最高气温 28℃，德毛寺

上午讨论工作安排，主要包括 3 项工作。

（1）草原毛虫的调查：虫口密度与生境——植被、地形、坡度、坡向的关系；饲养幼虫，观察有无寄生现象；寄蝇接种实验。

（2）昆虫垂直分布调查：高山、亚高山的界限。

（3）沿巴曲河谷向下调查峡谷区与山原区的界限。

上午做好 3 个养虫笼，下午采虫饲养并做草原毛虫调查。

1 号样地：山地，半山坡，坡向东，坡度 25°，海拔 4500m，草原毛虫 2 头/m²。

2 号样地：同一小山的顶部，草原毛虫 3 头/m²。

3 号样地：巴曲河边，海拔 4400m 左右，草原毛虫 32 头/m²，距河 10m 左右，每平方米只有 2 头。另河边有短鞘萤叶甲 18 头。

显然，靠近河边草原毛虫密度较大。

<u>1965.VII.21</u>　多云间晴，最低气温 0℃，最高气温 28℃，海拔 4650m，德毛寺

短鞘萤叶甲，寄主是圆穗蓼。

绢蝶、拟步甲、步甲、黑粉蝶、蝇类、长尾红姬蜂、象甲等在海拔 5100m 山顶砾石带采到。

海拔 4600m 左右蝗虫极少，只有蝇类及姬蜂。

高山砾石带昆虫极贫乏，以蝇类、姬蜂、绢蝶、大蚊、红足拟步甲、步甲、象甲为主要代表，蝗虫少见。

<u>1965.VII.22</u>　晴，晨有大霜，最低气温-3℃，最高气温 34℃，德毛寺

营地以东，德毛寺与小砾石山前丘陵采集。

山脚沼泽草甸，以嵩草、薹草为主要植被。短鞘萤叶甲数量较多。

山坡：以小嵩草为主。主要昆虫为跳蝽，无蝗虫和短鞘萤叶甲。

阳坡：西南坡，坡度 11°，昆虫仍以跳蝽为主，偶有蝗虫。

巴曲河左岸（东边）洪积阶地，海拔 4400m，主要昆虫有跳蝽、草原毛虫（数量少）。

沼泽：草原毛虫数量多，还有短鞘萤叶甲、龙虱、石蚕及摇蚊。

<u>1965.VII.23</u>　晴，最低气温-3.5℃，德毛寺南边山坡

沼泽：短鞘萤叶甲数量较多，约 40 头/m²。该虫很耐冷，上午 11 时至 12 时 30 分阴天欲雨，气温很低，仍趴在草上取食或爬行。同时有凹背蝗，但较少见。

沟边鼠害地区：红土裸露，石块散乱，在土下采到红足金叶甲，并有象甲、步甲、拟步甲。

阳坡（巴曲河左岸）：主要植物有小嵩草、高山蓼、香青、委陵菜等。主要昆虫有凹背蝗、步甲、拟步甲、牛虻、跳蝽、叶蜂（寄主是香青）。美丽风毛菊下没有见到龟甲。高山蓼的花穗上也没有锯角叶甲。

1965.VII.24　多云，最低气温 2℃，最高气温 22℃，着晓乡巴尕滩

巴曲河分支以上，海拔 4550m 左右，滩地为沼泽草甸，有草原毛虫和短鞘萤叶甲，后者取食委陵菜，与山地阳坡采到的为同种。途中所见草原毛虫数量极多，每平方米近百头。

东坝：巴曲河源头巴尕滩沼泽内部，主要植物有薹草、驴蹄草、紫菀等。除紫菀外，均为短鞘萤叶甲的寄主。此处主要昆虫有凹背蝗、牛虻、摇蚊、小蝇类等。

巴曲河右岸驻地附近高约 100m 的小山，以小嵩草、风毛菊、高山唐松草、委陵菜为主的植被（西坡），草原毛虫为害非常严重，从路旁一直分布到山顶。随机取样调查 $1m^2$，有虫 70 头。该坡鼠害也重，虫鼠害交加，地面几无植被。草原毛虫即将化蛹，虫体向路旁河边移动，可能是避风之故。

1965.VII.25　最低气温 4.5℃，最高气温 22℃，德毛寺

上午学习《实践论》。下午练习用英文给陈世骧先生写第三封汇报信。

1965.VII.26　晴间多云，间有冰雹，最低气温 -6.5℃，德毛寺至东坝，夜宿半路山间

1965.VII.27　最低气温 -2℃，东坝肖格

海拔 4200m，青稞、元根遭霜害。

下午到吉曲河边（海拔 4100m），采到曲胫跳甲、红足金叶甲、薄荷金叶甲、萤叶甲、胫萤叶甲等河谷种类。其中金叶甲及萤叶甲采于河阶地的卵石下。

痴蝗雌虫及短翅雏蝗采于河边阶地。

1965.VII.28　阴转晴，东坝肖格

1965.VII.29　东坝肖格至龙达

吉曲河以南为吉赛公社，以北为龙达。下午 5 时到达工作点——牧场。高山顶部海拔 4900m，紧接高山流石滩，此山岭的另一边为着晓乡。

<u>1965.VII.30</u>　晴转雨，最低气温1.5℃，最高气温27℃，龙达

营地以上至流石滩附近（海拔5000m）采集。

植被是以矮生嵩草、圆穗蓼及细柄茅为主的高山草甸。

蝗虫有凹背蝗和金蝗。金蝗若虫无翅，还有1个是成虫。短鞘萤叶甲，密度不大，每平方米4～5头。跳螋在以小嵩草为主的地段较多。有曲胫跳甲，但未采到。还有红足拟步甲、普通黑步甲和蛱蝶。

<u>1965.VII.31</u>　阴，有雨，最低气温-1.5℃，最高气温19℃，龙达

冬窝子（海拔4500m）附近山地阴坡采集。

主要植被有锦鸡儿、木本委陵菜、圆穗蓼、华丽风毛菊、独一味、小嵩草等。采到的昆虫有拟步甲、步甲、凹背蝗、金蝗、豆象（寄主是木本委陵菜的花）。谷底溪边卵石下没有金叶甲.，石下只有大型的拟步甲、步甲、蠼螋。

草丛中有短鞘萤叶甲，发现为害木本委陵菜、羊茅、山柳（花穗）、山葱、矮蔍草、喜马拉雅嵩草、锦鸡儿、珠芽蓼等，食性极杂。

<u>1965.VIII.1</u>　上午阴，下午有雨，最低气温2.5℃，龙达至过荣公社

<u>1965.VIII.2</u>　早晨雨，中午晴，下午有冰雹，拉庆寺

随小分队到吉曲河南的拉庆寺一带与杂多县交界处河阶地采集，以了解与杂多交界处之昆虫区系。上午10时30分出发，顺吉曲河而下，路过肖格，沿去龙达的路到达吉曲河边，过一钢丝桥顺吉曲河阶地而北上。夜宿拉庆寺，海拔4250m。

<u>1965.VIII.3</u>　晴，下午5时冰雹，拉庆寺

由拉庆寺出发沿吉曲河右岸继续北上，骑马1小时左右到达囊谦与杂多二县交界处的三曲河，开始采集调查。

三曲河河岸阶地十分发育，约有两级，下面一级阶地低矮，约5m高，二级阶地高10～20m。河水流速大，不可通过，河滩生长有沙棘及怪柳灌丛。昆虫有金叶甲、雏蝗、痂蝗、金蝗、石蛾、石蝇、叶蝉、虻、粉蝶、蛱蝶及小蛾类等，这里虽有铁线莲，但无露萤叶甲。

吉曲河阶地十分平坦辽阔，植被以小嵩草、针茅为主，为良好的牧场，少有鼠害，无草原毛虫，只有少数小翅雏蝗和蚂蚁。

山坡海拔4650m处，以小嵩草、高山蓼等植物为主，昆虫以凹背蝗和金蝗为主。山顶沼泽无短鞘萤叶甲，山地有风毛菊，但无龟甲。

1965.VIII.4 拉庆寺

东坝拉庆寺附近工作，吉曲河边阶地及山前洪积扇。

河边有沙棘及红柳灌丛，阶地植物与昨天的阶地相同。卵石下有红足金叶甲、蠼螋、拟步甲、步甲。河边灌丛及石下有石蛾，草丛中有雏蝗及金蝗。

二级阶地草地上蝗虫很少。

山前洪积扇未见蝗虫。

半山坡植被为灌丛和珠芽蓼，灌丛以锦鸡儿为主，并有绣线菊和少数山柳。山柳上未见有弗叶甲和叶甲，蝗虫也很少。

1965.VIII.5 雨间晴，拉庆寺至队部

从拉庆寺生产队转回队部，途中在吉曲河索桥左岸山坡采集。山地阴坡桧柏稀疏，生长有藏忍冬、绣线菊等灌丛，草丛茂密，有珠芽蓼、狼毒、香青等植物。

寄蝇很多，停息花间，还有姬蜂和蜜蜂。

有2种叶甲：隐头叶甲和灰褐萤叶甲 *Galeruca pallasia*。前者采到2个，分别采自珠芽蓼叶片和绣线菊花上；后者在草丛中采到。

河边有以山柳为主的灌丛，山柳中大蚊较多，雌雄异型，雌虫无翅，呈平衡棒状，雄虫翅发达。此外，还有寄蝇和长足虻等。

山柳中扫网采到2个露萤叶甲和1个黑色叶甲幼虫，但未见弗叶甲和白杨叶甲。

1965.VIII.6 阴有雨，最低气温6℃，最高气温23℃，队部

上午政治学习，下午整理标本。

1965.VIII.7 阴，最低气温4℃，过荣公社至肖格

过荣公社至着晓乡肖格，下午2时30分到达肖格。

1965.VIII.9 着晓乡附近冬牧场

冬牧场附近山谷溪边的垂穗披碱草及马先蒿生长茂密，白花烂漫，花间熊蜂很多。阴坡有山柳灌丛及锦鸡儿，山柳上无叶甲。溪边草丛中采到萤叶甲、隐头叶甲（蓼花上）、凹背蝗、金蝗、叶蝉及黄毛寄蝇。

班曲河河漫滩卵石下又采到金叶甲，但河边沼泽中无短鞘萤叶甲。

1965.VIII.10 顺班曲河而下在阳坡及河岸采集

山地阳坡坡脚主要植被为狼毒、小嵩草，艾氏委陵菜、香青、高山唐松草、

橐吾、蒲公英、飞燕草、龙胆等。此环境热量条件很好，昆虫有痂蝗、绿芫菁（寄主为菊科植物）、斑芫菁（寄主为豆科植物）、肖叶甲、细毛螨及小象甲等。

班曲河畔植被为山柳、忍冬灌丛，山地阳坡为藏桧柏树，灌丛下为禾本科草类。山柳上采到八斑隶叶甲和伊尔萤叶甲。此外，叶蜂幼虫为害叶片，于叶背取食。未见白杨叶甲及双色弗叶甲。毛翅目昆虫多栖于山柳叶下，有时在山柳灌丛上空成群飞翔。

独活花上有叶蜂和寄蝇等。

草丛中的蝗虫为无翅金蝗和雏蝗雄虫。

铁线莲花瓣中有露萤叶甲。

灌丛中有红足虻。

<u>1965.VIII.11</u>　晴，早晨有霜，肖格

着晓乡肖格背后山地阴坡坡顶，海拔4600m。主要昆虫有凹背蝗（山顶）、金蝗（山顶）、寄蝇（山顶）、虻、食虫虻、熊蜂、大蚊（有翅）、拟步甲、步甲、金龟子等。未发现叶甲和雏蝗。

<u>1965.VIII.12</u>　晴，有霜，肖格

着晓乡肖格至新肖格的山顶采集。

山顶蝗虫以金蝗为主，偶见雏蝗，缺乏凹背蝗，可能是因为本地比较干燥。

小象甲取食香青叶片，看到1个绿色的金蝗取食马先蒿的花瓣。

<u>1965.VIII.13</u>　阴有雨，肖格

下午2时至4时，趁雨停在马先蒿、棘豆花间及溪边沼泽草甸中采集。花间昆虫以熊蜂为主，沼泽草甸昆虫以秆蝇、叶蝉和其他小蝇类为主。共采到196个标本，未见蝗虫。

<u>1965.VIII.14</u>　多云间晴，肖格至班荣

班曲河左岸山地采集。

阳坡植被低矮，以小嵩草为主。基岩裸露，石块散乱，石下有拟步甲、步甲、蠼螋等，草间有凹背蝗。

阴坡或山顶植被盖度大，有小叶金露梅矮小稀疏灌丛，海拔4500m。昆虫有凹背蝗、金蝗、虻、寄蝇、八斑隶萤叶甲（扫网采到）、熊蜂、食虫虻、雏蝗（雄虫偶见）、蛱蝶、寄蝇及丽蝇。小蛾类数量极多，与8月11日山顶阴坡所见相同。

<u>1965.VIII.15</u>　小雨转阴，班荣

今日起由囊谦县西部折转向东，再在兼作、觉拉乡工作半个月左右返回囊谦县城香达。

<u>1965.VIII.16</u>　雨转多云，到达兼作公社，海拔 4250m

<u>1965.VIII.17</u>　阴转晴，兼作公社

上午政治学习，下午精简行李。晚上讨论工作计划：兼作公社工作 4 天，8 月 22 日去觉拉乡，工作 5 天后转去香达西北角工作 3 天，于 9 月初返回囊谦县城，在囊谦县城总结 7 天左右，向县政府汇报后返回玉树。

<u>1965.VIII.18</u>　晨有霜、雪，后转多云，最低气温-4℃，最高气温 23℃，兼作公社

河谷，海拔 4400m，主要植被为垂穗披尖草、棘豆、紫菀。

山地阳坡，海拔 4400～4700m，蝗虫以凹背蝗为主，其次是金蝗，偶见雏蝗。叶甲科幼虫采到 3 个，其中第 1 个采自独一味叶下，第 2 个采自海拔 4400m 左右的大叶龙胆叶下（估计为八斑隶萤叶甲），第 3 个采自海拔 4400m 左右的石头下。

海拔 4700m 左右的流石滩，石下仅采到黑色小拟步甲、大步甲和纵脊象甲，花间有熊蜂、寄蝇。未见红足拟步甲及赤条步甲。

海拔 4400m 左右的河谷，豆科植物及马先蒿的花间有几种熊蜂，数量较多。

<u>1965.VIII.19</u>　晴，最低气温-4℃，最高气温 23℃，营地

在营地右侧山地山顶阳坡海拔 4450m 处采集。

从山坡至山顶，蝗虫以褐色的金蝗为主，还有短翅雏蝗，只见到 1 个绿色的凹背蝗，此情况与着晓乡肖格至囊谦途中山顶（8 月 12 日）所见情况相似，怀疑与海拔有关。

小山锥状部阳坡，干燥、基岩裸露，地面散布碎石的地段，代表性昆虫为痂蝗，雄虫多于雌虫。此外还有黄色朽木甲、黑色小象甲、蜂类、蝇类等。

采到 4 个肖叶甲，其中 1 个采自艾氏委陵菜叶面，1 个被红螨寄生。

山坡美丽风毛菊叶下又发现龟甲的蛹，但被寄生蜂寄生变成褐色。此虫的发现表明此地已属于囊谦东部区系，与西部东坝、着晓有异。山坡有红胸蚂蚁，筑巢于草丛。

蝶类幼虫为害珠芽蓼叶片及花穗。有草原毛虫，其寄主为珠芽蓼、羊茅、嵩草、薹草。

<u>1965.VIII.20</u>　多云，最低气温-4℃，最高气温 25℃，兼作公社

　　山地阴坡沟底山柳、杜鹃灌丛及山顶采集，海拔 4300～4700m。山顶为草甸，山柳灌丛有叶蝉、叶蜂、鳞翅目幼虫及 1 种黄腹伊尔萤叶甲。山柳上无白杨叶甲及弗叶甲。

　　蝗虫有金蝗、雏蝗、凹背蝗，以凹背蝗为多，其次为金蝗。山顶分布的几乎都是凹背蝗，雏蝗分布于海拔 4500m 以下。

　　山顶（向阳）基岩裸露，石下有步甲、拟步甲、象甲。草中除蝗虫外，还有寄蝇。

<u>1965.VIII.22</u>　雨，着晓乡兼作公社至觉拉乡

　　觉拉乡位于扎曲河左岸，在肖格以下约 4km 处有一索桥。

　　了解觉拉乡情况。

<u>1965.VIII.23</u>　晴，觉拉乡以下扎曲河左岸

　　河边灌丛有黑刺、荆芥、小檗、忍冬、茶藨子、锦鸡儿等。岸边草类有垂穗披碱草、鹅观草、党参、香青、狼毒、蒿草等。左岸山地石灰岩陡峻，土层薄，基岩裸露，干燥。

　　主要昆虫有痂蝗、长翅雏蝗（雄虫腹末黄红色，翅与腿摩擦发出嚓嚓声）、短翅雏蝗、绿色的金蝗、金叶甲（洪积扇石下）、露萤叶甲（寄主为铁线莲）、虎甲、叶蝉、熊蜂（多种，各种花间）、蜜蜂、寄蝇、麻蝇、食虫虻、斑芫菁（寄主为豆科植物）、细毛蟥（寄主为垂穗披碱草花穗）、石蛃。

　　痂蝗、斑芫菁、细毛蟥、长翅雏蝗等构成山地阳坡昆虫区系代表。

<u>1965.VIII.24</u>　晴，早晨有霜冻，扎曲河

　　扎曲河右岸索渡附近，山地阴坡灌丛采集。灌丛以山柳、小檗、忍冬、绣线菊、茶藨子、鲜卑花等为主，其中山柳、鲜卑花为左岸所无者，而右岸又无荆芥。扎曲河左右两岸各有特点，右岸为阴坡，灌丛茂密，山柳有的高大成林。

　　山柳上有 1 种叶甲幼虫为害，取食叶背叶肉，仅留上表皮呈膜状，严重者叶片干枯。幼虫煤黑色，分散取食，老熟幼虫入土化蛹，蛹黄色，在土下 2～3cm处。蛹及幼虫均有饲养，待羽化出成虫。根据入土化蛹现象，此幼虫不像是叶甲，而像臀萤叶甲 *Agelastica* sp.。今日在叶背采到 1 个玉树露萤叶甲 *Lupperus yushunus*成虫，是否是此种幼虫尚难确定。

　　蝗虫数量少，只采到 2 个短翅雏蝗。蝉不时地在灌丛中鸣叫，采到 4 个。采到 1 个细毛蟥。昨晚在肖格门前网扑采到 3 个毛翅目昆虫。

<u>1965.VIII.25</u>　晴，晨有霜，觉拉肖格后山

扎曲河左岸山地阳坡有桧柏疏林，有小檗、锦鸡儿、艾蒿、绣线菊等灌丛，还有党参、狼毒、垂穗披碱草等旱生草本植物。

昆虫分布于海拔4000~4500m，蝗虫有痂蝗、雏蝗、金蝗等，以痂蝗和雏蝗占优势，金蝗较少，未见凹背蝗。雏蝗以有翅者居多，短翅者少见。蝉一直分布到海拔4500m左右的桧柏灌丛的上限，其寄主可能为锦鸡儿（新疆戈壁的蝉即为害锦鸡儿），该虫与斑芫菁、痂蝗构成山地阳坡的代表性昆虫。

细毛蜱取食野青茅的花穗，数量极多。

隐头叶甲，蓝色有金属光泽，在海拔4500m处扫网采到，寄主可能是蓼草的花穗。

斑芫菁寄主为山萝卜和蒲公英的花。石蜗采自海拔4400m的小山，地面少植被、极干燥的地方，有灰白色和灰黑色两种，在约3m²范围内采到20多个，过去尚未见过有此等密度。

小山顶上寄蝇很少。蝗虫翅基下面被螨虫寄生。

<u>1965.VIII.26</u>　阴，阵雨转多云，觉拉滩扎曲河

觉拉滩扎曲河左岸河旁，在纯黑刺林及河阶地采集。阶地为草原植被，黑刺林中有叶蜂幼虫（食叶）、盲蝽、啮虫、红长足虻。河阶地有痂蝗、雏蝗、红足金叶甲、草地螟（很多）、实蝇。步甲、拟步甲、隐翅虫数量很少。

<u>1965.VIII.27</u>　雨，四红公社

冒雨出发，离开觉拉肖格，到四红公社宿营。四红公社位于扎曲河右岸，为半农半牧区。

<u>1965.VIII.28</u>　雨，冰雹，四红公社至香达

由四红公社上山，路过四红公社的夏牧场，稍事停留，用过午饭后继续向东坝至囊谦的公路行进。下午5时左右乌云密布，风雨冰雹迎头袭来，下午6时左右抵达香达乡夏牧场宿营，待明天工作1天，然后返回香达。

阴坡山柳灌丛有很多黑色叶甲幼虫。

<u>1965.VIII.29</u>　晴，香达夏牧场采集

主要昆虫有寄蝇、熊蜂、凹背蝗、金蝗、盲蝽、雏蝗及金叶甲等。

<u>1965.VIII.30～31　返回香达</u>

<u>1965.IX.1～2　香达</u>

撰写《牧草害虫总结》，准备汇报。

<u>1965.IX.3　多云，扎曲河边</u>

主要昆虫有蜻蜓、飞蝗西藏亚种、雏蝗、痂蝗、拟步甲、虎甲、盲蝽、蜜蜂、熊蜂、金叶甲、萤叶甲、猿叶甲等。萤叶甲寄主为蘼草。在河边采到猿叶甲。阔胫萤叶甲在河边高禾草地段扫网采到，寄主不详。

<u>1965.IX.4　多云，香达后山阳坡</u>

主要植物有蒿草、香青、珠芽蓼、蒲公英、委陵菜及小檗。

主要昆虫有蜻蜓、痂蝗、雏蝗（长翅和短翅）、金蝗、蝼蛄（石下）、食虫虻、寄蝇、食蚜蝇、实蝇、麻蝇、丽蝇、熊蜂、拟步甲、象甲、盲蝽、缘蝽、粉蝶等。

<u>1965.IX.5　晴，香达对面小山及扎曲河边</u>

山坡石下有 2 种金叶甲，1 种红足，另 1 种蓝黑色足。鼠尾草根丛下有蓝黑色金叶甲，并有灰色幼虫，多在地面以上，成虫有的在地下，有的在地面，可能为同种。

山地蝗虫有痂蝗、雏蝗（有翅型及短翅型）、金蝗（体色雌雄有异，雌性灰色，雄性绿色）。

扎曲河边草地主要植物有黑刺、蕨麻、大叶龙胆、扁穗草等。主要昆虫有蜻蜓和豆娘，后者为首次采到。采到 2 个飞蝗雄虫。雏蝗为优势种群，河边无金蝗。

<u>1965.IX.8　多云间晴，囊谦</u>

向囊谦县政府领导汇报工作。囊谦县是多山地区，最高海拔 5200m，最低海拔 3650m，相对高差约 1500m。从地理上讲这里是高山地区，其中又有高山和亚高山之分，海拔 4500m 为高山和亚高山的界线。囊谦县西部地势高、地形起伏小，南部相对高差大、山势陡峻。县内有三大河流，河谷呈念珠状。县内有农业，山中宽谷都是生产队所在地。囊谦的热量条件比玉树高一些，但水分条件较差，相同的植被类型分布上限高于玉树，农业区上限高于玉树 100～200m。囊谦西北部是高山草甸类型，东南部是亚高山草甸和草原类型。草场类型较多，变化复杂。

1965.IX.9　晴，准备回玉树

联系县公安的两辆马车帮忙运送东西。我随第一批马车步行 7km 到澜沧江渡口。第二批马车于下午 6 时赶来，时间已晚，只好住在河边。

1965.IX.10　多云间阴，启程返玉树

上午 8 时从渡口出发，上午 11 时到达郭欠寺附近（海拔 4100m），工作 2 小时，下午 4 时 30 分到拉秀，住于拉秀乡政府。拉秀位于子曲河的一条支流上，海拔 4100m。

1965.IX.11　雨，拉秀

因雨野外工作暂停，开生活会，晚上灯诱。

1965.IX.12　阴，拉秀

拉秀子曲河附近山地采集，海拔 4100～4320m。植被为藏异燕麦、羊茅、风毛菊、鼠尾草等。

蝗虫有金蝗和雏蝗，但以前者为主，未见凹背蝗。风毛菊叶下有龟甲。此处还有平肩肖叶甲。草原毛虫已羽化为成虫，看到化蛹前所结下的丝茧。山顶无寄蝇。

1965.IX.13　上拉秀至玉树

上拉秀海拔 4200m，山地阳坡及阴坡为山柳灌丛。阳坡坡缓，蝗虫有凹背蝗和金蝗。石头下有红足金叶甲及步甲。阴坡山柳灌丛未见叶甲及其被害状。未发现短鞘萤叶甲。

上拉秀布鲁滩海拔 4400m，是囊谦与杂多的分岔口。抱日尕拉山口以西为沼泽植被。沼泽中有凹背蝗、金蝗，以前者较多。未见短鞘萤叶甲。

下午 5 时冒雨赶回玉树，住于玉树州政府。

1965.IX.14　玉树休息

1965.IX.15　玉树结古镇

下午到结古镇后山采集，蝗虫以雏蝗为主，痂蝗较少。

采到薄荷金叶甲，发现其为害甘青青兰的叶片，成虫具有假死性。

在灌丛中扫网采到许多实蝇及木虱。

<u>1965.IX.20</u>　晴，返回北京

结束野外工作离开考察队，独自返回北京。

1966 年西藏珠穆朗玛峰登山科学考察记录

<u>1966.III.18</u>　晴，西宁至茶卡，行程 308km

和植物所郎楷永乘212吉普车，从西宁出发运送药品。

<u>1966.III.19</u>　晴，茶卡至香日德，行程 209km

茶卡至香日德途中有岔路口，一条向右通大柴旦，一条向左通格尔森。翻过茶卡山到都兰，距茶卡148km，此段多见积雪成垄，途中曾两处因冰雪未化而误车。早晨8时出发，在都兰用午饭，下午2时30分到香日德。住在香日德人民旅社。

<u>1966.III.20</u>　晴，香日德至格尔木，行程 305km

<u>1966.III.21</u>　晴，格尔木西藏招待所

到格尔木河边和司机一起清洗汽车。

<u>1966.III.22</u>　晴，格尔木西藏招待所

上午检查身体，下午与曹文渲去河边捕鱼。

<u>1966.III.23</u>　晴，纳赤台

上午做出发前的准备工作。下午 1 时出发，3 时 40 分到达纳赤台，行程 102km，纳赤台海拔 3700m。从格尔木出发一直是沙漠戈壁，然后顺耐齐河而上进入山区，纳赤台即坐落于山谷间。此地盛行北风，当时有五六级风。山上荒凉，光裸无植被，与新疆的昆仑山颇为相似。河边湿度稍大，有芨芨草、水柏枝、薹草的河漫滩草甸。耐齐河流速湍急、水浑，支流小溪水清，石块下找到石蚕和石蝇的稚虫及步甲。石蚕稚虫的外茧一种呈方柱形，上大下小；另一种为圆形。石蝇较少，石下还有虾。水温 4～8℃。

河阶地极发育，植物呈星点状，有麻黄、盐爪爪、猪毛菜。

附近山地为红土层（第四纪），河谷下切根深，这是由于河水下切，地层又上升之故。

<u>1966.III.24　纳赤台至沱沱河</u>

路过昆仑山口，海拔 4700m，然后下坡 10km 即到不冻泉。从不冻泉往下一直在一个大的台地上行走，地势平坦。植被较昆仑山北坡为好，大多是莎草科植物，呈星点状，仍然比较干燥，偶见低洼处有积水（冰）。途中见到百灵鸟和老鼠。风速极大，远见昆仑山脊有积雪。

五道梁海拔 4300m，距不冻泉 90km。风火山距五道梁 70km，沱沱河距五道梁 150km。据姜恕先生讲："从格尔木至纳赤台是沿昆仑山北坡而上，途中植被基本是以猪毛菜、麻黄、盐爪爪为主的荒漠，山坡上多数裸露。"

昆仑山口距纳赤台 20km，有地表径流的地方出现以针茅为主的草原。

昆仑山南坡比北坡湿度大，直至沱沱河都是以针茅为主的草原。

<u>1966.III.25　沱沱河至黑河，行程 413km</u>

上午 8 时 45 分出发，晚上 11 时到达，行车 14 小时。

黑河海拔 4530m，沿途经过温泉、唐古拉山山口、安多。唐古拉山山口海拔 5350m，山顶有积雪，山顶下有冰川湖。翻过唐古拉山即进入西藏，植被则由草原转入草甸。

安多，海拔 4700m。安多距黑河 154km。

<u>1966.III.26　黑河至拉萨，行程 326km</u>

上午 8 时出发，下午 5 时到达，行车 9 小时，途经当雄、羊八井等地。

当雄为山间宽谷，有西藏唯一的飞机场，海拔 4320m。拉萨海拔 3680m。

当雄结束了丘原外貌，进入盆地，山体渐高大，山地阴坡有灌丛出现。自羊八井后，有柳树和农田出现。

<u>1966.III.27～28　晴，拉萨</u>

休息。

<u>1966.III.29　拉萨</u>

上午参观布达拉宫，下午讨论考察路线。

日程安排：3 月 30 日上午体检，下午政治学习。3 月 31 日下午准备工具。4 月 1 日下午分小组讨论工作。4 月 2 日政治学习。4 月 3 日集体讨论任务设计书的进一步落实。4 月 4～5 日政治学习。4 月 6 日小结。4 月 7～9 日未安排。

考察路线：珠峰东、西、北 3 条路线，目的是了解不同坡面的自然分带，了解东西向和南北向河谷的自然分带的变化，了解东坡的变化。

<u>1966.III.30</u>　多云，拉萨招待所

上午 8 时 30 分至 10 时，到人民医院检查身体，11 时 30 分至下午 1 时，体育锻炼。

下午继续讨论考察路线。重点讨论定日至聂拉木的日程安排。

确定 5 月、6 月的工作重点在聂拉木、聂聂雄拉山口以南至樟木间的纵断面的自然分带。

<u>1966.III.31</u>　拉萨

上午部分同志在吃早饭前去医院检查身体，然后全体参观西藏革命展览馆。

下午政治学习。

<u>1966.IV.1</u>　拉萨

讨论工作计划。

<u>1966.IV.2</u>　拉萨

开生活会。

<u>1966.IV.3</u>　多云间阴，拉萨招待所

上午 8 时 15 分至 10 时进行第二次摄影技术讲座。

早饭后做毒瓶，氰化钾呈块状，大毒瓶用两块，小毒瓶用半块，共做大毒瓶 1 个，小毒瓶 7 个。做完毒瓶后去拉萨河边采集。

襀翅目：稚虫，于清水石块下，数量不太多。

毛翅目：成虫及幼虫，幼虫茧的形态不一，估计不是一种。有的幼虫的茧呈长筒形，如牛角状细长，有的长卵形，密集于石面，如蜂巢，后者多是在河中用渔网捞上来的，且为蛹期，有的幼虫裸露，胸部绿色。

蜉蝣：成虫栖于卵石间，有翅有黑斑者和体红色者两种。幼虫食藻类等，有亚成虫期，亚成虫翅上有绿毛，翅不透明，再脱一次皮才为成虫，翅才完全透明。

步甲：黑色中等大小，栖于河边卵石间，并在卵石与湿砂粒间发现小幼虫，极活泼。

跳蝽：河边卵石间，为无翅型。

<u>1966.IV.4</u>　拉萨

上午体育锻炼，下午准备工具等。

<u>1966.IV.5</u> 拉萨

开生活会。

<u>1966.IV.6</u> 拉萨

上午讨论工作安排。

（1）进一步落实工作目标。

（2）振奋精神全力投入出发前的准备。

（3）4月13日提前去日喀则联系。4月14日第二专题组的人出发。

下午政治学习，讨论向焦裕禄同志学习。

<u>1966.IV.7</u> 拉萨

出发前准备。

<u>1966.IV.8</u> 拉萨

上午参观罗布林卡。

在罗布林卡新宫院内，采到2个白粉蝶。木杆下采到步甲，体形小，鞘翅上有黄色斑纹。

海棠新芽有的被啃掉，被害状很整齐，不知是何种昆虫所害，怀疑是金龟子类。

下午采购副食品。

<u>1966.IV.17</u> 拉孜县德庆

到达拉孜县德庆附近（拉萨河左岸）采集，德庆在拉萨东30km。采集地的环境是河阶地和山地洪积扇，密布砾石，砾石间有麻黄。拉萨河岸边砂土地有黑嘴唇鼠兔，鼠洞很多。

1）拉萨河边

蜉蝣，体形小，具3条尾丝。石蝇，体形大，在河边或河中间石下活动，用渔网采到，数量很多，有的体色黑，有的体色淡，淡色者可能为刚脱皮，是鱼类的食饵。采到划蝽。在没有水的石头下采到龙虱。

2）阶地砂石下

采到2种象甲，数量较多。采到1个拟步甲，体形较大。采到步甲。蚂蚁数量很多，是优势种。

3）水库边

采到蜻蜓稚虫、豆娘稚虫。水库边石下龙虱极多，是优势种。

1966.IV.23　拉萨至江孜，行程 270km

上午 9 时 15 分出发，晚上 8 时左右到达，行车约 11 小时。雅鲁藏布江渡口海拔 3555m，距拉萨 12.5km。从渡口翻山（海拔 4700m 左右）到羊卓雍湖，海拔4425m。浪卡子海拔 4440m，下午 4 时到达，在此吃午饭。年楚河海拔 4190m，江孜海拔 4050m。

1966.IV.24　晴，江孜至拉孜，行程 252km

早晨 8 时出发，下午 5 时到达拉孜，行车 9 小时左右。

上午 10 时 30 分在运输站吃午饭。顺年楚河而下至日喀则，沿途都有农田。日喀则海拔 3720m，夏拉寺海拔 3980m，拉孜海拔 4010m，住在兵站。

1966.IV.25　拉孜至定日，行程 140km

从江孜出发，一直爬山，约 30km 到达山顶，海拔 5075m。朋曲与雅鲁藏布江分水岭仍有牦牛，植被稀疏，为高山草甸，植被以高山嵩草为主，另有金露梅。下山后到朋曲河谷，直至定日盆地，海拔 4300m 处有农田，定日海拔 4210m。

1966.IV.26　定日

进行装车等准备工作。

1966.IV.27　定日至聂拉木，行程 140km

1966.IV.28　聂拉木

上午到达聂拉木县政府了解情况，下午讨论工作安排。

1966.IV.29　聂拉木县

继续讨论工作安排。

1966.V.2　聂拉木至友谊桥

海拔 3700m，见到竹子和农田；海拔 3500m 分布有小叶杜鹃，是冷杉的分布上限；桥头距聂拉木 9km，海拔 3370m；海拔 2460m 听到蝉鸣。

1966.V.3　樟木友谊桥

海拔 1900m 以下植物有较大变化。海拔 1900m 有械树和赤杨，是偏热带的植物，说明此处比较干旱。

从樟木向上不远为邦村，可种马铃薯，为原始植被。高山栎林可分布至海拔

2600m，估计植被破坏后变为竹林。在阳坡高山栎被砍伐严重，林下以马醉木为主，还有几种杜鹃。杜鹃均为中叶型杜鹃，种类不明，大概有 5 种之多。昨天在海拔 2500m 左右的兵站发现樟树，而在此带内无樟树。在主沟中栎树分布海拔较高，而支沟则无分布，怀疑与水气顺主沟上升较多有关。

海拔 2600m 以下不湿润，林下腐殖质很少，林内藤本植物不多，只见 2 种，可能是硬叶常绿阔叶林。高山砾林为活化石，银杏、银杉、水杉都分布在海拔 2600m 以上。铁杉比例增加，形成高山栎-铁杉的针阔混交林。铁杉的出现表明，随着海拔增高而湿度增大，是亚热带山地紧靠阔叶林之上的现象。此处与高山栎林带无太大区别，多了一种落叶的槭树和十大功劳，蕨类增多，地面上的苔藓也多了些。主沟的林带有冷杉，而此处没有，说明主沟湿度大。喜马拉雅山南麓的北坡湿度大于南坡。

友谊桥海拔1700m左右采到的昆虫如下。

膜翅目：采到蜜蜂、蚁类和叶蜂（寄主为白菜）。

双翅目：采到麻蝇；寄蝇，体形小的1种采自白菜地，其寄主可能是白粉蝶的幼虫；甲蝇2个，是热带林内阴湿种类；丽蝇，采于厕所附近；食虫虻；大蚊等。

半翅目：星蝽1个；食虫蝽1个；菜蝽Eurotema sp.，寄主为白菜，数量较多，地面有很多若虫；缘蝽，体形小，数量多。

同翅目：角蝉1个，少见；沫蝉2个；蛾蜡蝉1个。

革翅目：1个，体形小，采于水边石头下。

鞘翅目：象甲、七星瓢虫、八星瓢虫、驼金龟、步甲、蕈甲、萤类、郭公虫、虎天牛。叶甲科中采到突肩肖叶甲Cleorina sp.，寄主为桤木；跳甲，寄主为荨麻；趾铁甲Dactylispa sp.，体黄色，寄主为仙茅；菜跳甲，体蓝色，成虫严重为害白菜幼苗，与菜青虫、叶蜂构成本地三大害虫；还采到黄色沟胫跳甲Sebaetha sp.和龟甲。

直翅目：采到 1 个蝗虫。

1966.V.4　樟木

樟木以上海拔 2400m 以下的高山栎林边缘有萤叶甲（寄主为荨麻）和荆芥叶甲 Parambrostoma mahesa（寄主为荆芥）。

海拔 2900m 处，有角蝉。林下灌木的优势种杜鹃花科植物上有尺蛾幼虫为害，将其嫩尖嫩叶吃光。出现冷杉。

海拔 3000m 处，杜鹃变为乔木，数量增多，出现四角槭。

海拔 3500m 出现桧柏，杜鹃变得高大。虻科昆虫在海拔 2400～3500m 都有分布。

海拔 3500m 处山涧石下有 1 种甲虫，过去未曾见过，不知何科，只采到 3 个（疑似水龟）。

1966.V.5　樟木

樟木以上海拔 2600m，高山栎林带带缘采集。

荆芥叶甲，寄主为荆芥，成虫趴在茎上、钻于叶下，取食嫩叶。

大排蜂在马醉木花间，是本带代表昆虫之一。

采到 1 个隐头叶甲，1 个大蜓，1 个凤蝶。

1966.V.6　樟木

在樟木友谊桥以上约100m，海拔1800m处常绿阔叶林（次生灌木，有樟树）内采集。

鞘翅目：黑蜣，体形大，1 个；天牛2种4个，均属于沟胫天牛亚科；虎甲，体蓝色，南方种；象甲；瓢虫；叩甲；稚萤2个，南方种。叶甲科中采到趾铁甲，寄主为仙茅；跳甲，寄主为大戟和另一种草本植物；还有龟甲和蓝色长跗跳甲。本地缺少叶甲亚科和负泥虫亚科的昆虫。

直翅目：蝗虫、菱蝗、蟋蟀。

同翅目：角蝉、沫蝉、蜡蝉、叶蝉等。

膜翅目：大腿小蜂、姬蜂。缺少高山栎林带的大排蜂。

双翅目：麻蝇、寄蝇、实蝇（采于葫芦科植物上）。

毛翅目：石蛾。

半翅目：缘蝽、盾蝽（首次采到）、盲蝽。

1966.V.7　雨，樟木

上午整理标本，下午政治学习，晚上灯诱。

1966.V.8　傍晚大雨，樟木

在樟木高山栎林带下缘，海拔 2600m，山地西南坡采集。

鞘翅目：鳃金龟、虎甲、象甲、叩甲、萤类、步甲。叶甲科的萤叶甲及荆芥叶甲，寄主为荆芥，是高山栎林带的优势代表昆虫。老乡在菜地中挖出很多鳃金龟幼虫、蛹及成虫。鳃金龟是当地重要的地下害虫。

膜翅目：大排蜂（马醉木花间，数量多）、姬蜂（有翅，石下）。

双翅目：食蚜蝇、寄蝇、食虫虻、丽蝇、斑蝇。

直翅目：蟋蟀，采自枯木下，若虫未长翅。

半翅目：食虫蝽。

杜鹃被尺蠖幼虫取食严重，蚕食嫩叶呈缺刻状。尺蠖是高山栎林带林下杜鹃灌木的重要害虫。

1966.V.9　樟木

在常绿阔叶和竹林，海拔 2000m 左右采集。

鞘翅目：象甲，寄主为梓树，取食叶片呈缺刻状；吉丁；萤类；虎甲。叶甲科中采到趾铁甲，寄主为竹；跳甲，寄主为荨麻；隐头叶甲；长跗跳甲；萤叶甲；锹甲，采自海拔 1900m 的常绿阔叶林内。

脉翅目：蚁狮，1 个，采于灯下。

双翅目：斑蝇，黑翅，采于林内，与在高山栎林采到的相同；大蚊；食虫虻；寄蝇；丽蝇；食蚜蝇等。

半翅目：长蝽，首次采到；盲蝽。

直翅目：菱蝗。

海拔 2000m 处：未见荆芥叶甲，未见葫芦科植物上的 2 种萤叶甲，荨麻上的跳甲与海拔 1900m 林带的相同，趾铁甲寄生在竹子上，在低海拔处未见。

1966.V.10　樟木

做阶段性总结。

1966.V.11　郭沙寺，阴坡

郭沙寺海拔 2750m 处是个裂点，与贡巴沙巴的裂点在同一海拔，在裂点上是房屋、农田，周围以铁杉为主，夹有阔叶树。

郭沙寺，石头下有金叶甲、隐翅虫、步甲。海拔 2720m 处有蜜蜂。

海拔 2900m 看到叶蜂、星蝽、克萤叶甲、黄色叩甲。

在海拔 3000m 以上竹子增多，优势种变为乔木。

海拔 3020m 处的步甲是大型的。

海拔 3100m 采到大步甲，2 种过去未曾见过的叶甲和 2 种萤叶甲。

海拔 3300m 为冷杉林、杜鹃林，有柏树。石下有大步甲、红色的隐翅虫。荆芥上有荆芥叶甲，看来此虫分布的海拔很高。

海拔 3500m，冷杉已不成林，出现白桦，竹林密集，有蛱蝶。

海拔 3620m 为桦木上限，代之为小叶杜鹃。

海拔 3550m 以上为砾石坡积物，石块裸露，密布地衣，杜鹃灌木下为厚的苔藓层。

山顶海拔 3760m，植被为杜鹃灌丛和苔藓。另一个小山顶（坡向有改变）仍有桦木、竹子、桧柏，在阳坡苔藓层下有 1 种双翅目幼虫。看到蛱蝶飞行。

下山时在海拔 2900m 处又采到螋、克萤叶甲、蟋蟀、大型步甲、红胸隐翅虫，并有 1 个短翅芫菁。

采集环境是弃耕地，有很多牛粪。

1966.V.12　晴，樟木友谊桥，海拔 1700m

水中石下有石蝇和蜉蝣。桤木上有角胸肖叶甲 *Basilepta* sp.和龟甲。白菜上有蓝色菜跳甲。

1966.V.13　晴，樟木

晚上专题组全体会议。

1966.V.14　晴，樟木

上午整理标本，下午政治学习。

1966.V.15　康巴结巴寺

早晨政治学习。

上午到康巴结巴寺沿途采集。

直翅目：大蜒 1 个，在海拔 2500m 以上的针阔混交林内采到；箭蜒 4 个，在海拔 2650m 冷杉林内溪边采到，比较阴湿。

膜翅目：胡蜂，体形极大，与过去在云南所采近似；蜜蜂，中等体形，与家养蜜蜂相似，在海拔约 2550m 的水边采到；大排蜂采于马醉木上。

海拔 2650～2700m 的康巴结巴寺，林间空地密生鼠尾草。这里和郭沙寺的林间空地一样，有星螋、红翅长螋、叩甲（体被黄粉，寄主可能是鼠尾草）。

克萤叶甲，采于石下。步甲、短翅芫菁、隐翅虫数量少于郭沙寺，可能和环境干燥有关。

1966.V.16　曲乡

由樟木北上到曲乡，住在兵站。晚上观看电影时，见到有萤火虫及蛾类。

曲乡，海拔 3300m，位于峡谷，海拔高出樟木 1100m 左右，距樟木 20km，相对高差很大，植被也有很大差别。

河谷已增加了山柳，数量也不少。山地阳坡是竹林，山地阴坡有冷杉（零星）、桧柏、白桦、椆子、竹子（黄色茎）、大叶杜鹃，地面上有金露梅、铁线莲等。

曲乡比樟木要冷得多。

1966.V.17　晴，有风，曲乡

在曲乡兵站附近采集，海拔 3300～3500m。

植被有黄茎竹林（每节丛生分枝）、山柳、桦、柏、杜鹃（大叶、小叶均有）、鼠尾草、金露梅。

昆虫显然变少，草地上有叶蝉、小蓝跳甲、长脚毛蝇、星蝽、小缘蝽、褐色盲蝽、蠼螋（在石头下）。柳梢上有黄足弗叶甲 *Phratora flavipes*，取食嫩叶和心叶。此外还有蓟马、叶蜂幼虫、卷叶虫（或螟虫）、粪蝇、长脚虻、步甲。

萤叶甲，与在郭沙寺采到的相同，共 3 个。其中，2 个采自蒿草根丛下；另 1 个在鼠尾草丛中采到。黄足弗叶甲隐匿于溪边水柳的嫩梢中，咀食叶肉，不易发现，此虫是樟木所没有的。

蜜蜂与樟木种类相同，蠼螋与樟木种类不同，数量偏多。

1966.V.18　曲乡林场附近

海拔 3000m 以下植被为冷杉和铁杉，铁杉较少。海拔 3000m 以上为冷杉林，夹有竹子、大叶杜鹃、槭树（很少）等。地表干燥，是森林砍伐迹地。波曲河左岸山坡陡峻，海拔为 3000m 左右。

跳甲取食大叶杜鹃的嫩叶，数量较多。竹林里没有采到铁甲。海拔 3000m 以上被砍的木头碎片下主要是步甲。斑蝇在林内仍有，与低海拔处（1800m）相同。采到蜜蜂、食蚜蝇、熊蜂及叶蝉。石蛾采自海拔 3300m 的曲乡兵站附近，有的有尾须，有的则无。

1966.V.19　曲乡德庆塘

德庆塘是一个东西向宽谷，谷底宽 300m 以上。谷口向里 2000～3000m，为德庆寺，寺附近为弃耕地。谷底森林较茂密，砍伐破坏也不小。主要植被为冷杉、大叶杜鹃、桧柏、铁线莲、小檗。

德庆寺海拔 3450m，石头下有步甲（中等体形）、蓝翅隐翅虫、棕色叩甲、红色长蝽、蠼螋、蜜蜂、蚂蚁、食蚜蝇等。

海拔 3570m 为纯桦木林，主要植物有桦木、茶藨子（3 种）和花楸等。林内干燥，林下空旷，林下灌木不发育，地被厚厚的枯枝落叶层。

落叶层下采到步甲，与德庆寺不同；隐翅虫 2 种，1 种体长，漆黑色，1 种体棕色；此外还发现大批群集的大蚊幼虫，为桦木林区的代表种。大蚊幼虫的大量存在，表明落叶层下土壤有足够的湿度。落叶层下还有弹尾虫。

1966.V.20　阴间晴，曲乡兵站后山

此处大坡向是西坡，主要植被是竹林、桦木、大叶杜鹃、小叶杜鹃及个别冷杉与桧柏。

在小阴坡或山谷脊，海拔 3700m 以下是竹林和冷杉，海拔 3700m 以上则为小叶杜鹃，海拔 3700～3900m 为大叶杜鹃，海拔 3900m 以上至山顶为小叶杜鹃。

昆虫数量极少，空中飞翔的昆虫以长足黑毛蝇为主，其次见到熊蜂、蛱蝶等。

大叶杜鹃的花中是一个小的昆虫区系集合体，花中有蓟马、小黄花甲（触角棒状，腹部末端外露 2～3 节）、长足黑毛蝇和蚊类。上述几类昆虫为大叶杜鹃带的昆虫代表。

在海拔 3800m 左右的小叶杜鹃林中，大块石头上被以厚厚的苔藓，卷起苔藓，发现有 1 种体形极小的黑色隐翅虫，这是一次新发现。

在海拔 3900～4000m 的小阳坡，土壤层较厚，大石块少，在活动的石头下采到黑色体扁的步甲。

1966.V.21　曲乡兵站附近（十六道班）

波曲河阶地卵石下，海拔 3370m，采到丸甲，数量较多，体金属绿色，很像叶甲，过去从未采到过此种。卵石下同时采到步甲和隐翅虫，隐翅虫鞘翅蓝色与山坡上（海拔 3500m）石下采到者相同；步甲小型，与山坡上采到的不同。可惜没有采到叶甲科的种类。

山坡，海拔 3500m，坡向西北，森林砍伐迹地。石下采到步甲，有 2 种，1 种是鞘翅上有淡色斑点，另 1 种是全黑色。前者分布在海拔 3500m 以下，后者多在海拔 3500m 以上，与郭沙寺海拔 3000m 以上的相似。隐翅虫鞘翅蓝色，与波曲河谷石下采到的相同，而与落叶层以下采到的不同（如桦木林内）。此外还有蠼螋及蚂蚁。

柳梢有弗叶甲。

大叶杜鹃上采到金小蜂。地面上的 1 种草本植物上采到蚤跳甲和叶蝉。

1966.V.22　晴，曲乡兵站

波曲河阶地采集，海拔 3370m，编号 28。

卵石下步甲有 3 种以上，以鞘翅具淡色斑点的 1 种占多数。丸甲采到 2 种，1 种体金属绿色，1 种体暗色，后者只采到 1 个。丸甲与步甲相比，显然以步甲占优势。隐翅虫 1 种，鞘翅蓝色。又没有发现拟步甲。

木头下有弹尾虫，灰色，体形大。

河边有山柳灌丛，主要有食蚜蝇、蜜蜂、叶蝉、角蝉、大红星蟒、蟒（胸部有 1 刺状突起）和石蝇。

没有采到直翅目的成虫，曹文宣在泉水中采到豆娘的幼虫。

猪圈污水边，有食蚜蝇数种，体形大，数量多，还有黄粪蝇。

1966.V.23　聂拉木

离开曲乡兵站返回聂拉木，出发前和兵站同志合影留念。

到聂拉木后整理东西，不带的物品全部留在聂拉木，准备提前去珠峰北坡考察。

1966.V.24　聂拉木、定日至珠峰绒布寺

1966.V.25　定日至珠峰绒布寺大本营

1966.V.26　绒布寺大本营

第三专题组同志介绍珠峰情况。

1966.V.27　绒布寺大本营至中绒布冰川

从绒布寺出发乘汽车到海拔 5100m 处冰川终碛垅，后改步行向海拔 5400m 营地行进，一路沿冰川侧碛上行走。

沿路都有看到蛱蝶，在海拔约 5300m 处采到 1 个飞行中的小缘蟒。

1966.V.28　中绒布

在海拔 5600m 的中绒布最古老的冰川侧碛上采集。在比较平缓有土壤发育的地段，生长着高等植物，如小嵩草、龙胆及一种开红花的小灌木。地下水位也比较高，采到小缘蟒、小跳蟒、霄蝗蝗螨 *Dysanema* sp.（由夏凯龄先生鉴定）、步甲（2 种）、象甲（与海拔 4900m 在绒布寺所采到的 1 个相同）。

高等植物生长在古侧碛相对稳定的地段，有高等植物的地方就有有翅昆虫，这里的昆虫群落应以小跳蟒及缘蟒为代表。

在海拔 5600m 的中绒布第二号营地，地形呈斗状，有流水，土壤发育良好，

形成高山草甸，主要植物是小嵩草。这里的昆虫区系以蝇类为主，在溪沟边石下没有采到其他虫类，不知是何原因。

在回营地的路上看到石蛃，但未采到。

1966.V.29　晴，中绒布

从中绒布海拔5400m营地向下，穿过中绒布冰川冰塔林，到西绒布古冰川平台或称层层河地段采集。

珠峰中绒布冰川冰塔林采集跳虫，海拔5400m（张荣祖摄）

原以为冰塔林内无虫，但搬动冰塔林边有流水的石头，却发现有黑跳虫，又在冰川水池边水面上看到数量较多的黑跳虫。下午7时穿过冰塔林时，在冰塔林内部冰塔石下水面上又发现跳虫，可见冰塔林内虽无植物，但却有无翅昆虫，可称为无翅昆虫区。

在西绒布古冰川侧蹟石下，又采到2个石蛃。

海拔5500m的古冰川侧蹟的台地或称层层河地段植物生长良好，有棘豆、羊茅、风毛菊、早熟禾、蚤缀。昆虫种类繁庶，是昆虫区系最丰富的地段。主要有拟步甲，成虫体色黑，体拱凸，在石块下，同时见到幼虫；步甲，体形小；蝈蛾，常停留在蚤缀上，飞行能力差；缘蝽；小跳蝽；小蝗螨；胡蜂；姬蜂；熊蜂；短翅芫菁及蝇类等；另有蜘蛛。

没有见到象甲。在如此海拔看到短翅芫菁（由谭娟杰先生鉴定，当时误认为是短鞘萤叶甲）很特殊。沿路都有看到蛱蝶，可惜未采到。

1966.V.30　中绒布

中绒布海拔 5400m 营地以下的冰川河谷采集，目的在于观察表蹟区是否有弹尾虫或石蛃。结果证明在冰川表蹟区虽没有植物，但有跳虫，也许在边缘地区有石蛃。

在冰川河谷表蹟区没有采到有翅昆虫，但见到蛱蝶。在营地附近见到丽蝇，这些昆虫肯定都不是表蹟区的定居者，它们是跟随人类活动而迁移来的。

曹文宣在海拔 5600m 的古冰川侧蹟平台上采到 3 个石蛃。

1966.V.31　中绒布

从海拔 5400m 的中绒布营地返回海拔 4900m 的绒布寺大本营。

回营途中在终蹟与冰川表蹟交界处，即最新的一次层层河谷中，看到与海拔 5500m 的西绒布层层河谷中相同的夜蛾和黑蛱蝶。

在海拔 5200m 的汽车行驶终点至冰川平原途中，采到食蚜蝇和瓢虫。

1966.VI.1　绒布寺至绒布德寺附近

绒布寺附近（绒布寺吊桥）泉水中石下有石蚕及石蛾，石蚕的茧在石下很密集。蜉蝣幼虫，数量很少，水边石下有步甲。

路边有螟蛾、蛱蝶、拟步甲、步甲、缘蝽、小跳蝽、食蚜蝇、象甲、瓢虫、蝇类和姬蜂等。

接近海拔 5150m 的第五专题组营地，泉水边石下有步甲（体形大，淡黄色）、石蛾、蜉蝣，另有 1 种具 3 条尾丝的幼虫，不知是蜉蝣的稚虫还是豆娘的稚虫。

1966.VI.2　绒布寺河左岸洪积扇口

路边有螟蛾、绢蝶、蛱蝶、蜂类、麻蝇和丽蝇。

草丛中有小蝇类、食虫虻、小跳蝽和缘蝽。

石下有步甲、拟步甲、象甲和短翅芫菁。

紧靠河边，有水的石下有石蚕和蜉蝣稚虫。

石下沙地有 1 种黑色蝽象，可能是长蝽，若虫极多，成虫采到几个，为首次采到。

1966.VI.3　绒布寺

绒布寺以下河谷的河漫滩及一、二级阶地采集，海拔 4850m。

河漫滩的主要植物有金露梅、沙棘、薹草。主要昆虫有小步甲、叩甲、小拟步甲、小黑跳蝽、缘蝽、黑蛱蝶、白绢蝶、食虫虻、黑翅虻。石下还从茧中剥出1个熊蜂，河边又有黑长蝽、小蝇类、黑色象甲。

在一级阶地斜面上有体形较大的拟步甲（与昨天在洪积扇缘所采到的相同）、灰色象甲、小型步甲，未见黑色象甲。

一级阶地地面上植被极稀疏，密布乱石，有极小型步甲；拟步甲与一级阶地斜面上采到的相同。

在二级阶地地面上有小灰色的象甲。

1966.VI.4　绒布寺

珠峰绒布寺大本营，海拔4900m。

室内采到大型拟步甲。

河边未见隐翅虫、丸甲、萤叶甲、阔跗萤叶甲。

1966.VI.11　聂拉木色龙克鲁昂城湖边

克鲁昂城湖边湖水与草地的交界处是湖水波及地带，无植物。在这里有大量的双翅目昆虫，再向外是薹草带，沙地比较潮湿，草地上可以采到跳蝽。湖边石下有步甲、象甲和蚂蚁。

色龙乡滩地河边生长有水柏枝，砾石下有 2 种步甲，1 种足黄色，肩部有淡色斑；1 种体瘦长，全身漆黑色。石下还有拟步甲，体肥阔，长约 6mm。膜翅目昆虫在土内作巢。弹尾虫多采自石下湿度大的地方。采到长蝽，触角棒状。

湖边水塘，下午 2 时水温 20℃，pH9.0，水中主要有松藻虫、小头水虫、摇蚊成虫及幼虫。

1966.VI.13　色龙克鲁昂城

克鲁昂城，海拔4700m。悬崖下湖边有豆科植物和委陵菜，都在开花。花间的熊蜂种类很多，有6种以上。石下发现有翅蚂蚁，数量很多。

在湖边淤积的较新鲜的枯草下，有石蛾，色泽淡浅。摇蚊，体形大，体色黑，在空中飞翔，嗡嗡作响，是优势种。草丛中小蝇子数量多。拟步甲和小型步甲数量很少；象甲，色黑；隐翅虫采于石下，鞘翅蓝色，是北坡首次采到。采到小黑跳蝽。蛱蝶较多。

<u>1966.VI.14</u>　色龙附近洪积扇及小山头

洪积扇为薹草和石头组成，薹草在地下水位高、有水沟的地方生长，从上至下呈条状分布。水沟边昆虫以跳蝽为主。

石头地段以象甲为主，体灰色，另有少数夜蛾，栖于石下。

山地的部分地段石头裸露（片麻岩和页岩），在比较阴湿、土层发育良好的地段是以嵩草、薹草和针茅为主形成的草皮，间生有角蒿。

石下采到象甲（与洪积扇采到的相同）和夜蛾。

在角蒿和点地梅花上采到1个具5个跗节的小甲虫，体软，属于囊花萤科，数量颇多；还采到蛱蝶。

<u>1966.VI.15</u>　希夏邦马峰北坡

从色龙出发向西绕过色龙山而向南，经过海拔4900m的希夏邦马峰登山大本营旧址（苍井），顺河谷而上至海拔5200m处的河谷（河边）及一级河阶地采集。

1）河边

河水为冰川水，在石下没有发现石蝇、蜉蝣、石蛾等水生昆虫的成虫和幼虫，只有1种小幼虫，尚不知何类。

紧靠河边的大卵石下边采到1种体大而扁、足色淡的步甲，数量也较多。

河漫滩的草地上，植物以薹草为主，另有马先蒿。最具代表性的昆虫是蝽象，共2种，1种为黑色的跳蝽，1种为缘蝽或长蝽，均与珠峰所见相同。

在石头下以小型步甲和拟步甲为优势，后者极小，色黑如象甲，在珠峰未采到；步甲与珠峰采到的相同。

2）河边一级阶地

优势昆虫是步甲和拟步甲，步甲与河边的相同。拟步甲至少有2种，1种体形大，1种体形极小，极小者与河边的相同，体大的则在河边很少见，是阶地所特有。采到3个直翅目若虫。

<u>1966.VI.16</u>　色龙

在色龙滩滩缘小山山脚，采到拟步甲、步甲、象甲、石蛃。

河边采到拟步甲、步甲、麻蝇等。

河边与山脚的昆虫种类大体一致，但山脚昆虫种类更丰富，虫口数量更多。

河边的虫类很少，没有采到萤叶甲、阔跗萤叶甲、金叶甲及隐翅虫。

1966.VI.18 聂拉木亚里（十一至十二道班之间）

波曲河上游沼泽，沼泽边的石下有拟步甲，体形大；金龟子，栖于石下洞中；龙虱，沼泽间水沟中；多种蝇类；还有瓢虫和熊蜂。水中有石蚕。沼泽边平地有蝽象。沼泽地未发现青海玉树地区的高原短鞘萤叶甲，也没有见到跳蝻。

山脚及农田边有很多野决明正在开黄花，主要昆虫如下。

鞘翅目：象甲有 2 种，山脚石下的 1 种为灰色；泉边石下的为黑色。拟步甲有 3 种：大型种采自泉边；中型种黑色，采自泉边石下草丛下，数量很多，易采；小型种采自山脚石下。步甲在山脚与泉边都有，但泉边石下的足色淡，有的肩部有 1 黄斑。采到瓢虫。

膜翅目：熊蜂，访问野决明的花；蜜蜂在泉边、泉水源头草地采到；还有蚂蚁等。

双翅目：食蚜蝇采自水源头。

鳞翅目：夜蛾采于山脚石下，较为常见；采到蛱蝶和螟蛾。

1966.VI.19 聂拉木第十二道班

波曲河边农田有蒿草、绣线菊等植物。昆虫以拟步甲占优势，均栖于石下。金叶甲，采于土块下，为首次采到。看到黄粉蝶和黄凤蝶，但未采到。石头下还有隐翅虫和象甲。

聂聂雄拉山口海拔 5000m，采到螟蛾和斑芫菁，均为高山带的代表昆虫。

在海拔 4500m 的甲曲桥右边山地阴坡，生长有高山绣线菊、茶藨子、蒿草的灌丛。采到隐头叶甲，鞘翅红色有黑斑，是首次采到，寄主不详。雏蝗数量多，原因可能是此坡背风。看到黄粉蝶和黄凤蝶，可以飞到山顶海拔 4600m 左右。采到石蛃。石下的拟步甲与山谷的种类相同，是优势种。

1966.VI.21 聂拉木

聂拉木附近后山，海拔约 3800m，生长有绣线菊、木本委陵菜、锦鸡儿、白花月季、岩须、山柳等灌木。

优势昆虫是蝗虫，均属短翅型，翅只达腹部之半，末端叉开，数量多。这里的蝗虫数量较海拔 4300m 处的十二道班（甲曲）附近要多得多，而且密度大，成虫比例大。

拟步甲，中等体形。石下占优势的昆虫是步甲。步甲与拟步甲的数量比约 4∶1 或 5∶1。

石蛾采自海拔 3800m 的溪间山柳灌丛中；石蝇也采自海拔 3800m 处。

在石下见到小褐鳃角金龟。

叶蜂数量多，采于山柳灌丛中。

采到灰色象甲（少见）和隐翅虫。

采到 1 个金叶甲，可能为十二道班者同种（后经鉴定为 *Chrysolina nyalamana* Chen *et* Wang，新种）。

1966.VI.22　聂拉木普咀寺山谷

农田采到凹胫跳甲（或蚤跳甲，寄主为十字花科植物）、雏蝗、步甲、拟步甲（中型）、缘蝽。

谷口山脚采到雏蝗、长跗跳甲（寄主为紫草）、红色长蝽（在鼠尾草叶下）、隐头叶甲及黄凤蝶等。

1966.VI.23　聂拉木后山（海拔 4000m）灌丛

以雏蝗为优势种，种类在 2 种以上。

步甲数量比拟步甲多。

只采到 1 个金叶甲（后来鉴定为 *Chrysolina nyalamana* Chen *et* Wang），比 6 月 20 日采到的体形小，可能是同种，但为雄性。

叶蜂不少，寄主为山柳。

十字花科植物及紫草上都没有跳甲。

在石下见到 1 个死的隐头叶甲。

其他还有螟蛾（2~3 种）、夜蛾、象甲、拟步甲、虻、蜜蜂等。

本次西藏珠穆朗玛峰登山科学考察共采集标本 4662 个，分属于 15 目，其中叶甲 641 个，有寄主记录的 37 种，计 482 个。

1981 年横断山考察记录

1981.V.9　北京至昆明

8 时 20 分乘飞机离京，11 时 7 分抵达昆明机场。

1981.V.10　昆明西山

瘤叶甲 *Chlamisus* sp.，编号 Ch.81-01，体褐红色，有白斑，成虫 9 个，在叶面取食嫩叶，寄主为蓼 *Polygonum dielsi*。这是首次在蓼科植物上采到瘤叶甲。地点：西山龙门，海拔 2200m。

长跗跳甲，编号 Ch.81-02，蓝色小型，在紫草科（大叶）植物叶片背面，食叶呈褐色斑点状。地点：西山公园，海拔 2200m。

另一种长跗跳甲较上种体形大，寄主不详。

1981.V.11 昆明，青藏综合考察队 1981 年横断山区考察计划大会

考察队副队长陈洪：横断山区是青藏高原的重要组成部分，这次会议的主要任务是制订 1981 年横断山区考察计划。本次考察共有 34 个单位参加，包括中国科学院内 20 个研究所和院外 14 个单位，参加考察的人员有 190 人左右。

中国科学院综合考察委员会副主任赵风：要把队伍组织好，计划制订好，行动协调好。队伍名称：中国科学院青藏综合考察队。队长：孙洪烈；副队长：王振环、陈洪。党委书记：王振环；副书记：李文华。

考察队副书记李文华：关于综合考察计划的有关问题。

1）横断山区综合考察题目的由来和设想

横断山区综合考察是青藏综合考察的重要组成部分，是第二战役。珠峰考察后制订了 8 年青藏科研规划。青藏地区是科学之窗，围绕青藏高原隆起原因的研究，取得了可喜的结果，提出了许多有科学价值的假设。第一战役已胜利结束，第二战役如何进行，有两种意见，一是西藏北部，二是横断山区。

横断山区面积约 50 万平方公里，包括昌都、甘孜、阿坝、凉山、丽江、大理、迪庆、怒江等，是世界上独一无二的地区，是青藏地区的精华所在，是西南季风和东南季风交会的地区，有六大山脉。横断山区是动植物区系的发源地，是被子植物的起源中心，这里发展农牧业等经济活动的自然条件较西藏北部好，有数百万人口，有 30 多个少数民族。

主要研究课题：横断山区的形成原因及地质历史，横断山区自然地理特点和分异规律，横断山区自然垂直带的结构及分异，横断山区生物区系的组成和演化，横断山区的自然保护与自然保护区，横断山区的农业自然资源及特殊自然景观——干热河谷，横断山区的特殊动植物，横断山区的矿产及工业布局。

预期成果：公开出版部分年度考察成果，出版各专业组考察丛书，每个专题形成一个综合报告。

2）1981 年考察计划的具体问题

考察范围：1981 年考察巴塘、理塘、凉山及滇西四州，1982 年考察甘孜和阿坝，1983 年补点考察。

1981 年考察分两批：第一批 5 月至 9 月上旬，第二批 8～12 月。

3）制订年度计划时应注意的问题

协调基础研究与应用研究的关系；团结协作，充分发挥多学科的优势；点面结合，传统的方法与新手段相结合；尽量利用近代化手段，尽量利用统计数字。

<u>1981.V.12　昆明，动物小组会议</u>

讨论考察路线，初步决定北京动物所与昆明动物所分队考察。北京动物所以滇西北三江流域为主要考察地区，由南向北进行考察；昆明动物所 7、8 月出队考察，以滇北（丽江东北）及川西南为主要考察地区，两队在德荣、乡城、稻城有交叉。北京动物所由德钦上至芒康，经巴塘、理塘、康定收队，结束考察。

<u>1981.V.13　昆明</u>

制定考察路线和日程安排。

<u>1981.V.14　昆明黑龙潭植物园</u>

月见草跳甲 *Altica oleracea*，编号 Ch.81-03。寄主：月见草（引入种）*Oenothera* sp.，在水沟边地埂上，正在开花。成虫很多，暴露在外，幼虫少见。取食叶肉，留表皮呈薄膜状干枯。阴处有老鹳草，但其上未见跳甲。

凹胫跳甲，编号 Ch.81-04，寄主：悬钩子。成虫一般在叶片背面，取食后呈褐色斑点状。

菜跳甲，体蓝色，寄主：萝卜。

克萤叶甲，编号 Ch.81-05，寄主：刺槐。克萤叶甲有两种色型。

米萤叶甲 *Mimastra* sp.，编号 Ch.81-06，寄主：桤木（水冬瓜），取食嫩叶。

采到花金龟 2 个，体形较大的采于地面落叶下，体形较小的采于荷花玉兰的花中。

<u>1981.V.16　阴天，昆明大观楼</u>

长跗跳甲，体稻草黄色，鞘翅中缝黑色，后足腿节端部具 1 黑斑。寄主：蔓生旋花科牵牛属植物，攀绕在夹竹桃上。成虫在叶片背面取食叶肉，留表皮呈薄膜状，间或呈孔洞状，为害严重，数量较多。

大观楼公园内有老鹳草，但未见跳甲为害。

另一种长跗跳甲，编号 Ch.81-09，体蓝黑色，具光泽。寄主：紫草，采自省政府招待所东铁路边，高燥地，成虫多数在叶片背面，取食叶肉呈孔洞状，少数在顶端小叶上，数量较多。

小萤叶甲 *Galerucella* sp.，数量多，寄主：水蓼 *Polygonum hydropiper*。

步甲采到3个（2大1小），均在植物根部，小者爬行速度快。

姬蜂成虫较多，因气温低，停息在禾草的穗部。

1981.V.21　昆明至下关，出发至考察地区

早晨5时45分从昆明出发，9时到达下关，行程401km，下关海拔1950m。

1981.V.22　下关至瓦窑，行程151km

瓦窑海拔1350m，位于澜沧江一支流河谷中，生长有枇杷、木棉等热带植物。瓦窑距永保桥9km，该桥距保山55km。瓦窑还有银桦，在旅馆院内看到实蝇和突眼蝇。瓦窑的叶甲科有米萤叶甲（极多）、四线跳甲 *Nisotra* sp.和沟胫跳甲等。

1981.V.23　瓦窑至六库

海拔1700m，路旁出现柳树；海拔1800m，路旁出现杨树；海拔2370m，路旁出现杜鹃，左侧山坡植被茂密。经漕涧翻怒山垭口，垭口海拔2500m。垭口两侧植被较好，西侧有一林场，但坡度极陡，东坡植被更好，沟谷较开阔，谷底东高西低，河流在西坡根部，可见东部较抬升，冲积坡较发育。

1981.V.24　六库至片马

六库位于怒江东岸，江边海拔900m，从六库出发沿怒江东岸向北行进8km，然后过怒江大桥向西，仅25km后即到泸水县城。

泸水采到瘤叶甲，体黑色，大型，同时采到卵，卵单个，立于叶面，寄主为悬钩子；小跳甲，体蓝色，像是丝跳甲或菜跳甲，体形较大。看到有翅白蚁在空中飞舞。

姚家坪海拔2550m，附近森林茂密，路边虫类很丰富。小跳甲，体金绿色，为害1种大叶植物，多在叶片背面，编号Ch.81-08，寄主植物编号1号。小灰天牛采到4个，多在蓼草上。象甲采到1个，少见。

片马种植水稻和玉米，每年7～9月为雨季，冬季降雪。片马位于高黎贡山西坡，海拔1950m。高黎贡山风雪垭口海拔3100m，降雪尺余厚。

1981.V.25　片马第一营地

从片马向上7km，在海拔2300m处公路旁搭帐篷，建立第一个工作营地。

跳甲，编号Ch.81-10，寄主植物编号2号，数量颇多，采到149个，是优势种。跳甲，编号Ch.81-11，寄主植物编号2号，采到8个。

海拔 2800m 以上是冷杉，海拔 2600～2800m 是铁杉，杜鹃不成林。铁杉以下是以槭树为主的常绿阔叶林。

1981.V.26　片马向上 7km，道班附近

跳甲，编号 Ch.81-11，采于路旁水沟边，为害柳叶菜科植物，成虫、幼虫同时存在，但数量不多，幼虫多停留在顶端新叶中。

侧刺跳甲 *Aphthona splentita*，编号 Ch.81-12，是当地的优势种，为害路旁的优势植物悬钩子，与编号 Ch.81-13 同时发生，寄主也相同。

黄腹金绿跳甲，编号 Ch.81-13，寄主为悬钩子。

萤叶甲，编号 Ch.81-14，寄主为葫芦科苦瓜，被害状呈大圆孔，有强假死性，稍受惊即滚落地。

肖叶甲，编号 Ch.81-15，鞘翅上有毛列，为害凤仙花，被害状很奇特。

除上述发现寄主植物的叶甲外，还采到 2 个黑色瘤叶甲。

一种大型黄色的萤叶甲，寄主为蓼。

白菜跳甲有 2 种，1 种黄条型，另 1 种为金蓝绿色型。跳甲亚科显然是当地的优势类群，相反萤叶甲亚科较少，肖叶甲亚科也只有 1 种。

榿木上未见卵形叶甲，杨树和柳树上未见叶甲。

一种蓝绿色的甲蝇非常奇特，采自小叶竹丛中，共采到 15 个，不太活泼，极难采。未见突眼蝇。蜻蜓、蝗虫数量较多，其中菱蝗尤其多。树皮下隐翅虫与西双版纳采到的相同，但未见黑蜣。

1981.V.27　下片马与缅甸交界的第 16 号界桩处

梨叶甲 *Paropsides* sp.，体黄色，胸部具 4 个黑斑，鞘翅具 5 个黑斑，只采集到 1 个。

柱胸叶甲 *Paralina indica*，廖素柏采到 1 个。

隐头叶甲采到 2 种，体形较小的 1 种，较少见；体形较大的 1 种，颇似北京蒿子隐头叶甲。有的在悬钩子上采到，可能是其寄主。

角胸叶甲 *Basilepta fulvipes*，多数采自蒿子上。

突肩肖叶甲，数量少，寄主不详。

金叶甲，鞘翅刻点成双。

毛翅肖叶甲（属名不详），寄主为凤仙草，与海拔 2300m 处相同，栖于阴湿处。

紫草长跗跳甲，体金绿色，到处可见，高黎贡山东西坡（姚家坪）都有，是优势种和常见种。紫草上还有 1 种极小的跳甲。

上述隐头叶甲、突肩肖叶甲、角胸叶甲、金叶甲、柱胸叶甲等都是在海拔2300m 处未采到的。

老鹳草上未见跳甲。

云南泸水片马中缅边界的碑前合影，左起前排邵宝祥、赵建铭、
马振录、边防军战士，后排廖素柏、张学忠、王书永

1981.V.28　阴有雨，片马

沿公路采集，海拔 2300m。

角胸叶甲，编号为 Ch.81-18，采到 25 个，多数采于第 12 号植物叶片背面，也有在悬钩子叶片上采到的，与下片马采到的相同，个体极小，鞘翅极光亮，刻点成行。

德萤叶甲 Dercetina sp.，编号 Ch.81-19，有 3 种色型，与角胸叶甲在同一寄主植物上采到，不知是否为害。

悬钩子上的金绿色小跳甲，翅面上有毛，不知是何属种类。

1981.V.29　片马

营地以下河谷溪边及弃耕地采集，河边为茂密的常绿阔叶林。

跳甲，有 2 种色型，1 种蓝紫色（记录卡片上为靛蓝色），1 种蓝黑色，采自弃耕地草丛中的第 17 号草本植物上，同时采到幼虫。因此跳甲属目前已采到 3 种，1 种采于昆明的月见草上，1 种采于片马的柳叶菜上，1 种即本种，寄主各不相同。

齿胸叶甲 *Aulexis* sp.，胸红色，胸齿较不明显，鞘翅蓝色具毛（与过去所见者不同），在紧靠溪边的第 15 号植物上采到，成虫 5 个，均在同一棵树上采到。栖息环境光线极差，是阴性种类。

沟胫跳甲，淡黄色，与齿胸叶甲同域采到，相距很近，所有标本均采自第 16 号植物上。

柱胸叶甲，与下片马相同，均停留在羊齿植物上。

在弃耕地的一株新生杨树上，采到 2 个叶甲亚科的幼虫，即将化蛹，未见成虫，估计是杨叶甲 *Chrysomela populi* 或白杨叶甲，采到老熟幼虫，饲养待化蛹并羽化成虫。

下午在营地以上采集，路旁一株像柳树的植物上采到圆叶甲 *Plagiodera* sp.成虫及部分幼虫。

在海拔 2350m 以上，一种像楤木的植物上采到了卵形叶甲，体形较大，但数量很少，同时采到一种黄腹的萤叶甲（属名不详）。

负泥虫的寄主与 5 月 25～26 日所观察的相同。

肖叶甲亚科原寄主为凤仙草，现又增加一种寄主荨麻科冷水花。冷水花上还有一种极小的长跗跳甲。

体形大，鞘翅黄色，胸部粉红色的一种萤叶甲，经饲养和采集观察，寄主为风吹箫。

1981.V.30　阴雨，片马

片马风垭口以上，海拔 3100～2800m 的山谷中冒雨采集。

在海拔约 3100m 处，采到 1 种黄足萤叶甲，有 28 个之多，均采自第 20 号植物上。其中，雌虫体形肥大，雄虫体形瘦小，鞘翅肩后似有一条纵凹，外侧似有一纵脊纹，翅端圆形，与一般萤叶甲不同，颇似高原萤叶甲（*Geina*、脊萤叶甲、短鞘萤叶甲 *Geinella*），是否为其雏形，尚难判断。

在海拔约 2800m 处，与黄足萤叶甲发生在同一坡面上，可能为同种，但寄主是一种灌木，叶片为害较严重，有点像海南尖峰天池采的异跗萤叶甲 *Apophylia* sp.。成虫共采到 38 个，均在一株植物上。从上述昆虫的数量看，高山段以萤叶甲亚科昆虫占优势，中山段以跳甲亚科昆虫占优势，是否如此待以后验证。就已往资料，跳甲亚科中高山种类很少，而萤叶甲亚科则有不少高山种类。

在海拔 2800m 左右，采到 1 个卵形叶甲，但没有昨日的寄主植物分布。

海拔接近 2400m 处，在杨树上采到 1 个圆叶甲。

跳甲亚科中除为害蔷薇科悬钩子的 1 种外，另有 2 种体形稍大，鞘翅显宽于胸部，足为黄色的跳甲。这 2 种体色不同，是否同种暂不详，寄主也尚不清楚，有的是扫网采到，有的是在一种似蓼草的植物的花上采到。

1981.V.31　晴，驻地附近，海拔 2300m

新采到的叶甲种类如下：

（1）隐盾肖叶甲 *Adiscus* sp1，全体蓝绿色，体圆形，颇似肖叶甲科的突肩肖叶甲属 *Cleorina*，因个体少而分散，寄主不详。

（2）隐盾肖叶甲 *Adiscus* sp2，体淡红色，鞘翅边缘金绿色，在灌丛中采到，分布不集中，寄主不详。

（3）齿胸肖叶甲，体黄褐色，体形较大，寄主似樟科植物，成虫食叶呈缺刻状，多数在顶端新叶中。

（4）萤叶甲，蓝黑色，体形中等，寄主为葫芦科植物，栖息在阴湿环境中，在植被的最下层，食叶呈缺刻状，有强假死性，稍受惊即坠落。

营地附近肯定有分布的还有：

（1）黄足（淡足）大腹跳甲，寄主为蓼科植物。

（2）在下片马采到的大个蝗虫，此处也有分布，但未采集到标本。说明海拔 2300m 的营地与下片马海拔 1720m 处昆虫的种类基本一致，如柱胸叶甲、角胸叶甲、侧刺跳甲等都有分布，应同属一个分布带。

1981.VI.1　晴，片马至姚家坪

由高黎贡山西坡转至东坡采集，海拔 2500m。

在风雪垭口等车时稍加采集，采到大排蜂、蜜蜂和熊蜂。熊蜂毛色棕红，多停留在地面，或沿地面飞行。

姚家坪驻地杨树幼苗很多，其上普遍有白杨叶甲成虫。

西坡海拔 2600m 以下为常绿阔叶林，海拔 2600～2900m 为铁杉常绿阔叶混交林，海拔 2900m 以上为冷杉林，不典型，森林郁闭度在 85% 左右。

东坡针叶林比西坡好，冷杉下限为海拔 2900m，远看成林，林内稀疏。铁杉林为纯林，胸径 $2m^2$，树龄 250～300 年。海拔 2900m 以下为常绿阔叶林，较西坡简单。海拔 2000m 以下为干热河谷，有喜温、喜干植物生长，如木瓜、霸王鞭、茅草、木棉等。

片马至姚家坪途中，汽车通过塌方地段，车上司机为邵宝祥，王书永摄

<u>1981.VI.2</u>　多云，有雨，姚家坪

山谷有次生灌丛，多为杨、柳、蓼及飞机草。

白杨叶甲很普遍，成虫、幼虫同时存在。

柳树上有柳弗叶甲 *Phratora gracilis*，模式产地为大理点苍山。

醉鱼草长瘤跳甲 *Trachyaphthona* sp.、柳叶菜跳甲、悬钩子小侧刺跳甲、悬钩子黄腹寡毛跳甲 *Luperomorpha* sp.、风吹啸隶萤叶甲、凤仙花肖叶甲等，都是与西坡所共有的。

小长跗跳甲，寄主是像苏子那样的叶片的植物。

杨树心叶还有 1 种萤叶甲（属名不详），前胸几呈方形，中部有一横凹沟。

张学忠采到 1 个黄色的九节跳甲 *Nonarthra* sp.。

从上述情况看，此处昆虫种类与片马大同小异。晚上灯诱，首先上灯的是黄色鳃金龟，另有黑绒金龟，后来才是蛾类。风吹啸隶萤叶甲灯诱到很多，此外还有象甲、花甲及步甲等。

<u>1981.VI.3</u>　雨，营地，整理昨夜灯诱标本

初步鉴定片马及昨天所采标本。

（1）醉鱼草跳甲前胸背板基前有不清晰的横凹，可能属于侧刺跳甲属。

（2）悬钩子黄腹跳甲属于寡毛跳甲属，另一种小的金绿跳甲（优势种）属于侧刺跳甲属。

（3）海拔 2800~3100m，采到的黄足萤叶甲，肯定是高山代表类型，其属不详。

（4）风吹啸隶肖叶甲非常特殊，触角只有 9 节，中部节下生长毛（后室内鉴定为新属新种云南九节肖叶甲 *Enneaoria yunnanensis*）。

（5）5 月 31 日下午采集的原以为是齿胸肖叶甲属，经鉴定不是此属；而是近似角胸叶甲属，但胸侧边缘具两角，体形也不同，本种是长圆筒形的。

（6）在姚家坪柳树上采的弗叶甲为柳弗叶甲，原产大理点苍山，腹末节黄色。本地标本腹末有的只 1 节黄色，有的 3~4 节黄色。

<u>1981.VI.4</u>　雨，营地附近河谷次生灌丛

九节肖叶甲，寄主凤仙花，为常见种。

淡足跳甲，下雨时躲在蓼草叶片背面，数量较多。

草本植物上跳甲属幼虫普遍，成虫少见，常与柳兰混合发生，不知是否同种。

<u>1981.VI.5</u>　雨，河谷常绿次生灌丛

九节肖叶甲发现有蓝绿色和鞘翅带紫色两种色型。扫网随机采集 130 个成虫，前者 100 个，后者 30 个。

柳弗叶甲成虫均采于柳枝顶端的嫩叶中。

采到铁甲和龟甲。

整理标本时发现 2 个卵形叶甲，但采集时未注意。

灯诱到 4 个肖叶甲。

寄主为风吹啸的隶萤叶甲分布在高黎贡山东西坡的不同海拔（2300~3100m），种类也不相同，表现了不同海拔所致的物种分化。

听说去泸水的公路被冲垮。

<u>1981.VI.6</u>　晴，高黎贡山风雪垭口东侧道班后山，海拔 3100m

凤仙花束胸跳甲 *Lipromorpha* sp.，黄翅黑腹，采集 80~100 个，数量极多，将凤仙花稍稍摇动，成虫即纷纷落网，是首次采到如此多数量的同种标本。原疑为长跗跳甲属，整理标本时发现应为束胸跳甲属。此虫与片马海拔 2300m 处，凤仙花上采集的小褐色长跗跳甲发生替代现象。

另一替代现象发生在悬钩子上，低海拔时其上主要昆虫为金绿色的侧刺跳甲，

而在海拔 3100m 处，则为褐色长跗跳甲，编号 Ch.81-41（后室内鉴定为 *Batophila depressa* sp. nov）。

刀刺跳甲 *Aphthonoides* sp.，体暗褐色，体形极小，采到 3 个，寄主不详。

高山萤叶甲，编号 Ch.81-38，在海拔 3100m 处采到，与西坡所见相同，寄主可能也相同。

蓝黑萤叶甲，编号 Ch.81-37，为害一种藤本植物，食叶呈孔洞状。

高山草丛中跳甲种类很多，一种黄色侧刺跳甲，胸基部有横凹，寄主为蔓生植物，只采集一小段植物留存。

道班房附近紫草上仍有蓝长跗跳甲 *Longitarsus cyanipennis*，单独保存以便鉴定与低海拔处是否为同种。

醉鱼草（或与其相仿植物）上，无黄条侧刺跳甲，但有一种龟象，该龟象在海拔 2800～2900m 处也曾发现。

在海拔 2800～2900m 处，柳树上发现柳弗叶甲及二色弗叶甲，但后者较少。在此海拔以上虽有柳树灌丛，但未见上述两种叶甲，也未见白杨叶甲。

约在海拔 2800m 处采到 1 个寄蝇，外形非常像熊蜂。

综上所述，在垂直分布上，海拔 2800～2900m 为一条界线，低山种类一般不过此线，此线以上为高山种类。

姚家坪没有采到蝗虫。

1981.VI.7　泸水

大部分人员撤回泸水。

1981.VI.8　多云，有降雨，泸水对面小山，海拔 1900m

此处采集的大部分种类属热带区系性质，如荔枝蝽、盾蝽、瘤叶甲、球肖叶甲、米萤叶甲。蝗虫有几种，但数量不多。廖素柏采到 1 个茎甲 *Sagra femoralis*。

发现两个生态替代现象：悬钩子的金绿色侧刺跳甲在片马姚家坪是优势种，泸水则无，而代之以凹胫跳甲。醉鱼草上的黑条侧刺跳甲在片马（海拔 2300m）和姚家坪（东坡，海拔 2500m）为优势种，在泸水的醉鱼草上前者极少见，而代之以淡黄色的 1 种体形宽短的侧刺跳甲，被害状与前者完全相同，有时也十分严重。

1981.VI.9　因雨未出，泸水

悬钩子上的瘤叶甲大概是毛瘤叶甲 *Chlamisus setosus*，胸背板被黄色卧毛。悬钩子上的跳甲属于凹胫跳甲。晚上在路灯下采到许多金龟子和步甲。

<u>1981.VI.10</u>　多云，泸水至姚家坪

　　双麦地以上，公路里程碑39km处又有塌方，汽车无法前进，独自步行7km到鸟兽组营地，并沿途采集。在桤木次生树上，不时看到带金紫色光泽的肖叶甲，可能是突肩肖叶甲 Cleorina sp.。在双麦地道班处的马铃薯地扫网，采到几种跳甲，可能有九节跳甲和长跗跳甲。泸水附近山坡上采集，扫网采到隐头叶甲和肖叶甲。跳甲亚科中还采到蚤跳甲、长跗跳甲、凹胫跳甲等，种类较多，还有1个极小的圆形跳甲。

<u>1981.VI.11</u>　泸水后山，海拔1810～2230m

　　壳斗科植物花序中，有花金龟、九节跳甲及球肖叶甲等。第35号植物上有小型瘤叶甲。大个蝗虫，在低海拔处采到。趾铁甲，栖息在1种草本植物叶面上。茎甲，在海拔约2000m处采到，寄主不详。

　　在1种开紫色花的豆科植物花序中（已压标本），有较多的球肖叶甲 Nodina sp.。隐头叶甲，胸黄色，中部有1条蓝色纵带，鞘翅蓝色，在壳斗科植物上扫网采到，此种过去未曾见过。小个瘤叶甲，在海拔2200m左右的山坡上壳斗科植物新生幼苗上扫网采到不少。这样小的瘤叶甲，过去少见，分布海拔很高。壳斗科植物上扫网采到1种黄色带毛的肖叶甲。

<u>1981.VI.12</u>　泸水至六库

考察车通过泸水至六库大塌方地段，王书永摄

<u>1981.VI.13</u>　六库

采到散居型飞蝗。

芭蕉跳甲及角胸叶甲 *Basilepta* sp.在叶片背面，沿主脉处取食，数量较多。

肖叶甲取食芭蕉幼苗叶呈孔洞状。

红翅黑胸沟胫跳甲，寄主为唇形花科植物。

甘薯叶甲 *Colasposoma dauricum auripenne* 有 3 种色型。

甘薯上的龟甲大概有 3 种。

<u>1981.VI.14</u>　六库至保山，保山海拔 1720m

<u>1981.VI.15</u>　晴，阵雨，保山

整理东西，将标本全部航空运回北京。赵建铭、梁孟元去买飞机票，他们将于 6 月 16 日返回昆明。

写信向陈世骧先生汇报工作。

<u>1981.VI.16</u>　晴，保山

赵建铭、梁孟元上午 8 时 30 分乘飞机返回昆明。托赵建铭带回两卷胶卷。

保山机场草地采到 1 种跳甲，寄主可能是月见草，可能与昆明植物园所采为同种。

<u>1981.VI.17</u>　保山

下午在保山后山采集。叶甲中较多的是瘤叶甲，寄主植物是唇形花科植物。

<u>1981.VI.18</u>　保山至泸水老窝公社

经瓦窑、漕涧，在怒山南端，怒山分水岭以北，海拔 2430m 处的一个林场附近扎营设点。

在保山至瓦窑老路与新路岔路口公路旁坡地,海拔约 1500m 处生长有醉鱼草，叶片被跳甲吃成褐色花斑状，被害程度与片马、姚家坪所见相同，但跳甲种类不同，既不同于片马、姚家坪有黑纹者，又不同于泸水的全淡黄色者，而是金绿色的，体形较扁，是一种明显的生态替代现象。

<u>1981.VI.19</u>　雨，老窝林场附近

营地附近是次生常绿阔叶林，海拔 2430m。悬钩子上的跳甲，金绿色的几种如侧刺跳甲、寡毛跳甲等均与姚家坪、片马相同，数量较多。

在瑞香顶端嫩叶下面，采到1种褐色小侧刺跳甲，前胸背板有横凹。

一种藤本植物（第42号植物）上采到寡毛跳甲，体黄色，被毛。

采到2个跳甲，但未发现寄主。

1种窄胸大腹跳甲（与片马高海拔处相似），寄主可能是蓼科植物。

未见到九节肖叶甲。

柳弗叶甲采到2个。

1981.VI.20　老窝

跳甲有2～3种，经解剖雄性生殖器，初步镜下观察，体蓝色者寄主有2种，成虫也可能是2种；还有1个体带紫色者，生殖器完全不同，但寄主不详。

弗叶甲采到较多，寄主均为柳树。

醉鱼草黑条侧刺跳甲此地有分布，但数量不多。

采到九节肖叶甲，数量不多。

拟叩甲有大小2种体形，寄主为冰水花，数量较多，均在阴湿处。

路旁一种似地榆的草本植物有与悬钩子上相同的金绿色小跳甲，数量极多，被害状也相似，均在叶片正面取食，是优势种。

张学忠等采到白杨叶甲。

角胸叶甲采到2种色型，1种为害蒿属植物，1种为害似地榆的草本植物（与前述金绿色小跳甲寄主相同，压有植物标本）。

五加科植物上还未发现卵形叶甲。蝗虫很少见。

醉鱼草上还有1种黄绿黑翅、触角细长的萤叶甲。

1981.VI.21　老窝公社，海拔1650m

营地以下到电站附近，沿公路采集。

在海拔2250～2350m，悬钩子上有相当多的角胸叶甲，可能是普遍分布的热带种 *Basilepta leechi*。该虫随海拔增高逐渐减少，至海拔2350m以上则少见。

九节肖叶甲在林下阴湿处采到。

弗叶甲可能有两种，好像又有二色弗叶甲。

采到1种黄色带毛的小肖叶甲，寄主不详。

叩甲数量特别多。

金龟多数在盛开的花上采到。

熊蜂和蜜蜂除在悬钩子花上外，也在其他盛开的花上。

锹甲1对，正在交尾，并取食椿树的嫩树干，已食去树皮。

采到1个束胸跳甲，体形较大，黄胸蓝翅，较特殊。

<u>1981.VI.22</u>　云龙县志奔山，在去志奔山方向的山谷中采集

柳弗叶甲，除古铜色，腹端节黄色的大理弗叶甲外，还有蓝绿色的以及体形较宽的 2 种，共 3 种。

柳树上还采到沟胸跳甲 *Chalcoides* sp.，体完全金绿色。

寡毛跳甲，腹部鲜黄色，采自第 50 号植物叶片背面，食叶呈圆孔洞状。

采到 1 种跳甲，前胸背板长方形，具边框，具基前横凹和短纵凹，鞘翅卵形，拱凸，刻点行清晰整齐，计 9 行，前足基节窝关闭，爪单齿式。

跳甲采自叶缘具齿的一种植物上。

九节凤仙花肖叶甲在阴湿沟谷的下层较普遍，数量较多。

角胸肖叶甲未见分布，但发现其寄主植物存在。

柱胸叶甲采到 1 个，负泥虫 *Lilioceris* sp.采到 1 个。

悬钩子上的侧刺跳甲，金绿色，体形小，仍是优势种。

<u>1981.VI.23</u>　志奔山地质队山顶，海拔 3300m，队部海拔 3200m

坐汽车过山顶海拔 3170m 后，出现山间小盆地地形，周围为小山头，山头上阴坡生长竹林和大叶杜鹃及山柳灌丛，阳坡生长香柏，小盆地中为沼泽草甸，生长有高山蓼，正在开花。

山柳灌丛上柳弗叶甲极多，食叶呈孔洞状，成虫在心叶中，正在交尾，雌雄体色不同，雌性鞘翅金色光亮，雄性体色多为古铜色。

悬钩子黄腹（黑腹）大跳甲，分布直至山顶，数量多，叶被食成花叶状。悬钩子上的侧刺跳甲在高山带极少，基本上只有大型的一种。

黄色侧刺跳甲，雌性，体较短阔，鞘翅肩后具 1 纵脊，为害一种乔木的树叶，多在叶缘为害，叶被食成花叶状。成虫在叶片背面，数量极多。

寡毛跳甲胸部沥青色，鞘翅金绿色，也为害一种乔木，在叶片背面取食。

张学忠在草甸处采到 1 个金叶甲。草甸中昆虫极少。

<u>1981.VI.24</u>　志奔山营地附近沿公路边采集，海拔 2430m

白杨叶甲采到 1 个，刚羽化不久。

寡毛跳甲与趾铁甲采自同一个寄主植物上（第 56 号植物）。

醉鱼草侧刺跳甲采自第 55 号植物上，数量较多。

采到九节跳甲和瘤叶甲。

1 种鞘翅具黄斑的萤叶甲，多数采自植物风吹啸上。

<u>1981.VI.25</u>　老窝公社附近山谷坡地采集，海拔 1670m

悬钩子上没有金绿侧刺跳甲及较大的黄腹跳甲，代之以李肖叶甲 *Cleoporus* sp.，此虫还为害桤木及一种羽状复叶的植物。

种植的豆苗上有豆肖叶甲及 1 种鞘翅上具大黄斑的萤叶甲，从前胸背板形状看，近似克萤叶甲，数量颇多，为害很严重，多数在叶片背面。

蓟菜上发现跳甲，成虫、幼虫同时存在。成虫蓝紫色，幼虫煤黑色，成虫从雄性生殖器看仍似蓟跳甲，但体色不同，且体形较大，与月见草跳甲也接近。

异趾萤叶甲采自山坡上的一种阔叶树新生枝条上，为害叶片，被害状与过去所见的异趾萤叶甲一样，均是把叶缘吃花。

隐头叶甲、萤叶甲及丝跳甲同时采自 1 种蔓生植物上，隐头叶甲和萤叶甲有强假死性，丝跳甲有花斑型、黄褐色（鞘翅）型及纯蓝色型，不知道是否同种。

出现热带性昆虫——窄缘萤叶甲 *Phyllobrotica* sp.。

瓜上有黄守瓜 *Aulachophora* sp.。

采集地海拔与泸水（海拔 1810m）接近，昆虫区系基本相同，表现在以下 3 个方面。

（1）荔枝蝽较多，还有大蝗虫及其他一些中等大小的蝗虫。叶甲中有隐头叶甲及豆肖叶甲，但未采到球肖叶甲及茎甲等。

（2）这里较之前多采到的是窄缘萤叶甲、跳甲、蓟跳甲以及异趾萤叶甲等。悬钩子上有瘤叶甲，但很少见。很少见到醉鱼草，更未采到异趾萤叶甲。

（3）紫草上有高海拔处占优势的蓝长趾跳甲，数量极少，而代之以体形较小的黄色长趾跳甲及黑色凹胫跳甲。

<u>1981.VI.27</u>　老窝至漾濞，行程约 180km

永平西垭口海拔 2100m，在醉鱼草上又采到 3 种跳甲，即黄色侧刺跳甲、金绿色侧刺跳甲和沟胫跳甲。

永平县海拔 1620m，黄连铺海拔 1550m。

上宁镇漾濞县海拔 1580m，位于点苍山的西麓，漾濞江边。

晚上由漾濞县委宣传部徐部长介绍全县鸟兽情况。

<u>1981.VI.28</u>　漾濞至大理县点苍山

原计划今日到漾濞县南的平坡公社扎营，由此上点苍山主峰的西坡，因平坡公社居民太多，不便工作，于是临时决定转去点苍山的东坡。选定大理县北五里

桥以西采石厂附近山地扎营，海拔 2600m 左右，周围为人工松林及茂密草原，百花盛开。

1981.VI.29 点苍山东坡

在点苍山东坡海拔 2600～2700m 处采集，除松树次生苗外主要植物还有委陵菜、山柳、高山蓼、小叶杜鹃、羊齿等。

采到主要昆虫如下：

（1）粗角跳甲 *Phygasia* sp.，鞘翅中部具大白斑，翅缝黑色，为害第 66 号植物，数量不多，但分布较普遍，该植物遍地皆有（植物为杠柳，其昆虫室内鉴定为新种）。

（2）萤叶甲，编号 Ch.81-91，分布普遍，数量较多，停息在羊齿植物上。

（3）白杨叶甲主要为害山柳，数量不多，刚羽化不久。

（4）隐头叶甲有 2～3 种，多数为扫网采到，寄主不详，分布普遍，是草原带的代表类群之一。

（5）蝗虫是本带的代表类群，种类较多，有翅与无翅两种类型。无翅型又有两类，一类体形较大，尖头、绿色，翅芽型；另一类体形较小，褐色，翅较大。有翅型中有小车蝗、雏蝗、牧草蝗等。

（6）草丛中出现红色大馒蚁，与新疆森林草原情况相似。

（7）长翅目昆虫数量较多，有斑型和淡黄色型两种，说明此地原始植被为森林草原。

1981.VI.30 大理石采石场岩洞，海拔 2850m

山洞中采到 1 种尺蛾，在岩洞深处的顶部，洞内黑暗且潮湿，在洞口附近石下有 1 个步甲。

在海拔 2700～2900m 处，悬钩子侧刺跳甲、寡毛跳甲、醉鱼草长瘤跳甲极多，是优势类群。

海拔 2800m 以上路旁长有柳兰，其被柳兰跳甲幼虫、成虫为害严重。

柳丛中同样分布有弗叶甲和沟胸跳甲。

石头下采到 1 对金叶甲。

大理石采石场采到 1 种与大理石颜色极相似的象甲，是一种极好的拟色现象。

在唇形科植物上，采到 1 个瘤叶甲。

许多大大小小的步甲，都是在石头下采到的。

采到 1 种蓝色小隐头叶甲，前足较长。

在扫网时采到 1 种极小的跳甲，具褐色光泽，与之前在西部所采相同。

紫草上仍有蓝长跗跳甲。

采石场附近公路边石下采到 1 个丸甲。

1981.VII.1　点苍山东坡

因雨未外出采集，晚上灯诱。

金龟子有 4～5 种，黄色的 1 种为优势种，最圆而短的 1 种较少，为首次采到。

1981.VII.2　雨，点苍山东坡，海拔 2230m

从营地下山至山脚与洪积坡交界处采集。

跳甲采自水边叶圆形的一种植物上，与志奔山相同。

角胸肖叶甲，雌性鞘翅末端具 2 个瘤突，均采自悬钩子上，其寄主和海拔与老窝所见相同。

沟胫跳甲 2 种，1 种纯蓝绿色，过去已有采集，1 种为淡（鲜）红色，是首次采到，寄主为同一植物（唇形花科）。

白菜上的菜跳甲有黄条型与纯蓝色型两种，数量均不多。

球肖叶甲可能是原定的大理新种，有的采自似野牡丹的植物花上，并观察到被害痕迹。

1981.VII.3　营地

独自冒雨由营地上山采集。

沿脊线的一条小路上山至海拔 2900m 处，是以山柳、第 69 号植物、杜鹃等为主的灌丛带，沿路采到一些寄蝇、馒蚁、红萤、金龟子等。在海拔 2900m 处采到与片马垭口附近相同的萤叶甲，寄主为第 69 号植物，成虫多在顶端新叶上取食，被害后呈筛孔状，为害相当严重，是高山代表种类。

下午 4 时，整理行装撤营下山，夜宿大理第十一军军部招待所。

1981.VII.4　大理，海拔 2050m

上午在大理附近采集，竹子上未见铁甲，在泡桐上看到龟甲幼虫为害颇重，黑条萤叶甲（与山上的相同）数量较多。

下午到军区油库加油，采到 1 个金叶甲。

邮寄回北京标本 1 盒，内有崔云琦的螨类标本。

1981.VII.5　　大理至丽江，丽江海拔 2400m

1981.VII.6　　丽江

研究改变工作计划等事宜。

1981.VII.7　　丽江

张学忠、廖素柏等在丽江采到圆叶甲（胸部及腹部呈黄褐色）和金叶甲。

1981.VII.8　　丽江至维西

和微生物所田同志合作，用他们的汽车，用我们的汽油，去维西县工作。

丽江至维西途经石鼓（金沙江大拐弯处，海拔 1870m）、鲁甸的新主大队（海拔约 2200m，这里有木材场），路旁有许多核桃树（分布最高海拔 2800m）。至维西前最高点海拔 3280m，这里有第 4 道班，是山间盆地地形，有沼泽和灌丛等。维西海拔 2300m。

1981.VII.9　　维西至白济汛公社

澜沧江边，海拔 1780m。晚上在核桃树上采到许多鳃金龟，取食叶片，为害严重。

1981.VII.10　　白济汛，澜沧江边采集

核桃树，有 1 种红色的萤叶甲，可能是长跗萤叶甲 *Monolepta* sp.。未见扁叶甲 *Gastrolina* sp.。

稻田内尚未插秧，蓼草上有极多凹胫跳甲，食叶相当严重，另有长跗萤叶甲 *Monolepta hieroglyphyca*。

河边野葡萄上有葡萄萤叶甲 *Oides* sp.，体黄色，较普遍。

李肖叶甲，寄主为蔷薇科羽状复叶的一种植物、紫草和胡枝子等。胡枝子上有 2 种丝跳甲，1 种体形较大且呈黑色，与泸水所采相同，另 1 种体形较小，有金黄色毛。另外在胡枝子上还有球肖叶甲。

采到锯角叶甲 1 个，过去未曾采过。

采到河谷代表性种类大蝗虫、荔枝蝽、球肖叶甲、李肖叶甲、异跗萤叶甲，其中异跗萤叶甲与老窝所采为相同寄主。

石头下蛴螬数量特别多。壳斗科植物及核桃上金龟子为害相当严重。

1981.VII.11　　上午雨，下午晴，营地附近

晚上，在山坡的壳斗科植物上采到多种金龟子，多数头部向上悬挂在叶片上取食。悬钩子上无跳甲为害，偶见李肖叶甲。

<u>1981.VII.12</u>　早晨雨，下午晴转多云，澜沧江对面河岸

醉鱼草上没有过去采到的侧刺跳甲，而有金绿色的沟胫跳甲、麻皮蝽和土色的叩甲。

萤叶甲，编号Ch.81-98，鞘翅上具白斑，寄主为第71号植物，魏天昊称其为盐肤木，小叶羽状排列。成虫在叶片背面取食叶肉，留上表皮呈膜状褐色干枯状，与李肖叶甲取食呈筛孔状不同。

黄守瓜采自瓜上，数量不多。

柳树上有圆叶甲，体蓝色，只采到1个。

<u>1981.VII.13</u>　晨有小雨，9时后多云转晴，营地附近

到营地山沟上部海拔2250m处一山洞采集，山洞为50年前采硫黄的矿井，现已废弃。

山洞附近海拔2250m，似为阴坡，植被为以栎树为主的针阔混交林，谷底有核桃树生长，整个林内显得干燥，缺乏林下灌木及草层，与片马处显然不同。

红翅黑胸的长跗萤叶甲，除为害核桃外，还为害壳斗科等多种植物，是自澜沧江边海拔1780m直至此处的优势代表性种类，几乎到处有分布，以为害植物的顶端嫩叶为主，把叶缘吃花。

另一种黄翅黑色后胸的长跗萤叶甲，也是江边至海拔2250m处林内的常见种，但数量较少。

从这几天的采集来看，此处叶甲以长跗萤叶甲属为优势，跳甲种类极少，较常见的是沟胫跳甲，寄主为醉鱼草，与怒江地区不同的是其上无其他跳甲。

此处栎林中的优势代表性昆虫是鳃金龟、花金龟及丽金龟。花金龟种类不少，为他处所少见。

林中采到几种萤叶甲及肖叶甲，为以前所未采到的。

四斑长跗萤叶甲 *Monolepta hieroglyphica* 是江边的优势种，除为害蓼草外，还为害多种杂草。

澜沧江边海拔1780～2250m，属于河谷昆虫区系性质，蝗虫可作代表，叶甲中以葡萄萤叶甲、四斑长跗萤叶甲、凹胫跳甲（寄主为蓼草）为代表。

<u>1981.VII.14</u>　白济汛至攀天阁公社

攀天阁海拔2570m，是一个山间盆地，种植水稻、玉米等。据当地人讲，此地是水稻分布海拔最高的一个地区，水稻研究人员曾来此研究水稻品种，并引种到山西，也已成功在较高海拔处生长。在志奔山海拔2500m左右处玉米已不能成

熟，而此地纬度更加靠北，作物种植海拔更高，说明水热条件较高，尚不知昆虫
情况如何。

1981.VII.15　阴有小雨，攀天阁休息

1981.VII.16　攀天阁

从攀天阁公社向塔城方向（云岭山）深入约 9km，在海拔 2920m 的山脊分水
岭扎营。营地右侧山沟有一小河，分南北两股，一股向北流，汇入落朴河，流经
塔城注入金沙江；另一股向南流，注入澜沧江。营地附近种植燕麦，海拔 2800m
以上由松树变为杉树，并有柳、杨等阔叶树。

1981.VII.17　晴间多云，攀天阁东坡，海拔 2920m

农田边缘灌丛中悬钩子上黄腹寡毛跳甲及金绿色侧刺跳甲，数量极多，为害十
分严重，与志奔山海拔 3100～3300m 山顶所见相似。

燕麦田似蓼草的杂草上有 1 种小的凹胫跳甲。杜鹃上发现 2 种跳甲，1 种丝
跳甲，体形极小；1 种似寡毛跳甲，与悬钩上的相似，但腹部为黑色。

林间草地扫网有凹胫跳甲、长蹈跳甲等多种跳甲，已放在三角纸中保存。

柳树和杨树上除白杨叶甲、柳十八斑叶甲外，还有 1 个弗叶甲。此外，在杨
树苗上新发现角胸叶甲，均在叶片背面。

蝗虫几乎都是翅芽型，未见长翅型。

林间又发现馒蚁，蚁巢高 30cm。

蚁巢

悬钩子跳甲的分布说明该跳甲是常绿阔叶林的代表，反映冷湿水热条件，这是河谷带所没有的。

1981.VII.18 多云，下午有雨，塔城

由营地向塔城方向沿路采集，环境为林间草地。

草地中采到两种长翅的车蝗类，是草原的代表昆虫。

草地中扫网除隐头叶甲外，较多的是萤叶甲亚科昆虫，可能是露萤叶甲属，腹部黄色，也是草原的代表昆虫。

草地阴湿处采到 1 个跳甲，但寄主不详。

阴湿处有蛇莓和老鹳草，但未见有跳甲。

委陵菜叶面被害后呈褐色干枯状，发现有小跳甲，可能与志奔山相同，可能是侧刺跳甲或丝跳甲，体上具毛。

此地到处可见蚁巢。

1981.VII.19 雨，营地附近

角胸肖叶甲 *Basilepta* sp.，数量较多，寄主为似火绒草的一种草本植物。

燕麦地的醉浆草上有凹胫跳甲。

发现跳甲幼虫。

发现与志奔山风吹啸上一样的萤叶甲，采到若干标本。

负泥虫 *Lema* sp.，寄主为鸭跖草。

1981.VII.20 攀天阁，营地附近

跳甲采到较多，均在水沟边杂草上，与姚家坪、志奔山所见相同，经解剖雄性外生殖器后，发现同属一种。

角胸肖叶甲，寄主为杨树，食叶严重，雄性前足胫节弯曲，端部膨大并着生纵脊，鞘翅肩部之后有纵脊，可能与昨日在似火绒草的一种植物上所采相同。

沟谷中阴湿处也有凤仙花生长，但几经留意均未见九节肖叶甲。

1981.VII.21 雨间晴，至分水岭以下，海拔约 2900m 处河谷中采集

在一种爵床科乔木植物叶下面采到 1 种小型的黄肖叶甲 *Xanthonia* sp.，为过去所未采到的。

两个带毛肖叶甲采自接骨木上。

从这几天的采集来看，维西昆虫区系性质与片马、姚家坪一带大同小异，有些种类是共同的，但片马、姚家坪一带的优势种这里则无。

1981.VII.22　晴，攀天阁东坡（向塔城方向）顺沟而下，海拔 2750m

隐盾叶甲，采到 40 个，寄主为山柳，有的成虫还采自野花椒树上。

淡黄色的萤叶甲，采自森林内及阴暗条件下，且在叶片背面，可作为阴性林内昆虫的代表。

核桃树出现于海拔 2750m 左右，其分布上限约在海拔 2800m 处，据魏天昊称可分布于海拔 3100m，但不结果实。

河谷中（海拔 2750m）野花椒树很多，有的叶片被害。

扫网采到小球跳甲 *Sphaeroderma* sp.。

1981.VII.23　晴，攀天阁

由海拔 2920m 的分水岭向西坡转移至攀天阁公社附近，于海拔 2500m 处扎营。

晚上借助手电在附近灌丛中采金龟子，主要植物是桤木、月季、核桃等。

1981.VII.24　晴，从营地向下沿水流采集

在草地扫网采到多种跳甲，主要是长跗跳甲及凹胫跳甲，其中 1 种长跗跳甲，体形较大，鲜红色，与蓝长跗跳甲 *Longitarsus cyanea* 相近，是首次采到。

桤木上里叶甲 *Linaeidea* sp.成虫、幼虫同时存在，取食叶片表皮下的叶肉，留上表皮呈红褐色干枯状，渐次将叶片吃花。桤木沿沟广泛分布，里叶甲也普遍分布，桤木上的害虫较多，还有 1 种小型的红胸蓝翅萤叶甲。

紫草上有蓝长跗跳甲。

核桃幼树上有 2 种叶甲、2 种萤叶甲、1 种淡斑跳甲。

醉鱼草上没有看到任何跳甲。

沟胫跳甲，体形较大，体金绿色，足淡黄色，为害两种唇形花科植物，该植物在树荫处，处于最下层。此外还采到少数足黑色的沟胫跳甲。

蝗虫中有短翅型（翅芽）和长翅型。

1981.VII.25　晴，营地

继续沿河向下采集，海拔约 2400m。

梨叶甲 *Paropsides* sp.为首次采到，寄主为一种长刺的蔷薇科植物。

黑足沟胫跳甲，寄主植物为较喜阳的夏枯草。

铁甲 1 个，采自榛子树上。

杨树上有柳十八斑叶甲 *Chrysomela salicivorax*。

里叶甲的成虫、幼虫都很多，是桤木的一种重要害虫。

一棵大核桃树下的夏枯草上，沟胫跳甲都是黑足的。

<u>1981.VII.26</u>　晴，营地附近，海拔 2500m

　　在树荫下采到的沟胫跳甲，多数为黄足，少数足褐黑色，不知是否为同一种。

　　扁角肖叶甲 *Platycorynus* sp.，体红铜色，极鲜艳，采于河边，其寄主为萝藦科藤本植物，茎有白浆，攀缘于核桃树上。成虫较多并有幼虫，幼虫体黑绿色，有金属光泽，腹面红褐色，头部小，腹端肥大，颇似负泥虫，但不覆粪，这种幼虫与广西龙胜花坪林区所见肖叶甲 *Trichochrysea* sp.的幼虫很相似，说明肖叶甲亚科的幼虫不全是土中食根的，也有暴露食叶的。

　　在采到扁角肖叶甲的地方还采到 1 个柱胸叶甲 *Agrostiomela indica*。

　　步甲均采自石下。

<u>1981.VII.27</u>　晴，营地附近

　　黄足的沟胫跳甲是 *Sebaethe nila*，主要特征是头、小盾片黑色，头的下部、足（股端黑色）黄褐色，腹面黑色。经野外观察，雌虫上述颜色很典型，而雄虫在雌虫为黄色的部分呈褐黑色，但 7 月 25 日在大核桃树下的夏枯草上所采者足均呈黑色，有雌有雄，不知是否同种。为此，今天特意到发生地采得两种成虫并用两种寄主植物饲养，观察其寄主是否存在隔离。

　　河边似醉鱼草的植物上采到萤叶甲，成虫均在叶片背面取食。

　　河边似榆科植物上采到瘤胸叶甲 *Pedrilia* sp.，体红褐色，数量很多，取食于叶片背面，留上表皮呈褐色干枯状。目前，对瘤胸叶甲属乃至叶甲亚科的寄主植物知之甚少。

　　河边极小叶的柳树上有 1 种黄胸的圆叶甲和 1 种鞘翅中部有 1 条黑纹的小型隐头叶甲。

<u>1981.VII.28</u>　晴，攀天阁，农田田埂

　　饲养的沟胫跳甲已产卵，有的产在玻管壁上，有的产在叶片上。卵黄色，长圆形，竖立成块，两个饲养瓶中分别放的两种植物均已被取食。

　　杨树上有白杨叶甲、长跗萤叶甲及弗叶甲 3 种。

　　柳树上有圆叶甲。

　　蛇莓叶片被害乃为角胸叶甲所食。

　　跳甲均采自河边的一种疑似水芹的植物上。

<u>1981.VII.29</u>　攀天阁至石鼓，行程约 190km

　　石鼓海拔 1920m，住于旅馆中。

途中在分水岭采到小蜜蜂和小跳甲，山柳上未见弗叶甲。

在分水岭以东海拔 2800m 左右处，路边悬钩子和委陵菜上采到金绿色小跳甲。此外，此处还有克萤叶甲、丽金龟、寄蝇、萤等。

1981.VII.30 石鼓采集

金沙江第一弯处，江边柳树上有黄胸柳圆叶甲、沟胸跳甲、隐头叶甲。

山坡山柳树上也有淡斑的长跗萤叶甲，数量相当多，与澜沧江各地所见相同，还为害盐肤木，此种为金沙江河谷的优势种。

李肖叶甲 *Cleoprus* sp.也是优势种，除为害盐肤木外，还为害胡枝子等多种植物。扫网还采到小个黄色带毛的肖叶甲。

大斑芫菁 *Mylabris* sp.栖息在胡枝子花中，数量较多，反映该地干燥气候条件。胡枝子上还有小的豆圆蝽。

金沙江河谷与澜沧江河谷昆虫区系性质基本相同。

下午离石鼓返丽江。

1981.VII.31 上午雨，午后晴

上午到队部。

1981.VIII.1 早晨雨，午后晴

上午用航空寄出两盒采自维西的标本，采购去中甸的食品。

1981.VIII.2 丽江至中甸

途经白汉场、龙蟠、虎跳江、小中甸等，行程 200km。

虎跳江海拔 1800m，稍作采集。蝉鸣声不断，采到 1 个成虫。隐头叶甲较多，均采自唇形花科植物，与瘤叶甲的寄主相同。李肖叶甲和淡斑萤叶甲采于同一寄主植物上，原称为盐肤木，此点与石鼓和白济汛情况相同。

小中甸及小中甸前的分水岭，有山柳、杨、小叶杜鹃、小壳斗科植物等，基本上为灌丛及草甸植被。

小山顶分水岭采到弗叶甲、紫草长跗跳甲、长跗跳甲、角胸肖叶甲（柳丛中扫网采到）、小跳象、蝽。又见到蚂蚁窝，并用彩色胶卷拍照 3 张。马先蒿上有盲蝽、蜜蜂、食虫虻及长翅目昆虫等。

在小中甸的山间盆地草丛中采到短翅雏蝗，与维西以南的短翅种类不同。

小中甸海拔 3200m，中甸海拔 3210m，夜宿中甸军分区招待所。

<u>1981.VIII.3</u>　中甸附近小山

　　小山上出现与青海玉树相似的铁线莲，正在开黄花。草地主要植物有大黄、委陵菜、马先蒿、棘豆等，灌丛有山柳、杨、白桦、蒿草等。

　　小中甸以南的分水岭以北，海拔3000m以上属于高原，植被类型为草甸灌丛，主要农作物为青稞和马铃薯等。在中甸首次采到一种高原毛跳甲，体毛特征相似于丝跳甲，但鞘翅短缩，端末呈圆形，中缝叉开，腹部外露，雌性外露3～4节，雄性外露2节，膜翅消失。这种适应现象与萤叶甲亚科中的脊萤叶甲、短鞘萤叶甲等高山属的特征完全一致，但在跳甲亚科中却是首次发现。后经室内鉴定为短鞘丝跳甲新种 *Hespera brachyelytra*。同时采到的1个盲蝽也与本种极相似，故放在一起以兹比较。

　　铁钱莲上也有与玉树相同的黄腹露萤叶甲。综合青海、新疆的采集资料来看，此露萤叶甲也是高原或高山的种类，但它是初级适应类型。从其中雌性腹端也有外露特点推测，短鞘萤叶甲、脊萤叶甲、*Swargia* sp.等典型高原类群可能由露萤叶甲演化而来，或者与其有极密切的渊源关系。同样地，采到的毛跳甲可能与本亚科的瘦跳甲 *Stenoluperus* sp.关系极近，因为后者在亚高山的悬钩子上分布极普遍，过去在西藏也采到不少，但未定名。一般跳甲的鞘翅具疏毛且体形较大，高原适应的跳甲可能向体多毛和小型化发展。

　　紫草上还有蓝长跗跳甲 *Longitarsus cyanea*。

　　山柳上有白杨叶甲及弗叶甲，后者可能与点苍山的不同。

　　蝗虫均是短翅型，可能是雏蝗。

　　步甲、鳃金龟和蝼蛄均采于石下和土块下。

　　蚂蚁似有筑巢现象。

　　据中国科学院大气物理研究所（以下简称大气所）同志讲，此地年降水量约600mm，其中50%降于7月、8月，冬季相当干燥。

<u>1981.VIII.4</u>　中甸至格咱大队（翁上公社）

　　从中甸北上经朱张垭口（雷达站所在地，海拔3500m），约行40km至格咱大队，在格咱河右侧的一个山谷中扎营。

　　在格咱河边草地上也有短鞘丝跳甲，其寄主似乎是唇形花科植物。

<u>1981.VIII.5</u>　晴，从营地向山谷外至格咱河边农田附近

　　河边有杨柳等阔叶树，河谷两边山地阳坡以云南松林为主，阴坡则有桦、杨、柳、栗等阔叶树。

　　杨柳树苗上有白杨叶甲、柳二十斑叶甲（或柳十八斑叶甲），但数量都不太多，弗叶甲极少。黄斑的长跗萤叶甲则数量极多，取食杨、柳叶片边缘至全部吃花，与石鼓金沙江边所见相同。

　　草地有大叶植物鼠尾草，其上采到 1 个金叶甲。

　　谷内林下采到金绿色瘦跳甲，但腹部不是黄色的。

　　短鞘丝跳甲有的在醉鱼草顶端嫩叶，有的在花穗间，采了几个成虫进行饲养。另一些成虫在唇形花科植物上扫网采到，数量不多。

　　石下采到步甲。蝗虫以短翅雏蝗为主，少见小车蝗，后者采来 2 个，体形很小。

　　晚上汽灯下毛翅目昆虫很多，至少有 3 种。

　　柳树上有 1 种蚜虫，体形很大。

1981.VIII.6　多云，营地至山谷

　　山坡壳斗科植物上扫网采到两种茶肖叶甲 *Demotina* spp.，为首次采到。

　　水边有柳叶菜，其上采到 1 个跳甲。

　　悬钩子上有两种金绿跳甲。

　　短鞘丝跳甲在草地上很多，停留在委陵菜、蒿草等多种草本植物上。

　　谷中台地生长有许多续断菊，正在开花，花上熊蜂特别多，有 4～5 种。

　　采到 1 个曲胫跳甲。

1981.VIII.7　阴雨，营地

　　（1）8 月 5 日饲养的丝跳甲已取食醉鱼草。

　　（2）显微镜下鉴定弗叶甲，发现种类可能不止一种。据陈世骧先生文章记载，横断山区至少有 3 种。

1981.VIII.8　营地以上（1980 年魏天昊等扎营点）

　　在续断菊集中的地方，熊蜂群集。

　　一种豆科灌丛植物上首次采到叶甲亚科的角胫叶甲 *Gonioctena* sp.，外形很像金龟子，淡黄褐色，胸翅基部带黑色，数量较多，都在顶端嫩叶上取食，吃叶呈缺刻状，几乎无假死性，印象中动物所内无此标本。

　　在新生山柳枝条上采到 1 种淡白色的萤叶甲，均在嫩叶背面取食，把叶片吃花，数量不是太多，过去未曾采到过。至此为害山柳的叶甲已经很多，可以单独写一篇文章，说明横断山区为何山柳的害虫这样多。

　　悬钩子有金绿色大小两种跳甲，小者还为害委陵菜，大者腹部皆为黑色，无在片马发现的腹部黄色者。

<u>1981.VIII.9</u>　营地至格咱大队

　　曲胫跳甲与之前采到的不同，在格咱大队粮店门口小溪边缠绕大树上的铁线莲扫网采到，又在营地附近铁线莲上采到 1 个。

　　短鞘丝跳甲在醉鱼草上较多，另在 1 种似麻的草本植物上，经饲养发现也取食。

　　黄斑长跗萤叶甲为害多种杨柳科植物，而且数量特别多，是优势种。

　　采到 1 个龟铁甲。

　　林间草地中扫网有较多的短翅牧草蝗，以及两种长跗跳甲，一种体色为蓝色，另一种体色为黄色。

<u>1981.VIII.10</u>　营地至红山，行程 40km

　　红山的公路为地质队所修，公路最高点海拔 4300m，植被为大叶杜鹃、小叶杜鹃、金露梅灌丛，也出现点地梅、龙胆等垫状植被，在山顶以下为砾石堆和古冰斗，其上生长有雪莲。

　　在海拔 4100～4300m 处的石头下采到步甲、拟步甲及象甲，步甲种类较多，没有采到叶甲。

　　在海拔 3800m 左右处的山柳灌丛中，也没有找到弗叶甲等叶甲科昆虫。

　　大叶杜鹃上有 1 种金龟子为害叶片。整个草甸上没有见到蝗虫。

<u>1981.VIII.12</u>　营地

　　营地附近草坪采集观察，发现短鞘丝跳甲为害唇形花科的多种植物，如醉鱼草等。经饲养证明还为害委陵菜，取食叶片正面叶肉，被害处呈白色干燥状。

<u>1981.VIII.13</u>　营地

　　魏天昊离队去雷达站，准备 8 月 15 日搭乘大气所汽车回昆明。

　　附近采集，在铁线莲上又扫网采到 5 个曲胫叶甲。

　　醉鱼草上采到 1 种触角细长的蓝寡毛跳甲。

　　柳树上采到 1 个柳二十斑叶甲。

<u>1981.VIII.14</u>　格咱大队至大雪山垭口，距中甸 130km

　　经翁水、小雪山垭口（海拔 3850m）、翁上（海拔 3500m 左右）至大雪山垭口南，在海拔 4100m 处路边搭帐篷扎营，垭口海拔 4200m。

　　小雪山垭口北坡海拔 3800m 处，悬钩子上采到大个跳甲，在柳树上采到柳二十斑叶甲。

翻过小雪山垭口，公路坡下森林茂密，可见阳坡有栗树，阴坡有杉树。至河谷海拔约 3500m 处，沿南北向河谷上行，公路两侧为岩石裸露的山脊线，山顶悬崖如刀削利箭直冲天空，下部为森林，景色十分壮观。

接近森林上限（海拔约 4100m）和高山灌丛带，植被主要是两种杉树，阴坡有大叶杜鹃，河谷有山柳。

中甸大雪山南坡海拔 4100m 营地，山丝跳甲新属 *Orhespera* 采集地

1981.VIII.15　多云，早晨大雾，大雪山垭口南坡营地附近

公路旁及林下悬钩子极多，叶片发白，有大、小两种金绿色跳甲为害，数量颇多，是优势种。

山柳上扫网采到沟胸跳甲，体短阔，黑色，数量不多，没有采到柳二十斑叶甲及白杨叶甲。

草丛中扫网采到 2 个短鞘丝跳甲，体形极小，前胸背板毛被稀疏，粗看与低海拔中甸采到的不同，寄主尚不详。

扫网采到 3 个蓝色的小型瘤胸叶甲，与动物所内馆藏标本不同。

石下采到很多步甲。没有见到蝗虫和蜻蜓。

1981.VIII.16　阴间多云，大雪山垭口左侧小山

植被类型为高山草甸，生长有小叶杜鹃及山柳、金露梅灌丛，草本植物有火绒草、棘豆（铺地生长，已结小豆）、高山蓼等。

石下小叶杜鹃灌丛及火绒草根丛下采到步甲、拟步甲、叩甲、隐翅虫等。步甲有数种，其中有紫蓝纵条的，还有 1 种体形极小，复眼极大，突出于头侧，颇似虎甲，两复眼之间的头顶有纵条纹。

火绒草的根丛中挖出 1 个金叶甲，但继续搬动很多块石头也没有找到更多的金叶甲和高山叶甲，不知何故。

草甸中有多种无翅蝗虫，可能都是若虫。

在营地附近海拔 4000m 左右草丛中扫网，旨在多采一些丝跳甲，但无斩获，只采到 1 个茶肖叶甲。

该地昆虫区系与毗邻地区，如珠峰、青海玉树、囊谦相比，在相同植被带上，昆虫种类显得贫乏，昆虫数量也不多。

思考的题目：在不同海拔条件下，相同植物上害虫种类的变化。

1981.VIII.17 阴间有雨，营地向上的公路两侧（在小檗上采到跳甲新属新种）

在第 97 号植物小檗上又采到大量跳甲（疑似丝跳甲），成虫栖居于叶片，啃食叶肉，使叶片呈褐色干枯状，为害相当严重。寄主小檗是高山灌丛的代表，该跳甲体形和寄主均不同于中甸海拔 3100m 处采到的丝跳甲。用成虫饲养观察，如果不是丝跳甲，则可能是新属，如果是丝跳甲，则是低海拔的近缘种，是研究不同海拔物种分化的好材料。

在栗树上又扫网采到茶肖叶甲，与格咱海拔 3200m 所采的相同。

寄主悬钩子的金绿跳甲和侧刺跳甲及在委陵菜和蛇莓上所采的跳甲都分开摆放。

在短鞘丝叶甲的寄主小檗上，还采到 1 种较大的蓝黑色莹叶甲及 1 种象甲。

采到无翅蝗虫。

紫草上扫网采到较多的凹胫跳甲和 1 个蓝长跗跳甲。

1981.VIII.18 雨，大雪山垭口海拔 4300m 处

植被类型为高山草甸、灌丛，灌丛中有金露梅、小檗、大叶杜鹃、小叶杜鹃、山柳等。

在小檗上采到了与昨日相同的丝跳甲，数量很多，证明本种是高山的物种代表。

无翅盲蝽，黑褐色，会跳跃，与丝跳甲极相似，也是高山代表种，与跳甲也有相互模拟现象，对区系研究具有重要的意义。

1981.VIII.19　雨，休息

1981.VIII.20　晴，营地后山沟至牧场

河谷为山柳灌丛，左侧为阳坡，右侧为阴坡，有冷杉、五角枫、香柏等。

小檗短鞘丝跳甲，直到海拔 4250m 的牧场均有分布，数量较多。

步甲大部分在石下采到，少数采于火绒草的根丛中，同时采到象甲。

火绒草下采到 1 个金叶甲。

柳苗沟胸跳甲，在公路旁柳苗上扫网采到，数量计 30 个余。

水边有狭叶柳叶菜，但其上无跳甲。

又扫网采到 1 个瘤胸叶甲。

1981.VIII.21　晴，大雪山垭口南坡至中甸

从大雪山南坡海拔 4000m 处撤营，一路下山，先后在海拔 3350m 和 3000m（翁水，海拔最低处，翁水河由北南流向转而向西）采集，共采到 206 个标本，以跳甲和萤叶甲为主。在跳甲中最值得注意的是丝跳甲，共采到 3 种，1 种金绿色，很像瘦跳甲，但体形较阔，胸、翅面具较密的白毛，为首次采到；1 种是黄褐色；还有 1 种黑色的与裸顶丝跳甲相似，数量极少。

至此，在大雪山南坡从下到上共采到 5 种丝跳甲，在这么小的范围内有如此多的种类，十分有趣，看来翁水河谷很值得研究。

为害柳树、杨树等多种河谷植物的长跗萤叶甲，在海拔 3000m 也极多，与格咱所见相同。

以上所有标本基本上都是扫网采到的。

上午 9 时出发，下午 4 时 30 分到达中甸，住迪庆州军分区招待所。

1981.VIII.22　晴，中甸

上午到迪庆州科委，并在银行取款。下午在军分区后的农田边、草地及两边山地（阳坡）采集。

短鞘丝跳甲在平地草丛中普遍分布，扫网易采。食性较杂，除以前发现为害唇形花科植物外，还发现为害水蓼及水边似沙枣的小叶沙棘（带刺）。有的成虫还停留在大黄上，但未发现取食。

弗叶甲（体形较大，腹端黑色）及白杨叶甲在水边及山坡山柳灌丛中数量较多，处于成虫期，幼虫很少，严重为害嫩梢。山柳上扫网未见沟胸跳甲。

山坡小檗灌丛上没有采到大雪山南坡的那种高山丝跳甲，草丛中扫网也没有翁水海拔 3000m 处采到的金绿色和黄色的丝跳甲。

山地石头下只采到步甲、拟步甲（非黄足）、黄色的鳃金龟及蝼蛄。还想采金叶甲及高山叶甲，可惜均未采到。

蝗虫均为无翅种类。

1981.VIII.23　中甸至德钦县奔子栏，行程82km

从中甸西行翻海拔3500m小山，一直下坡在距中甸约25km处，稍事采集。山地植物为松林和栗树，主要在紫草上扫网采到蓝长跗跳甲，在豆科似胡枝子的植物上扫网采到小筒胸肖叶甲 *Microlypethes* sp.以及短翅蝗虫。

金沙江边海拔2080m，在海拔2400m处出现核桃树，河边出现柳树、桉树。

奔子栏海拔2180m，处于典型干热河谷，两侧高山陡峭，植被稀疏，由旱生植物组成，主要是1种带刺的豆科植物；河谷农田种植玉米、谷子、水稻，生长良好，果树有橘子、核桃和柿子，仙人掌可结果。

河边采到的叶甲主要有两种，双斑长跗萤叶甲 *Monolepta hyeroglyphica* 采于玉米地，瘦肖叶甲 *Miochira gracilis* 多数停留在禾本科杂草以及河边1种干枯植物上，并见取食，后者为首次采到。河边还有尖翅蝗等。

1981.VIII.24　晴，奔子栏至白茫雪山东坡

在公路里程碑124km处道班路边扎营，海拔3700m。

地处针叶林带，砍伐迹地，道班附近种植马铃薯及萝卜等作物。

据气象站同志介绍，此处于每年11月封山，封山达5个月。

1981.VIII.25　多云，有阵雨，海拔3700m，营地附近

上午在附近采集，除铁线莲上的露萤叶甲和悬钩子上的瘦跳甲外，未采到其他叶甲。

狭叶柳叶菜上看到跳甲幼虫，张学忠采到1个成虫。

下午在左侧山谷中采到的种类较多。

小檗丝跳甲数量较多，粗看较大雪山垭口海拔4000～4300m处采到的体形小，足仅胫基黄色。

柳树上有弗叶甲、柳二十斑叶甲、沟胸跳甲、瘤胸叶甲等。

小檗上还有蓝色的萤叶甲、蓝色象甲及1种小的淡黄色象甲，很像豆肖叶甲。

铁线莲上也有露萤叶甲。

蝗虫都是短翅蝗虫。

1981.VIII.26　阴有小雨，沿公路向营地以下采集，海拔 3700m

　　露萤叶甲，寄主铁线莲，多在叶片背面，数量较多。

　　狭叶柳叶菜跳甲，在路边采集时发现稍受惊即落地。

　　悬钩子上瘦跳甲及侧刺跳甲都有发生。

1981.VIII.27　雨，因雨休息

　　晚上有雾，灯诱蛾类。步甲、姬蜂及毛翅目昆虫很少，也没有金龟子。

1981.VIII.28　晴，由营地向下至海拔 3300m 左右的木材站以下采集

　　距营地 8km，较营地海拔下降 400m，植物种类显然较多。阴坡桦树较多，水沟边还有槭树、小叶竹、楤木等。最常见的是杨、柳、接骨木以及悬钩子，最下层有委陵菜和蛇莓，阴湿处有凤仙花，正开黄花。小檗也有见到。

　　萤叶甲，编号 Ch.81-132，采自小檗上，采到 23 个，食叶呈干枯状，成虫在叶腋间或叶背面，经敲打后落网，无假死性，此种为今年首次采到，被害状与丝跳甲不同，较丝跳甲更严重。

　　蛇莓丛中扫网采到许多凹胫跳甲，不知是否与攀天阁青稞田中蓼草上采到的为同种，蓼草在这里也有生长。

　　除在悬钩子上采到的小侧刺跳甲以外，在桦树等阔叶树上扫网还采到 1 种蓝色、体较宽短的侧刺跳甲。

　　白杨叶甲主要在杨树上，很少在柳树上。在柳树上还采到沟胸跳甲。

　　狭叶柳叶菜上采到跳甲。

　　五加科植物上没有卵形叶甲。

　　蝗虫都是短翅型。

　　小檗上没有丝跳甲。

1981.VIII.29　白茫雪山

　　白茫雪山垭口海拔 4220m 采集，垭口距营地 12km 左右。主要植被有小叶杜鹃、大叶杜鹃、绣线菊、小檗等，还有少数山柳。昆虫主要有短翅型蝗虫、步甲、拟步甲、叩甲、象甲、绢蝶、螳螂等。拟步甲是大型种，足黄色，与大雪山垭口的相似，多数在火绒草下采到。始终未见金叶甲、高山叶甲，小檗灌丛中多次扫网未见丝跳甲。

　　垭口以东海拔 4000m 处，采到两种叶甲，均为首次采到。一种为猿叶甲 *Phaedon* sp.，蓝紫色，寄主可能是车前草，成虫或在车前草叶下，或在附近碎石下，采到 21 个，也有在木头下，但数量不多，与青海囊谦县所采近似。另一种为

高山萤叶甲新属新种——短翅新脊萤叶甲 *Xingeina vittata*，鞘翅中缝黑色，边缘黑色，中部为黄色纵条，鞘翅短缩，不能盖及腹端，中缝叉开，具高山昆虫形态适应特征。成虫采于海拔 4000m 左右处的碎石下，爬行很快，似步甲。步甲多数在石头下，少数在木头下，爬行很快。小象甲采自小檗。山柳上扫网未见弗叶甲及叶甲。

<u>1981.VIII.30</u>　晴，白茫雪山垭口，海拔 4400m

　　植被为高山草甸，主要植物有薹草、高山蓼、风毛菊、橐吾、麻黄、棘豆、龙胆等，生长矮小，灌丛植被有小檗、山柳（葡地生长）、金露梅、小叶杜鹃等，砾石滩上出现雪莲。

　　在出现麻黄的地方（接近砾石滩），又扫网采到昨日的高山萤叶甲，计 9 个，寄主不详，是目前已知叶甲科中分布海拔最高的种类。

　　石头下采到步甲、象甲、隐翅虫、叩甲及螿螋，未见拟步甲和蝗虫。

　　没有发现高山叶甲、金叶甲、平肩肖叶甲等青海高山草甸中经常出现的叶甲种类。

　　在接近砾石带采到 2 个酒蝶，与新疆天山草甸所见相似。

云南白茫雪山高山灌丛草甸和流石滩从公路向上约 300m，采到 9 个短翅新脊萤叶甲，

新属新种 *Xingeina vittata* Chen, Jiang *et* Wang

<u>1981.VIII.31</u>　晴，白茫雪山

　　白茫雪山高山草甸海拔 4350m，继续采集高山萤叶甲，只扫网采到 2 个。

<u>1981.IX.1</u>　阴转晴，白茫雪山东坡至德钦，行程 60km

越过白茫雪山垭口（海拔 4230m），地形开阔，地下水丰富，主要为垫状植被，灌丛少见。到西坡则直接为林带，主要有大叶杜鹃及暗针叶林等，向西眺望可见梅里雪山。

德钦县位于白茫雪山和梅里雪山之间，坐落在山谷中，海拔 3300m，基本属干热河谷，附近为灌丛，蒿子、醉鱼草、柳、铁线莲、大黄等生长普遍。

下午在附近采集，以金绿丝跳甲为优势种（是在翁水海拔 3000m 处扫网采到较少的一种），食性很杂，为害醉鱼草、蒿子、大黄及似铁线莲的一种银莲花。蒿子上有黄色的长跗跳甲，柳树上有白杨叶甲。

<u>1981.IX.2</u>　晴，德钦县城附近山坡

主要为灌丛植被，昆虫相很简单。

丝跳甲除昨日采到的当地优势种外，又在 1 种开伞形花的植物（第 103 号植物）花序上采到 2 种，1 种为体完全黑色，1 种胸部为红色，合计本地至少有 3 种丝跳甲。

在第 103 号植物花序中还采到 1 种黄腹露萤叶甲及 1 种金绿色的小侧刺跳甲。

此地没有格咱、翁水、石鼓等河谷地区或相近海拔处为害杨柳的黄斑萤叶甲。

蜜蜂和熊蜂多栖息在醉鱼草花中。

<u>1981.IX.3</u>　德钦至阿东大队（高峰公社）

离开德钦后为一路下坡，途中可见对面的梅里雪山。有一条冰川向下一直伸达林带内，几乎接触农田。林带下至澜沧江河谷为稀疏的荒漠植被，明显为干热河谷景观，至淄通江附近公路为最低点，海拔为 2100m。

澜沧江河谷山势陡峻，峡谷地貌，无阶地发育，河面极狭，仅几十米宽。

在淄通江以前，从水电站处岔路沿阿东河向上十几千米到达阿东大队。

阿东大队海拔 2700m，附近仍属干热河谷，植被稀疏。

<u>1981.IX.4</u>　阿东大队左侧山沟

在胡枝子上采到丝跳甲及克萤叶甲，玉米地里屡见长跗萤叶甲 *Monolepta hierogliphyca*，蔬菜地为菜跳甲及蚤跳甲 *Psyliodes* sp.。蝗虫中有小车蝗和短翅雏蝗，并采到 1 个全无翅的。

胡枝子为常见植物，除上述叶甲外，更有一种角蝉，数量极多，常群居植株顶端，颇似针刺状，使该植物似为刺状植物。

大型缘蝽较多，蝉鸣唧唧。

1981.IX.5　阿东河边玉米地埂

黄胸德萤叶甲较多，食性颇杂，为害桑树、杨树、胡枝子等多种植物，食叶呈缺刻状。

露萤叶甲采自禾本科植物的花穗上，与过去采自铁线莲等多种植物花上的露萤叶甲习性是一致的。

光锯角叶甲 2 对，采自河边。

此干热河谷海拔较高，与低海拔相比，半翅目昆虫中由缘蝽替代了荔枝蝽，后者是海拔 2000m 以下干热河谷的代表；膜翅目昆虫中，蜜蜂代替了高海拔的熊蜂，蜜蜂多数在胡枝子、铁线莲等植物的花上。

1981.IX.6　阿东河对岸海拔 2700～3000m 的峡谷

柱萤叶甲 *Galerucida* sp.，体淡黄色，发生在山坡上，严重为害野葡萄科植物，可将叶片全部吃光，成虫、幼虫同时存在。

丝跳甲，体金绿色，发生在海拔 3000m 处山地小阴坡（灌丛植被），至少有两种寄主植物，其中一种似醉鱼草，估计与德钦采到的丝跳甲属同种。

一种极小的长跗跳甲，体蓝黑色，体形似流线型。

一种大型的无翅蝗虫，发生在山地。

1981.IX.7　阿东大队，室内结账

1981.IX.8　阿东大队，附近山地阳坡

蚤跳甲，体形大，寄主为一种茄科植物，开白花。

山地扫网采到小豆象。

蝗虫中有束颈蝗、小车蝗和雏蝗。

1981.IX.9　晴，阿东大队

结束野外工作，整理、装车，准备启程返回成都。

1981.IX.10　阿东大队至西藏芒康县盐井区，行程约 80km

公路从淄通江（海拔 2100m）开始一直沿澜沧江河谷而上，峡谷地势险要，植被稀疏，气候干热，下午上升气流明显，多为上山风。

原计划今日抵达芒康，因公路塌方受阻，只到达盐井区。盐井海拔 2650m，周围河谷较宽阔，种植玉米、荞麦，盛产核桃，附近山地可见森林。

1981.IX.11　盐井至巴塘，行程 316km

盐井北山垭口海拔 4100m，在海拔 3700m 处路边采到无翅蝗虫、凹胫跳甲和长跗萤叶甲。凹胫跳甲体形很大，为害路边的夏枯草。

翻过盐井北山，进入芒康县河谷，河水为南北流向，在海拔 3700m 处河边采到步甲（多种）、拟步甲、雏蝗及蝼蛄等。

芒康县城海拔 3800m，位于一河谷中，两侧山地草场极好，为典型草原植被，远看金黄色。

巴塘海拔 2650m。

1981.IX.12　巴塘住一天

1981.IX.13　巴塘至雅江，行程 330km

从巴塘出发一直溯江而上，途经义敦（海拔 3500m），直至海子山。海子山山顶有冰川，冰川下有两个高山冰川湖，在附近只采到 2 个蝗虫。

海子山至理塘为高山沼泽草甸植被，地势开阔而平坦，为极好的夏牧场。

从理塘出发后又爬山，海拔最高 4300m，然后下山，直到雅江（海拔 2600m），海拔下降 1500m。

1981.IX.14　雅江至康定，行程 147km

途经新都桥（海拔 3400m），距雅江 67km，新都桥高山海拔 4200m，周围植被很好，适合采集。

新都桥为进入西藏南北两条公路的交会处，过新都桥后爬折多山，海拔 4100m 左右，路过山顶已下薄雪，新都桥距康定约 80km。

康定位于山谷中，两侧为高山，海拔 2450m，时值阴天，很冷，身着鸭绒衣，不觉热。

1981.IX.15　康定

1981.IX.16　康定至新沟

途经泸定（海拔 1400m）、二郎山（海拔 2900m）、新沟（海拔 1400m），夜宿新沟，此处有 1 个大旅馆，可住 100 多人。

二郎山东坡极其陡峻，悬崖峭壁，山路崎岖，植被茂密，是采集的好环境。

<u>1981.IX.17</u>　新沟至邛崃

途经天全（海拔 800m）、雅安（海拔 500m），夜宿邛崃第二招待所。

<u>1981.IX.18</u>　邛崃至成都

成都海拔 500m，住锦江饭店。

<u>1981.IX.19</u>　队部报账

<u>1981.IX.20～24</u>　成都

<u>1981.IX.25</u>　乘飞机返回北京

<u>1981.X.14</u>　植物所

据李勃生、王金亭讲，片马地区植被垂直分布为常绿阔叶林、针阔混交林（无常绿和落叶阔叶混交林）、铁杉林、冷杉林（只在高山顶部出现）、竹林。六库附近为干暖河谷，是次生植被，以茅草为主，海拔可达 2000m 左右。横断山区自西向东由暖湿变干，针叶林的植被由铁杉变成云杉，这种变化从维西兰坪一线开始。

横断山区的植物是中国—日本区系与喜马拉雅区系的交汇地区，与西藏北部和青海不同。从中甸（维西黎地坪）开始出现高原种类，针叶林主要由云杉（深色）和冷杉（淡色）组成，后者分布海拔较高。铁杉、云杉、冷杉都为暗针叶林，云南松林为明亮针叶林。奔子栏是真正的干热河谷，由白刺、豆科等刺状植物组成。铁杉反映暖湿气候条件。

记事：

（1）滇西北主要是中甸与德钦（中甸大雪山垭口、红山、白茫雪山）的高山草甸带没有采到川西、青海以及西藏采到的典型高山类群，如高山叶甲属、短鞘萤叶甲属、脊萤叶甲属、*Swargia* 等属。叶甲亚科中的金叶甲属数量极少，也与玉树、囊谦所采到的不同。典型的高原、高山种类是非洲起源的跳甲亚科的丝跳甲属及新属，这是首次在跳甲亚科中发现的高原、高山种类。

（2）植物方面研究认为滇西北的植被是由中亚（地中海）荒漠种类组成，是来自南古陆的热带种类和来自北古陆的温带种类的交汇地区。但从叶甲科昆虫来看，典型的中亚属，如高山叶甲属、阔跗萤叶甲属及萤叶甲属，在本区迄未发现，只发现露萤叶甲属的少数种类。

（3）丝跳甲属在本区表现出种类的极大丰富性，说明种类的高度分化。如在金属色型中，1939 年采自康定与泸定间瓦斯沟的一种与今年在德钦、翁水、维西等地采到的金绿色型者完全不同，但是二者在地域上相距不大。

丝跳甲属中，在翁水海拔 3300m 处采到的金黄色的一种（新种）与非洲赞比亚布鲁肯山产的 *Hespera suturalis* 十分接近（金黄色），值得研究。丝跳甲属在中甸格咱的醉鱼草上除有短翅型的一个新种外，还有长翅型的一种，但长翅型的数量较少，据陈世骧先生初步观察推测长翅型是短翅型与中甸大雪山垭口的新属的中间种。

（4）根据丝跳甲属的金绿色种在维西攀天阁海拔 2900m 处的发现，初步推测维西是滇南（亚热带）与中甸、德钦高寒区系的混交地区，也可以说是常绿阔叶林与落叶阔叶林的交界地区。

今年在滇西北采到的叶甲种类基本上属于南方类型，属东洋区系，南方起源，没有典型的古北种，如果有则是广布种，如白杨叶甲、柳二十斑叶甲，或是北型属中的地方种，如弗叶甲属可能是此情况。

1981.X.15　植物所

海拔在昆虫分布上的意义，不完全取决于海拔的绝对值，还与地理位置和在山体中所处的具体环境有关。比如说海拔 3000m 是处于一个山体的中部，海拔 3000m 则算较低海拔，因为受到高大山体的阻挡，不一定出现高山适应的种类；如果海拔 3000m 是处于一个山体的顶部，由于山顶多风，气温相对变低，更接近高山气候特征，则可能出现适应高山的昆虫区系成分。

据刘举鹏讲，蝗亚科标本共鉴定出 8 种，其中有 2 个新属新种，以及雏蝗属 3 个新种，3 个已知种（采于泸水地区低海拔处）。

两个新属分别是点苍山采到的长翅型新属，中甸大雪山海拔 4000～4300m 的高山草甸无翅型新属。无翅型新属有一特殊适应构造，即发音器在腹部（蝗亚科昆虫的发音器在翅上），不知是进化还是退化。

雏蝗属的 3 个新种，分布于不同海拔。第 1 种采于中甸格咱白茫雪山，海拔 3700m（3150～3700m）；第 2 种采于德钦阿东，海拔 2700～3300m；第 3 种采于白茫雪山垭口，海拔 4000～4200m。

1982 年横断山考察记录

1982.V.18　北京至成都

全体动物组成员（除林永烈外）上午 7 时 30 分乘飞机离开北京，上午 10 时 30 分抵达成都机场。

住四川省军区招待所。

<u>1982.V.19</u> 　成都

上午陪韩双根等去省军区后勤部买防蚊帽，又到火车北站北边莲花路取防蚊帽，未取到。修理小汽车刹车管。

<u>1982.V.20</u> 　林永烈乘飞机抵达成都

<u>1982.V.21</u> 　成都，召开装备会

<u>1982.V.22～23</u> 　成都，开会

<u>1982.V.24～25</u> 　去队部领食品、装备及钱款

<u>1982.V.26</u> 　从成都出发，夜宿天全

横断山考察动物、昆虫及无脊椎动物小组成员合影于四川二郎山垭口

（左起：尚进文、徐延恭、崔云琦、张学忠、强纪友、李志英、牛春来、王书永、柴怀成、林永烈摄）

<u>1982.V.27</u> 　天全至康定

<u>1982.V.28</u> 　康定，修汽车水箱，为汽车加油，为轮胎打气

<u>1982.V.29</u> 　康定至雅江

<u>1982.V.30</u>　雅江至理塘

到理塘后，住在兵站。全体队员均出现不同程度的高山反应，以李志英、柴怀成为甚，表现为头痛、恶心、气喘等。

<u>1982.V.31</u>　康嘎

原计划直奔稻城县桑堆，因途中要翻越海拔 4600m 的海子山，怕大家高山反应更重，临时决定在康嘎以西 8km 处设第一个非正式点，为爬山做准备。

康嘎营地附近以草丛植被为主，草层以蒿草为主，另有菊科等其他植物。小阴坡有桦树、杨树和柳树，阳坡植被稀疏，以柏树为主。

<u>1982.VI.1</u>　康嘎，海拔 3700m，营地附近草地

（1）金叶甲与青海玉树采到的近似，成虫刚羽化不久，鞘翅尚软，主要栖息在不太干燥的牛粪下或石块下。

（2）九节跳甲，有翅蓝色和黄色两种，均采自菊科植物的花上。

<u>1982.VI.2</u>　康嘎

发 5 月野外补助，每人 33.40 元。院部装备组同志离队返京。

<u>1982.VI.3</u>　康嘎，营地以西山前和山沟中

（1）在山前洪积扇的石头下金叶甲颇多，是优势种。

（2）柳沟胸跳甲，寄主柳树。

（3）隐头叶甲和锯角叶甲均采自绣线菊上。

（4）蝗虫为短翅型或翅芽型。

<u>1982.VI.4</u>　康嘎

营地以西小阴坡采集。

<u>1982.VI.5</u>　康嘎至稻城县桑堆

康嘎公社以上海拔约 4000m 处（海子山北坡），石下以步甲、拟步甲、蝼蛄等为优势昆虫。附近草层发育得很茂密，阴坡以大叶杜鹃为主，正在开花。

翻过海子山后，地势较平缓，属高山草甸类型，平坦处不时出现高山湖泊，故称海子山。

在海子山南坡海拔 4000m 的老林口道班以下 2km 处扎营，公路里程碑为 112km。营地距离桑堆 8km，为南北向河谷，东坡较陡峻，岩石嶙峋，西坡为杉树林，岩石极度风化，河谷为山柳、小叶杜鹃、小檗、绣线菊等灌丛。

<u>1982.VI.6</u>　桑堆，海拔 3950～4000m，营地附近

只采到 1 种叶甲，即山柳弗叶甲。石下以步甲为多，与海子山北相似。

<u>1982.VI.7</u>　桑堆，全天降雨雪

<u>1982.VI.8</u>　去桑堆并沿路采集

在大叶杜鹃花中采到蓟马。河边土块下有许多襀翅目昆虫，在土块中剥出 1 种小蠹，未见金叶甲。

<u>1982.VI.9</u>　桑堆，又降雨雪

<u>1982.VI.10</u>　海子山

回返海子山，在海拔 4150m 和 4300m 处采集。

山柳弗叶甲在海拔 4150m 处非常多，为害严重。此外，还有斑芫菁和绿芫菁。

在海拔 4300m 处的 100km 道班附近石下采到高山叶甲、金叶甲和萤叶甲。金叶甲不同于康嘎所采，是真正的高山种。

<u>1982.VI.11</u>　海子山

又去海子山的 100km 道班，旨在继续采高山叶甲和萤叶甲，结果只采到 4 个金叶甲。

<u>1982.VI.12</u>　桑堆至乡城

行车途中至公路里程碑 115km 处，鸟类小组徐延恭同志枪支走火，致尚进文脚腕受伤，直接送乡城县医院。

本拟翻无名山（海拔 4600m）以后在柴柯和娘拥附近设点考察，因枪伤事故全体直奔乡城。

住乡城汽车站，海拔 2850m。

<u>1982.VI.13～16</u>　乡城停留，护理尚进文，同时修车

13 日到县政府联系，并说明上述情况。

14 日上午 10 时左右给动物所党委书记宋振能打长途电话，汇报事故发生情况，并向康定队部汇报。

15 日又给宋振能书记打电话，要求从北京带担架来成都，并通知党委派高家祥来成都接尚进文回京。

16 日晚开会通过林永烈起草的向所党委的汇报信和徐延恭的初步检查，向党委的汇报信由林永烈、李志英和我三人签名。

1982.VI.17　乡城

由林永烈、李志英、徐延恭三人护送尚进文启程去成都，早晨 6 时出发，用县卫生局救护车。

上午打长途电话通知康定队部救护车已启程，要求队部与成都分院联系代购 6 月 20 日返京机票。

向成都分院发电报，让高家祥 19 日在分院等尚进文，并购 20 日机票。

下午在附近采集，采到大肢叶甲和柱胸叶甲各 1 个。

1982.VI.18　乡城

汽车站后边山前洪积扇采集，采到隐头叶甲和拟守瓜 *Paridea* sp.。

1982.VI.19　乡城至柴柯

乡城北 28km，海拔 3000m，住在道班房内。本拟直接去马熊沟，因汽车出故障，无法爬坡，临时改在柴柯道班设点。

去年昆明动物所也曾在此工作十几天，并在这里过中秋节。

下午在附近河边采集，河边以小檗、棘豆等带刺植物为主。采到丝跳甲，体形很小，有两种，均在棘豆和羊蹄甲的花中。

1982.VI.20　柴柯，海拔 3000m

柴柯道班，在 108 条沟的山沟中沿河采集。

豆科植物上有 1 种小跳甲，食花、叶，均十分严重。1 种长角萤叶甲，主要为害醉鱼草和 1 种像枸子的植物（无刺、圆叶）。红色球跳甲采自 1 种野葡萄叶片背面；同时采到 1 个曲胫跳甲，花斑特殊，过去未曾采到过；弗叶甲均采自柳属植物上。蜜蜂较多，采自多种植物的花上，如野蔷薇、棘豆和第 14 号植物。

1982.VI.21　柴柯，海拔 3000m，继续向 108 条沟深处采集

又在昨日采到球跳甲的地方采到 8 个球跳甲标本。

伪守瓜 *Psudocophora* sp.，寄主为似羊蹄甲的植物。

弗叶甲有大小两种体形，均采自河边海拔 3100m 左右的大叶杨树上，可在叶片正反两面取食，采到 100 个。

壳斗树叶上扫网采到茶肖叶甲和 1 种长角、体黑具毛的叶甲，前者与中甸格咱和大雪山垭口所采到的相同，后者过去未曾采到过，不知是肖叶甲，还是丝跳甲。

山桃上扫网采到黄色的黄肖叶甲。

在醉鱼草上，采到1个瘤叶甲。

1982.VI.22　柴柯，海拔3000m

扁角肖叶甲，寄主为萝藦，数量较多，与去年在攀天阁所采相同。

九节跳甲，均采自河边白色的野蔷薇花中，一朵花中有时会有2～3个，有的在交尾。

沟胫跳甲，蓝色，较普遍，主要为害第21号植物，有时在一种似甘草的开紫花的草本植物上。

锯角叶甲有大小两种，看到大的与大的交尾，小的与小的交尾，寄主植物与之前观察到的相同，属阳性种类，发生在向阳干燥处。

采到1个铁甲和1个曲胫跳甲。

山桃上采到一种黑色长角的丝跳甲，可能是长角丝跳甲 *Hespera krishina*，数量不集中，但都在山桃的叶片上。

1982.VI.23　夜间下雨、冰雹，柴柯道班至马熊沟，行程22km

马熊沟营地海拔3800m，峡谷地貌，阴坡岩石陡立，长有深色的云杉，再向上则为淡色的冷杉，阳坡为茂密的栎林，河谷是以山柳、小檗、绣线菊、悬钩子、茶藨子等为主的灌丛。

石头下步甲、拟步甲都不多，以革翅目昆虫占优势，有的正在产卵，卵散产在一起，但不成堆。石下未见叶甲类。

悬钩子上有大型金绿色的跳甲，与1981年在云南所见相同，但小型的侧刺跳甲极少见。

山柳上有大型的二色弗叶甲，与桑堆、海子山所采相同，但不同于柴柯海拔3000m处所采的。在山柳上还采到2个沟胸跳甲和1个黄色的圆叶甲，但都很少见，后者分布到如此高海拔是过去未见的。

一种黑蓝色萤叶甲，采自于第22号植物上，数量较少。

1982.VI.24　上午雨，中午雨停，下午又下雪，马熊沟

1982.VI.25　从马熊沟回乡城，行程48km

上午趁天不下雨，又在马熊沟林场以下河谷中采集，昆虫种类极少。

山柳上采到弗叶甲和沟胸叶甲。

小檗上采到 1 种较大的萤叶甲，似乎去年没采到或采到很少；金紫色的象甲，和去年采的相同；还有 1 个绿芫菁。至今尚未在小檗上采到光胸山丝跳甲 *Hespera glabricollis*。

下午 2 时返回乡城，住汽车站。

<u>1982.VI.26</u>　阴天，有时有小雨，乡城

到乡城去往德荣方向的冷龙村，在附近山谷溪边的山柳灌丛中采集，海拔 3200m。

山柳上有白杨叶甲、小型弗叶甲和沟胸叶甲等，白杨叶甲是今年第一次采到。

曲胫跳甲，寄主为一种似铁线莲藤本植物，蚕食叶片呈缺刻状，数量较多，发生较普遍。同时采到一个红色的球跳甲，寄主不详。

三叶豆上有 1 种黑蓝色的萤叶甲，取食叶肉，数量较多。

紫草上长跗跳甲相当多，体形较大，食叶呈筛孔状。

带刺的小叶沙棘（似沙枣）叶片被虫食，一直不知何虫所害，今天得知是一种腹部铜绿色的黄褐金龟子为害，看来这是干热河谷中的代表性昆虫之一。

看到萝藦科植物，但未见扁角肖叶甲。

铁线莲上仍有那种瓢虫，与去年在格咱所采相同。

没有采到丝跳甲。

淡褐色的鳃金龟采自石头下。

这里的河谷（山地）植被带是干热河谷（刺状旱生植物）直接与云冷杉林相接，缺少常绿阔叶林，松林在海拔 3000～3500m，也不太发育。

<u>1982.VI.27</u>　乡城

从乡城县中甸方向下行 15km，至下坝附近的乡城河边采集，海拔 2700m。地处乡城河东岸山前洪积扇缘，是地下水渗出带，主要植被为旱生刺状灌丛，以棘豆、小檗、白花野蔷薇以及 1 种鼠李科似酸枣的植物为主，另有紫花胡枝子，农田边有蒿子。主要农作物是小麦，已经收割或正在收割。小阳坡生长杨树，村宅附近有桃树、核桃树等。

昆虫种类极少，灌丛植物的花中以花金龟为多，还有蜜蜂，干旱处采到锯角叶甲 2 种，偶见隐头叶甲。河岸边听到蝉鸣，采到 2 个较大的黄脊蝗，是河谷低海拔的代表昆虫。

值得注意的是，在这里的石头下第一次采到体形相当大的双尾目铗尾虫。据杨集昆在 1958 年的研究，我国西藏产 1 种藏铗尾虫 *Heterojapyx souliei* Bouvier，体长 49mm，是世界上最大的双尾目昆虫，今日所采者与此相似，体长 35mm，不知

是否同种。(后经周尧、黄复生先生鉴定为伟蛱蚁 *Atlasjapyx atlas* Chou *et* Huang，系新属新种)。

采自四川乡城南 15km 山地，伟蛱蚁新属新种 *Atlasjapyx atlas* Chou *et* Huang

1982.VI.28　晴，多云，乡城后山，海拔 3000～3500m

采到两种隐头叶甲，以有体具花斑的一种最多，主要采自山前一种开黄花的灌丛上；另一种除尾端黄色外，全体黑色，采自栎树叶子上。

曲胫跳甲分布普遍，有的在蔓生植物上，有的在银莲花上（白花），也有在石下的。

一种蓝黑色的萤叶甲为害银莲花的花，取食花瓣。在这里还有少数极小的侧刺跳甲。

山柳上只采到小型的弗叶甲。

山地小阴坡上密生桦树灌丛，没有采到任何叶甲。

山地阳坡生长着稀疏的矮栎丛，在栎丛中采到茶肖叶甲和大型的丝跳甲，与柴柯道班 108 条沟中所采的一样，证明寄主均为栎，此种是去年没采到的。

无翅尖头蝗是阳坡代表昆虫。

斑芫菁可以分布到海拔 3500m 左右。

护送尚进文去成都的林永烈等 3 人，下午 2 时 30 分返回乡城，带来动物所里给我们的慰问信。晚上讨论决定离开乡城，去往中甸。

1982.VI.29 乡城

上午给北京动物所打长途电话，未接通，改发电报，让所里增派小汽车于 7 月 10 日抵中甸会合。

发 6 月补助。

晚上给赵建铭所长、邓野书记写第二封汇报信。

1982.VI.30 乡城

上午到卫生局结算去成都的救护车费。

到县政府办公室刘主任处了解大雪山的情况。

下午在卫生局加汽油 280kg。

下午寄出汇报信，给标本馆李鸿兴寄出第 1 批 2 盒棉层标本。

接到动物所办公室黄和祥打来的电话，说增派汽车问题须与康定队部冯治平联系。

1982.VII.1 乡城、三区、中热乌至三道桥，海拔 3800m 处扎营

乡城至三区政府，约 17km。

中热乌为反修公社所在地，距乡城 31km，海拔 3000m，属干热河谷，农田区种植小麦，正值麦收时节。在此采到大型蝗虫以及斑腿蝗的一些种类，在一种多毛的草本植物上采到小型长跗跳甲。

1982.VII.2 晴，乡城中热乌三道桥，沿小溪向上，海拔 3800～4000m

萤叶甲，前胸黄色，鞘翅黑色，翅端叉开，腹端外露，膜翅消失，是高山适应种。过去未曾采到，体形与白茫雪山所采相似，不知是否同属（后经室内鉴定确认为黄胸显萤叶甲新种 *Shaira fulvicollis*）。

小跳甲寄生于 1 种唇形花科植物上，食叶呈褐斑状。

为害云杉的一种叶甲（可能是长角萤叶甲或寡毛跳甲），均在叶丛中，叶片有明显被害状，是首次在针叶树上看到。

在右侧山坡上菊科杂草和其他贴地生长的草本上采到一种极小的跳甲，可能是长跗跳甲。

山柳上有三种叶甲：沟胸跳甲，分布最普遍，数量也多；弗叶甲，只采到 1

个，体形大，体二色；瘤胸叶甲，体形极小，与去年在大雪山垭口海拔 4000m 处采到的相同。

青冈树上采到栗象，数量较多。没采到茶肖叶甲。

小檗上仍未采到山丝跳甲。

1982.VII.3　阵雨间晴，乡城中热乌三道桥

昨天在云杉树丛中采到的萤叶甲，观察到在公路边上严重为害另一种似醉鱼草的小灌木或草本（是路旁常见种，开紫色花，头状或伞形花序），数量也相当多。在该植物上还见有小跳甲。

锦鸡儿正在开黄花，在其上采到萤叶甲（可能与前同种）、跳甲（小型，足黄褐色）、豆象（大型，腹端外露 3 节）。

沟胸跳甲分布普遍，是杨柳的重要害虫。柳树上未见白杨叶甲。

晚上用汽灯诱虫，数量很少，只有几个石蛾和蛾类。

1982.VII.4　多云间雨，乡城中热乌四道桥

在沟谷山柳灌丛、林间空地采集，海拔 3900m。谷底溪流边植物以密集的山柳为主，林间空地以开白花的银莲花，开黄花的另一种草本植物为主，还有薹草（黑穗）和委陵菜，高燥处有珠芽蓼。环境非常适宜采集，但只在银莲花上采到曲胫跳甲。石头下采到步甲，至少两种。花草间扫网采到蓟马、金小蜂等。

杉木树干和树皮下采到叩甲成虫和幼虫，除棉层保存外，还浸泡成虫 1 个和幼虫若干。

1982.VII.5　多云，夜间雨，乡城中热乌三道桥，海拔 3500m

小型金绿色的侧刺跳甲，寄主为第 38 号植物。

曲胫跳甲在海拔 3500m 的沟底密林中采到，生境极阴暗潮湿，体色较淡。

青海玉树地区蓼草上的优势昆虫锯角叶甲，今天采到 1 个。

蜜蜂种类多，其中家蜜蜂均访问悬钩子（第 37 号植物），在悬钩子上跳甲也很多。

1982.VII.6　阴，有雨，乡城中热乌三道桥，海拔 3800m

因雨未出，下午又去营地上侧采高山黄胸显萤叶甲，寄主植物疑似为金露梅，开黄花。

<u>1982.VII.7</u>　晴，间多云，乡城中热乌

小雪山垭口，高山草甸植被，海拔 4100m。主要植物有小嵩草、风毛菊、火绒草、高山蓼、角蒿、橐吾、冷杉（淡色）、青冈、小檗、高山绣线菊、山柳、金露梅（开黄花）等。

金叶甲，古铜色，鞘翅上有纵肋，采自海拔 4100m 的垭口灌丛草甸，多数在火绒草的根丛，其中 2 个采时正在交尾，但未见取食，与红足拟步甲常同居。是否与去年在大雪山垭口所采以及无名山（海拔 4300m）处所采同种还未知。没有采到高山叶甲。

在小檗上采到蓝黑色的萤叶甲，但未见光胸山丝跳甲。

蝗虫是无翅型，与去年大雪山所采相同，多数为若虫。

斑芫菁是常见种，数量较多。

蜜蜂多数采自金露梅上。

高山黄胸显萤叶甲一直分布到海拔 4000m，寄主同前（金露梅）。

石头、土块下步甲数量相当多，种类也多，优势种是高山常见的前胸金绿色的步甲，还有带紫条纹的一种。

蜜蜂采自小叶杜鹃和小檗的花上，数量少。

思考问题：小叶杜鹃、大叶杜鹃作为一个自然的植被带，其代表性昆虫是什么，有无以杜鹃为食的食叶或采花昆虫值得今后注意。

<u>1982.VII.8</u>　乡城中热乌三道桥后山，海拔 3800～4400m

海拔 4300～4400m 的灌丛植物上，采到极多的小型跳甲。不知是否与海拔 3800m 所采的广布种相同，如果相同就是杂食种，如果不同则是高山种。

在海拔 4400m 处冰蹟垄上，生长有蒿草、火绒草、高山蓼等，在火绒草下采到与昨天相同的金叶甲，仍未见高山叶甲。

在海拔 4300～4400m 仍有高山黄胸显萤叶甲。

蝗虫是无翅型的。

熊蜂、蜜蜂等访问的植物主要是小檗。

<u>1982.VII.9</u>　四川乡城中热乌三道桥至云南中甸翁水，行程 60km

中甸大雪山垭口北坡，大雪山道班前有一条去新联的新公路，是北向山谷，从公路向下看植被非常好。

大雪山垭口海拔 4200m。

<u>1982.VII.10</u>　中甸翁水 3000m

没有采到丝跳甲。

曲胫跳甲与黑点瓢虫在同一寄主植物上，似有拟态现象，二者同为植食性。

柳杨树上有白杨叶甲、柳二十斑叶甲、弗叶甲、沟胸跳甲、瘤胸叶甲（蓝色）等，其中弗叶甲属的种类值得注意。

锯角叶甲在其原寄主植物上，阳坡较多，但都是小型种，缺乡城、柴柯采到的大型种。

九节跳甲在阳坡的草本植物花中，有若干色型，以蓝色、黄色为多。

在河边地上作巢的大黄蚂蚁数量相当多。

<u>1982.VII.11</u>　阴间多云，阵雨，翁水至中甸

上午由翁水营地出发直达中甸州政府招待所。

<u>1982.VII.12</u>　阴，中甸

到中甸州科委沟通去德钦事宜。

<u>1982.VII.13</u>　晴，中甸至奔子栏，行程 84km

奔子栏海拔 2200m，上桥头海拔 2100m，金沙江桥海拔 2070m。

下午在奔子栏北河沟中采集。

锯角叶甲是旱生植物上的优势种，为害多种植物。

蝗虫种类多，有尖翅蝗、车蝗、无翅蝗等，其中无翅蝗可能与阿东采到的相同。

长跗萤叶甲采自麻类植物上。

玉米地的豆类植物上有 1 种小缘蝽。

<u>1982.VII.14</u>　奔子栏至德钦，行程 100km

在竹林以上，海拔 2800～2900m 出现松杨混交林，其下为干热河谷，后者山地以束颈蝗为区系代表。

海拔 3700m，去年考察过的营地附近的山地森林，今年被大量砍伐，遭到严重破坏。

白茫雪山山垭口，海拔 4200m 处开白小花的灌丛（与三道桥相似）中又采到小跳甲，此乃去年在白茫雪山未采到的（后经室内鉴定为圆肩跳甲新种 *Batophila potentilae* sp. nov.）。

海拔 4230m，山垭口石下采到步甲、象甲、丸甲、圆叶甲（体色、体形与丸甲十分相似）、隐翅虫及蠼螋。

下午 4 时 30 分到达德钦，住县招待所。

1982.VII.15　德钦

到县政府办公室、科委、民运站沟通去梅里石及雇佣马帮等事宜。

下午召开全组会议，讨论分组及结束野外工作时间等问题。因为尚进文枪伤事故的发生，耽误半个月左右时间，决定延长野外考察时间，十一前不能返回北京。

1982.VII.16　德钦，海拔 3250m

分配分组后的物资、食品等。

晚上初步制定下阶段日程安排，决定不去甘孜北线，将重点放在贡嘎山附近。

1982.VII.17　德钦

上午德钦买粮食，下午德钦至梅里石，行程 60km。

在德钦去石油公司加机油，来回约 9km，住梅里石，公路边宿营，海拔 2200m。梅里石农田多种植玉米，田边生长核桃，两岸植被稀疏。

晚上联系去梅里雪山的马帮。

1982.VII.18　梅里石

上午去红山公社联系马帮事宜。驻地离公社 14km，德钦距公社 65km。

下午在梅里石附近采集。山边没有发现蝗虫，石下为拟步甲科的沙潜。

田边叶甲有角胸肖叶甲和锯角叶甲，同时为害一种大叶植物，在叶片正面取食叶肉。锯角叶甲的寄主植物还有蝶形花科植物 2 种。锯角叶甲是干热河谷的代表种类，角胸肖叶甲是今年首次采到。

1982.VII.19　梅里石至梅里雪山

一种黄胸蓝翅的锯角叶甲为首次采到，鞘翅极粗糙，刻点深，寄主与其他锯角叶甲相同，是干热河谷的代表种类。

蝗虫多为有翅束颈蝗，采到少数无翅蝗虫。

<u>1982.VII.20</u>　梅里石，海拔2200m，沿水渠采集

丝跳甲，足黄色，疑似察雅丝跳甲 *Hespera chagyabana*。寄主为紫花胡枝子（第43号植物），同时采到豆象及长角象等。

隐头叶甲，全体被长毛，灰色，寄主为第45号植物，是荒漠景观的代表（后经室内鉴定为新属新种）。

克萤叶甲，寄主是胡枝子。

脉翅目蚁蛉，白天采到1个，晚上又灯诱到2个，是干热河谷的重要组成成分之一。

<u>1982.VII.21</u>　晴间多云，梅里石至梅里雪山东坡

从梅里石海拔2200m营地出发，顺蕊旺河而上，雇马帮随行，上午9时15分出发，步行4小时30分钟，在海拔3180m处扎下第一个营地。营地西侧山地为针阔混交林，有云杉、桦、山柳，灌丛有小檗、金露梅，草本植物有伞形花科等植物。

沿路采集，采获2种新的萤叶甲，体形和颜色都很像在四川乡城中热乌三道桥（大雪山北坡）采到的，但鞘翅极小，仅能盖及腹部2节左右，其寄主为金露梅、小檗等（开黄花者）。采集地海拔约3000m，寄主为第46号植物（后经室内鉴定为全黑显萤叶甲新种 *Shaira atra*）。

肖叶甲极小，体具毛，体形很像短柱叶甲 *Pachybrachys* sp.，可惜只采到2个，寄主尚不详。

此外在紫花胡枝子等多种植物花上仍采到丝跳甲，可能与昨天所采相同。

蜜蜂采自紫花胡枝子、小檗和开白花的茶藨子灌丛上。

柳叶上有弗叶甲。

<u>1982.VII.22</u>　梅里雪山东坡，海拔3180m

在营地附近采集，林永烈等从梅里石来到此营地。

露萤叶甲，黄腹，在林下蔓生植物（似铁线莲）上，分布普遍，成虫在叶片背面取食，喜隐阴，是典型的阴性昆虫。

萤叶甲，与去年片马海拔2800～3000m垭口处所采相似，寄主也相似，成虫具膜翅，分布在海拔3200m左右处，在叶片背面取食，叶片被害呈筛孔状。

小型球跳甲采到2个，为不同种，寄主不详。

杨柳有弗叶甲和沟胸跳甲，叶片均被吃成小孔，不知是哪种所害。

晚上用三用灯（六节电池）诱虫。

云南梅里雪山东坡林间营地，海拔 3150m

<u>1982.VII.23</u>　多云，下午 3 时有阵雨，德钦梅里雪山东坡，海拔 3180～3500m

　　从海拔 3180m 营地向上至海拔 3500m 处沿途采集。海拔 3400～3500m 为阔叶林上限，针叶林（云杉）的下限。途中阔叶树茂密，林下阴湿，叶甲极少，林间空地（草地）以伞形花科草本植物为主，正在开花，寄蝇、食蚜蝇、蜜蜂（有家蜜蜂）、熊蜂、叶蜂较多，草地以银莲花为多。银莲花上采到蓝色的萤叶甲和曲胫跳甲，后者只采到 1 个。

<u>1982.VII.24</u>　下午 3 时有雨，阴，梅里雪山东坡

　　从海拔 3180m 的营地向下至海拔 2700m 处顺山沟采集。

　　海拔 2700m 处，接近谷口，为干暖河谷与山地阔叶林带交界处，谷坡为灌丛，谷底有山柳、紫花胡枝子、小檗等。

　　在紫花胡枝子上有察雅丝跳甲，但数量不多。丝跳甲一直分布到海拔 3000m 左右处。

　　几种小天牛（虎天牛、短翅天牛、红天牛）均采于海拔 2700m 左右。

　　长翅目昆虫采到 1 个，于海拔 2700m 处，这是今年采到的首个该目标本。

豆象均采自紫色胡枝子花上。

无翅萤叶甲，编号 Ch82-57，只分布在海拔 2900～3000m，有两种寄主植物。

萤叶甲，编号 Ch82-60，采自海拔 3000m 处，向阳地段，数量集中，蚕食叶片呈缺刻状。

曲胫跳甲 1 个，采自蔓生葡萄科植物、铁线莲上，海拔 3000m。

海拔 2900～3000m 处在蔓生大叶的蝶形花科植物上发现柱胸叶甲的幼虫（体带紫色，有假死性，受惊即落地），有的已接近老熟，可惜没有发现成虫，待从山上返回时要注意采集。

1982.VII.25　梅里雪山东坡，海拔 3180m

在梅里雪山第一营地附近采集，并看守帐篷。

在杉木伐根的树皮中采到 40 个小蠹，体形较大，同时采到 1 个象甲。

在伐倒木的树皮中剥出许多大型蚂蚁，其腹部生有许多蛆，不知是被什么寄生的。

伞形花科植物的花上熊蜂很多，也有家蜜蜂、萤叶甲、皮蠹等。

1982.VII.26　梅里雪山东坡

由梅里雪山东坡海拔 3180m 营地转至海拔 4100m 的第二营地，接近森林上限，距梅里雪山垭口还有 3 小时步行路程。

从海拔 3180m 营地到海拔 4100m 第二营地，沿蕊旺曲上行，9 时 30 分出发，于中午 12 时 45 分到达，步行 3 个多小时。途中森林茂密，林内阴湿，峡谷坡陡，没有一点平地。林内看到 1 种小跳甲为害两种植物，只保留下 1 种寄主植物标本，小跳甲是喜阴种类，也可作为针叶林叶甲的代表。

针叶林上限海拔 4200～4300m，由云杉组成，没有冷杉，代之以柏树，灌丛草甸处为圆柏，阴坡有大叶杜鹃。

1982.VII.27　有太阳，傍晚有雨，梅里雪山东坡第二营地，海拔 4100m

由海拔 4100m 营地出发向对面的阳坡（南坡）采集，约至海拔 4500m，采到雪莲。

海拔 4100～4200m，林间灌丛小檗上有萤叶甲，体蓝黑色，体形大，在叶面取食，未见山丝跳甲。

海拔 4200m 左右，于洪水冲沟附近碎石下采到 4 个有黄斑的短鞘萤叶甲，成虫爬在石头的反面，与专营石下生活的步甲等不同，看来是暂时栖居。下午 4 时有太阳时看到成虫在草间爬行，但未见为害何种植物。采集地植物以高山蓼为主，另有一种羽状复叶的草本植物。此短鞘萤叶甲为首次采到，应该是新发现，雌虫腹端外露 4 节，翅端叉开（后经室内鉴定为四斑显萤叶甲新种 *Shaira quadriguttata* sp. nov.）。

海拔 4400～4500m 的高山草甸，昆虫以红腹熊蜂为主，另有步甲、红头螳螂、食蚜蝇、寄蝇、虻、拟步甲、白粉蝶等，但没有叶甲和蝗虫。石下无高山叶甲、金叶甲、萤叶甲等。

从第二营地至海拔 4500m 全无蝗虫，值得注意。

高山绣线菊（或金露梅）开白花，小叶，叶片被害，但未发现为何虫所害，可能是跳甲和萤叶甲的种类。

1982.VII.28　阴、有雨，梅里雪山东坡说拉垭口，海拔 4680m

从梅里雪山海拔 4100m 营地向说拉垭口采集，垭口海拔 4680m。主要植被是大叶杜鹃、小叶杜鹃、高山蓼、委陵菜、龙胆等。

步甲有 2 种，以黑色中等大小的居多，一直分布到垭口；另一种体极小，棕色，较奇特，过去未曾采到。此外还有象甲、叩甲、拟步甲、花萤，草间有姬蜂、螳螂。没有见到蝗虫和叶甲。小龚萤叶甲分布在海拔 4200m 以下。

林永烈等从第一营地赶到。

云南德钦梅里雪山东坡海拔 4100m 营地，森林上限附近

<u>1982.VII.29</u>　多云间晴，梅里雪山东坡

从梅里雪山东坡 4100m 营地沿沟下行至 3700m，沿路采集，属针叶林带内，溪流边伞形花科植物正在开花，因此熊蜂、寄蝇、蜜蜂都比较多。

叶甲中只采到 2 种瘦跳甲，编号 Ch82-63，采自海拔 3700m，寄主为桦及另一种植物，分布于林下阴湿处，海拔 3700m 为其分布上限。

弗叶甲 2 个，瘤胸叶甲 1 个（棕色，前胸有许多粗刻点），均采自柳树上，海拔 4000m 以下。

四斑显萤叶甲在营地附近石下和树皮下均有，也有爬行的。观察到正向隐蔽处爬行，未见为害何种植物。

<u>1982.VII.30</u>　通往鲁哇的路上（阳坡）

海拔 4100～4250m，采集环境为柏树林中草地。

瘦跳甲 1 种，体形相当小，在灌丛的下层草丛中，为害锦鸡儿、蓼、悬钩子及异叶虎耳草 Saxifraga diversifolia 等植物，为害严重，把锦鸡儿的叶片食呈干枯状。

小檗上还是有萤叶甲。

高山金露梅上扫网采到 5 个小跳甲，与三道桥、白茫雪山所见相同。

张学忠在阳坡山顶海拔 4600m 处石下采到 9 个金叶甲，体金绿色，从而填补了金叶甲在该地的空白（该虫后被鉴定为张氏金叶甲新种 Chrysolina zhangi sp. nov.）。

<u>1982.VII.31</u>　晴，梅里雪山至红山公社

从梅里雪山 4100m 营地下山，经鲁娃大队到达红山公社。上午 10 时从营地出发，下午 4 时 30 分第一批人和马帮到达鲁娃（海拔 2200m），李志英、崔云琦为最后一批，下午 7 时 30 分才下得山来，从鲁娃打电话给司机牛春来开汽车来接。

下山途中所见，栎林上达海拔 4000m（阳坡），这里出现冷杉（海拔 4100m 营地无冷杉），松树可达海拔 3700m，海拔 2800～3000m 或以下为灌丛植被。

<u>1982.VIII.1</u>　红山公社

到公社北 17km 处查看路基冲垮情况。路基全部冲完，短期内无法修复通车，因此决定明天动身折转德钦、中甸、乡城、理塘去巴塘工作。

1982.VIII.2 晴间多云，红山公社至德钦奔子栏
　　红山至奔子栏，行程 165km，红山公社距德钦 65km。

1982.VIII.3
　　云南德钦县奔子栏至中甸，行程 81km。

1982.VIII.4 晴
　　云南中甸至四川乡城，行程 221km。

1982.VIII.5
　　乡城至理塘，行程 210km。

1982.VIII.6 晴
　　理塘至巴塘，行程 206km。

1982.VIII.7 巴塘至西藏芒康县海通，行程 84km
　　412 道班，可停车采集，金沙江岔口海拔 2510m。422 道班有山沟，海拔 2490m。金沙江竹巴龙大桥，海拔 2490m，第 1 道班海拔 2540m，第 2 道班海拔 2640m。海拔 3050m 出现森林。住第 4 道班，海拔 3250m。

1982.VIII.8 晴，下午 3 时下阵雨，芒康县海通第 4 道班
　　西藏芒康县海通第 4 道班，海拔 3250m，附近采集。昆虫极少且种类单一。
　　叶甲只采到 4～5 种，以小型悬钩子金侧刺跳甲为主，但数量也不多；唇形花科植物上有一种萤叶甲，似乎与在云南采到的相同，腹部较膨大；曲胫跳甲 1 种，寄主也与以前所采相同，数量不多；铁线莲上有露萤叶甲。河边柳树上未见弗叶甲。
　　蝗虫为中翅型，翅端不盖及腹部。
　　水边柳兰很多，开紫花，其上未见跳甲。
　　小型蜜蜂数量不少。

1982.VIII.9 晴，下午 3 时有雨，芒康县海通第 4 道班，沿公路向下采集
　　悬钩子小跳甲 2 种，均是优势种。
　　黄花金银花上有小金绿侧刺跳甲 *Aphthona splendita*，同时又采到 1 种黄色短翅萤叶甲，但数量较少，共采到 5 个，似乎过去未采到过。

黑色大腹萤叶甲，编号 Ch82-67，为害 3 种植物，是优势种，膜翅消失，是高原种之一。

大黄及高山蓼上有 1 种叶甲幼虫，但未见成虫，拟饲养（已养成 1 个成虫，鉴定为粗点斯萤叶甲新种 *Sphenoraia punctipennis* sp. nov.）。

醉鱼草和香薷正在开花，花白色，其上寄蝇、蜜蜂等相当集中，但未见丝跳甲。

此处未见小檗。

河边柳树上未见杨叶甲、白杨叶甲、弗叶甲、沟胸跳甲、瘤胸跳甲等柳树害虫。

<u>1982.VIII.10</u>　芒康县海通第 4 道班，海拔 3250m，沿公路向上（西）采集

丝跳甲近似 *Hespera flavipes*，但体形较小，在第 60 号植物上（唇形花科），一次采到 170 个，他处只零星采到，是今年首次采到。

沟底水边银莲花上又有金色的露萤叶甲。

曲胫跳甲为害铁线莲及另一种蔓生植物（与三道桥、乡城所见相同，瓢虫与其同一寄主）。

长跗跳甲只有少数几个，寄主为紫草科鹤虱属植物，已采标本，但未编号。

小型步甲，采自石下。

<u>1982.VIII.11</u>　芒康县海通第 4 道班，海拔 3250m

蜜蜂，寄主为唇形花科香薷，已拍照。雄蜂，访问唇形花科青兰。此外，还有寄蝇。

<u>1982.VIII.12</u>　芒康县海通第 4 道班

第 5 道班海拔 3450m，采到步甲；第 6 道班海拔 3550m，采到拟步甲；宗拉山海拔 4030m，以蒿草为主的高山草甸，石下采到金叶甲，草皮下采到步甲。

<u>1982.VIII.13</u>　芒康县海通第 4 道班至巴塘，行程 70km

海拔 3000m 以下出现胡枝子，海拔 2800m 为河谷灌丛。

在金沙江河口（竹笆龙南）海拔 2500m 山地阳坡采集（金沙江西岸）。

在荒漠植物上采到 1 种肖叶甲，与梅里石所见相似（经室内鉴定为巴塘锯脊叶甲新种 *Serrinotus batangensis* sp. nov.）。

长跗跳甲，体红色，寄主为十字花科植物（经室内鉴定为血红侧刺跳甲 *Aphthona rufosanguinea* Chen）。

锯角叶甲，体大型，寄主同前。

蝉 2 个，与海拔 3250m 处不同。

采到蚁蛉。

金沙江东岸石头下优势种是拟步甲，其次为步甲。沙土中有土蜂。

1982.VIII.14　巴塘，海拔 2600m

下午在右侧山谷中采集，河边多蒿草、黑刺等旱生植物，昆虫极少，采到锯角叶甲（寄主同前，体形大）、长刺萤叶甲、露萤叶甲。

1982.VIII.15　巴塘至义敦，住义敦区政府

义敦海拔 3370m，为半农半牧区，牧业只占 30% 左右，附近种植青稞、萝卜、甘蓝、马铃薯等。义敦原为县制，1978 年撤县，现属巴塘县的一个区。

新闻组陈和毅、队部谭福安同时到达，地热组张知非、董成孝已先在此地工作。

晚上拜会义敦区区长。

1982.VIII.16　巴塘县义敦区茶洛地热（温泉）附近

从义敦乘小汽车出发，顺河而上 14km 到茶洛（藏语是温泉的意思），据地热组张知非讲，地热区长 700m，最高温度 88℃，属三叠纪地层。

温泉附近昆虫如下。

（1）石下有两种小型步甲和隐翅虫。

（2）水中有双翅目幼虫 1 种（像大蚊），在温水中爬。

（3）水上或石上有 1 种蝇类，数量极多，像水蝇。

（4）地热附近草丛有紫草长跗跳甲、蝗虫（长翅型与短翅型）、虎甲。

1982.VIII.17　巴塘县义敦（重堆）

四川巴塘县义敦，向东山沟顺河采集，海拔 3370～3500m。水边以柳树为主，山地阴坡则有杨树和桦树，向阳处蒿子长势茂盛，株高 1m 左右。此地昆虫种类很贫乏。

采到铁线莲露萤叶甲、柳沟胸跳甲、柳蓝跳甲。

短鞘萤叶甲，体金绿色，寄主为唇形花科的夏枯草，于河边向阴处，停息在叶面上，有强假死性。本种是横断山区特有种，此处可能是其分布南限，是今年首次发现。

一种极小的跳甲，体圆形，黑色，采自一种圆叶植物。

1982.VIII.18　巴塘县义敦附近山地青稞地边

青稞地位于山坡地下水溢出地带，土壤潮湿，水草丰茂，青稞地附近生长灌丛植被，其中生长的蒿草，高及人胸部。

在田边及草丛中，生长着唇形花科的多种草本植物，其上短鞘萤叶甲成虫极多，取食叶片呈孔洞状。多数栖于叶面，以接受更多阳光，增加体温，特别是雌虫，有时将鞘翅叉开，可能也与接受阳光有关。

河边大黄上有长跗萤叶甲 *Monolepta hierogliphyca* 与巴塘所见相同，此处可能是分布上限。

1982.VIII.19　巴塘县濯拉区至海子山 296km 道班路旁露营，海拔 3350m

住于 296km 道班旁边，距眼镜湖约 1km，湖上的第四纪现代冰川抬头可见，附近植被为高山草甸，阳坡以高山蓼、圆穗蓼、小嵩草等为主，生长茂密；阴坡为小叶杜鹃灌丛，有时杂以山柳、金露梅等。

下午在营地对面山地（阳坡）采集，海拔 4350～4600m，此处广泛分布 3 种高原牧草害虫。

草原毛虫：密度在 3～5 头/m²，以幼虫为主，在石下、草丛下也有蛹茧，数量也不少，并采到一个无翅雌虫。这是一个值得注意的草场害虫，与青海玉树草原毛虫连成一片，不知是否同种。

叶甲幼虫：体黑色，以为害圆穗为主，还有一种带刺的窄叶植物以及委陵菜等，需要饲养，以确定为何种成虫。

短鞘萤叶甲：体形、体色与义敦所采相像，不知是否同种。此虫为害蓼草，假死性极强，稍惊即假死落地，也是牧草害虫，一直分布到海拔 4600m 处。

在营地对面草丛中散布的石块下采到金叶甲、高山叶甲、猿叶甲，还有步甲、金龟子、蠼螋等。地面有跳蟓。蝗虫为翅芽型（雌虫），部分为成虫，部分为若虫；雄性体形小，翅较长，但不及腹端，翅较阔，背部较高出背板，与一般平覆背上的不同。

1982.VIII.20　阴雨和冰雹，巴塘海子山垭口，海拔 4560～4700m

巴塘海子山垭口，路牌标示海拔 4670m，我们的海拔表为 4560m。自公路向南采集，通过山体鞍部的沼泽草甸直到南山之前。昨夜有冰雪，今日上午又阴天，地面仍有冰雪未化，有潮湿积水。

山顶鞍部的主要植被有圆穗蓼、高山蓼、垫状蚤缀、薹草、龙胆、火绒草、马先蒿，个别地段（阴向）有小叶杜鹃，亦见山柳。

采到的昆虫主要有如下几种。

蝗虫：翅芽型，多个色型，可能是同种。

粪金龟有 2 种，1 种体色完全黑色，体形较小，多见在草间爬行；1 种较大，黑色带钢蓝色，特别是体腹面。采自牛粪下，一堆牛粪下有几个成虫。

步甲有 3～4 种之多，体中到大型，足淡棕色，鞘翅带紫蓝色条纹，均采自石下。

拟步甲，可能为 2 种，足棕红色，有臭味。

采到象甲、蛱蝶。

跳蝽是沼泽草甸的主要昆虫。

看到熊蜂成虫钻入龙胆的小花中，可惜未能拍下来。

采到 1 个长尾姬蜂，是高海拔所罕见的。

采到毛翅目成虫 1 个。

蟋蟀，体漆黑色，采自石下，是高山主要昆虫。

在沼泽水中石下，张学忠采到蚋的幼虫。

在营地附近，草原毛虫与昨日所见相同。采到叶甲幼虫。采到萤叶甲 1 个，栖于石下，过去从未采到过。

在四川巴塘海子山垭口，海拔 4700m，《人民画报》张和毅摄

<u>1982.VIII.21</u>　阴，有小雨和冰雹，巴塘海子山，海拔 4450m

上午因雨未出，中午 12 时雨稍停，即向冰川湖（眼镜湖）方向前进，在古冰川侧碛上采集。

两个眼镜湖实际上是由二次冰退所形成，湖的下端为古冰川终碛垅，296km 道班河谷为古冰川，两侧山地为古冰川侧碛（相当于河阶地），侧碛由上至下分几个层次，最后一个层次由冰川至道班方向，即由北向南逐渐降低。

在侧碛碎石下采到 3 个萤叶甲，鞘翅周缘黄色。

下午 6 时左右，天异常冷，手已冻麻木，看到红腹寄蝇、熊蜂躲于石块下不能飞翔。

草丛中小型蛾类和夜蛾数量不少，是优势种，后者在圆穗蓼上采食花蜜。

步甲 2 个，大型，腿节棕红色。

蝗虫中除凹背蝗外，还采到 1 个斑腿蝗亚科的无翅雄蝗。

没有看到斑芫菁，川续断科的刺续断是草原毛虫的寄主。

此处蚊虫特别多。

<u>1982.VIII.22</u>　海子山道班至理塘

上午 9 时 30 分出发，中午 11 时路过毛垭坝，在海拔 4000m 处停车采集，下午 1 时到达兵站。

蝗虫除翅芽型外，还有无翅型和长翅型，长翅型可能为牧草蝗或雏蝗，在草丛中沙沙作响，无翅型蝗虫可能与海子山采到的相同。采到斑芫菁。步甲数量较多，采于石下。有草原毛虫。没有采到叶甲。

<u>1982.VIII.23</u>　多云间晴，下午有雨，理塘，海拔 3880m

上午到理塘县城买东西，修汽车油箱三通，为汽车加油。

从县城回兵站途中下车，在北面小山上采集。

高山叶甲采于巴塘滩北边缘，以小嵩草为主的草甸上。在 2m^2 的范围内采到 8 个成虫，有雄有雌，均爬行于草间，当时值中午阳光直射，非常暖和。该种也是一种牧草害虫，但数量不多，他处再未见踪影。还采到 1 个短鞘萤叶甲（后经室内鉴定为皱鞘脊萤叶甲新种 *Geinula rugipennis* sp. nov.）。

石下和草皮下采到不少丸甲。

采到斑芫菁和地胆。

张学忠采到 1 个金叶甲。

蝗虫中采到 3 个雄性痂蝗，这是两年来首次采到，不知此地是否为其分布南限和高限。

紫草跳甲有分布，另有一种小黑跳甲为害像车前的一种植物。

步甲数量和种类都较多。

粪金龟种类较多，日中常见其飞翔。

草地螟较多，采到十几个标本。

1982.VIII.24　理塘至雅江兵站

早晨 8 时 15 分出发，下午 1 时 30 分到达雅江兵站，行车 5 小时 15 分钟，行程 131km。

中途在卡子拉山山顶，海拔 4300m 处停留采集。没有采到叶甲科昆虫，其他昆虫数量较多的是蠼螋、步甲、拟步甲以及短翅（翅芽状）蝗虫（与理塘相同）。蠼螋在石下数量特别多。

住雅江兵站。

1982.VIII.25　雅江兵站后山沟，海拔 3300m

丝跳甲，体暗黄色，胸部红色，是当地优势种，寄主有醉鱼草（白花）和唇形花科的一种植物，成虫多在穗部为害花。

隐头叶甲，淡黄色，采自柳叶上；此外，还扫网采到 1 种蓝色的隐头叶甲。

蒿金叶甲 *Chrysolina aurichalcea* 均采自蒿草上，是古北区成分。

露萤叶甲，寄主为铁线莲。

蝗虫均短翅型，胫节红色。

1982.VIII.26　雅江兵站

兵站以南，海拔 3600m 处山沟河边采集（森林砍伐迹地）。

隐头叶甲，体淡黄色，寄主为柳。

柱萤叶甲，体蓝黑色，寄主为小檗，同时看到幼虫，在叶片背面取食叶肉。

柳叶上发现 3 种叶甲幼虫，分别为白杨叶甲、杨叶甲，以及体色煤黑的跳甲或弗叶甲，均未见成虫。

发现扁蜉和长翅目昆虫的一些种类。

家蜜蜂，主要访问醉鱼草，该植物成为本区的主要蜜源植物。

1982.VIII.27　雅江兵站沿河向下采集，海拔 3200m

河边大黄上采到萤叶甲，雌雄数量都很多，与青海、山西（寄主为蒿蓄）所见相似。

采到曲胫跳甲。

角胫叶甲1个，在胡枝子上。

跳甲，寄主狭叶柳叶菜。

采到柳隐头叶甲。

1982.VIII.28　雅江兵站南山沟采集，海拔 3300～3500m

采到杨叶甲成虫。

柳树上采到1个龟铁甲成虫。

1982.VIII.29　雅江兵站至康定六巴，行程 203km

上午9时从雅江兵站出发，12时30分到新都桥，在邮局给康定队部谭福安打长途电话，获知林永烈消息后，以队部名义通知他：队部将于9月21日收队，请提前1个月上报汽车拖运计划。

从新都桥寄出第2批棉层标本4盒。

下午1时30分从新都桥出发，顺吕曲河南下，经沙德东折，溯隆巴河而上，夜宿六巴乡政府，这里是去贡嘎山西坡的汽车终点，在此雇马帮上山。

人民画报社陈和毅、古地貌组王福保（南京大学）、李炳元（中国科学院地理研究所）已先行到达六巴。

雇用马帮，骑马需3天到达贡嘎寺，每日3元。

1982.VIII.30　康定六巴，海拔 3500m

整理东西，准备上山。

1982.VIII.31　六巴至子梅山脚

骑马从六巴乡出发，沿隆巴河继续向东，然后溯玉农河谷北上至子梅山脚下，安营休息。

在隆巴河南阴坡是以云杉为主的暗针叶林，阳坡为青冈林。

营地附近草地，以蓼、委陵菜、蛇莓、嵩草等为主，采到跳甲。在帐篷中采到1个短鞘萤叶甲。小檗被一种叶甲科幼虫严重为害，叶片干枯，经扫网，获1个柱萤叶甲，体黑蓝色，翅端具1黄纹。石下有相当多的菜蝽若虫。

营地东西向山谷阴坡为小叶杜鹃灌丛。

1982.IX.1　晴，朔布至贡嘎寺

继续向贡嘎山进发，上午10时30分从朔布出发，顺沟2小时到达梅子山垭口（海拔 4450m），2 小时下到山底子梅村莫溪河边（海拔 3200m），又北上，于下午 5 时左右到达贡嘎寺（海拔 3650m）。

子梅山西坡为高山灌丛草甸，沟底植物以山柳、小檗、绣线菊等为主，阳坡海拔 4000m 左右以圆柏为主，草层中有很多蒲公英，正开黄花。

在海拔 4300～4450m 的西坡高山草甸上，采到短鞘萤叶甲和萤叶甲，前者数量较多，见趴在石上并在寄主草本植物上取食，后者具后翅。

子梅山东坡湿度大，植被好。山体顶部为草甸，向下出现大叶杜鹃，再向下为云杉等茂密的针叶林，阳坡为青冈纯林。

子梅村位于古冰川堆积垅上，海拔 3300m 左右，种植小麦，尚未收割。

贡嘎寺坐落在贡嘎山古冰川侧蹟上，周围为青冈纯林。

1982.IX.2　贡嘎山西坡贡嘎寺，海拔 3530m

贡嘎寺向下到冰川溶水河边采集，河边海拔 3530m。

原拟上冰川附近采集，但因近日来天晴、气温高，冰融水涨不能过河，只能放弃。

河边以山柳、沙棘、水柏枝等灌丛为主，主要叶甲是窄缘萤叶甲或米萤叶甲，以为害山柳为主，其次也为害水柏枝。

在山柳上还采到弗叶甲和瘦跳甲，后者为首次在山柳上采到，另有少数黄肖叶甲（体具毛）。

山坡青冈林中的金露梅叶片被害严重，经扫网采到叶甲幼虫和猿叶甲。

青冈林上扫网有肖叶甲，不知是否与去年在大雪山所采相同。

营地海拔 3650m 处在鼠尾草根石下，采到 1 个大个金叶甲，为今年第一次采到。

1982.IX.3　阴，有时小雨，有时晴，早晨 11 时前有大雾，贡嘎山西坡贡嘎寺

在贡嘎山西坡贡嘎寺营地以上的青冈林及其以上的草甸灌丛采集，海拔 3650～4000m。

瘦跳甲，与河边山柳上采的一种相似，分布普遍，其寄主有蓼、小檗等，在叶面取食，使叶片呈褐色干枯状。猿叶甲在青冈林内至海拔 3800m 一直有分布。

在铁线莲上采到曲胫跳甲 1 个。栎肖叶甲不仅在栎树上，还发现在草丛中爬行。

萤叶甲，黄色，翅端有黑斑，采自草甸内 1 种似百合叶子的植物。另 1 种萤叶甲采自草甸带海拔约 4000m 处。

草甸带蝗虫的翅均为鳞片型。草丛中扫网采到不少金小蜂、叶蝉、木虱及1个黄色的小萤叶甲 *Galerucella* sp.。

晚上用三用灯诱到12个鳞翅目昆虫，有夜蛾、尺蛾等。

贡嘎山，海拔4100m，采到三洼脊萤叶甲 *Geinula trifoveolata* sp. nov.，采集者不详。

<u>1982.IX.4 贡嘎山西坡贡嘎寺</u>

昨夜毛毛细雨，早晨起来有大雾，能见度不过50m，至上午10时大雾渐散，可看到冰舌末端。下午1时天晴，2时左右贡嘎山主峰露出半山，两边冰川几乎全部外露。下午1时，趁阳光较好，急速上山，用20分钟穿过青冈林带，然后爬到海拔4200m的小山顶采集。

于贡嘎山西坡海拔4200m处采集

扫网采到大量瘦跳甲、细毛蟓象、扁蟓等，扁蟓为过去未曾采过的。上山途中采到1个斑芫菁。山顶采到短鞘萤叶甲，主要在蓼草叶片上取食，两个正在交尾。碎石头下采到 1 个金绿色的角胸肖叶甲，此虫是首次在此海拔上采到。

扫网采到 1 个翅黄色，端部具黑斑的萤叶甲。

1982.IX.5　贡嘎寺

下午 2 时离开贡嘎寺至子梅村，4 时左右到达，住在子梅村保管员的房子楼上，海拔 3370m。

1982.IX.6　康定县六巴公社子梅村，海拔 3200m

瘦跳甲，足黄色，为害 3 种植物，均分别编号保存，可能与梅里雪山海拔 3700m 处所采相似。

柳树上的 1 种瘦跳甲，足是黑色的，与前者稍有不同。

蜻蜓采到 1 个，可能是该目分布的上限。

采到小檗萤叶甲 1 个。

短翅地胆 1 个，采自鼠尾草上。

蝗虫均为短翅型。

1982.IX.7　康定县六巴公社子梅村至莫达

骑马离开子梅村，爬过海拔 4450m 的子梅山垭口，翻至子梅山西坡，住于莫达北玉农河的叉河口处。

子梅山东坡海拔 3700m 处，采到黑色的短鞘萤叶甲 *Geinula coerulepennis* 及瘦跳甲（为害蓼草的一种）。

在子梅山垭口西坡有砾石的一带，短鞘萤叶甲很多，有的停留或爬行在石块上晒太阳，有的停留在景天科植物花上。

在莫达草地上搭帐篷宿营，晚上有大雨。

1982.IX.8　莫达

上午在莫达附近海拔 3700m 处草地和河边山柳、小檗灌丛中采集，下午骑马返回六巴。

在草地上一种菊科植物上采到另一种短鞘萤叶甲，鞘翅金绿色，有彩色照片（经室内鉴定为蓝鞘脊萤叶甲 *Geinula coeruleipennis* sp. nov.）。

采到另一种萤叶甲，体形似柱萤叶甲，体蓝绿色，似无膜翅，为首次采到。

跳甲，为害豆科的三叶草，可能也为害委陵菜。

小檗叶子上的叶甲幼虫仍有很多，把叶肉吃光，使叶呈褐色干枯状，在叶丛又采到柱萤叶甲。

1982.IX.9 阴，随时有小阵雨，康定县六巴公社附近采集，海拔 3450m

河边草地有跳甲和长刺萤叶甲 *Atrachya* sp.，数量很多，寄主不详。

瘦跳甲有 1 或 2 种，采自两种植物上。

短鞘萤叶甲采自蒿属植物上。

丝跳甲（与雅江的一种相同），除采自夏枯草外，还采自蒿草、香薷等多种植物的花上。

林永烈、强继友从沙德区赶到六巴公社，准备上贡嘎山。晚上互相交流分开后的情况。

1982.IX.10 六巴公社至康定，行程 186km

由六巴公社返回康定，下午 1 时 20 分启程，下午 7 时左右翻折多山时有大雾，能见度极低，不过 10m 远，车开得很慢，下山后天已黑了。

晚上 9 时到达队部，正在下雨，气温很低，住于康定州招待所。

1982.IX.11 康定

据中国科学院兰州冰川冻土研究所同志讲，去磨西的路很不好走，路窄，又傍澜沧江，开大车危险。据此考虑向队部借小车，轻装前往。

向队部汇报前阶段工作情况，提出借小车，队部同意借出八座吉普。

决定明天去磨西。

由州招待所搬到军区招待所住。

1982.IX.12 康定、泸定、德威大桥至磨西，行程 98km

换乘队部八座吉普，上午 10 时从康定出发经泸定向南，从德威大桥过大渡河，沿西岸南行再折转西北到达泸定县磨西区。

磨西海拔 1550m，位于贡嘎山东坡，海螺沟沟口，冲积平台上，农作物种植有水稻、玉米、甘薯、豆子、马铃薯等，果树有柿子、核桃、橘子等。

晚上在电灯下采鳞翅目昆虫标本。

1982.IX.13 阴，不时小雨，磨西

下午在磨西附近农田田埂采集，海拔 1550m。

田埂上有桤木、栎等，在桤木上有象甲的普通种类，在栎树上有隐头叶甲、隐盾叶甲、星天牛、瘤叶甲。

一种似醉鱼草的花中有两种跳甲，一种为黄色的丝跳甲，一种是鞘翅上具淡色斑的跳甲。

豆上有斑鞘豆肖叶甲 *Pagria signata*。

小结：采到的叶甲总共有十余种，均呈现亚热带区系性质。黄色丝跳甲的寄主是菊科的泽兰。

1982.IX.14 泸定磨西，海拔 1550m

磨西以西磨子沟沟口采集，冲积坡与沟底高差 90m，沟边生长以栗、榛子等为主的灌丛，沟底河边为桤树以及少数生长矮小的山柳灌丛。

桤树上以长刺萤叶甲为主，分两种体色，一种草黄色，另一种红色，以前者为多，似在较阴暗处。

1982.IX.15 阴，无雨，磨西新兴公社八字房伐木场，海拔 2350m

开车经过新兴公社（海拔 1900m，距离磨西区 6km），继续向北沿河而上约 11km 到八字房伐木场。河边石块上生长红色地衣，为一种特殊景观，据说上游有铀矿。

桤木里有叶甲、蓝色锯角叶甲以及蓝翅红胸跳甲，是桤木幼苗的重要害虫，均喜食新叶。

1982.IX.16 多云间晴，磨西海螺沟，海拔 1550m

从磨西向西过河进入海螺沟，沟口以壳斗科植物为主，向里走有许多棕榈树，表现为亚热带景观。

荔枝蝽、瘤叶甲、波叶甲 *Potaninia* sp.、螳足蝽、竹蝗等都表现出亚热带常绿阔叶林昆虫区系性质。

桤木上又增加 1 种黑额光叶甲 *Smaragdina nigrifrons*。

丝跳甲，体黑色，寄主为木蓝属 *Indigofera* 植物，较喜阳光。

一种无翅（翅芽型）蝗虫主要采自沟底河边草丛和桤木林中，该种为首次采到，疑似新种。

1982.IX.17 阴，下午 4 时有小雨，磨西燕子沟，海拔 2000m

开车到新兴，然后步行向西进入燕子沟沿路采集。

蓝丝跳甲，数量极多，为害大戟科的朴草等多种植物。

柳跳甲采自河边柳苗上。

采到 3 个铁甲，均在阔叶树上。

采到 1 个柱胸叶甲。

采到 1 个波叶甲，寄主为悬钩子。

黄腹萤叶甲采自银莲花的白花瓣上，取食花瓣。

<u>1982.IX.18</u>　多云，磨西海螺沟沟口，海拔 1420m
　　波叶甲，完全栖息在叶片背面，有的在交尾。
　　采到 3 个朴树萤叶甲。
　　黄胸寡毛跳甲，采自醉鱼草的花上。
　　晚上有中雨，灯下蛾类很多。

<u>1982.IX.19</u>　泸定县磨西
　　结束野外工作，返回北京。

1983 年横断山考察记录

<u>1983.V.19</u>　北京至成都
　　乘坐火车去成都。

<u>1983.V.20</u>　成都
　　抵达成都火车站，住四川省军区第一招待所。

<u>1983.V.21</u>　出队前预备会

<u>1983.V.24</u>　阴，有雨
　　全队冒雨出发离开成都前往康定，夜宿天全。

<u>1983.V.25</u>　上午有雨，天全至康定
　　到达二郎山之前一直有小雨，过二郎山后才出太阳。在泸定吃午饭，下午 4 时到达康定，住州招待所。

<u>1983.V.26</u>　多云，3、4 级风，康定
　　上午整理行李，下午制作毒瓶，共制作 14 个小毒瓶和 2 个大毒瓶。晚上开组长会议。

<u>1983.V.27</u>　晴间多云，康定
　　领取装备和食品。

<u>1983.V.28</u>　康定

上午在跑马山的路上及山地小阴坡采集。

采到柳叶甲、叶甲、金绿跳甲（寄主为唇形花科植物）、萤叶甲（寄主为醉鱼草）、九节跳甲、隐头叶甲（鲜红色，具黑斑）、柱胸叶甲（寄主不详，体形较小，是东洋种）。

石下没有采到步甲，只有蠼螋、拟步甲和金龟子。

值得注意的是采到长翅目昆虫2种，而且数量并不是很稀少。

<u>1983.V.29</u>　康定

上午康定招待所后山采集，农田附近生长有蒿草、醉鱼草、茜草、绣线菊、忍冬、铁线莲、榛子、苜蓿等。

球象，寄主为醉鱼草。

萤叶甲采到2种，为常见种，散见于各种植物上，寄主难定。

九节跳甲，寄生在狼毒花上。

小隐头叶甲采到2种。1种体色淡；1种体红底黑斑，与昨日采到的相同。

弗叶甲，寄主为山柳。

长翅目昆虫仍有分布。

缘蝽较多。

<u>1983.V.30</u>　康定榆林官毛纺厂，灌顶温泉采集

温泉海拔3000m处石下采到步甲、拟步甲、隐翅虫，还有少数跳蝽。

采到山柳弗叶甲及杨赤叶甲。

黄腹萤叶甲，寄主为铁线莲，分布比较集中。

蜻蜓1个，在海拔3000m以下采到。

<u>1983.V.31</u>　康定

上午整理所采，写信。下午整理东西，准备明天去贡嘎山东坡。

<u>1983.VI.1</u>　康定至泸定新兴

贡嘎山东坡日程安排。

<u>1983.VI.3</u>　新兴至燕子沟药王庙

海拔2000～2340m，沿路采集，环境为常绿阔叶林。

叶甲科采到柳二十斑叶甲、杨叶甲、弗叶甲、双色圆叶甲 *Plagiodera bicolor*、 楤木卵形叶甲（金绿色，亚热带常绿阔叶林代表种）、金绿色醉鱼草跳甲、长瘤跳 甲（黄色，鞘翅中缝黑色）、蓝色叶甲（刻点行成双，似为首次采到，疑似金叶甲）、 紫草蓝长跗跳甲、桤木里叶甲 *Linaeidea placida*，此外，张学忠采到几个柱胸叶甲。

猎蝽在阳光下于空中飞舞（群飞），在途中屡见，实在是少见现象。扁蝽、 叩甲都是亚热带区系成分。采到蝉，沿途屡见黑凤蝶和虎凤蝶。

扎营于药王庙以上的常绿阔叶林中，海拔2340m，森林茂密，地面十分潮湿， 地形狭窄。

<u>1983.VI.4</u>　阴，小雨，在燕子沟第一个营地（海拔2340m）附近采集

叶甲科采到双色圆叶甲、柳二十斑叶甲、弗叶甲、桤木里叶甲、金绿里叶甲 *Chrysomela aeneipennis*、跳甲（寄主：柳叶菜）等。

瓢虫数量较多，以悬钩子为寄主。革翅目昆虫少见。步甲2个，均采自灌 丛中。

采到柳象甲、醉鱼草球象、卷叶象等。

晚上柴怀成用汽灯诱虫，但昆虫数量不多，相对较多的是大蚊。

四川贡嘎山东坡燕子沟药王庙营地，海拔2340m

1983.VI.5　阴，早晚有小雨，燕子沟

　　沿燕子沟从第一营地向上采集，接近常绿阔叶林上限，主要植物为山柳、杨、桤木、悬钩子、铁线莲和竹等。

　　山柳上叶甲种类较多，除弗叶甲、叶甲外，还有 2 种隐头叶甲，1 种为黄色具黑斑；另 1 种为蓝色，体形很小，为首次采到。

　　龟甲采到 2 个，寄主为铁线莲，为首次采到。

　　卵形叶甲采到 4 个，采自楤木 *Aralia* sp.叶片正面。

　　丝跳甲体形较大，但寄主不详。

1983.VI.6　早晨小雨，中午雨停，晚上雨，燕子沟药王庙至燕子沟南门关沟口，
　　海拔 2340～2500m

　　南门关沟口营地是燕子沟的第二营地，处于铁杉林的下限附近，营地扎在古冰川侧碛层层河上，地形开阔，地势平坦。

　　从药王庙到南门关沟口步行仅 3 小时，一直沿河道而上，穿行于大石间。沿路所见昆虫极少，柳叶菜上有跳甲。

1983.VI.7　雨，南门关沟，海拔 2500～2700m

　　石下穴居有螽斯 1 种，体大、翅短。

　　河边石下有 3 种步甲。

　　叶甲科种类极少，山柳上无弗叶甲，只见少数瘦跳甲，采到 1 个黄褐色的肖叶甲，可能是葡萄肖叶甲 *Brumius* sp.。

　　铁杉树皮下采小蠹、跳虫、天牛，山柳顶端有蚜虫。

　　石下有长足蜘蛛。

1983.VI.8　晴间多云，嘎山燕子沟倒栽葱，海拔 3200～3400m

　　上午 8 时 50 分从南门关沟口步行至倒栽葱，下午 1 时到达。

　　海拔 3200m，附近为大叶杜鹃林，另有冷杉林。大叶杜鹃正开白花，有体形极大的熊蜂访问，这是第一次发现访问大叶杜鹃的蜂类。山柳上扫网有小象甲和蓝色瘤胸叶甲。石下采到步甲。

　　从倒栽葱继续向上约 200m，至海拔 3400m 的灌丛带。由于植被覆盖度极大，无法采集。

　　在侧碛层层河有土壤的地方，石下采到步甲、较大型的叩甲、金绿色的丸甲。没有采到叶甲科昆虫。在山柳等植物上采到蓟马。

<u>1983.VI.9</u>　阴间晴，南门关沟口，海拔 2500m（第二营地）附近采集

肖叶甲采到 1 种，寄主为山柳。

山柳上还有瘦跳甲、柳沟胸跳甲、弗叶甲及象甲，扫网有金小蜂等。

醉鱼草上有黑翅缝长瘤跳甲和球象等。

采到褐蛉、啮虫、蝎蛉。蝎蛉的翅上有黑点，与之前所见不同。

丸甲趴在石头上晒太阳，张学忠采到几个。

晚上柴怀成灯诱采到近 300 个蛾类标本。

贡嘎山燕子沟南门关沟口第二营地，海拔 2500m

<u>1983.VI.10</u>　晴，贡嘎山燕子沟南门关沟口营地附近，海拔 2500m

河床潮湿处卵石下采到 4 种步甲，其中 3 种体形大，1 种体形较小，体色金绿色，同时有丸甲，中午丸甲趴在石头上晒太阳。

在楤木上采到卵形叶甲，而且均在叶片正面，这种情况与过去采集所见的均在叶片背面的情况不同，这和当地的气温低且潮湿有关。它的存在，说明这里还是亚热带常绿阔叶林的区系性质。这里还没有采到瘤叶甲，说明亚热带种类已相当少。

新采到 1 种淡黄色小跳甲。

首次采到龟甲，共 8 个，多数采自桦木叶片背面，少数在其他阔叶树的叶片正面。

1983.VI.11　阴间晴，新兴

从南门关沟口营地下山至新兴，12 点 30 分出发，下午 6 时 30 分左右到达。

1983.VI.12　多云间晴，泸定新兴附近田边地埂采集，海拔 1900m

椶木卵形叶甲数量较多，多数栖于叶片背面，看来其栖境的变化与当地的气温、水分条件有关。

瘤叶甲较普遍。

在同一棵树上采到两种体色的核桃扁叶甲 *Gastrolina* sp.，1 种前胸完全金黄色，1 种前胸中部黑色，两种同时存在。

金龟子、吉丁、叩甲等数量特别多，是优势代表。

1983.VI.13　泸定新兴喇嘛沟口栎林灌丛，海拔 1800m

桃树上采到 1 个裸顶丝跳甲。

蝶形花科植物上扫网采到丝跳甲（或寡毛跳甲），体黄色，数量较多。

柱胸跳甲，寄主为萝摩科植物，与 1981 年在维西攀天阁所见相同，同时看到幼虫。

栎树上有 1 种蓝色隐头叶甲，体形极小。

柳二十斑叶甲严重为害柳。

采到蝗虫。天牛采到几种，多数在飞行中采到。

晚上用黑光灯诱虫，蛾类特别多。

1983.VI.14　泸定新兴附近，海拔 1800～1900m

上午整理昨晚灯诱到的蛾类标本，下午在附近河边采集。

河边柳树上采到跳甲、角胸肖叶甲、隐头叶甲。

采到瘤叶甲。

在禾本科植物叶片上采到 1 个趾铁甲。

1983.VI.15　多云间晴，新兴燕子沟口采集

寡毛跳甲，黑蓝色，扫网采到 23 个。

1 种小型的萤叶甲，体黄色。

牛春来、马振禄从康定到新兴，决定明天到磨西，再到海螺沟工作。

1983.VI.16　泸定新兴至磨西

住磨西区公所。

1983.VI.17　晴，磨西海螺沟沟底（沟口），海拔1500m

采到1个茎甲，停在草上。

褐足角胸叶甲数量特别多，为害算盘子 Glochidio sp.、蒿子等多种草本植物，具有杂食性，是优势种。

隐盾叶甲，酱红色，发生普遍，数量较多，寄主以算盘子为主，是亚热带区系成分。

瘤叶甲在唇形花科草本植物上，虽然数量不多，但极易采集，不是稀有种。

锯角叶甲，黄色，采自樟科植物，多在叶背面，也是常见种。

米萤叶甲，黄色，有纵黑斑者，似以桤木为寄主。

桤木的主要害虫是多种金龟子，桤木上叶甲较少见。

栎树树枝结疤处是花金龟的聚集处，许多花金龟都采自此，是栎树的害虫。

角胸叶甲，红胸蓝翅，体形较大的，采自荨麻，食叶呈孔洞状，只采到2个，栖在竹林下荫处。

黄胸小跳甲，食叶呈圆孔洞状。

隐头叶甲、锯角叶甲的种类都较丰富。

毛萤叶甲采自朴树。

圆肩叶甲 Humba cyanea 为首次采到，计8个，是典型的热带种。

盾蝽，红色有黑斑，体圆形，很像瓢虫，也是首次采到。

采到1个荔枝蝽。

1983.VI.18　继续沿海螺沟向内采集

与昨日采集情况相似，但在竹叶上新采到了丽铁甲 Callispa sp.。

漆树跳甲采到两种，以幼虫为主，成虫极少见，只各采到2个成虫。

又在豆地采到1个茎甲。

又采到圆肩叶甲，但寄主不详。

丝跳甲以裸顶丝跳甲为主，数量不多。

茶肖叶甲可能还在壳斗科植物上，但是否与高海拔所采为同种，待鉴定后可知。

没有见到龟铁甲和柱胸叶甲。

通过今昨两天的采集加深了对本地亚热带区系性质的认识，补充了许多亚热带区系种类。除上述外，还采集到一个突肩肖叶甲 *Cleorina* sp.，也是热带成分。

蜻蜓和食虫蝽种类相当丰富。

张学忠说在海螺沟看到了三尾虎凤蝶，但未采集到，证明该蝶不只是产自燕子沟。

晚上灯诱昆虫数量很少。

1983.VI.19 雨，磨西附近

抓紧中午无雨的一段时间在附近采集。

黄色丝跳甲，采自山毛榉科树的花穗中，同时采到几个小天牛。

龟甲 2 个，采自葡萄科植物上。

1983.VI.20 磨西海螺沟，海拔 1650m

继续向海螺沟深处采集。

杏树上采到 2 个肖叶甲，其中毛肖叶甲 *Trichochrecea* sp.，体瘦狭，过去未曾见过，可惜只保留下 1 个标本。

红色的小球跳甲在树荫处，寄生于葡萄科植物叶背面，是一种阴性昆虫。

1983.VI.21 磨西至泸定，中途在德威公社以南大渡河边，海拔 1230m

代表种类为蝗虫和荔枝蝽。

瘤叶甲、裸顶丝跳甲均采自蝶形花科植物花丛中。

蜜蜂有多种，均采自荆条花间。

首次采到球肖叶甲。

1983.VI.22 泸定至康定

中途在瓦斯沟口海拔 1480m 处和瓦斯沟以上海拔 2100m 处采集。

瓦斯沟口有多种蝗虫，包括大型车蝗、斑腿蝗及短翅蝗等，花金龟采自苹果、荆条花上。金绿色沟胫跳甲，数量颇多，寄主为荆条花及唇形花科草本植物。石下没有采到金叶甲。荆条花上有裸顶丝跳甲。

瓦斯沟 2100m 处为核桃树的分布上限偏上，草丛植被，有棕榈科植物生长。花上采到裸顶丝跳甲及一种黄色的丝跳甲。蒿金叶甲寄生在蒿草顶端，数量较多，同时采到李肖叶甲 *Cleoporus* sp.。采到红色负泥虫。采到 1 种缘蝽，数量较多，栖于蒿子上。采到 1 个象甲，据陈元清讲是南方种类。

<u>1983.Ⅵ.23</u>　康定休息

晾晒标本。

<u>1983.Ⅵ.24</u>　多云，有雨，康定折多山垭口

从康定兵站出发，行车32km到折多山垭口，高山草甸。

采到高山叶甲，雌雄各1个，雌虫采自石下，腹部膨大，雄虫在地面上爬行。此处是本属已知分布的东界。

象甲采到5种，均在石下草根处。

步甲计数种，大小均有，是优势科之一。

蠼螋1种，黑色，是优势种。

丸甲1种，金绿色，是石下常见种。

采到1个血红色叩甲，还有其他小型叩甲，数量较多。

金龟在地面爬行。

下午5～6时，又在兵站后山田边采集，采到*Dercetina* sp.、圆叶甲*Plagiodera* sp.、弗叶甲、杨叶甲、李肖叶甲等，陈元清采到1个盾蝽。

<u>1983.Ⅵ.25</u>　多云，康定

上午邮寄标本。

下午在兵站后山采集。采到蓝长跗跳甲，寄主为紫草。

萤叶甲1种，共4个，均在叶片背面。

<u>1983.Ⅵ.26</u>　康定

上午整理标本。下午在康定加油站以上的沟口采集。

因天气不好，昆虫数量极少。卵形叶甲，采自榪木。三尾虎凤蝶采到1个。

<u>1983.Ⅵ.27</u>　康定至道孚，行程139km

松林口海拔3000m处，为高山草甸植被，采到金叶甲、喜马象、步甲、粪金龟、丸甲及隐翅虫等。

<u>1983.Ⅵ.28</u>　昨夜大雨，白天多云，傍晚大雨，道孚至甘孜

早晨7时30分从道孚出发，10时到炉霍，海拔3050m，下午2时过罗锅梁子。

朱倭东海拔3300m，鲜水河边沙棘灌丛，稍事采集。在铁线莲上，采到曲胫

跳甲，体棕色，正在交尾，取食叶片，数量集中，为首次采到（后鉴定为新种）。

开始出现短鞘萤叶甲，可能为害蒿子，但数量尚不多。

长跗跳甲，寄主为紫草。

金龟子严重为害沙棘等，数量较多。

罗锅梁子海拔 3600m 处高山草甸，昆虫种类相当丰富，突出的是短翅蝗虫、痂蝗、斑芫菁、豆芫菁 *Epicauta* sp.（过去未曾在此海拔上发现）、步甲、拟步甲、金龟、平肩肖叶甲和跳甲。在海拔 3500m 处，采到豆娘。

下午 3 时 30 分到达甘孜，住于县招待所。

<u>1983.VI.29</u>　甘孜，海拔 3300～3450m，附近北山山脚及农田边

石下步甲和拟步甲数量最多，隐翅虫较少，而象甲几乎没有。

叶甲科共计采到 11～12 种。跳甲亚科以蓝长跗跳甲为优势种，寄主仍为紫草；九节跳甲在狼毒等植物的花上采到；跳甲，无膜翅，寄主为委陵菜，体形很小，刻点粗，可能是新种，因为本属中尚未见膜翅消失的种类；侧刺跳甲，蓝色，寄主不详；还有 1 种极小的跳甲，寄主为豆科植物。叶甲亚科采到薄荷金叶甲和另外 1 种金叶甲，均采于石下。萤叶甲亚科以露萤叶甲为优势种，寄主为铁线莲；还采到克萤叶甲和方胸萤叶甲。方胸萤叶甲可能是新种，鞘翅基部有凹窝（经室内鉴定为麻臀高萤叶甲新种 *Capula caudata*）。

黑色短翅芫菁，体形大，数量较多，采于山脚。斑芫菁也采于山脚。绿芫菁采于山坡，为害菊科植物。

<u>1983.VI.30</u>　甘孜拖坝，海拔 3260m

从甘孜出发，向东 9km 至拖坝，然后南折，沿去新龙县的公路行进约 10km，在一条东沟中采集，沟中植被为灌丛，主要有小檗、铁线莲、沙棘等植物。

金龟子有多种，为害多种植物，相当严重。

叶甲方面优势种是两种曲胫跳甲，其中黄色者多于黑斑者，寄主均为铁线莲。其次为露萤叶甲、侧刺跳甲（金绿色）、杨叶甲。还有一种茶肖叶甲，褐色有毛，寄生于桦树上，食顶端嫩叶呈花斑状。陈元清还采到 1 种金红色的跳甲，前胸有横凹。

白粉蝶数量特别多，群集一处。

在沟口山地阳坡山脚石块下采到金叶甲，数量较多。阔胫萤叶甲采自阳坡蒿子上。采到 1 种龟甲。狼毒花上采到许多九节跳甲。

1983.VII.1　晴，甘孜

从甘孜向北至大塘坝方向行车13km，在山沟中采集，海拔3600m左右，采集地植被简单。

采到跳甲和露萤叶甲，陈元清还采到锯角叶甲、曲胫跳甲、弗叶甲等。芜菁有绿芜菁、斑芜菁、豆芜菁等。

金龟子数量特别多。步甲均采自石下。牛春来在狼毒花上采到许多九节跳甲。

1983.VII.2　甘孜、雀儿山至柯洛洞

雀儿山垭口海拔4800m，从马尼干戈进入雀儿山山沟，阴坡有杉树林，阳坡有柏树，新路海附近海拔4000m，上接林带和现代冰川，这里采到的昆虫仍以金龟子等为主。

马尼干戈附近地形开阔，为三岔路口，附近植被为高山草甸，远处阴坡可见森林，海拔3700m。

柯洛洞海拔3500m，位于雀儿山西坡西向山谷，山地阴坡有森林，为杉纯林，林下空旷，缺少灌木层，农田种植青稞、白菜、马铃薯等。

1983.VII.3　上午阴雨，下午雨停，柯洛洞

上午因雨未出，下午2时30分雨停，在附近采集。

河边石下有多种步甲，其中一种体形较大，前胸背板深黄色，过去没有采到过。

弗叶甲采到1个，采自河边石下。

一种极小的圆肩跳甲 *Batophila* sp.，寄生于一种开紫花的豆科植物上。

草莓叶上有一种小跳甲。

柳树上有白杨叶甲和柳沟胸跳甲（蓝色、体小），河边柳树苗上采到体形较大的跳甲。

1983.VII.4　晴，下午阵雨，柯洛洞至金沙江边

从柯洛洞出发，乘车经德格到金沙江边。德格县海拔3300m，距离柯洛洞25km，金沙江边海拔3100m，距离德格26km。金沙江边两岸山地有灌丛生长，不像巴塘一带的干暖（旱河谷）景观。从河边至德格谷地主要树木是杨柳，只在德格附近庭院中偶见核桃树，江边未听见蝉鸣。

在金沙江边采到的昆虫种类和数量均极贫乏，在叶甲科中常见的仍是铁线莲露萤叶甲，也采到曲胫跳甲和隐头叶甲。在德格县城以下，农田边伞形花科植物盛开之处采到 1 种萤叶甲，黑蓝色、体扁、触角长，寄主为醉鱼草。醉鱼草上未见丝跳甲。在江边山桃树上扫网，也未见到丝跳甲。

从柯洛洞至江边，一路上醉鱼草丛生，尚未抽穗，没有丝跳甲。

1983.VII.5　柯洛洞，海拔 3600m

区政府前小山（阴坡）针叶林带采集。

金露梅上首次采到猿叶甲，前胸两侧棕红色，中带黑蓝色，共采到 90 个。石头下采到 1 个金绿色的猿叶甲。

1983.VII.6　德格，海拔 3200m

德格以下 6km，海拔 3200m，农田附近灌丛采集。

龟铁甲，采自 1 种圆叶的灌木叶片上，主要栖于叶片背面，未见被害状。

采到龟甲，未见弗叶甲，叶甲科种类极其贫乏。

花丛中，蜂类相当丰富。

1983.VII.7　晴，柯洛洞至马尼干戈

由柯洛洞回返雀儿山西坡，行程 85km，沿途采集。雀儿山第 6 道班稍上，海拔 4250m，为暗针叶林的上限，灌丛带主要植物为山柳、小叶杜鹃、小檗、绣线菊等，主要昆虫有步甲、象甲和虻。叶甲科中有猿叶甲，采于石下，山柳丛中无弗叶甲，这是与理塘海子山所不同的。

海拔 4600～4700m，为高山草甸的上部，接近砾石滩，在冰斗地形以下，在此看到 1 个绢蝶，采到黑色粉蝶，石头下以步甲和红足拟步甲为主，偶见象甲、金叶甲、高山叶甲和丸甲。

雀儿山垭口，海拔 4800m，为砾石滩，少见植被，在石下只采到步甲，计两种，一种大型，另一种极小型。

雀儿山东坡，海拔 4700m，为高山草甸，石下以步甲、红足拟步甲和隐翅虫等为主，同时采到金叶甲、高山叶甲、象甲、丸甲（与西坡相同）。

夜宿马尼干戈兵站，海拔 3900m。

1983.VII.8　晴，马尼干戈，海拔 3900m

马尼干戈兵站后山及附近河阶地采集，植被为草甸，主要为矮小委陵菜、火绒草、大叶橐吾、薹草、狼毒等。

跳甲，较常见，但数量不多，寄主为委陵菜。

圆肩跳甲，寄主为大叶橐吾和火绒草，食叶呈黑褐斑状，数量较多。

扫网采到平肩肖叶甲。

高山叶甲，有两种，一种带金绿色光泽，另一种黑色，似与山顶者不同。

花上扫网采到隐头叶甲。

短鞘萤叶甲，寄主似为蒿子。

步甲的种类、数量都比较多。

没有红足拟步甲。

陈元清采到1个金叶甲。

采到1个痂蝗雄虫，其他均为短翅、无翅蝗类。

1983.VII.9 晴，马尼干戈新路海，海拔4000m，海边古冰川终碛垅

终碛垅小阴坡有山柳灌丛，山柳上采到双色弗叶甲和高山柳叶甲，与青海玉树相同。

高山草甸上采到金叶甲、猿叶甲、高山叶甲及萤叶甲。

跳甲采到1种，仍为常见种。

采到平肩肖叶甲。

蓝色隐头叶甲，均寄生于蒲公英、风毛菊或狼毒花上。

1983.VII.10 晴，马尼干戈至摩托海子，海拔4200～4300m

从马尼干戈沿公路向西北行26km，在山地灌丛和山顶草甸采集。

山柳上双色弗叶甲和高山柳叶甲均有分布。

长角黑蓝萤叶甲，非常隐蔽，寄主为白花金露梅。

石头下、牛粪下采到金叶甲、高山叶甲、猿叶甲、平肩肖叶甲及方胸萤叶甲（后者经室内鉴定为光臂高萤叶甲 *Capula metallica* sp. nov.）。

丸甲有两种，一种体形相当大，很像羊粪。

小山顶上红腹寄蝇数量较多，还有一种很像熊蜂的大型双翅目昆虫（可能是寄蝇或食蚜蝇，过去未曾见过）。

1983.VII.11 晴，马尼干戈、甘孜、罗锅梁子至炉霍，行程186km

早晨9时15分从马尼干戈出发开始东返康定，沿途采集。12时前到甘孜加油，下午1时左右经罗锅梁子，在罗锅梁子分水岭东侧海拔3650m处的高山草甸采集。

石下金叶甲数量较多，可能有两种，一种体形较小，体色暗而无光，数量最多，另一种体形较大，具金属光泽，数量很少。

花上有隐头叶甲，扫网采到1个高山叶甲和平肩肖叶甲。

此处有豆娘分布。

蝗虫有短翅雏蝗、无翅金蝗和长翅痂蝗。

草丛中百花盛开，以蓼、委陵菜、风毛菊等为主。采到芫菁，山顶有红腹寄蝇，并拍彩色照片 2 张。

石下、土坯下步甲有多种，数量较多的是大型步甲，多数栖于洞穴中。

夜宿炉霍县招待所。

<u>1983.VII.12</u>　晴间多云，炉霍、道孚、乾宁至新都桥

在道孚以西的崩龙（第四十七道班）附近采集。

在唇形花科植物上采到丝跳甲，这是本属虫类目前为止已知分布的最北限，约 N31°05′，E101°00′。

金绿短鞘萤叶甲，寄主是鼠尾草，与义敦所见情况相同（室内鉴定为长毛脊萤叶甲新种 *Geinula longipilosa* sp. nov.）。

牛春来在石头下采到金叶甲，但数量不多。

铁线莲上，未见曲胫跳甲。

道孚东松林口，海拔 3900m，草甸植被，地形开阔，在路边石下采到金叶甲、猿叶甲，未见高山叶甲。另外，象甲、步甲、隐翅虫、丸甲等都有分布。

<u>1983.VII.13</u>　新都桥至康定，行程 71km

上午 10 时出发，11 时 30 分到折多山垭口。在垭口采集达两个多小时，翻遍附近石块，采到象甲、步甲、绿色丸甲、小叩甲、隐翅虫等。但没有采到金叶甲、高山叶甲等。

下午 1 时 30 分到达康定队部。

<u>1983.VII.14～15</u>　康定

向谭福安汇报上阶段工作。

给赵建铭打长途电话汇报工作。

<u>1983.VII.16</u>　康定至雅安

康定、石棉至雅安，夜宿雅安，行程 365km。荥经北至雅安间的泥巴山北坡植被很好。

<u>1983.VII.17</u>　雅安至成都

雅安、夹江、乐山至成都，行程 303km，住省军区第一招待所。

<u>1983.VII.18～21</u>　成都

　　选购采集装备。

<u>1983.VII.22</u>　成都至卧龙

　　上午 10 时离开成都至汶川卧龙自然保护区，卧龙自然保护区管理局位于沙湾，海拔 1920m，在皮条河的左岸。

<u>1983.VII.23</u>　卧龙自然保护区

　　先到保护区管理处行政办公室和科研室联系工作并了解情况，检视科研室收藏的昆虫标本。在管理局附近采集。

　　沟胫跳甲是优势种，为害唇形花科醉鱼草。

　　在相似植物上还有双齿长瘤跳甲 *Trachyaphthona bidentata*，这是首次发现该虫的寄主。

　　锯角叶甲，胸部两侧黄色，中部黑色，寄主为山柳、沙棘、算盘子等。

　　隐盾叶甲，蓝黑色，寄主为算盘子。另有一种小跳甲也采自算盘子，但数量不多。

　　瘤叶甲数量较多，均在悬钩子上，多数在叶片背面。

　　采到龟甲。

　　晚上灯诱，但昆虫数量不多（多云天气，未见月光）。

<u>1983.VII.24</u>　上午晴，下午 3 时有阵暴雨，卧龙，海拔 2100m

　　异跗萤叶甲，数量较多，为害香薷。

　　采到 3 个角胸叶甲。

　　瘤叶甲，寄主为悬钩子（无刺）。

　　锯角叶甲，寄主似杜梨。

　　采到核桃扁叶甲。

　　裸顶丝跳甲采自珍珠梅的花穗中。

<u>1983.VII.25</u>　卧龙糖房，海拔 1780m

　　从卧龙管理局向下行 9km，到糖房管理局的植物园附近（皮条河两岸）采集，路边落叶松生长非常良好，植被覆盖度很大，是沿途植被最好的地方。

　　齿股肖叶甲 *Trichotheca* sp.，体棕色有毛，在叶片背面，似食害叶柄，但数量极少，是东洋区系成分代表之一。

角胸叶甲，胸部红色，鞘翅蓝色，体形较大，曾在磨西的海螺沟采到，本次除采自山桃上外，还采自桤木上。

萤叶甲，寄主为葫芦科植物，均采自叶片背面。

红色的长跗萤叶甲，群居于植物园门前的万年青嫩尖上取食。

锯角叶甲不仅取食山柳，而且为害桤木，数量多，是优势种，也是杂食种类。

龟甲采自旋花科植物和蛇葡萄 *Ampelopsis* sp.上。

毛萤叶甲 *Pyrrhalta* sp.采自榆树叶片上。

1983.VII.26　卧龙耿达七层楼沟，海拔 1600m

从卧龙下行 2.5km，为阴坡沟，海拔 1550～1650m，沿河采集。

跳甲，寄主是柳兰。

蜜蜂在朽木中作巢，采到成虫、幼虫、蛹及花粉等。除干标本外，也有酒精标本。

寡毛跳甲，红胸蓝翅，采到 90 个，均采自夹竹桃科植物的花序中，数量极多。

大肢叶甲，淡黄色具黑斑。

采到 1 个齿胸肖叶甲。

采到 1 种蓝色宽胸、半圆形的小跳甲，比较少见。

1983.VII.27　阴，卧龙转经楼沟，海拔 1900m

在高山珍珠梅的花穗中采到 3 种小跳甲，一种体形最大，数量较少；一种金绿色，触角细长，较蓝丝跳甲体形小，是否同种待鉴定；另一种似察雅丝跳甲 *Hespera chayabana*，体形也较小。同时在珍珠梅 *Sorbaria* sp.的花中还扫网采到 1 个齿胸叶甲。

金绿色寄蝇数量较多。

沟胫跳甲，全身金绿色，严重为害泡桐。

1983.VII.28　雨，汶川县卧龙自然保护区，海拔 1920m

因雨未出采集。

1983.VII.29　阴有雨，卧龙英雄沟

英雄沟在卧龙以上 9km 处，南坡为河谷，下公路后顺谷步行爬坡约 2 小时到大熊猫的饲养地，海拔 2500m，共养 5 个大熊猫。

沿途采到的昆虫种类不多，其中以白背跳甲（可能是双齿长瘤跳甲）为优势种，寄主为醉鱼草。

看到枹木，但未见到卵形叶甲。

珍珠梅的花上没有扫网采到丝跳甲。

1983.VII.30 阴，卧龙自然保护区管理局

在管理局北山采集，海拔 1920～2250m。

瘤叶甲数量较多。

除少数蓝丝跳甲外，主要是裸顶丝跳甲。

锯角叶甲和隐头叶甲的数量都较多。

采到 1 个刚羽化的柱胸叶甲。

1983.VII.31 卧龙自然保护区管理局至映秀

中午 12 时离开卧龙自然保护区管理局，下行 48km，到达汶川县映秀区，住在电厂招待所。

1983.VIII.1 阴，映秀小山，海拔 900m

采到卵形叶甲、裸顶丝跳甲、豆肖叶甲、角胸叶甲、长趺跳甲、葡萄萤叶甲、隐盾叶甲、瘤爪跳甲（为害黑牡丹）。

蝗虫的种类较多，有网翅蝗、竹蝗、无翅蝗、斑腿蝗。

采到 1 个荔枝蝽。

采到 2 个甲蝇，其中 1 个刚羽化。

螽斯数量较多。

1983.VIII.2 阴，卧龙木江坪，海拔 1150m

从映秀向上 9km 到卧龙自然保护区东边界木江坪采集。

泡桐龟甲 *Basiprionota* sp.为害相当严重。

漆树跳甲 *Podontea lutea* 为害漆树，有幼虫和成虫，幼虫覆粪。

瘤爪跳甲为害 1 种像咖啡的植物（有臭牡丹味）。

楤木卵形叶甲有分布。

采到无翅蝗虫 1 种。

又采到 2 个甲蝇。

牛春来等采到波叶甲。

小龟甲，寄主为苋科牛膝 *Achyranthes bidentata*。

1983.VIII.3 阴，映秀岷江东岸山沟

沟底有溪流，农田种植玉米，田边生长灌丛，有少数毛竹。

棕红色萤叶甲，寄主为万年青。

黑额光胸叶甲数量较多。

丝跳甲采到 3 种，一种极小，体金色被黑毛；一种数量多，胸部红色；还有一种为裸顶丝跳甲。

柳圆叶甲 *Plagiodera*，体形小。

采到波叶甲，寄主是荨麻科序叶苎麻 *Boehmeria* sp.；瘤爪跳甲，寄主是马鞭草科臭牡丹 *Clerodendron bungei*。

1983.VIII.4　映秀

前往成都接队员、购买酒精。

1983.VIII.5　上午映秀下雨，映秀至卧龙三圣沟，海拔 2500m

12 时后离开映秀到三圣沟保护站，行程 71km，三圣沟以下沿路植被极好，高山珍珠梅正值开花，附近为针阔混交林。

1983.VIII.6　阴，晚有雨，三圣沟

伞形花科植物的花上花天牛特别多，是当地优势种，另采到其他天牛 5～6 种。

高山珍珠梅上又采到蓝丝跳甲，体形较小。

柳苗叶片背面采到 1 种极小的跳甲，从体形上看似凹胫跳甲，另外还有弗叶甲和柳沟胸跳甲，但未采到杨叶甲和柳二十斑叶甲。

石下采到 2 个步甲。

双齿长瘤跳甲，分布普遍，数量很多，寄主为紫花醉鱼草。

没有见到蜻蜓。

1983.VIII.7　下午 3 时前晴，3 时后有雨，巴郎山垭口，海拔 4350m

从三圣沟上行 51km 到巴郎山垭口，海拔 4350m，是高山草甸上限，紧靠砾石滩，草层极厚，约 20cm，百花盛开，覆盖度极高。花间有熊蜂、牛虻、姬蜂、小蜂、蓟马等。石下以步甲占优势，体扁带绿色。象甲有 2 种，未见喜马象。牛粪下有粪金龟。未见蝗虫和芫菁。

共采到 3 种叶甲科昆虫，分别是萤叶甲、猿叶甲和短鞘萤叶甲。短鞘萤叶甲采自海拔 4000m 处，停于石面上，体色漆黑，很似去年在贡嘎山西坡子梅山垭口所采者（室内鉴定为新属新种 *Xingeina femoralis*）。猿叶甲与过去所采不同，体色暗，刻点不明显。没有见到金叶甲和高山叶甲。

沿途所见，海拔 2600～3600m 阴坡为针叶林带，阳坡自海拔 3200m 起出现山柳、金梅腊、栎等灌丛。路旁醉鱼草生长茂盛，在海拔 3250m 以下，其叶片被虫为害严重，从被害状看是跳甲所为，海拔 3250～3300m 所见的醉鱼草均叶片完整，说明此处可能是长瘤跳甲的分布上限。海拔 3300m 以上为高山草甸。

1983.VIII.8　晴，卧龙三圣沟

沿公路向上步行 3km，路旁多蒿草、醉鱼草、银莲花、黄花苜蓿等，植被覆盖度大，但种类单纯。

采到柳弗叶甲、小跳甲、锯角叶甲。锯角叶甲前胸黄色，鞘翅蓝色。

河边见到蜻蜓。

此处再未见到瘤叶甲和卵形叶甲。

没有见到蝗虫。

银莲花上黄腹萤叶甲数量多。

1983.VIII.9　晴间多云，上午阴，巴郎山，海拔 3450m

从三圣沟开车向巴郎山进发，沿公路上升到海拔 3450m 处，沿山脊为高山草甸植被，草层极厚，小阴坡为栎、柳灌丛。高山草甸处扫网采到金小蜂、姬蜂及瘦跳甲。蒿草上七星瓢虫较多，取食蚜虫。醉鱼草可分布至海拔 3300m 处，但该处没有采到长瘤跳甲，再次印证该海拔是长瘤跳甲的分布上限。高山草甸的优势种是熊蜂。

海拔 3250m 处山柳上采到弗叶甲和淡黄色的隐头叶甲。海拔 3400m 处见到蜻蜓飞翔。

海拔 3300m 处高山砾石上没有采到在云南中甸大雪山、四川贡嘎山西坡采到茶肖叶甲，但采到小跳象。

海拔 2700m 的邓生道班处采到长瘤跳甲、弗叶甲和跳甲（寄主为柳叶菜 *Epilobium* sp.）。

1983.VIII.10　上午晴，下午阴有雨，卧龙三圣沟至映秀，行程 72km

结束卧龙地区工作。上午 10 时离开卧龙三圣沟，中午在卧龙管理局稍事休息，下午 3 时 30 分抵达映秀，给康定队部发电报一份。电报内容如下："10 日结束卧龙工作，经理县北上，预计 15 日抵马尔康或红原草原所，我组陈元清因工作需要已回京，所里又派王瑞琪同志接续其工作，特此电告，昆虫组王书永。"

1983.VIII.11　晴，映秀、理县至米亚罗

早晨映秀下雨，9 时 30 分离映秀北上。

汶川县前飞沙关、岷江河两岸山坡，植被明显发生变化。飞沙关（海拔 1150m）以南显然湿热，植被葱郁；飞沙关以北植被稀疏，仅为灌丛，出现旱生植物，如蒿草和一种像甘草的开紫花的植物。

汶川海拔 1350m，理县海拔 1850m。下午 4 时 30 分抵达米亚罗，住林业局招待所。米亚罗海拔 2700m。晚上给赵建铭、邓野、吴燕如写汇报信。

1983.VIII.12　晴，米亚罗，海拔 2700~2800m

在米亚罗东侧北坡山沟中采集。沟底虽有流水，但比较干燥，植被简单，由高山珍珠梅、醉鱼草、铁线莲、柳、杨、桦等组成。

双齿长瘤跳甲，寄主为醉鱼草。

黄腹露萤叶甲，采于多种植物的花上，是优势常见种。

在葡萄科植物上采到一个曲胫跳甲。

采到柳隐头叶甲。

采到蒿金叶甲和天牛，但数量很少。

1983.VIII.13　晴，米亚罗，海拔 2800m

过米亚罗大桥后沿去马尔康的公路行进约 3km，然后过桥在阴坡坡前采集。

采到两个柳二十斑叶甲。

槭木卵形叶甲采自槭木叶片背面，虽然数量不是太多，但是较易采集，可能是该类昆虫的分布上限。

异跗萤叶甲，数量较多，寄主为唇形花科植物（像苏子类）。

长跗萤叶甲，数量多，是优势种，也是古北种，与雅江所见同。

黄萤叶甲是阴性种类。

蝗虫的数量不多。

铁甲只采到 1 个。

1983.VIII.14　晴，米亚罗

米亚罗至獐鹿场，环境干燥，植被简单。

石下采到步甲。

采到蒿金叶甲。

除采到紫草跳甲外，还有 1 种体形极小的跳甲，数量也多。紫草上有两种跳甲是新发现，过去只采集到前者，未见后者（经室内鉴定为 *Longitarsus anchusae*，与昆明所采为同种）。

<u>1983.VIII.15</u>　米亚罗

　　原定今天离开米亚罗前往马尔康，因张学忠患感冒住院，故改为明日再出发。

<u>1983.VIII.16</u>　米亚罗、鹧鸪山垭口、刷马路口至马尔康，行程 126km

　　中午 12 时经过海拔 4050m 的鹧鸪山垭口时采集，垭口东坡为草甸，西坡的阴坡生长有矮小的大叶杜鹃。

　　石下采到蠼螋、步甲、象甲、叩甲、隐翅虫等，以蠼螋占优势，但大部分为若虫，成虫尾铗弯曲。象甲采到 2～3 种，与折多山垭口所见相似，没有采到喜马象。

　　没有采到萤叶甲、高山叶甲、金叶甲、猿叶甲等。典型的高山叶甲科中昆虫只采到 1 个，可能是蓝跳甲。

　　牛粪下有粪金龟。

　　此地昆虫种类之贫乏出乎意料。

　　从刷马路口下行 15～20km，遇公路塌方，至晚 17 时始修通，连夜冒雨赶到马尔康，住于招待所。从刷马路口至马尔康间公路多处有塌方的痕迹，勉强行车，非常危险。

<u>1983.VIII.17</u>　马尔康

　　收到队部寄来的通知一份，队部将于 9 月 20 日撤离康定，9 月底全部收队。各组不能改变工作时间和路线计划，超过 9 月底收队的，其经费和汽油由各单位负责，队部统一托运汽车的时间定于 10 月 5 日。

　　下午在马尔康北山采集（林科所试验地）。

　　王瑞琪采到 1 个锯角叶甲，在蝶形花科植物上见到不少幼虫，但成虫极不易见。

　　在菊科植物上采到隐头叶甲。

　　在萝藦科植物上采到 2 个柱胸叶甲，这是出乎意料的。柱胸叶甲与另外采到的 2 个大型竹节虫的发现，说明本地热量条件较好。

　　采到曲胫跳甲。

　　采到 2 种榆树萤叶甲，见到不少黑色幼虫。

　　花上有九节跳甲。

<u>1983.VIII.18</u>　马尔康

　　昨夜和今日上午有雨，未外出。下午 1 时雨停后，到马尔康南山（阴坡）采集。

杨叶甲、九节跳甲、蒿金叶甲的数量极少。蝗虫凡雌性均为短翅型，翅长不及腹部之半。

<u>1983.VIII.19</u>　阴有阵雨，马尔康梦笔山，海拔 4000m

马尔康向东 9km，至卓克基一直向南顺河而上，行 30km 至梦笔山垭口，沿途山地东西坡均为针叶林。梦笔山垭口海拔 4000m，垭口附近阴坡是以大叶杜鹃、金露梅、铁线菊等为主的灌丛。

石下采到蠼螋、步甲，以蠼螋的数量为最多，其种类与鹧鸪山垭口相同，尾铗弯曲。只采到 1 个象甲。

石下没有采到金叶甲、猿叶甲、高山叶甲、萤叶甲等典型高山种类。

金露梅上采到漆黑色的短鞘萤叶甲，与巴郎山垭口采到的 1 只雌虫属同种，与去年在贡嘎山西坡所采相似，但寄主不同（后该种鉴定为黑亮新脊萤叶甲新属新种 *Xingeina nigra*）。

蝗虫为翅芽型，王瑞琪采到 1 个，与鹧鸪山垭口所采相同。

金露梅上有一种体形相当大的跳虫，酒精浸泡保存。

<u>1983.VIII.20</u>　多云，早晚有雨，马尔康獐鹿场

从马尔康向西行约 20km 至松岗乡，然后向南 2～3km 到达獐鹿场。獐鹿场养獐几百只，已 3～5 代，是世界第一家人工养獐场。

在獐鹿场附近采集，西坡多刺状旱生植物。

叶甲科中只采到九节跳甲，有黄、蓝两个色型。

蝗虫有痂蝗及短翅雏蝗。

河边有豆科（蝶形花科）植物，但没有采到丝跳甲。自米亚罗以北始终没有采到丝跳甲，即使是普通种——裸顶丝跳甲也没有采到。

有锯角叶甲的旱生寄主植物，但未采到锯角叶甲。

<u>1983.VIII.21</u>　上午有雨，下午 2 时雨停，马尔康

下午 2 时雨停后到北山山沟中采集，沟中栽植不少花椒树，路旁有蒿、铁线莲等灌丛植物。

在唇形花科植物上采到了 2 个丝跳甲，虽数量很少，但却是自米亚罗以来的第一次发现，有重要意义。

采到杨叶甲、蒿金叶甲、曲胫跳甲、露萤叶甲、异跗萤叶甲（王瑞琪采），但数量不多。

<u>1983.VIII.22</u>　晴，马尔康北山海拔 2600～2900m，农田田边

双刺跳甲 *Dibolia* sp.，寄主为唇形花科植物。

蝉较普遍。

采到 2 个斑芫菁。

隐头叶甲和黄白色萤叶甲（纤弱），采自桦树上。

<u>1983.VIII.23</u>　晴，马尔康至红原龙日坝，行程 108km

途经刷马路口，海拔 3200m，从壤口乡以北过一山垭口即进入黄河水系。沿途所见森林上限海拔在 3500m 左右，再以上为草甸，山垭口海拔 3700m。龙日坝海拔 3500m，为沼泽草甸，住于龙日坝种畜场。

<u>1983.VIII.24</u>　上午阴有雨，下午转晴，红原龙日坝，海拔 3500～3600m

种畜场周围平地完全是沼泽草甸，以薹草为主，草高 20cm 左右，十分深密。草间有地榆 *Sanguisorba* sp.、委陵菜，水边有柳和沙棘等。

柳兰圆叶甲，数量多，为害严重。

地榆跳甲有两种，体小者纺锤形，为害地榆，较大者寄主是委陵菜。

猿叶甲，刻点成纵行、整齐，只采到 4 个，寄主为火绒草。

长跗萤叶甲，黄胸、蓝翅，数量多，寄主为草本植物（已压标本，未编号）。

蝗虫以翅芽型为主，翅芽较狭，只盖及 3～4 个腹板，少数为中翅和长翅型。

牛虻的数量较多。

没有采到短翅叶甲。

<u>1983.VIII.25</u>　上午晴，下午有雨雪，红原龙日坝

上午乘车从龙日坝出发向南 15km 至垭口（黄河、长江两水系的分水岭），垭口海拔 3200m。山柳叶甲、圆叶甲、双色弗叶甲、柳沟胸跳甲等严重为害山柳，有的整株干枯。牛春来采到 4 个萤叶甲。石下没有采到金叶甲、高山叶甲、猿叶甲等，步甲也极少。牛粪中采到许多粪金龟。

山前沼泽草甸，公路两侧石下采到许多象甲和 1 个金叶甲。蓟菜上采到 2 个深蓝色的负泥虫，为高原所少见。

下午 3 时 30 分启程前往红原，5 时抵达红原县招待所。

<u>1983.VIII.26</u>　晴，红原阿木柯河

从红原县城继续向东北行 17km，在阿木柯河乡前山地采集，海拔 3400～3700m。

　　河边柳树上有圆叶甲和杨叶甲。山柳灌丛中又新采到两种叶甲害虫：红色角胫叶甲，每翅各有 5 个黑斑；萤叶甲，黄色或黑色。

　　金露梅（小叶，株矮者）上有一种蓝跳甲，数量极多，为害严重，直至山顶海拔 3700m，都有分布，是优势种。此种及其寄主均为首次发现。

　　牛春来在海拔 3400m 处草丛中又采到一种跳甲，其寄主为豆科植物，体色及大小均与金露梅上所采相似，不知是否为同种。根据本属食性的单一性，均分开保存，编以不同号码，待室内解剖鉴定。

　　蝗虫种类多，翅芽型者雄性翅显然狭长，雌性翅较宽短；长翅型者，有牧草蝗、痂蝗。蜻蜓一直分布至山顶海拔 3700m 处。熊蜂特别多，种类也多，在山顶石堆中发现熊蜂巢，但未挖出其巢。

1983.VIII.27　晴，红原，海拔 3200～3500m

　　从红原向西南 10km，从西坡翻小山至东坡。植被为高山草甸，有少数灌丛。

　　昆虫种类和数量都极少。采到隐头叶甲（王瑞奇、张学忠采）、金叶甲（石下，牛春来采）和跳甲（寄主为米口袋、金露梅）。发现熊蜂巢，洞口 2～3cm，深约 10cm。山顶飞蚁的数量很多。

四川红原首次挖掘出熊蜂巢，王书永摄

1983.VIII.28　红原北山，海拔 2500～2600m

山前沼泽草甸发现步甲，在草丛中爬行，其鞘翅上有一行清楚的刻点。长刺萤叶甲是常见种，但未发现其取食牧草。

蓟菜下又采到深蓝色的负泥虫，与北京圆明园所见相似，不知是否为同种。在蓟菜下又采到一个猿叶甲。

山顶草层下采到很多步甲，并有黑色的象甲。

山地阳坡有痂蝗。

1983.VIII.29　晴，红原

上午给汽车加油，修理汽车的玻璃。

下午到附近沼泽草地采集，目的在于采集沼泽中的叶甲，除长刺萤叶甲外，另有一个跳甲，未发现其他叶甲科种类。

池塘边草地中采到摇蚊，水池中有龙虱。

晚上开会决定下阶段工作日程，计划 9 月 17 日、18 日结束野外工作，返回成都，国庆前返回北京。

1983.VIII.30　红原至若尔盖，行程 132km

途中在唐克东山垭口采集。

采到金露梅跳甲、萤叶甲和大黄角胫叶甲，后者为害大黄非常严重。

石下采到步甲。见到粪金龟在空中飞行。

山顶上寄蝇、熊蜂的数量都比较多。

蝗虫除凹背蝗外，还有痂蝗及长翅的牧草蝗。

1983.VIII.31　若尔盖

上午先到若尔盖汽车站了解去尕力台、松潘方向的公路路况。从若尔盖去尕力台有一条新路，较从瓦切近 90km，但此路未正式运行，怕路基不好，故决定仍走老路经瓦切去尕力台。

下午在附近沼泽草甸采集，叶甲科中只采到地榆跳甲和长刺萤叶甲，未见其他种类，与红原情况无异。凹背蝗的数量不多。蜻蜓的数量比红原多。

1983.IX.1　若尔盖至巴西区

途中在沼泽草甸采集。

公路边石块和土下有较多的步甲、隐翅虫和象甲。

沼泽草甸中采到 1 种翅前缘有 1 条黄色条纹的长翅蝗虫，是前几天未见的。

在山地小阴坡的山柳草丛中，圆叶甲的数量较多，为害严重。还有双色弗叶甲和角胫叶甲（黄色有黑斑）。

沼泽草甸中有较多的红蚂蚁巢穴。

1983.IX.2　若尔盖至漳腊，海拔 3000m

离若尔盖经瓦切、尕力台抵达松潘县漳腊，住漳腊原商店招待所，行程254km。

尕力台以西为高原地貌，地势平坦，属沼泽草甸和高山草甸类型。从尕力台（海拔3700m）以东开始，进入峡谷地貌，沿路为森林植被（灌丛和暗针叶林）。

1983.IX.3　晴，漳腊至南坪九寨沟

从漳腊沿岷江而上至弓嘎岭（海拔3400m），沿途地形开阔，两岸山地有片状森林并有柏树，翻过弓嘎岭垭口后（阴坡）暗针叶林茂密高大，直到干海子一带有多个林业局。

1983.IX.4　晴，九寨沟长海，海拔 3080m

长海距招待所17km，长海为古冰川湖，长20km，水碧绿。

醉鱼草上有双齿长瘤跳甲。

蔷薇科植物上有小的侧刺跳甲。

柳叶菜（宽叶，高大开红花）上有跳甲，窄叶柳叶菜上似乎有1种跳甲，但体形较小。

桦树上有黄白色的萤叶甲，均在叶片背面，是阴性昆虫的代表。

长海附近蝗虫的数量很少。

1983.IX.5　晴间多云，九寨沟五花海，海拔 2600m

柳双色叶甲和黄色的萤叶甲，均寄生于柳，且前者在柳条的尖端。淡色的隐头叶甲和柳沟胸跳甲也寄生于柳。

黄腹露萤叶甲采自银莲花上。

没有采到卵形叶甲。

1983.IX.6　雨转阴，九寨沟诺日朗瀑布，海拔 2300m

采到丝跳甲。

蒿金叶甲，雌虫体腹肥大，处于孕卵期、交尾期，多数停息于蒿顶端取食。

凹唇跳甲 *Argopus* sp.，寄主为白蜡。

采到1个锯角叶甲。

一种开蓝色花的唇形花科植物上熊蜂和蜜蜂的数量都不少。有些蜜蜂还访问醉鱼草。

四川九寨沟诺日朗瀑布前，左起王瑞琦、张学忠、王书永、
牛春来、柴怀成

<u>1983.IX.7</u>　上午有雨，下午多云，九寨沟，海拔 2300m

上午有雨未外出，分别给陈元清、虞佩玉、赵建铭写信。

下午在招待所以下约 1km 处，在收割后的麦田草丛中采集。采到跳甲，寄主为蓟。采到 2 种长跗跳甲，黄色者体形较大；黑色者体形较小，数量也少。

在麦田周围的椿树上采到 2 个金绿色的卷叶象，以及 1 个黄色的柱萤叶甲，后者鞘翅上具许多深的刻点，十分特殊，过去未曾采到过。

在蒿子上采到褐足角胸叶甲。

<u>1983.IX.8</u>　九寨沟、漳腊、川主寺至黄龙寺，行程 148km

原计划在白河沟口管理处住一夜并采集一天，因采集环境不理想，临时决定直奔黄龙寺，途中在漳腊北的弓嘎岭垭口海拔 4000m 处采集。

在垭口石块、牛粪、碎木下采到步甲、象甲、隐翅虫、金龟、丸甲。未采到金叶甲和高山叶甲等，也没采到蝗虫，山柳上未见叶甲。

从川主寺向东翻过雪山梁子，再下行 14km，即到黄龙寺沟口，住于沟口木质二层楼房中，沟口海拔 3150m。

<u>1983.IX.9</u>　上午阴，下午多云，黄龙寺，海拔 3150m

黄龙寺附近沟口采集。因为海拔高，季节亦晚，天气很冷，穿鸭绒衣也不觉热。昆虫种类很少，在叶甲科中只采到跳甲，寄生于开紫花的柳叶菜上，与九寨沟长海所采相同。

山柳上没有采到常见的杨叶甲和弗叶甲等。在小檗和金露梅上也未见叶甲。

<u>1983.IX.10</u>　晴，黄龙寺雪山梁子，海拔 4000m

趁天晴返回雪山梁子垭口，在海拔 4000m 的高山草甸采集。

山垭口碎石下除步甲外，没有叶甲，也无象甲。

草甸中优势代表种是凹背蝗和熊蜂。

山顶风很大，没有见到寄蝇。

<u>1983.IX.11</u>　晴间多云，黄龙寺

游览黄龙寺。

<u>1983.IX.12</u>　雨，黄龙寺至茂汶

离开黄龙寺经川主寺、松潘，抵达茂汶羌族自治县，住于宾馆，海拔 1500m。茂汶周围山地属干旱河谷景观，约在干海子以下景观发生变化，出现旱生植物。

<u>1983.IX.13</u>　晴，茂汶至映秀

原计划在茂汶附近工作并休整，因食宿条件限制，决定离开茂汶直去映秀。

<u>1983.IX.14</u>　多云，映秀南山

柱胸叶甲的数量较多，寄主植物可能为蔓生植物，但不流白浆，不属于萝摩科。

丝跳甲有裸顶丝跳甲及 1 种前胸红色的种类。前者常见；后者罕见，采自银莲花的花中。

萤叶甲，腹部黄色，采自银莲花的花中。

卵形叶甲，寄主为楤木。

小跳甲寄生于茄科植物。

蝗虫种类较多。

<u>1983.IX.15</u>　阴，上午有雾，映秀北过桥往东的山沟和山地灌丛，海拔 900m

采到裸顶丝跳甲。

跳甲的寄主为蓟。

四线跳甲，体形小，是首次采到，栖于叶片背面，数量不多。

采到 2 个瘦跳甲。

采到 1 个漆树跳甲。

<u>1983.IX.16～19</u>　映秀

邮寄标本，结束野外工作。

1984 年横断山补点考察记录

<u>1984.VI.24</u>　小雨，成都至荥经县泗坪

泗坪位于泥巴山北坡，海拔 1000m 左右，属二郎山的一部分。泗坪种植水稻、玉米、马铃薯等作物，果树有桃树、杏树等，山上生长竹子、樟树、棕榈等植物，植被覆盖度较好。

住泗坪区中学，晚上陈一心等灯诱，鳞翅目昆虫不太丰富，可能是天气有小雨、气温较低之故。

<u>1984.VI.25</u>　荥经县泗坪附近小山采集

昆虫种类比较丰富，采到竹铁甲 *Callispa* sp.、趾铁甲、红胸角胸肖叶甲、突顶跳甲 *Xuthea micans*（有寄主，与去年在映秀采到的波叶甲的寄主相似，数量较多）等。玉米上有零散的裸顶丝跳甲。采到 2 种绿色丽金龟，数量多，为害严重。天牛 2～4 种，其中星天牛和花翅天牛采自河边。

圆叶甲采自河边柳叶尖端，黑翅米萤叶甲数量较多，采自蕨类植物上。

<u>1984.VI.26</u>　泗坪、石棉、菩萨岗至西昌

早晨 8 时 15 分出发，中途在泥巴山为汽车加油。在石棉吃午饭，又专程到安顺场看红军强渡大渡河纪念碑。中午 1 时 30 分回到石棉，下午 3 时 30 分左右启程直奔西昌，晚上 9 时 30 分到达西昌队部。

1984.VI.27 西昌

向队部借部分装备，购买食品。

1984.VI.28 西昌

上午邵宝祥去修理厂修汽车，其他同志去邛海泸山公园游玩并采集。

采到柳圆叶甲、龟甲（寄主为牵牛花）、小瓢虫（采于柳树树干，树干上有许多白粉状物，可能捕食壁虱）、步甲（采于石下）、蝗虫。

1984.VI.29 雨，西昌至盐源县金河

原计划去木里，但行至雅砻江西岸遇到公路塌方，路基有一半被冲掉，暂时不能通车，故临时改变计划，在雅砻江东岸的金河驻点开展工作。得到金河水运局的支持，住在水运局招待所。

金河海拔1270m，距西昌80km，以海拔2300m的磨盘山相隔，属于干热河谷性质，但雅砻江两岸山坡上植被较好，不似巴塘、雅江那样荒漠化。生长的植物有油桐、芭蕉、银桦、仙人掌、胡枝子等。油桐似西双版纳的种类，其上采到乳白色的盾蝽。

1984.VI.30 上午雨，下午晴，夜晚雨，盐源金河，海拔1270m

在雅砻江左岸（东岸）山坡路边采集。

路边油桐上有两种盾蝽：一种金绿色有黑斑，数量较多；另一种乳白色带黑斑，数量较少，后者与西双版纳所见相同，两种均为油桐害虫，曾见前者刺吸油桐果实的汁液，刺吸处为一小黑点。两者均属东洋成分，与西双版纳有区系联系。有彩色照片记录。经室内鉴定为长盾蝽 *Scutellera fasciata* 和丽盾蝽 *Chrycoris grandis*。

黄脊蝗数量较多，体形大，并见许多抱草死亡。

隧蜂在玉米地做巢，与在湖南所见的油茶蜜蜂情况相似。

丝跳甲有两种：一种可能为裸顶丝跳甲；另一种可能为波毛丝跳甲 *Hespera lomosa*，数量均不太多（经鉴定后者实为 *Trachyaphthona suturalis* Chen）。

茶肖叶甲在山坡草丛中小檗科植物十大功劳上扫网采到，数量较多。

沟胫跳甲，蓝绿色，体形较小，为害唇形花科植物，被害状呈孔洞状。

1984.VII.1 晴，金河

丝跳甲有2～3种，除裸顶丝跳甲外，在疑似鹅冠草的草丛中还扫网采到体形小、触角长、体被白毛的 1 种，似波毛丝跳甲或长角丝跳甲。此外，寡毛跳甲也有零星分布。

草丛中还扫网采到草蛉、蓟马和小蜂等。

四线跳甲，寄主为锦葵，数量极少。

红胸小跳甲，胸基有横沟，鞘翅蓝色，少见，只采到 2 个。

晚上全体讨论决定东返西昌，提前转去云南工作。

1984.VII.2　中雨，金河

本计划今日去河西岸采集，因雨未能如愿。上午思考下阶段工作安排，下午熟悉云南华坪、永胜段的地图。晚上陈一心继续灯诱，水生昆虫数量较多。

1984.VII.3　阴，金河至西昌

离开金河，返回西昌，翻磨盘山（海拔 2300m）时发现西坡的油桐分布上限为海拔 1600m，山顶主要生长松树，但不茂密。

1984.VII.4　西昌至渡口

上午 9 时从西昌出发，经德昌至米易。米易县锦州桥一带的安宁河南岸阴坡植被不错，北坡则干旱，以松柏为主。路边出现番石榴、木棉、芭蕉、剑麻、甘蔗等许多热带植物。

在锦州桥南海拔 1200m 左右处荆条花上采到一些蜜蜂。

蒿子上有褐足角胸叶甲。

1984.VII.5　晴，傍晚雷阵雨，渡口

原计划去华坪驻点，因刘大军到医院看病，休息一天，延至明天出发。

联系车皮事宜。

1984.VII.6　多云，四川渡口、云南华坪荣将至永胜六德

上午 8 时从渡口出发，至华坪荣将之前依然为干热河谷景观，生长有木棉、木瓜、芭蕉等热带植物。

从荣将以西开始进入丘陵山地，植被单纯，几乎全是云南松，稀疏干燥，无法工作。翻牦牛山，海拔约 2500m，阴坡植被稍好，下山后为仁里（和）公社，向西行至六德公社。从六德公社向南行 7km，有一个碧泉林业局的红旗营林队，处于山地阴坡，海拔 2300m，接近山体顶部。

晚上下雨，照常灯诱。鳞翅目昆虫数量不少，鞘翅目主要是金龟子、龙虱，也有少数萤叶甲和丝跳甲，还有长翅目昆虫。

<u>1984.VII.7</u>　全天下雨，六德红旗营林队

休息。

<u>1984.VII.8</u>　多云间晴，六德红旗营林队

沿公路向上 1km，再沿沟谷向下至海拔 2300m 采集。植物种类比较简单，以松、栎、桤木为主，还有野牡丹 *Melastoma* sp.、胡枝子、悬钩子、紫草、蒿、箭竹、接骨木 *Fargesia* sp.、苹果、桉树等。

栎树花穗上有丝跳甲、寡毛跳甲、小蜂、蓟马、红胸虎天牛等。

胡枝子花上有小型黑色的丝跳甲，触角长，被毛密，寄主为山蚂蝗。

野牡丹上有黄色米萤叶甲。

采到 1 个异蹠萤叶甲雌虫，寄主待查。

采到 1 个曲胫叶甲。

寄蝇、蜜蜂都较多。

桤木叶甲为害十分严重。

<u>1984.VII.9</u>　多云，红旗营林队背后小山，阴坡

沟胫跳甲采自林内，寄主为玄参属植物。成虫栖于叶片正面，数量较多。

天牛，触角羽毛状，为首次采到。

梨斑叶甲 *Paropsides soriculata*，寄主为海棠，幼虫取食嫩叶，成虫在叶丛中或叶下。

采到 2 个金叶甲，寄主为蒿。

丝跳甲主要采自柯的花穗和胡枝子花上。

林内采到 1 个大肢叶甲。

<u>1984.VII.10</u>　上午雨，下午晴，红旗营林队

从红旗营林队向右侧山地阴坡采集，环境与前两天相同。

红胸丝跳甲均采自柯的花穗上。

齿股肖叶甲，采到 5 个，均采自悬钩子上，少见，为首次采到。

步甲均采自弃耕地的石下。

采到芫青、虎天牛、柱萤叶甲。

<u>1984.VII.11</u>　雨，六德红旗营林队

因雨未外出。

1984.VII.12 离六德红旗营林队，经永胜至丽江

永胜处于山间盆地，主要种植水稻、玉米，周围山地多为次生云南松林，阴坡为稍发育的灌丛植被。

公路从永胜折转向西，一直沿五郎河而下，直至金沙江边（金江桥）。在金官公社以西，进入峡谷地貌，西边山势陡峻，河流湍急，路边多有塌方滚石。两边山体上部植被较好，森林茂密，但坡陡难登。约距金江桥 10km 处，有一道班，道班左侧有一条沟，植被较好，可以停车工作，其他地方都无法下车。

金江桥海拔 1400m，气候干热，生长有热带植物，如木瓜等。过桥后开始爬老虎山（最高海拔 2600m），下山后经打罗公社，进入丽江。

1984.VII.13 白天多云，傍晚和夜间雨，丽江

联系去玉龙山事宜。

1984.VII.14 丽江至白水

1984.VII.15 多云有雨，丽江白水云杉坪，海拔 3200m

由白水营林所出发，爬两个山头，海拔上升至 3500m，进入云杉林的一片空地。空地杂草丛生，百花盛开，主要开花植物有紫草、委陵菜、蓟、蓼、报春花等，空地边缘有零星小檗。空地再往前过云杉林，树木被砍伐，生长有山柳等，林下有冷水花。

叶甲约有 20 种，为害山柳的有白杨叶甲、柳二十斑叶甲、双色圆叶甲、弗叶甲（仅 1 只）、锯角叶甲（蓝色、体形小）。

紫草长跗兰跳甲，为常见种。

采到 3 个金叶甲，其寄主可能为大叶鼠尾草。

采到 1 个隐头叶甲，体蓝色；采到 1 个角胸肖叶甲，体黄色。

小黄长跗跳甲采自冷水花上，食叶呈褐色斑点状，与1981年在片马所见相似。

跳甲蓝绿色带金光，采自银莲花的花穗中。

小檗上没有采到山丝跳甲，只有小蓝象甲。

朽木甲是一个常见种。

喜马象数量少，均采自蓼科植物上。

步甲数量较多，均在石下或土下。

鳃金龟采自林间空地的草丛中。

<u>1984.VII.16</u>　多云间晴，丽江玉龙雪山

李文刚带路由畜牧场（原劳改农场）登玉龙山，向高山草甸进军。畜牧场位于山脚，海拔约 3000m，附近为次生松林，草丛中蚂蟥较多。穿过长苞冷杉和云杉林带，出现箭竹林带，海拔 3800～3900m。海拔 3900～4000m 为大叶杜鹃林，海拔 4000m 以上为高山草甸、小叶杜鹃和流石滩。

云南玉龙雪山高山草甸，海拔 4000m

高山草甸海拔 4000～4100m，石头下只采到拟步甲、步甲、象甲和花萤。拟步甲为优势种，有特殊臭味。步甲采到 2 个，但鞘翅短缩，腹端外露 4～5 节，膜翅极小，是一种新的高山昆虫。象甲只采到 2 个，极少见。无论是石下或是草甸中都没有采到任何叶甲，或许玉龙雪山的高山草甸根本就没有叶甲科区系。

在流石滩的银莲花上采到蓟马和跳虫。它们是草甸的新成员。

草甸（草丛）或小叶杜鹃花上扫网采到不少小型黄色的露尾甲，已浸渍保存。草甸的另一重要成员是熊蜂，看到其急速飞翔，并采到标本。

云冷杉林，海拔 3800m。山柳、大叶杜鹃叶被瘦跳甲所害，被害处呈褐色干枯状，非常明显，与贡嘎山西坡所见为害蓼的情况相似。在林间草地中扫网采到山丝跳甲，外形与露尾甲极像，但体形较凸，也很像长蹠跳甲。本种与中甸大雪

山所采的光胸山丝跳甲相比体形显然较小，前胸有横凹，为本山新发现。似乎是在山柳或大叶杜鹃上扫网采到的跳甲中又挑出 6 个丝跳甲，鞘翅金色。上述两种可能均为新种，为玉龙雪山新记录。柳二十斑叶甲、白杨叶甲、圆叶甲，在林带中也有分布。采到 1 个金叶甲，海拔约 3500m 或稍低。金露梅上没有采到叶甲。

<u>1984.VII.17</u>　晴，玉龙雪山，白水营林所，海拔 2800m

在白水河边采集。河边植被简单，昆虫相单纯。采到 2～3 种丝跳甲，其中黄色的 1 种数量较多，采自唐松草的花上，另 2 种采自栗树上，极少见。菜地里只扫网采到 1 个菜跳甲。

小檗和金露梅上都未采到叶甲。

<u>1984.VII.18</u>　晴，牦牛坪

从白水乘小汽车继续向北行驶至 50km，即三道弯处，顺小路上山，到达牦牛坪。牦牛坪海拔 3500m，系小山山体顶部，地势较平坦开阔，无森林，为高山草甸植被，但草场被破坏，生长许多杂草类。

小檗上扫网采到山丝跳甲、长跗跳甲及一种蓝色的萤叶甲，此外还有象甲。看到 1 个曲胫跳甲，可惜未采到。

石下有步甲、蠼螋、喜马象等，无叶甲类，可见玉龙雪山地区无高山叶甲等的分布。

蝗虫数量较多，均为短翅型，种类单一。

山顶寄蝇、蜜蜂均很少，前者只采到 2 个绒毛寄蝇，较突出的是熊蜂。

在海拔 3300～3400m 的冷杉、云杉林内空地采集，为害唇形花科糙苏的金叶甲数量非常多，栖于顶端，有的在交尾。

在海拔 3500m 的高山草甸石下有许多喜马象。海拔 3500m 草甸上还有短翅蝗虫。

<u>1984.VII.19</u>　多云，傍晚大雨，白水干海子，海拔 3000m

白水河南岸一个小后山，当地叫干海子，实际是古冰川的两个侧蹟之间的层层河。次生植被，阳坡为松林，沟底生长有羊齿等草本植物，阴坡植被较丰富，有杉、桦、柳、杨、榛子等。

毛萤叶甲较集中发生，严重为害荚蒾，栖于叶片背面，为阴性种类。

采到 2 种柳弗叶甲，1 种体宽短，为常见种，1 种体瘦狭，只采到 1 个。

草丛中又扫网采到 1 个金色的丝跳甲，寄主不详，又有双毛黄丝跳。长跗跳甲属中除蓝长跗跳甲为优势种外，还有极小型的种类。小蜂种类多。

唇形花科植物上又有金叶甲。

大型寄蝇及蜜蜂喜访问栒子 *Cotoneaster* sp.的花，许多寄蝇采于此。

1984.VII.20　阴有雨，白水菅林所苗圃，海拔 2800m

鞘翅上具黄白斑的沟胫跳甲是今年第一次采到，其寄主可能是唇形花科植物，待再做观察。

小型蓝色长跗跳甲（黄足），采于林下的米口袋上，食叶呈褐色斑点状。

茶肖叶甲和隐头叶甲均采自栎树。

又见到黄双毛丝跳甲，寄主为木蓝。

1984.VII.21　多云，玉龙雪山白水至玉湖高山植物园

高山植物园位于玉龙雪山东坡玉湖公社北 1km，附近有稀疏的松林和百花盛开的草地，东边不远为一小玉湖。

下午在附近草地采集，海拔 2700m。紫草跳甲为优势种。草丛中还有凹胫跳甲。红色长跗跳甲，寄主似旋花科的一种草本植物。蓝色九节跳甲采自野花椒树上。石下采到步甲、细毛螨和小象甲，未见金叶甲、高山叶甲、萤叶甲等。蝗虫数量多，以绿色蝗虫为主。

看到 1 个豆芫菁正在掘土，准备产卵。

1984.VII.22　上午雨，中午晴，傍晚大雨，玉湖高山植物园

从植物园沿山坡、沟谷、溪边向上采集。

双毛丝跳甲采到 2 种，以黄色种占优。

蓝丝跳甲数量较多，寄主为带刺的一种灌丛。

角胫叶甲，红翅，采自山前灌丛，寄主为蝶形花科胡枝子，食叶，为首次采到。

采集地无翅蝗虫数量特别多，群集于灌丛植物上或于石上晒太阳，是优势昆虫类群。

发现螳象若虫捕食柳叶甲幼虫。

唇形花科植物上又有金叶甲。

蜜蜂主要采于委陵菜的花上。

采到喜马象。

看到 1 个铁甲，可惜未采获。

1984.VII.23 多云，玉龙雪山玉湖，海拔 2900m

较昨天多采到的标本有盾蝽和大吉丁。

叶甲中一种肖叶甲，体黑褐色，带毛，与寄主植物的颜色颇为一致。

双毛丝跳甲，寄主植物为唇形花科香茶菜。

1984.VII.24 多云间晴，玉湖，在高山植物园右侧山沟中采集

跳甲采自黄耆和榛子上，数量多。

铁甲采自榛子上。

采到 2 个大肢叶甲、2 个柱胸叶甲、2 个瘤叶甲，都反映了亚热带区系性质。

丽寄蝇采自沟口。

双毛丝跳甲，寄主为山蚂蝗。

1984.VII.25 多云，玉湖至丽江

途经玉峰寺，玉峰寺周围植被保存较好，树木高大、茂盛，寺下村庄中生长有棕榈科植物。

回丽江途中在有砾石的荒地采集，石下除少数步甲、拟步甲外，没有采到象甲和叶甲。

1984.VII.26 丽江

邮寄标本，询问火车车皮事宜。

1984.VII.27 丽江

写信汇报工作情况。

开会讨论未来几天的日程安排。

晚上陪陈一心等到玉峰寺灯诱，效果不错。

1984.VII.28 丽江

给汽车加油，购买粮油等。

1984.VII.29 阴有雨，丽江

休息

1984.VII.30 雨，丽江至小中甸

金沙江边海拔 1800m，附近村庄生长有棕榈科植物。下桥头公社附近山势陡峻，峡谷地势险要，反映干旱景观，植被稀疏，不宜工作。

从下桥头向上行 15～18km，海拔 2200m 左右，阴坡植被开始茂密。在公路里程碑 228km 处，有中甸州的一个水利工程队。

海拔 2600m 以上路边未见到核桃的分布，而代之以杨柳。

海拔 2800m 处，公路右侧有一土官村，有许多白色房屋，地形开阔，植被茂密，是暗针叶林的下限。此处有一条小路可通至海拔 4100m 的雪门坎，这是我们预计的第 2 个工作点。

住在中甸林业局招待所。晚上灯诱，鳞翅目昆虫数量很多。

1984.VII.31　早晨雨，中午多云间晴，下午 4 时阵雨，5 时后天晴，小中甸附近山前采集

小中甸右侧山前冲积坡主要植被是高山矮刺栎和小叶杜鹃，沟谷处多为山柳、杨和桦，也有金露梅、小檗等。

采到杨叶甲、柳二十斑叶甲和弗叶甲等，前两种为优势种，是主要害虫。

在铁线莲上采到两种曲胫跳甲，一种带黑斑；另一种为全红色，无黑斑。二者在同一种植物上采到，后者体形很小，不知是否与康定跳甲为同种。

豆科黑刺植物（有夹）上，采到黄足瘦跳甲。

1981 年在中甸采到的高山角胫叶甲（新种），又在同一植物上采到，均在顶端嫩叶叶背，蚕食叶片呈缺刻状。

蜜蜂有多种，大部分采自委陵菜的花上。

采到若干绿芫菁。

没有采到喜马象。

1984.VIII.1　晴，天池

天池为山间湖泊，海拔 3800m。周围植被为云杉、冷杉纯木，湖边生长有大叶杜鹃、山柳和小叶杜鹃灌丛。

大叶杜鹃和小叶杜鹃上扫网采到 1 种跳甲，可能是瘦跳甲，在大叶杜鹃上还有红翅小象甲。

步甲均采自石下，采到 3 个大象甲，形似喜马象，1 个采自蓼叶上（似大黄），另 2 个采自大叶菊叶下。

在小山顶小檗上扫网采到山丝跳甲。

地面 1 种羽状植物（蔷薇科或豆科）叶片上，有 1 种叶甲科幼虫，与巴塘海子山所见相似，数量较多，不知何种，未采到成虫。

1984.VIII.2 晴，小中甸林业局以西沼泽草甸至小中甸河边草丛采集

在酸模花穗及夏枯草花上采到短鞘丝跳甲，与 1981 年在中甸及格咱所见情况相同。

在河边沙棘等多种植物上采到蓝丝跳甲，数量较多。

在河边细叶柳上采到许多隐头叶甲，体蓝黑色，有许多在交尾，多数在顶端嫩叶。

在蔷薇科植物上采到 1 种带毛的肖叶甲，与白水营林所干海子所采到的相似。

有喜马象，但数量不多。

1984.VIII.3 上午多云，下午 4 时大雨

撤离小中甸，南行 40km，在迪庆水利局的一个工程处的冲江河设点，海拔 2300m，植被为常绿阔叶林。

原计划在土官村海拔 2800m 处设点，因无住处，故将两点合并，在较低海拔处设点。

1984.VIII.4 晴间多云，从驻地向公路下行 1km 进南沟采集

丝跳甲采到两种，一种可能为裸顶丝跳甲；另一种可能是波毛丝跳甲。

异跗萤叶甲，有两种体色，同时采自一种植物上，不知是否同种。

沟顶跳甲 *Xuthea* sp. 的寄主可能为荨麻。

采到荔枝蝽象。

此地昆虫种类少，数量也不多。

1984.VIII.5 多云间晴，云南中甸下桥头（冲江河）

下午 5 时有雨，冲江河驻地背后阴坡采集，海拔 2300～2600m。植被为阔叶林，农田内主要种植玉米、豆类等。

紫花胡枝子上扫网采到至少有 2 种丝跳甲，其中一种为灰黑色，体形小，触角较长，体毛白色、较密，近似长角丝跳甲，而不同于裸顶丝跳甲；另一种为棕黄色，可能是 *H. flavodorsata*。

蚤跳甲采自亚麻上。

肖叶甲采到两种，一种黄色，像齿骨肖叶甲；另一种近似茶肖叶甲。

扫网采到极小的喜马象。

象甲的寄主为苹果。

1984.VIII.6　晴，中甸虎跳江，海拔 1800m

从冲江河开车下行 18km 至下桥头，过冲江河桥，沿金沙江左岸继续下行 6～7km，在金沙江边山坡采集。山坡植被为草丛，有蒿子、紫草及其他一些旱生植物，少灌丛，无树林。

江边代表性昆虫为车蝗、无翅蝗、蝉、锯角叶甲（黄色，与乡城、德钦、阿东、梅里石所见相同，此种在丽江未采到）、隐头叶甲（蓝黑色，寄主为唇形花科草本植物）。

又采到 1 种体形较大的丝跳甲，足黄色，尾端较阔，体毛白色，较密，采自荨麻科赤车属植物上。

1984.VIII.7　中甸虎跳江公社土管村，海拔 2800～2900m

从冲江河向上行 8km，到土管村，沿去雪门坎的路采集，沿途为针阔混交林带。

丝跳甲属中以蓝丝跳甲和双黄毛丝跳甲为主，未见短鞘丝跳甲及山丝跳甲。

蒿子上有金叶甲，但数量不多。

柳叶甲很少见。

其他叶甲科昆虫数量很少。

步甲均采自农田休耕地内的石块下，数量较多。

1984.VIII.8　晴，中甸冲江河，海拔 2400m

从冲江河驻地上行 3km，到冲江河供销社后山地阳坡坡前采集。

昆虫数量极少，叶甲中突出的种类是柱胸叶甲，为首次采到。幼虫数量较多，成虫较少见，均躲藏在叶片背面或隐蔽处，有假死习性。

1984.VIII.9　晴，昨夜雷雨，中甸冲江河至丽江鲁甸，行程 200km

因冲江河附近昆虫极少，采集极不理想，提前转去丽江鲁甸。鲁甸位于云岭山脉东坡，系山间小盆地，海拔 2500m，是鲁甸乡政府所在地。鲁甸种植水稻、玉米、马铃薯等，有苹果、核桃等果树，还生长漆树，可割生漆（见树干上有许多圆形割漆痕迹）。

来鲁甸的目的是去丽江拉美荣高山试验药场调查天麻种植过程中的寄生蜂。拉美荣距鲁甸约 10km，步行约 2 小时可到。

<u>1984.VIII.10</u>　晴夜间雨，鲁甸至拉美荣

我和范建国二人步行从鲁甸去拉美荣，其余人留在鲁甸附近采集。

拉美荣药厂系丽江高山试验药厂，海拔2800～2900m，位于云岭上脉东坡，针叶林带的下缘。该场以种植人参、天麻为主。

天麻试验为人工授粉，苗床宽约1m，长约5m，下铺枕木和腐殖土。天麻以一种真菌为营养源，在地下生长，不出土者为上等，出土后，天麻块根即中空，失去药效。在有性繁殖中，除人工授粉外，还有蜜蜂传粉。蜜蜂产卵于上一年秋割的蒿子茎中，每茎中可产卵6～10粒，幼虫羽化为成虫后飞出。

中午至药场后，由种植天麻的老工人杨贵西带领，在附近寻找被蜜蜂产卵的蒿秆。

此外，还采到1种毛萤叶甲和1种龟甲。

<u>1984.VIII.11</u>　晴，拉美荣药场附近采集

药场苗圃中有一种香薷，正在开花，其上寄蝇特别多，采到几十个。

据场方工人讲，人参上金龟子幼虫和地老虎为害特别严重。

柳苗上采到长跗萤叶甲，与1981年在维西攀天阁所采相同。

采到1个扁角肖叶甲。

胡黄连上有1种鳞翅目幼虫，为害严重。

蓝丝跳甲是优势种，寄主为蒿等多种植物。

蒿上金叶甲数量较多。

<u>1984.VIII.12</u>　晴，拉美荣、鲁甸至犁地坪

上午10时从拉美荣出发，12时到达鲁甸，下午3时到达犁地坪。

晚上灯诱，地老虎数量特别多。

<u>1984.VIII.13</u>　晴，犁地坪

从道班房向北到原雷达站山头采集。

柳黄萤叶甲，可能与1981年在中甸格咱所采种类相同。

小檗跳甲 *Aphthona varipes*，体小，较阔，蓝黑色，体表无被毛，为首次采到。

海拔3400～3500m处，在大叶杜鹃上采到云丝跳甲，数量多，食尖端叶片，使呈褐色。

在海拔3200m处采到1个瘤叶甲。在道班房前柳树上采到1个触角极长的丝跳甲。

在草莓丛中扫网采到不少凹胫跳甲和长跗跳甲。

采到1个体形极大的蓝色蚤跳甲。

跳甲,寄主为柳叶菜。

1984.VIII.14　晴,夜间雨

从道班房向下到山间盆地沼泽草甸和灌丛草甸采集。

金色丝跳甲,数量极多,杂食性,为害蓼、火绒草、委陵菜,大戟科等多种植物,是优势代表种,可能与玉龙山所采相同。

采到1个黑色丝跳甲,毛短而稀少。

在石头下采到1个金叶甲。

跳甲,黄色,有胸前沟。

星蝽象是优势种之一。

采到弗叶甲。

1984.VIII.15　多云,从黎地坪道班向下关林场方向采集

在山地灌丛草甸内没采到叶甲类。

在密郁的森林内,林下底层草丛中扫网采到1种淡色足的瘦跳甲,该种可能与1981年在片马所采相同,寄主为冷水花。

跳甲的寄主为柳叶类。

蚤跳甲,体形大,采自公路边,寄主不详。

毛萤叶甲采自蔷薇上。

1984.VIII.16　上午雨,下午多云,犁地坪道班

丝跳甲,触角约为体长的两倍,采自山柳和桦等植物上,采到多个。

又采到杜鹃云丝跳甲。

1984.VIII.17　雨,犁地坪至剑川,行程200km

下午2时到达,住县招待所。

给王用贤打长途电话,询问火车车皮事宜,尚无结果,故决定明天直接去兰坪。

1984.VIII.18　剑川至兰坪,行程167km

途经笔在山,垭口海拔3000m,森林茂密。凡植被好者,均在海拔2700m以上。

兰坪东山垭口海拔3000m,西坡植被茂密。兰坪位于两坡峡谷中,海拔2300m。

1984.VIII.19　雨，兰坪，海拔 2300m

冒雨在兰坪县城附近南山采集。

红翅长跗萤叶甲数量极多，是优势种，是核桃、柳、杨的重要害虫，可将核桃叶片全部吃干枯。该虫属杂食性，除上述植物外，还为害盐肤木及蝶形花科植物。

丝跳甲有 4 种，以蓝丝跳甲为优势种，另外有黄双毛、黑白毛及少毛（光背）3 种类型，主要寄主是醉鱼草、蒿、紫花铁线莲等。

采到少数刀刺跳甲，还有球肖叶甲、瘤叶甲、扁角肖叶甲、圆叶甲。

1984.VIII.20　雨，兰坪，海拔 2300m

上午一直下雨，下午 1 时 30 分后雨稍停，抓紧时间在附近采集。

长跗萤叶甲是优势种，杂食性。

丝跳甲种类多，在紫花胡枝子（山绿豆 *Desmodium* sp.）上采到棕胸蓝翅的 1 种，而且数量多。几种丝跳甲常同时在一种寄主植物上。

淡翅粗角跳甲 *Phygasia* sp.，采自蔓生植物上，约有 3 个。

采到 1 种狭翅蓝跳甲，与映秀采到的波叶甲的寄主相同。

锯角叶甲都采自小叶胡枝子上，较常见。

1984.VIII.21　上午雨，下午 2 时后转晴，兰坪

已连续 3 天下雨，使我们不能正常开展工作。下午 1 时 30 分后，雨稍停，外出采集。

采到龟甲（寄主为旋花科植物）、球肖叶甲、风吹啸萤叶甲、蒿金叶甲、异跗萤叶甲、黄色锯角叶甲等。丝跳甲数量较多。

风吹啸萤叶甲、球肖叶甲、扁角肖叶甲等均指示东洋区系性质，与 1981 年云龙老窝、志奔山区系相似。

丝跳甲的寄主相同而物种分化明显，不知是通过何种隔离方式而形成的。横断山区种类之丰富的原因值得研究。

1984.VIII.22　晴，兰坪东山垭口，海拔 3000m

本计划到澜沧江边采集，因公路塌方，转而向上到东山垭口以及半山上采集。

在垭口主要的叶甲有 3 种：长角丝跳甲，采自山柳，数量较多；黄足的瘦跳甲（可能与犁地坪同），数量极多，在寄主五味子的叶片背面，取食叶肉，呈网状干枯；云丝跳甲，虽数量少，但已说明有分布。

在垭口仍有风吹啸萤叶甲。

　　回兰坪途中，又在海拔 2500m 左右阴沟中采集，但昆虫数量极少。蓝丝跳甲的寄主为香薷，萤叶甲的寄主为马桑。

1984.VIII.23　兰坪

　　因连续 3 天下雨，特别是 21 日夜间的长时间大雨，造成金顶山北高普村发生泥石流。兰坪至下关的公路被冲断，要十几天才可修好便桥通车。

1984.VIII.24　晴，有阵雨，兰坪县新址西山沟

　　蓝丝跳甲仍是优势常见种。风吹啸萤叶甲、黄足瘦跳甲、榛子铁甲、柱胸叶甲等都有采到，但柱胸叶甲只见到幼虫（寄主也同过去所见），未采到成虫。

　　采到丽色盾蝽。

　　采两种毛萤叶甲：一种黄褐色（带红）；另一种黑色，像肖叶甲。

1984.VIII.25　多云有阵雨，金顶

　　继续在金顶附近采集。

　　蝗虫有长翅型和短翅型两种，长翅型为小车蝗，短翅型为斑腿蝗亚科的种类。

　　步甲均采自弃耕地石下，足均淡色，数量较多。

　　斑芫菁、豆芫菁及红翅绿芫菁，均采自紫花胡枝子上，以斑芫菁数量最多。

　　李肖叶甲多数采自松树上，但未见其为害。

　　斑翅萤叶甲（属于长跗萤叶甲或德萤叶甲），多数在算盘子上采到。

　　九节跳甲为兰坪地区所少见，与川西地区的种类不同。

1984.VIII.26　多云转雨，金顶

　　在金顶新县址后山山沟采集。

　　采到 1 个半翅目昆虫（可能是盲蝽），小盾片白色，瘤状高凸，具黑点，曾在鲁甸采到过。

　　采到 2 个食蚜蝇，外形似蜂，有拟态现象。

　　长跗萤叶甲，胸红色，鞘翅蓝黑色，数量较多，采自壳斗科植物的花序上。

1984.VIII.27　下午 3 时下雨，金顶

　　又在昨日的山沟中采集。

　　竹叶上有 1 种幼虫，像铁甲、又像瓢虫，采部分幼虫和蛹饲养，待其羽化。

　　又看到柱胸叶甲幼虫，寄主同前所见，是开小白花的藤本植物。

　　野外工作至此结束。

　　王书永横断山区 4 年采集标本数量：1981 年 16 745 个，1982 年 16 995 个，1983 年 18 345 个，1984 年 11 225 个，总计 63 310 个。

第二部分　考　察　纪　实

1960 年新疆昆虫补充考察报告

新疆综合考察队昆虫组自 1956 年起在新疆进行昆虫考察，至 1959 年止，共历 4 个夏秋，足迹遍及天山南北。1960 年野外工作基本结束，转入全面总结阶段。然而因新疆东南隅的且末和若羌一带，在之前的考察中尚未去过，又因阿尔泰山及塔城地区的工作做得很少；所以，1960 年特由中国科学院昆虫研究所派出王书永和张发财二人与中国科学院昆明动物研究所人员一起前往上述各地进行补充考察。

本年度考察路线是从东南疆到北疆，4 月中旬到 5 月下旬在且末和若羌县境；5 月底到 6 月中旬经乌（乌鲁木齐）库（库尔勒）公路翻越天山；6 月下旬转至阿勒泰和塔城地区；9 月中旬结束。考察时间共计 5 个月，考察路程约 3000km。

补点考察的目的：在东南疆以调查沙漠昆虫的区系分布和固沙植物害虫为重点，在北疆则注重调查农林害虫。兹就南北两部考察结果，分述如下。

一、东南疆——且末和若羌

（一）昆虫分布概况

本区位于塔克拉玛干大沙漠的东部，雨水稀少，是我国严重干旱的地区。夏秋间多风暴，造成流动沙丘、沙漠、半固沙丘和砾石戈壁等，面积相当大。由于气候干燥、土壤瘠薄，区内植被稀疏，昆虫种类十分贫乏。

本区可以塔里木河为界，分为南北两部分。本区昆虫极少，但南部比北部更少。河南部地区气候更加干旱，植被更稀，地多光裸不毛，昆虫的种类和数量都极少。河北部地区正是塔里木河及孔雀河的冲积平原区，气候较湿润，植物生长良好，种类较多，昆虫的种类和数量也显著增多。如胡杨蚜虫，在铁干里克以南数量不多，但在塔里木六场附近就很多，尤其是幼龄树或植株下部的新生枝条上数量更多。它们分泌的蜜露在胡杨叶上闪闪发光，落在地面油润光泽。农田附近的杂草如甘草、骆驼刺、罗布麻等植物的顶端，蚜虫也密集成团。此外，拟步甲的密度也比南部更大。叶甲方面，如红柳叶甲（*Diorhabda elongata deserticola*）、罗布麻肖叶甲（*Chrysochares aeneocupreus*）在南部没有见过，但到了铁干里克以北却很普遍。

本区自然条件复杂，根据昆虫的分布情况可分为 4 个区：无植被区、石质荒漠区、冲积平原荒漠区、绿洲耕作区。

（1）无植被区。本区以在极广阔的地域内地面裸露、毫无植被为特征。依其地貌类型包括塔克拉玛干内部的流动沙丘、台特玛湖的盐碱地和山前洪积扇边缘的砾石戈壁等。本区内无昆虫，只有在人畜常常穿越之处可能有某些虫类随之传入。我们曾在毛驴尸体上发现有蝇类的蛹壳和皮蠹幼虫所脱下的皮。此类昆虫都是暂时栖居的，在尸体干枯后如不迁至他处，则必然死亡。

（2）石质荒漠区。东西狭长的阿尔金山山前洪积扇是此区的地貌类型，地面满布砾石，植物生长不良，仅稀疏地生长了一些琵琶柴、沙拐枣、麻黄等植物。本区渐有昆虫，多为土栖种类。我们曾在琵琶柴根下砂土中找到衣鱼、土蝽、拟步甲、小金龟子、象甲等，在麻黄砂包中找到蜍象（*Prechyrema* sp.），种类和数量都极少。通过查看本区的情况，预计在夏秋时可能会有一些蝗虫发生。

（3）冲积平原荒漠区。本区为且末河和塔里木河下游的冲积平原，是可垦的沃野，植被发育渐好，覆盖度也较大。地面大多丛生着一些盐生灌木，形成灌木荒漠。其中最为普遍分布的是红柳、盐穗木、铃铛刺、白刺、骆驼刺和罗布麻等，在河流两岸常稀疏地生长着胡杨林，低洼潮湿处有芦苇。土质有不同程度的盐碱化。本区昆虫种类繁多，除以拟步甲为代表的土栖昆虫外，还有金龟子、象甲、蚂蚁、蚁蛉和土蝽等。非土栖的种类多少与耕作区相同，只是数量较少。因土壤含盐碱，在长期积水的地方，还有稻水蝇（*Ephydra macellaria*）。

（4）绿洲耕作区。本区是沙漠中的耕作区，是水草丰盛的地区。本区的气候、土壤、植被等各方面条件，都比上述三区更适宜于昆虫的繁殖，昆虫的种类和数量也更多。绿洲中农作物上的害虫，主要是地老虎及棉铃虫等。苜蓿地及田边草丛中，虫类尤其多，是多种昆虫的渊薮。

（二）沙漠昆虫的适应现象

沙漠中气候干旱，日夜温差大，因而昆虫种类贫乏，数量不多，并呈现出特殊的适应现象。首先是土栖习性在沙漠昆虫中很普遍，因为土栖可以避免烈日炙烤和暴风侵袭。土栖昆虫，在体形、构造等方面亦反映出多种变化。有些种类，如金花虫（叶甲类），其足部跗节的毛被或退化消失，或发展为钉耙式的坚齿，以便于爬土。很多甲虫的后翅消失，鞘翅愈合，体形呈现纺锤形（或称流线型），腹面近似船底形状。不少在地面生活的昆虫，体色和沙面背景色相似。栖息在植株上的种类如叶甲（*Diorhabda elongata deserticola*）、隐头叶甲（*Cryptocephalus astranicus*）、盲蝽、花萤、卷叶虫等，表现为拟色现象。

沙漠昆虫的另一个特点是爬行速度快，由于沙面温度高，爬行时六足支起也较高。观察沙漠中拟步甲，1分钟可爬行1.2～4.8m；蚂蚁比拟步甲爬得更快，1分钟可爬行10m。

昆虫活动与温度变化有关。中午气温高，昆虫大多蛰伏于植物根部或枯枝落叶中，早晨和下午气温低，昆虫才活动于地面。活动时间一般是早晨 6 时 30 分至 10 时，下午 6 时以后。若是阴天时温度不高，中午也可出来活动。昆虫适宜的活动温度为 15～25℃。

蚂蚁的栖息地需要一定的湿度，但又不宜太湿。在高山草原带中，因为降水多，土壤湿度极大，蚂蚁常常生活在地面以上，用各种碎草梗建成馒头形的窝巢中。在天山和阿尔泰山上，都能看到这种情况。而在沙漠中，多数的蚂蚁巢穴是建在较低洼潮湿的地方。凡在干燥的区域，仅见蚂蚁爬行，却找不到洞口。蚂蚁的入土深度也与土壤湿度有关，湿度大的地方入土较浅，干燥的地方入土较深些，一般在 25～40cm，最深可达 80cm。

(三) 固沙植物害虫调查

新疆沙漠面积广大，亟待绿化改造。在绿化过程中，固沙植物会遭到哪些虫类的侵害，这是摆在我们面前需要解答的问题。这次考察，我们特别留心固沙植物害虫的种类和为害情况，初步结果如下。

(1) 胡杨。胡杨生长迅速，耐干旱、耐盐碱、耐砂埋砂压，是优良的固沙树种。胡杨林的害虫共发现有蚜虫、尺蠖、卷叶虫、木虱、缘蝽、鳃金龟、象甲、吉丁虫和夜蛾等。现将主要者简述如下。

蚜虫：在且末河下游的雅克都布拉克、塔里木河岸的阿拉干、尉犁都普遍存在，特别是在铁干里克以西，蚜虫尤其多，为害亦严重。此虫群居叶面，吸食汁液，在幼龄树和树干下部枝条、嫩叶上的数量为最多。

尺蠖：幼虫蛀食刚发芽的芽苞，叶片展开后，则蚕食叶片成孔洞。其发生的时间很早，4 月 26 日于雅克都布拉克见到 1～2 龄的幼虫，5 月初在阿拉干也曾有发现。此虫虽然数量不多，然而为害颇为严重。据新疆八一农学院张学祖先生报道，1985 年生产建设兵团农一师于塔里木河两岸发现桑尺蠖严重为害。胡杨尺蠖的发生时间及为害情况，与桑尺蠖颇为相似。

卷叶虫：幼虫活泼，取食枝条上尖端嫩叶，使叶片卷曲，导致整个枝条的尖端变褐而干枯。此虫数量不多。

木虱：成虫善跳，体小似蝉，全体黄褐色，翅透明，若虫全体满布蜡质白粉，翅芽明显，在枝条上作虫瘿，一个虫瘿中可以生活数个若虫。成虫长大破虫瘿而飞出，在叶片和新生枝条上吸食汁液，数量颇多。在阿拉干胡杨林中，几乎每株树的下部枝条上都有破裂的虫瘿，严重地影响着植株的正常发育。

（2）沙枣。沙枣遍布南疆各地，是固沙造林的良好树种。1959 年考察时，发现有盲蝽、桑尺蠖等虫害，现又发现 4 种：蓝跳甲（*Haltica* sp.）、叩甲、盲蝽和蓝蝽。其中以蓝跳甲为害最甚，成虫取食嫩叶的叶肉，只剩表皮，使叶片呈透明的膜状，或成孔洞。蓝跳甲的卵为米黄色，长圆形，每 6～8 粒斜立排列成块，产于叶的背面和芽苞的基部。4 月 27 日在瓦石峡发现蓝跳甲的成虫，数量颇多，严重地摧残叶片。当时正值该虫的交尾产卵期。

（3）红柳。在荒漠区分布极普遍，能固沙，常形成高达数十米的大沙丘。红柳上害虫较多，尤其在开花期，虫类更多，如盲蝽、木虱、缘蝽、浮尘子、银色小象甲、红柳叶甲、隐头叶甲、花蚤、卷叶虫和夜蛾等。红柳根部有拟步甲、蝼蛄、蟋蟀、小金龟子和土蝽等。其中以盲蝽、木虱、浮尘子和花蚤的数量最多，分布更普遍。生活在红柳花上的昆虫有一个共同的特点，即体形都很小，颜色浅淡，与花的颜色一致。生活在绿叶上的卷叶虫也与叶片颜色很相似，若无该虫结下的白丝网做向导，则很难发现。

（4）甘草。甘草上害虫极多，和苜蓿类似。1959 年在阿图什哈拉峻后区的大面积甘草地中，曾采到蚜虫、蓝跳甲、象甲、豆象、盲蝽、菜蝽、夜蛾幼虫以及浮尘子等。在东南疆地区塔里木河的两岸，甘草是呈点片状分布的，害虫不多，以蚜虫为害最甚。蚜虫群居于植株顶端的嫩叶中吸食汁液，致使叶片卷曲。凡被害的植株，其顶端更发油亮，用手触摸，觉得很黏。甘草是棉花蚜虫的中间寄主，春季棉苗未出土以前，蚜虫首先在甘草等植物上取食，待棉苗出土后逐渐向棉田迁移，因此消灭甘草害虫与保护棉苗有密切关系。

（5）骆驼刺。骆驼刺上的害虫主要是紫团蚜，为害情况与甘草相似。

（6）罗布麻。又称野麻，在塔里木河沿岸普遍生长。不仅可固沙，其皮部纤维还可制作麻绳和布匹，也是一种很好的经济植物。罗布麻上的害虫有罗布麻绿肖叶甲（*Chrysochares aeneocupreus*）、蚜虫、星蝽象等。罗布麻绿肖叶甲和蚜虫分布最广，南北疆都有，为害严重，一年发生一代，6 月底至 7 月初成虫出现，取食叶片呈缺刻状。

（7）铃铛刺。在南疆考察时铃铛刺上的害虫较少，仅采到象甲、豆象、蝽象、木虱和浮尘子等，数量都不多。但后来在北疆考察时还发现蚜虫和斑芫菁，其中斑芫菁数量极多，其成虫取食花瓣咬断花蕊，严重影响结实，是最重要的害虫。

以上 7 种固沙植物均是沙漠中常见的，其虫害情况略如上述。当然这只是初步的考察结果，将来如再深入调查，定会有更多的发现。

二、北疆——阿勒泰塔城地区

（一）昆虫分布概况

北疆位于阿尔泰山南麓、准格尔盆地的北缘和西北缘及准格尔界山区。北疆的自然条件不同于南疆，气候较湿润，植物更丰富。以南北疆两大盆地为例，塔里木盆地植物种类极贫乏，沙漠中的植物仅有 10 余种；而准格尔盆地植物种类则极丰富，据调查，沙漠中的植物不下百种（中国科学院治沙队，1959）。北疆的昆虫种类也比南疆更多。例如蝗科虫类，据马世骏先生等的调查报道，全疆共发现蝗虫 53 种，北疆有 47 种，而南疆仅有 42 种（陈永林等，1957）。又如芫菁科虫类经过鉴定有 27 种，均分布于北疆。叶甲科虫类也有上述情况，如油菜金花虫（*Entomoscelis adonidis*）、杨赤叶甲（*Chrysomela populi*）、东方芥菜叶甲（*Colaphellus* sp.）、阿尔泰叶甲（*Crosita altaica altaica*）、乌鲁木齐叶甲（*Crosita altaica urumchiana*）和刺跗叶甲（*Theone silphoides*）等，也只在北疆发现，南疆迄未采到。

仅以北疆而论，昆虫的分布也有一定的区域性。有些种类是普遍分布的，有些则不然。如柳树蓝叶甲（*Agelastica alni*）分布极广，考察所到的各县都有发现，是柳树、钻天杨的重要害虫。而阿尔泰叶甲仅分布于阿尔泰山；乌鲁木齐叶甲仅分布于天山；刺跗叶甲只在天山托里、克拉玛依、吉木乃和哈巴河等地发现。兹就阿尔泰山、准格尔盆地和准格尔界山区的昆虫分布情况，分述如下。

1. 阿尔泰地区

本区山地昆虫按垂直分布可以分为 3 个地带。

（1）高山草甸带。自冰雪带以下至森林草原带的上线，海拔在 2500m 以上。

高山草甸带的代表昆虫是一种黑色盲蝽（*Euryopocoris nitidur*），为国内首次记录。此外有露萤叶甲（*Luperus anthracinus*）、绢蝶（*Parnassius apollo*）、蛱蝶、食虫虻、熊蜂等。黑盲蝽数量极多，取食飞燕草（*Delphinium* sp.），全体黑色，后翅退化，具有高山昆虫的特点。

蝗虫在本带中数量不多，但有一种凹背蝗，翅减缩，很小，呈鳞片状，前胸背板后缘沿中隆线具有三角形凹缺。这种蝗虫也是本带较突出的种类。

本带海拔越高，昆虫越少。在上部的冰碛乱石堆中只有极少量的象甲、叩甲、弹尾虫等。阳坡昆虫种类比阴坡丰富，阴坡仅有为数不多的蝇类。

（2）森林草原带。海拔 1100～2500m。阴坡为由西伯利亚落叶松、西伯利亚云杉组成的针叶林，苍翠郁密，林内极其潮湿。只是在森林带的下部或山谷中，才混有为数不多的桦树和山柳。本带的阳坡为草原，杂草丰茂，高过膝盖。

森林草原带的昆虫种类最丰富，其中数量最多且具有代表性的为馒蚁、绢蝶、黄色网翅蝗等。

馒蚁可作为本带的指示昆虫。此蚁用碎草梗在地面上筑巢，巢呈馒头形，高达 10～20cm，直径 30cm 左右，密度很大，数量很多。在天山北坡乌（乌鲁木齐）库（库车）公路边草原带中也曾看到有这类馒蚁，但蚁巢较小，密度较稀。

针叶林中害虫不多，在被砍倒的树干中只找到 1 个天牛成虫；在盛开的伞形花科独活（*Archangelica*）花上，采到近 10 种花天牛，1 种花金龟，以及若干叶甲、胡蜂、熊蜂、吉丁、拟天牛、萤、花蚤等；在腐朽的树干和树皮中，采到蚂蚁、蠼螋和步甲等。

桦树上害虫较多，在西岔河的次生灌丛中，有 1 种黑色木虱，数量颇多；在大桥工作时又看到 2 种蜻象和 1 种叶蜂的幼虫。被前 3 种昆虫为害的桦树叶片常呈白色斑点状，而叶蜂幼虫蚕食叶片仅留主脉，甚至推成光杆，颇为严重。

山柳是森林草原带中极少的树种，仅在河谷中可见。山柳上害虫不多，只发现 4 种叶甲，属于 *Phytodecta*、*Elytra* 及 *Labidostomis* 等属，数量很少，为害较轻。

本带中拟步甲很少，与山麓荒漠带形成鲜明的对照。

（3）山麓荒漠带。自森林草原带以下直至准格尔盆地北缘，是阿尔泰山的前山地带。由于气候干燥，植被以蒿子（*Artemisia* spp.）、优若藜（*Eurotia ceratoides*）、角果藜（*Ceratocarpus arenarius*）等荒漠植物为主，偶尔混有针茅（*Stipa*），成为草原化荒漠。阿尔泰山东部，接受来自西伯利亚的湿润空气较少，荒漠带较西部为高，在青河可高达海拔 1450m 以上。

本带的优势昆虫是蝗虫、叶甲和拟步甲，因此也可称本带为蝗虫带。其中以小车蝗（*Oedaleus*）、曲背蝗（*Pararcyptera*）、黑腿星翅蝗（*Calliptamus barbarus*）、意大利蝗（*Calliptamus italicus*）的数量最多。这些蝗虫常辗转于农田，为农作物和牧草上的重要害虫。

2. 准格尔盆地

准格尔盆地干燥炎热，土壤多砂质并混有砾石，为砾石戈壁。植物贫乏，主要有红柳、白刺、沙拐枣、梭梭、猪毛菜等。在额尔齐斯河和乌伦古河的两岸，有以杨柳为主的走廊式的河岸林，杂草丰茂。河谷和盆地自然条件各异，其昆虫相也各有不同。

（1）河谷区。包括额尔齐斯河、乌伦古河、布尔津河和哈巴河的河谷，以及阿尔泰山山前洪积扇下部地下水溢出地带。河谷区气候湿润，植被丰富，昆虫数量最多。最有代表性的昆虫是蚊类，人在草丛中行走，蚊虫可以爬满全身，刺透衣服。当 7 月蚊子最多的时候，我们正在上述河流沿岸考察，大受蚊类侵扰，以致工作进行得非常困难。即使在晴朗的白天，只要走进草丛，蚊虫就会蜂拥而来。当地人在考察地的附近烧烟驱蚊，也不济事。蚊子之多，着实罕见。

（2）盆地荒漠区。盆地荒漠区中的昆虫显然贫乏，但也有独特的种类，如大绿肖叶甲（*Chrysochares asiaticus*）、罗布麻绿肖叶甲、朱腿痂蝗（*Bryodema gebleri*）、拟步甲（*Platyope leucogramma*）。此外，还有龟甲、翠色芫菁、束颈蝗、蚁蛉等。在靠近河谷的坡地上有一种蛇，被咬处会奇痒无比。戈壁蝉是戈壁滩上的昆虫，是棉花的重要害虫，6 月底在农十师师部工作时，发现该虫数量颇多。如果种植棉花，必须设法防治此虫。

盆地荒漠中的昆虫比较简单，而在盆地的绿洲中又变得复杂，除了上述虫类外，还有多种农业害虫。凡是没有精耕细作的地区，杂草茂盛，害虫更多。新疆沙漠面积广大，绿洲夹杂于荒漠之中，对于害虫的传播起了一定的阻隔作用。只要不断提高耕作技术，害虫问题并不难解决。

准格尔盆地的北缘与西缘的昆虫相有所不同，西部克拉玛依一带受准格尔界山的影响，在蒿子荒漠中发现有分布于天山区的昆虫，如刺蹒叶甲。而拟步甲（*Platyope leucogramma*）则仅分布于青河二台。

（3）准格尔界山区。位于准格尔盆地的西部，自布尔津以南，克拉玛依以西，包括和布克山间谷地和塔城盆地。本区昆虫相与阿尔泰山区的昆虫相有所不同，既有阿尔泰山区的种类，又有天山区的种类，在昆虫相上呈现交错的现象。例如，天山区的刺蹒叶甲分布在克拉玛依、托里和吉木乃；阿尔泰叶甲分布于托里、和布克等地。相反地，天山区的乌鲁木齐叶甲在本区未发现，阿尔泰山麓占优势的为步甲（*Micodera*）在本区中显著减少。

（二）农林害虫一斑

1. 小麦害虫

小麦是北疆的主要农作物，种植面积最大。小麦害虫的种类很多，为害最严重的是蝗虫和锚纹金龟子。

（1）蝗虫。蝗虫是新疆危害最大的害虫。湖滨沼泽是亚洲飞蝗的发生基地，乌伦古河渚成的布伦托海会发生一些飞蝗为害。但是本区常造成灾害的并不是飞蝗，而是多种土蝗，如小车蝗、意大利蝗、黑腿星翅蝗、曲背蝗和斑翅蝗等。这些蝗虫同时也是牧草的重要害虫。

（2）锚纹金龟子（*Anisoplia agricola*）。体长 12mm，头、胸及小盾片为黑色，足及身体的腹面为黑色。头部及胸部有黄色的长绒毛。以幼虫在土中越冬，幼虫取食腐殖质和植物的须根，有时能伤害幼苗。成虫取食未成熟的籽粒，是小麦乳熟期的重要害虫。据文献记载，1 个成虫可取食 7～8g 种子，连脱落的种子在内，可造成 50～90 粒种子的损失。

据当地资料记载，该虫 1960 年在哈巴河和布尔津都曾大发生。哈巴河县发生面积达 7 万亩，每个穗上有虫 1～10 个，平均每平方米有虫 50～60 个；布尔津县超英公社，20 个小学生在虫口密度较小的地方，一天内捕到成虫达 4kg，在虫子较多的地方，一个人在一个下午就可捕捉 1kg 之多。7 月初，其成虫首先为害冬小麦，待籽粒变硬时，则转到春小麦上继续为害。除为害冬小麦和春小麦外，锚纹金龟子还侵害马铃薯的花，1960 年布尔津县有 300 亩马铃薯遭受其害。

7 月 4 日我们在青河县城郊附近的小麦田边，看到成虫群居在滨草上进行交尾。7 月 13 日到达富蕴后，发现成虫已转入小麦上为害。当时正值小麦开花和孕浆期，金龟子成虫用其跗节紧抓小穗，头部插入颖壳中取食花药和汁液，并取食刚灌浆的种子。一株麦穗上常有 1～2 头金龟子。

防治此虫，除施用药剂外，更可利用灭茬深耕。成虫产卵在深达 8～20cm 的潮湿土壤中，特别集中在春麦地。当小麦收割后，立即灭茬深耕，将卵翻到干燥的地表晒死，减少下一代成虫的数量。刚羽化的成虫有首先取食滨草的习性，当大量出现时，应提早除治，力争消灭在麦田以外，以免遭受损失。

2. 豆类害虫

为害豆类作物最严重的昆虫是花芫菁（*Mylabris* spp.），其分布普遍，种类也多，初步查出有 *M. biguttata* ab. *parategineusi*、*M. fratlo*、*M. monorona*、*M. guadripumeta* 等。成虫食性很杂，为害多种作物，如油菜、萝卜、白菜、蚕豆、豌豆和四季豆等，也侵害多种杂草，如苦豆子、千里光、大车前、滨麦、甘草、紫菀、铃铛刺、蒿子、矢车菊以及葫芦等。受害最严重的是蚕豆、豌豆和四季豆。7 月初在青河调查了 100 株蚕豆，受害株率达 44%；7 月中旬曾调查了新疆生产建设兵团第十师师部的四季豆，受害株率高达 75%；7 月下旬在福海县调查 30 株豌豆，受害株率竟达 100%。花芫菁成虫咬断花瓣和花蕊，严重地影响结实，是豆科作物的大害虫。

芫菁可以入中药，一般称作斑蝥，其所含的斑蝥素又有杀虫功效。据农十师农牧科技术干部讲，把芫菁捣碎再冲水 15 倍，可以杀灭蚜虫。

3. 马铃薯害虫

7 月中旬在新疆生产建设兵团第十师师部工作时，该师的马铃薯遭到红头芫菁（*Epicauta erythrocephala latelineolata*）和大头芫菁（*E. megalocephala*）的严重为害。红头芫菁在国外分布于土耳其斯坦和外里海，在国内还是首次记录。大头芫菁分布于西伯利亚和苏联南部，以及我国的东北、内蒙古、河北和北京，在新疆也是首次报道。此两种芫菁混合为害，群居于植株顶端取食叶片，自嫩叶开始，渐次下移，将叶片全部吃光。

4. 蔬菜害虫

考察所及之各县，普遍有蔬菜害虫为害。主要有菜叶蜂（*Athalia rosae*）、甘蓝夜蛾（*Barathra brassicae*）、白粉蝶（*Pieris rapae*）、大菜粉蝶（*Pieris brassicae*）、黄条跳甲（*Phyllotreta* sp.）、蚤跳甲（*Psylliodes* sp.）、大猿叶甲（*Colaphellus bowringii*）、油菜叶甲（*Entomoscelis adonidis*）、赤条蝽（*Graphosoma rubrolineata*）、菜蝽（*Eurydema* sp.）、蚜虫等。

（1）跳甲。已发现 *Phyllotreta turcmenica*、*Phyllotreta cruciferae*、*Psylliodes* sp. 3 种。幼虫居土中取食菜根，成虫则喜食白菜、萝卜的幼苗以及花瓣，咬食呈无数小孔状，在幼苗期常使叶片干枯而死。阿勒泰有一菜地曾因其为害而补种了 3 次，最后不得不改种其他作物。

（2）菜叶蜂。成虫黄色，幼虫黑色或绿色，随龄期有所不同。幼虫穿食叶片呈小孔状，仅留主脉，幼苗常干枯而死，是白菜苗期的毁灭性害虫。成熟期的白菜被害后，菜叶呈多孔筛状，不可食。7 月初青河县二台的秋白菜由于受此虫为害，不得不提早收获。8 月底阿勒泰克木齐人民公社，出土 11～12 天的小白菜严重受害。我们曾检查 30 株小白菜，株株有虫，平均每株上有 4.7 条。

（3）甘蓝夜蛾。幼虫钻入甘蓝的心部，穿食心叶，其粪便将心叶污染，是甘蓝包心时的重要害虫。8 月中下旬在阿勒泰和克木齐都发现此虫为害。因已钻入心叶中，且为老龄幼虫，施药除治很难见效，当地都采用人工捕捉。

（4）大菜粉蝶。幼虫群集，专食甘蓝外部叶片，可将叶片全部吃光，仅留基部粗大的主脉。此虫也为害萝卜。防治此虫必须在 3 龄以前。

5. 林木害虫

阿勒泰山针叶林的害虫前面已介绍过，种类不多，为害极轻微。但在河流两岸、河谷、农田及城寨附近的阔叶树上，如杨柳、桦树、榆树等，害虫种类很多。

（1）柳树上发现 3 种蝽象，已鉴定两种（*Palomera amplificata*、*Pentatoma rufipes*）；金花虫 8 种，已鉴定 6 种（*Agelastica alni*、*Chrysomela populi*、*Chrysomela saliceti*、*Phytodecta* sp.、*Clytra* sp.、*Labidostomis* sp.），此外还发现有金龟子、泡沫虫和象甲等。

分布最普遍、为害最严重的是蓝色金花虫 *Agelastica alni*。它是阿勒泰、福海、哈巴河、塔城等地柳树的最大害虫。成虫、幼虫都能为害，专食叶肉，使叶片仅留表皮呈网状薄膜或缺刻状。此虫一年一代，6 月初成虫出现，7、8 月为成虫、幼虫同时为害的最烈期。它同时是钻天杨的重要害虫。塔城的钻天杨，靠近主干的叶片多呈干的白色薄膜状，就是此虫为害的结果。

（2）杨树有 4 种金花虫（*Chrysomela populi*、*Chrysomela saliceti*、*Chrysolina polita*、*Agelastica alni*）、1 种蚜虫和 1 种潜叶蝇为害。以杨赤叶甲（*Chrysomela populi*）为害最严重，是杨树苗期的重要害虫。

参 考 文 献

陈永林, 夏凯龄, 马世骏, 1957. 新疆蝗虫地理的研究[J]. 科学通报, 2(7): 211-212.

中国科学院治沙队, 1959. 新疆沙漠概况[M]. 北京: 科学出版社.

备注：这是我第一次撰写野外考察报告，先后经江西农学院院长、新疆综合考察队昆虫组负责人杨惟义院士亲自修改 3 次，导师陈世骧院士修改 2 次。原拟送科学出版社作为由杨惟义院士主笔的《新疆昆虫考察报告》的附录部分刊出，后遵照陈老的意见未曾交出付印，留在手边，成为我怀念二位先师的永久纪念。看到原稿，心底燃起对先师的无限感激之情（王书永，2009 年 6 月）。

北京叶甲调查报告

1961 年和 1962 年的夏季，我在北京地区对叶甲科昆虫进行了采集调查，目的在于了解北京地区的叶甲科昆虫的种类、分布特点及其寄主植物和经济意义，为《经济昆虫志》的编写积累资料。调查地区主要在西郊，山地以香山、八达岭为主，平原以海淀区、昌平区为中心，向南到大兴区。1961 年曾到房山区上方山林区采集。

所采标本按种类分别编号记录，寄主植物编以相应号码，另请中国科学院植物研究所专家鉴定学名。在叶甲的鉴定方面，其中龟甲亚科由谢蕴真先生鉴定，铁甲亚科由谭娟杰先生鉴定，其他亚科，除陈世骧院士鉴定的以外，均由本人根据标本馆定名标本鉴定。

经初步统计，共计 11 亚科 61 属 120 余种。其中，有寄主植物记录的有 87 种，有全套生活史标本的有 17 种。

1）分布概况

北京地处华北大平原的边缘，西面和北面紧靠太行山和燕山山脉，北京西北郊是低山丘陵，主要是丘陵山地和平原两种生态类型。叶甲的种类与分布与上述的环境紧密相连。

（1）丘陵山地叶甲。在丘陵山地，特别是前山地带，所谓山地叶甲不应包括沟谷的种类，因为沟谷较润湿，水草更丰茂，平原种类可以通过沟谷向上侵入。沟谷种类与平原种类有更多相似性，可以看作平原区系的继续，但由于少受人为活动的影响，生态条件相对稳定，昆虫种类更为繁庶，如果仅为收集标本，沟谷是最好的环境。真正能代表丘陵山地昆虫区系的应该是除去沟谷的阴坡和阳坡，特别是阳坡，因为阳坡与平原生态环境有更大的不同，更能反映山地昆虫区系的特点。北京地区的山地叶甲的主要代表有 *Lilioceris* sp.、*Labidostomis chinensis*、*Cryptocephalus kulibini sasutulus*、*C. amiculus*、*C. fulvus*、*Pachybrachys scriptidorsum*、*Microlypesthes aeneus*、*Trichochrysea japona*、*Cneorane violocipennis*、*Hespera lomasa*、*Altica ampelophaga koreana*、*Rhadinosa nigrocyanea*、*Dactylispa angulosa*、*Cassida fuscorufa fuscorufa*。上述叶甲主要分布在山地，平原地区没有或少见，呈数量上的差异。

（2）平原区叶甲。在农作物耕作区，包括一些农作物害虫，还有 *Lema decempunctata*、*L. diversa*、*Cryptocephalus koltzei*、*C. japanus*、*C. lemniscatus*、*C. pilosellus*、*Chrysochus chinensis*、*Pachnephorus seriatus*、*Abiromorphus anceyi*、*Basilepta fulvipes*、*Parnops glasunowi*、*Gastrophysa atrocyanea*、*Entomoscelis orientalis*、*Chrysolina exanthematica*、*Apophylia flavovirens*、*Oides decempactatus*、*Phygasia fulvipennis*、*Psyllides punctifrons*、*Epithrix abeillei*、*Chaetocnema* sp.、*Altica* spp.、*Cassida virguncula*、*C. vibex*、*Aspidomorpha difformis* 等。

（3）山地平原的过渡地带。这是我国北方山地垂直分布中山地和平原交接的一个特殊的过渡地带，其带幅的宽狭与山体的高低和地形特点有关，主要指山前的冲积扇和洪积扇，其景观特点是土质粗糙，多为砂质砾石，植被稀疏，农作物种类简单，以玉蜀黍为主。其昆虫区系有独特的成分，具代表性的有草天牛（*Endorcadion humerale*）、蒙古沙潜（*Hypsosoma mongulica*）、漠金叶甲（*Chrysolina aeruginosa*）。上述 3 种昆虫都有对荒漠生态条件的适应特征，如草天牛的迷形色、蒙古沙潜的六足支起和快速行走、漠金叶甲的跗节腹面毛被的消失等，在区域分布上与我国北方昆虫区系有密切联系。我们的漠金叶甲标本都是在这一过渡地带或河漫滩采到的，如卧佛寺万安公墓、大觉寺、南口、十三陵等地，成虫或在石下或在蒿属植物的根丛下，是本带的绝好的指示昆虫，但个体数量不多，没有大发生的情况。由于人为活动的加剧，环境条件的改变，该物种在北京地区正处于逐渐衰亡的状态。

（4）还要指出，山地和平原都有分布的种类，这些种类往往会增加区分昆虫带性分布的困难，其代表有 *Labidostomis bipunctata*、*Scelodonta lewisi*、*Cleoporus tibialis*、*Chrysomela salcivorax*、*Chrysomela populi*、*Plagiodera versicolora*、*Pyrrhalta macullicolis*、*Pyrrhalta aenescens*、*Galerucella grisescens*、*Luperomorpha suturalis*、*Chrysochares chinensis* 等。其中，有些种类呈现种群数量上的变化，如 *Luperomorpha suturalis*、*Chrysochus chinensis* 主要分布在平原，山地也有，但数量不多；且食性发生改变，*Luperomorpha suturalis* 在平原是韭菜和葱的害虫，在山地则为害野葱。*Chrysochus chinensis* 在平原以鹅绒藤为主要食物，在山地则转而为害地稍瓜（*Cynanchum chinensis*）。

2）寄主植物分析

（1）水叶甲亚科昆虫的寄主限于禾本科植物。

（2）负泥虫亚科昆虫的寄主包括茄科、禾本科、薯蓣科、百合科、鸭跖草科等植物，其中单子叶植物 4 科，双子叶植物 1 科。以害虫种类计，也以单子叶植物为多。如百合科有 *Crioceris quatuordecimpunctata*、*Lilioceris merdigera*、*Lilioceris* spp.；薯蓣科有 *Lema honorata*、*L. fortunei*；禾本科有 *Lema diversa*、*Oulema oryzae*；鸭跖草科有 *Lema diversa*、*L. coromadeliana*、*L. commeinae*。

（3）肖叶甲亚科昆虫的寄主包括萝藦科、夹竹桃科、菊科、蓼科、豆科、杨柳科、鼠李科、蝶形花科、葡萄科、蔷薇科、旋花科共 11 科植物。本亚科包括几种重要的农林害虫，如 *Colasposoma dauricum* 为害甘薯、*Scelodonta lewisii* 和 *Adoxus obscurus* 为害葡萄、*Parnops glasunowi* 和 *Abiromorphus anceyi* 为害杨树。

（4）叶甲亚科昆虫的寄主包括蓼科、杨柳科、菊科、唇形科 4 科植物，以杨柳科和蓼科植物上害虫最多。杨柳科害虫 *Plagiodera versicolora*、*Chrysomela populi*、*C. Salicivorax* 等的发生与其植物所在环境的水分条件有关，靠近水源处发生较多，而且取食的部位多限于植株的嫩芽和嫩叶，在苗期有更大的危害性。

（5）萤叶甲亚科昆虫的寄主包括榆科、蓼科、菊科、唇形科、豆科、葡萄科、毛茛科、桦木科、葫芦科等植物，以榆科害虫最多。

（6）跳甲亚科仅提出 *Altica* 属的 4 个种的食性初步观察结果。4 个种分别寄生于蔷薇科的委陵菜 *Potentilla*、菊科的小蓟 *Cirsium*、牻牛儿苗科的老鹳草 *Geranium* 和大戟科的朴草 *Acalypha*，在分布特点上也有明显不同。委陵跳甲主要在山地阳光充足的地段，老鹳草跳甲主要在山地沟谷阴湿处，蓟跳甲和朴草跳甲主要在平原，二者同时存在。有趣的是将取食朴草的跳甲在室内用小蓟饲养，其成虫和幼虫都不取食。反之，将寄生于小蓟的跳甲用朴草饲养，只见成虫少量取食，幼虫不见为害。将寄生于委陵菜的跳甲分别用朴草和小蓟饲养，也都不见取食。根据其食性专化和生态环境的不同，估计它们分属于 4 个不同的种。如果这种观察是正确的话，寄主植物的调查，可为叶甲种类的鉴定提供参考。

寄主植物的区系性质与害虫的数量有某些相关性，即广泛分布的植物或我国特有的植物，其害虫较多，且跨越不同的亚科；外来植物有一个本地化的过程，一般害虫种类少，害虫本身的食性相对较窄。如肖叶甲（*Pachnephorus seriatus*）寄生于 3 科植物，黄条跳甲（*Phyllotreta striolata*）寄生于十字花科植物，*Monolepta* 寄生于豆科植物等。洋槐属外来植物，原产北美，北京采到 2 种叶甲（*Smaragdina* sp.和 *Longitarsus* sp.），经饲养发现取食洋槐，但未看到大发生的现象。

调查昆虫与寄主植物的关系，除明确其经济意义外，还可预测害虫的发生。陈世骧院士曾布置注意外来植物害虫的调查，如橡胶是外来植物，在我国引种时间不长，现在害虫很少，随着时间的推移，会有什么害虫首先侵入危害？通过多年的调查积累和思考，我的回答是：橡胶属于萝藦科，为害萝藦科的叶甲已知有 *Chrysochus*、*Chrysochares*、*Phygasia*、*Agrostiomela* 等。上述叶甲可能成为侵入橡胶的先锋物种。*Chrysochus*、*Phygasia* 和 *Agrostiomela* 在我国橡胶种植区都有种类分布，是今后野外调查首先要注意的类群。陈世骧院士提出的问题具战略性，我的工作结果只能做出如上的回答。寄希望于后来人，在可能的条件下予以注意，如果有所发现，将会有重要的科学和实践意义。

3）影响叶甲分布的因素

叶甲的分布常与寄主植物的分布特点相关，特别是单食性或专食性种类。寄主植物分布狭窄的，其上的叶甲也多是狭区分布；寄主植物分布广泛的，其上的叶甲也多是广布种。当寄主植物是生态环境的指示种时，寄生在该植物上的叶甲也可作为该环境的指示种或代表种。在确定昆虫带区分布特点时，要依据寄生于能明显指示生态环境特点的植物的叶甲种类。昆虫是植物的追随者，植物是环境的指示者。野外调查不仅要注意昆虫的变化，而且更要特别留意寄主植物的分布情况。寄主植物的分布往往是昆虫分布的向导。

分布较广泛的昆虫，在不同的环境条件下可能发生食性转化，掌握昆虫的食性规律是十分重要的。

在北京可以采到分布于我国南方的种类，如瘤叶甲（*Clamisus pubiceps*），但需要在潮湿隐蔽、气流较稳定的生态环境中，如上方山或八达岭的山地阴坡或沟谷中。也就是说，在北方潮湿隐蔽的小环境下可能会有南方种类的分布。反之，山地阳坡的昆虫则多是北方区系的代表。

备注：本文原稿写于 1963 年 2 月，目的在于总结资料，厘清思路，摸索野外调查的方法，锻炼学术总结的能力。原稿曾呈陈世骧院士审阅，他对其中的跳甲属内的食性观察很感兴趣，将其提高到关系同域物种分化和物种的阴阳性质等生态特性的理论高度，对后来的北京地区跳甲种类和食性调查起到指导作用。另关于溟金叶甲和跳甲属的分布特点，曾被其引用到《中国动物志 铁甲科》一书总论中。他的重视是对我的鼓舞与鞭策。在这个调查基础上，后来又对北京地区跳甲属的种类和食性作了进一步调查，从此奠定了目前物种分化研究的基础。现将原稿做部分删改，记录于此，一是回味已走过的科研轨迹，留作纪念，二是强调不断总结在科研工作的重要意义（2012 年 8～9 月删改录入）。

1963 年广西叶甲科采集总结

王书永，1964

1963 年 4～7 月先后到广西南部的凭祥、大青山、龙州、水口和广西北部的桂林、阳朔、龙胜及花坪林区进行叶甲科的调查采集。本次采集的主要目的是为《叶甲志》的编写收集标本、寄主和生物学等资料，并探求叶甲科昆虫分布的特点。现从叶甲科昆虫分布特点，生态条件与昆虫性质、生活习惯的关系，影响叶甲分布的因素，叶甲科昆虫寄主植物调查等方面加以总结。

1. 叶甲科昆虫分布特点

1）地理分布

调查地区包括广西的最南部和最北部，纬度相差 3° 左右，气候条件各异。根据气候的划分，广西南部属于准热带区，即热带的一部分，广西北部属于亚热带，高寒山区还具有温带色彩。在昆虫方面，根据种类和数量的特点，南部表现为热带区系性质，北部表现为亚热带区系性质。

（1）南部热带区系。调查地区包括凭祥、大青山、龙州水口等地，气候炎热，年均温在 22℃左右，适合热带作物如橡胶、咖啡、菠萝、香蕉、荔枝、木棉、木瓜、油茶、油瓜等的种植，水稻一年两熟。在自然植被方面，可以看到板根、老茎生花、气生根、森林内藤本植物相当发育等热带季雨林的生态特征，划为热带季雨林区。

叶甲科昆虫的热带区系性质可由热带性昆虫的种类及数量的特点来说明。本区系包括下述较典型的热带性昆虫：*Phyllobrotica* sp.、*Mimastra* sp.、*Humba cyanicollis*、*Chlamisus latiusculus*、*Chlamisus indicus*、*Chlamisus semirufus*、*Cryptocephalus thibetanus*、*Cryptocephalus birmanicus*、*Cryptocephalus brevebilineatus*、

Omorphoides tonkinensis、*Podontia lutea*、*Pentamesa* sp.、*Chiridopsis bowringi*、*Craspedonta* sp.、*Epistictia* sp.、*Sindiola hospita*、*Thlaspida biramosa*、*Oncocephala weisei*、*Lasiochila cylindrica*、*Gonophora chinensis*、*Abiromorphus* spp.、*Colaspoides* spp.、*Corynodes* spp.、*Cleorina janthina*、*Trichochrysea similis*、*Gallerucida flaviventris* 等。按叶甲科各亚科种类及数量的比重来看，跳甲亚科、龟甲亚科、肖叶甲亚科、萤叶甲亚科所占比重最大。

上述种类中，尤以 *Phyllobrotica*、*Mimastra*、*Chlamisus*、*Abiromorphus*、*Corynodes* 等属的种类在数量上表现为突出优势。*Phyllobrotica* 寄生于马鞭草科的臭牡丹（*Clerodendrum villosum*），凡是有臭牡丹的地方都可发现此虫，数量极多。中午气温升高，此虫空中飞翔犹如蜜蜂分蜂，与在云南西双版纳所见之情形颇为类似。瘤叶甲（*Chlamisus*）寄生于蔷薇科的 *Rubus*，分布普遍，在此植物的叶面稍加注意就可以采到，常常是若干个体集中在该植物的顶端嫩叶上。

从种类来看，本区系主要由热带性属种组成；在数量上也以热带成分居优势，为主要的区系成员。

本地区原始植被遭到长期的人为破坏，只有大青山部分沟谷保留着热带季雨林景观，也已不很典型。昆虫区系也随之受到影响，某些热带性昆虫，如巢沫蝉、突眼蝇、甲蝇、短角蝗、白蚁、蝎蛉、黄蚂蚁等，与云南西双版纳相比显然贫乏。

（2）北部亚热带区系。调查的桂林、阳朔、龙胜花坪林区，气温较南部低。桂林年均温 18.8℃，热带作物已不能生长，代之以生长柑橘、油茶、枇杷、樟树等亚热带植物，栽种双季稻已有困难。

叶甲科昆虫区系的种类组成既包括热带区系成分，也包括暖温带区系成分。热带成分较广西南部显著变少，暖温带成分则以数量优势出现。热带成分的例子有 *Poecilomorpha pretiosa*、*Colaspoides*、*Abiromorphus*、*Corynodes*、*Podontia lutea*、*Humba cyanicollis*、*Chlamisus indicus*、*Ch. latiusculus*、*Adiscus grandis* 等。典型的热带成分如 *Chiridopsis*、*Epistictia*、*Cleorina* 等竟未采到标本。经过更加深入的采集也许会改变这种情况，但是数量上的减少是肯定的。

暖温带区系成分的例子有 *Cleoporus variabilis*、*Pagria signata*、*Trichochrysea imperialis*、*Trichochrysea nitidissima*、*Trichochrysea japana*、*Basilepta fulvipes*、*Nodina punctostriolata*、*Pachnephorus brettinghami*、*Gastrolina despresa*、*Phaedon fulvescens*、*Paropsides soriculata*、*Ambrostoma* sp.、*Asiphytodecta flavoplagiata*、*Plagiodera versicolora coelestina*、*Linaeidea aeneipennis*、*Nodina chinensis*、*Nodina tibialis*、*Basiprionota bisignata*、*Basiprionota. chinensis*、*Leptispa pici*、*Leptispa abdominalis*、*Cneorane* sp.、*Gallerucella*、*Hyphasoma*、*Sinocrepis* 等。其中 *Cleoporus*、*Pagria*、*Leptispa*、*Hyphasoma* 为优势属。*Cleoporus variabilis* 是桃、李、月季等的重要害虫；*Basiprionota sinensis*、*Basiprionota bisignata* 是泡桐的重要害虫；*Pagria signata* 严重为害豆类作物。本区系以亚科而论，龟甲亚科的暖温带种类减少，叶甲亚科和肖叶甲亚科的暖温带种类开始增多。

广西南部与北部的昆虫区系有明显的地理差异。南部表现热带性质，但由于人为活动的长期影响，在种类方面已不丰富。北部表现亚热带性质，在种类上既包括热带成分，也包括暖温带成分，且以暖温带成分占优势。

2）垂直带性分布（只讨论花坪林区的情况）

广西北部龙胜县花坪林区最高峰蔚青岭，海拔约1800m，属于中高山。林区的植被分布大致分为亚热带常绿阔叶林带（海拔700～1300m）、亚热带常绿落叶阔叶混交林带（海拔1300～1800m），蔚青岭山顶为不甚典型的矮林。在土壤方面，海拔1300m以下为山地典型黄壤，海拔1300m以上为山地典型黄棕壤。昆虫的垂直带性分布与植被和土壤的分布大体一致，但分为3带，即常绿林带（海拔1200m以下）、混交林带（海拔1200～1800m）、山顶矮林带（海拔1800m）。

（1）常绿林带（海拔1200m以下）。本带植被是典型的亚热带常绿阔叶林。本带的代表性昆虫首推中华越北蝗（*Tonkinacris sinensis*），属杂食性，严重为害阔叶灌木及草本植物，有时甚至把叶片全部吃光。花坪林区红滩站垦地中新栽植的胡桃等果树苗木也严重受害。虫口数量之多实属罕见。我们调查采集的6月，正是若虫盛发期，1网可以采到10余头之多。凡海拔1200m以下如白岩、红毛冲、内粗江、红滩、天平山等地无不以中华越北蝗为绝对优势昆虫。

本带叶甲区系相当丰富。常见种有 *Colaspoides* spp.、*Basilepta leechi*、*Pagria signata*、*Trichochrysea imperialis*、*Trichochrysea nitidissima*、*Oides tarsatus*、*Oides bowringii*、*Pseudoliroetis fulvipennis*、*Sebaethe chinensis*、*Sebaethe fleutiauxi*、*Podontia lutea*、*Phaedon fulvescens*、*Asiphytodecta tredecimmaculatus*、*Asiphytodecta flavoplagiatus*、*Paropsides soriculata*、*Paropsides nigrofasciata*、*Basiprionota bisignata*、*Aulacophora femoralis chinensis*、*Aulacophora similes*、*Aulacophora nigripennis*、*Brachyphora nigrovittata*、*Lilioceris* sp.、*Chlamisus indicus*、*Chlamisus latiusculus*、*Monolepta* sp.、*Hespera* sp.等。

上述种类中除几种主要分布于山地，如 *Trichochrysea imperialis*、*Trichochrysea nitidissima*、*Paropsides nigrofasciata*、*Brachyphora nigrovittata*、*Pseudoliroetis fulvipennis* 等，大部分都是低海拔地区的一般常见种类和平原农林害虫。在本带内，只要垦殖为农田，就会遭到该类作物害虫之侵害。如为害甘薯的 *Colasposoma*，

为害豆类的 *Pagria signata*，为害瓜类的 *Aulacophora* spp.，为害水稻的水叶甲 *Donacia*，为害梨树的 *Paropsides soriculata*，为害樱桃的 *Cleoprus* sp.等。叶甲科的 *Asiphytodecta flavoplagiatus*、*Asiphytodecta tredecimmaculatus*、*Phaedon fulvescens*、*Chaetocnema* sp.、*Oomorphoides tonkinensis* 等，也属于平原性种类，只要有其寄主，一般也都可上升至本带。热带性较强的昆虫也可沿河谷向上侵入本带，如 *Humba* 在大岩（约海拔 1100m）采到，*Sagra* 在坐虎山（海拔约 900m）采到，*Chlamisus* 多数在海拔 900m 以下采到，在海拔 1000m 以上就很罕见。

常绿阔叶林带叶甲区系丰富，有山地的特殊种类，也有很多平原性和热带性种类，但是后两种成分在本带内的分布随海拔的增加而减少，至本带的上线就称为罕见种类。

（2）常绿落叶阔叶混交林带（海拔 1200～1800m）。本带地处高海拔，居民不多，很少受到人为活动的影响，原始植被保存良好，森林郁闭度大，林内潮湿阴暗。

叶甲科昆虫区系由耐阴喜湿的种类组成。常见种有 *Cneorane* sp.、*Altica* sp.、*Agetocera filicornis*、*Aulexis sinensis*、*Ochrosoma* sp.、*Lasiochila monticola*、*Agonita pilipes* 等。其中优势种为 *Cneorane* sp.、*Ochrosoma* sp.。*Cneorane* 约有两种，一种寄生于冬青 *Ilex tsoii*，另一种寄生于野木瓜 *Stauntonia brachyanthera*。野木瓜系蔓生，匍匐地面，分布于海拔 1300～1400m 的混交林内。寄生于其上的 *Cneorane* 成虫群集叶面，咀食叶肉，仅留叶脉，使之呈薄膜状干枯。寄生于冬青上的 *Cneorane* 分布较高，海拔 1600m 左右，也是优势昆虫之一。跳甲 *Ochrosoma* 的寄主为蔷薇科的 *Rubus columellaris*，分布于海拔 1400～1600m，数量与上述两种萤叶甲相近，构成 3 种优势种。

铁甲亚科中的 *Lasiochila monticola*、*Agonita pilipes*，从海拔 1400m 一直分布到 1800m 的蔚青岭山顶，是本亚科内在林区分布最高的两种昆虫。广西采到的 *Agonita* 属中的另一种（*A. chinensis*）分布于宛田、龙胜、三门等低海拔地区（400m以下）。*Lasiochila* 属中的另一种（*L. cylindrica*）分布于大青山、龙州等南部地区。根据本亚科多数分布于低海拔的特点，*A. pilipes* 和 *L. monticala* 可以看作为适应于亚热带中高山混交林的铁甲（经过更多采集后也许会改变这种看法）。在本带内采到的丽铁甲 *Callispa ruficollis* 一直分布到山顶，也属于高山种类。在四川峨眉山，丽铁甲分布于海拔 3000～3200m 的金顶。

以叶甲科各亚科而论，本区系主要包括萤叶甲亚科、跳甲亚科和铁甲亚科。在本带下线处有时还包括少数的肖叶甲亚科、卵形叶甲亚科的某些种类。龟甲亚科则未采到任何标本。热带性昆虫如瘤叶甲 *Chlamisus* 在林内只看到 2 个（采到 1个），曲胫甲 *Sagra* 和叶甲 *Humba* 在海拔 1000～1100m 处就看不到了。

（3）山顶矮林（海拔 1800m）。蔚青岭的山顶矮林占据的垂直高度不大，作为昆虫分布的一个垂直带不十分典型。但由于生态条件的不同，昆虫的种类与混交林比较仍有所差异，故仍作为一个分带单独叙述。

山顶矮林与混交林相比植物种类有显著不同，由野杜鹃代替了壳斗科植物。生态条件也有显著差异，气温更低，但阳光要充足得多。

山顶矮林中的叶甲区系相当丰富，包括肖叶甲亚科 3 属（*Basilepta*、*Trichochrysea*、*Demotina*），跳甲亚科 2 属，铁甲亚科 3 属（*Callispa*、*Lasiochila*、*Agonita*），萤叶甲亚科 3 属（*Atrachya*、*Haplosomidea*、*Monolepta*）。以 *Basilepta* 占优势。与混交林相同的种类有 *Callispa ruficollis*、*Agonita pilipes*、*Lasiochila monticola*，但在数量上已显著减少。

3）生态分布

在垂直高度不大的平面分布中，由于生态条件的不同，昆虫区系的组成也有明显差异。每种昆虫都有各自的生态要求，不同环境中会有不同种类。这里仅就几种基本生态环境类型讨论叶甲科昆虫的分布与生态环境的关系。

（1）耕作区。耕作区（或农田）的叶甲区系主要由农作物害虫和取食田埂、田边杂草、灌丛的昆虫所组成，多是些常见种类。除农作物害虫外，一般性叶甲在广西南部以 *Phyllobrotica*、*Mimastra*、*Chlamisus*、*Abiromorphus*、*Corynodes*、*Longitarsus*、*Argopistes* 及龟甲亚科各属为代表，广西北部则以 *Hyphasoma*、*Cleoporus*、*Nodina*、*Sebaethe*、*Basilepta*、*Basiprionota*、*Leptispa*、*Gastrolina*、*Cryptocephalus* 等属为优势代表。其中，广西南部以 *Phyllobrotica* 为最优势种类，广西北部以 *Hyphasoma*、*Cleoporus*、*Nodina* 为最优势种类。

（2）森林外围。除农田以外，包括森林外围的各种环境，如灌丛、森林砍伐迹地、丛林、沟谷、竹林等。主要生态特点是植物丰富、地形开阔、光照充足、湿度适宜。这是最好的叶甲采集环境，种类比较丰富，几乎包括了所有亚科的种类，如 *Abiromorphus*、*Colaspoides*、*Basilepta*、*Nodina*、*Trichochrysea*、*Corynodes*、*Cleoporus*、*Basiprionota*、*Cassida*、*Leptispa*、*Lasiochila*、*Callispa*、*Hispa*、*Dactylispa*、*Cryptocephalus*、*Adiscus*、*Clytra*、*Podontia*、*Sebaethe*、*Chaetocnema*、*Hyphasoma*、*Hespera*、*Longitarsus*、*Lema*、*Lilioceris*、*Mimastra*、*Monolepta*、*Chlamisus*、*Chrysolina*、*Paropsides*、*Epistictina*、*Oomorphoides* 等。按亚科而论，肖叶甲亚科、龟甲亚科、跳甲亚科 3 亚科占优势。隐头叶甲亚科、锯角叶甲亚科、瘤叶甲亚科、龟甲亚科、肖叶甲亚科、曲胫叶甲亚科等亚科的大部分种类都采自这种环境。肖叶甲亚科的 *Colaspoides*、*Trichochrysea*、*Basilepta*，不论南北都是优势种类（*Colaspoides* 属、*Basilepta* 属的种类相当多，食性亦杂，是研究近缘种的好材料）。

Trichochrysea 属中南北的种类不同，在广西南部是 *T. similis*，寄主是大戟科的 *Macoranga* 和 *Mallatus* 两属植物，在广西北部是 *T. nitidissima* 和 *T. imperialis*，均取食含羞草科的合欢（*Albizia kalkora*）。三种昆虫采集环境相同，都是森林外围或森林砍伐迹地，而由于地区纬度的不同而发生了生态替代现象。*Colaspoides* 属中似乎也有这种情况。

（3）森林内部。森林内部与森林外围生态条件正好相反，郁闭度大，光照暗淡、潮湿，受到人为影响也少。其叶甲区系与外围不同，在种类上不甚丰富，但却有在森林外围不易采到的种类，如 *Humba*、*Phaedon fulvescens*、*Asiphytodecta flavoplagiatus*、*Achrosoma*、*Podontia lutea*、*Pentamesa*、*Sebaethe*、*Cneorane*、*Sebaethoides*、*Agetocera filicornis*、*Pseudoliroetis fulvipennis*、*Gallerucida flaviventris*、*Lasiochila monticola*、*Lasiochila cylindrica*、*Agonita pilipes*、*Dactylispa sternalis*、*Lilioceris nigropectoralis* 等，涵盖了叶甲亚科、跳甲亚科、萤叶甲亚科、铁甲亚科、卵形叶甲亚科；从种类和数量来看以萤叶甲亚科占优势。上述种类中 *Agonita pilipes*、*Dactylispa sternalis*、*Lasiochila monticola* 均为新种。3 个新种的共同生态特点是深居森林内部，阴暗潮湿，很少受到人为活动的影响，与森林外围和耕作区相比具有更大的独特性。从此例得到启示，要想采到稀有昆虫必须要到很少有人去过的生态环境中去。另外，此区域基本无龟甲亚科、肖叶甲亚科、隐头叶甲亚科、锯角叶甲亚科昆虫分布。

2. 生态条件与昆虫性质、生活习性的关系

昆虫有阳性与阴性之分，栖息于不同的环境中，分别要求不同的生态条件。阳性昆虫喜欢阳光、干燥，因此常选择高燥、地势开阔的环境；阴性昆虫忌阳光直射，喜欢阴暗潮湿，常选择隐蔽的环境，如森林内部，或植株的内部或下部。由于昆虫性质的不同，在不同的生态环境中就形成了不同的昆虫区系。

阳性昆虫主要包括肖叶甲亚科、龟甲亚科、隐头叶甲亚科、锯角叶甲亚科、瘤叶甲亚科、曲胫叶甲亚科的大部分种类，以及跳甲亚科、萤叶甲亚科、叶甲亚科和铁甲亚科的部分种类；阴性昆虫包括了萤叶甲亚科、卵形叶甲亚科、跳甲亚科、大肢叶甲亚科和叶甲亚科的部分种类，而很少包括龟甲亚科、隐头叶甲亚科、锯角叶甲亚科、瘤叶甲亚科、曲胫叶甲亚科的种类。

阴性昆虫与森林内部的昆虫种类大体相符，阳性昆虫与耕作区和森林外围的昆虫种类大体一致。

阳性昆虫体色多艳丽，有金属光泽，如龟甲亚科和肖叶甲亚科的大部分种类；阴性昆虫体色则较昏暗，不具或很少具金属光泽，如萤叶甲亚科的 *Gallerucida flaviventris*、*Cneorane* sp.，跳甲亚科的 *Ochrosoma* 等体色深蓝；铁甲亚科的 *Agonita pilipes* 比林外采到的 *Agonita chinensis* 体色更黑。

　　阴性昆虫除要求阴暗潮湿的生态环境外，在小的栖境上也尽量选择适合本身性质的条件。如卵形叶甲 *Oomorphoides* 的采集环境多数是林内、沟谷或其他较阴暗的地方，在小的栖境方面它也总是栖息于寄主植物的叶片背面。它的寄主植物楤木（*Aralia chinensis*）叶片肥大，即使该植株生长在阳光较充足的地方，肥大的叶片也能遮住阳光，避免直射，保证了卵形叶甲的阴性需要。

　　阴性昆虫也有分布于地形开阔、阳光充足的地段的种类，但其活动时间有所不同。如叶甲 *Phaedon fulvescens* 在森林内昼夜均可在其寄主植物悬钩子的叶面采到，而在林外如雁山植物园内，阳光直射的中午不大见其活动，而是在早晚光照变弱时活动最盛。

　　阳性昆虫喜欢阳光，但并不都是生活于阳光直射的条件下。比如龟甲亚科的大部分种类栖息于开阔的地形中，在开阔的环境条件下又选择隐蔽的栖息场所，大部分都是在植物的叶片背面。某些龟甲也有森林内采到的，但是它已由叶片背面转到叶片正面来，这样可以获得更多的光线。这种小栖境的改变是阳性昆虫在森林内的适应方式之一。

　　3. 影响叶甲分布的因素

　　广西南北部在地理区域上有纬度的差异。这种差异首先表现在气温的不同，分属于热带和亚热带。广西南部为热带季雨林，广西北部为亚热带常绿阔叶林；在作物栽培方面，广西南部可种植热带作物，水稻一年两熟，广西北部则仅有亚热带植物如茶、柑橘等。在昆虫区系方面，广西南部属热带区系，广西北部为亚热带区系。因为自然条件的变化是连续的，因此广西北部的昆虫区系中包含了不少热带区系成分，但是热带成分已显著减少，而暖温带成分以数量优势出现。南北区系之所以有此等差异，限制因素应首推温度，低温限制了热带性昆虫的向北推移。

　　垂直带性分布仅以花坪林区昆虫区系为例说明。在常绿林带，平原性和热带性昆虫随海拔的增加而数量和种类渐少，到混交林带则变为罕见种。海拔的增加，首先是温度的降低，其次是植被、土壤的差异，归根结底还是温度。因此，低温限制了喜温昆虫的向高海拔分布。相反地，温度也限制了山地昆虫的向低海拔分布，如寄生于合欢上的肖叶甲 *Trichochrysea* 和叶甲 *Paropsides*，都只在常绿林带分布。在山下平原，其寄主植物同样存在，但却无此昆虫分布。

　　对阳性与阴性昆虫来说，情况有所不同。阴性昆虫需要阴暗条件，光照就成为其限制因素。原始林内主要由阴性昆虫组成，当原始林遭到砍伐破坏的时候，森林内阴性昆虫区系就会发生改变，阴性种类开始淘汰，阳性昆虫逐渐侵入。此例在自然界中也不罕见。如果光照条件发生了变化，某些昆虫也会产生不同的适应方式。如前述龟甲和叶甲 *Phaedon* 的例子。

　　湿度和光照往往是密切联系的。阴性昆虫常需要较高的湿度条件。反之，阳性昆虫则喜欢干燥条件。光照暗淡的地方常有较高的湿度，阳光充足的地方常较干燥。因此，对阳性与阴性昆虫分布的影响，湿度是伴随光照而来的。

　　叶甲是植食性昆虫，而且很多种类是寡食性甚至单食性的。因此，寄主植物的存在与否，在某些情况下就成为限制因素。花坪林区常绿阔叶林带内，农业害虫的种类首先取决于农作物的种类。黄守瓜 *Aulacophora* 就是随着瓜类的种植分布到相当高的海拔地区的。在自然植被条件下，高海拔地区并不见本属虫类。其他例子还有：稻根金花虫随着水稻的分布而分布；为害竹子的铁甲 *Callispa*、*Leptispa* 等则随着竹子的分布而分布。

1964 年青海玉树昆虫区系调查小结

1. 引言

　　1964 年 6～8 月，随中国科学院西北高原生物研究所植被调查队在玉树县境内进行昆虫区系的调查采集。先后在巴塘、错格松多、格龙、西河马、隆宝、布朗及玉树县城附近进行野外工作，包括农作物种植区和纯牧业区，海拔 3600～5000m。

　　此次调查共采集昆虫标本 11 000 多号，分别属于弹尾目、缨尾目、蜉蝣目、蜻蜓目、螳螂目、直翅目、襀翅目、革翅目、缨翅目、同翅目、半翅目、脉翅目、鞘翅目、毛翅目、鳞翅目、膜翅目、双翅目，共计 17 个目。在一般采集的基础上，重点收集了叶甲科昆虫的标本，共 30 余种，分属于隐头叶甲亚科、锯角叶甲亚科、叶甲亚科、肖叶甲亚科、萤叶甲亚科、跳甲亚科、龟甲亚科和瘤胸叶甲亚科。其中以萤叶甲亚科和叶甲亚科的种类最多，是最适于高原气候的叶甲，其中几种还是牧草和林木的重要害虫。

2. 分布概况

1）地理分布

　　考察地区内，古拉山以北在地质构造上属于海西期昆仑山褶皱带，古拉山以南属于横断山块断带。古拉山以北地形平坦开阔，山势低缓，相对高差较小，属于丘原地貌。在丘陵之间常形成较大面积的山间盆地或平原，当地称为滩地，如色龙滩、巴塘滩，但海拔较高，均在海拔 4200m 以上，玉树及通天河河谷海拔较低，但不低于 3700m。在此区内没有森林，而是以草甸灌丛为主要植被类型。古拉山以南，山势陡峻，相对高差较大，属于峡谷地貌。在海拔 4500m 以下为阴暗针叶林，林带以上是草甸灌丛。古拉山海拔约3900m以下的谷地，部分地垦为农田，种植青稞、小麦、马铃薯、甘蓝、元根及其他蔬菜等。

初步分析，昆虫的地理分布与上述自然地理、植被类型相吻合。古拉山可以作为考察区昆虫地理分布的小界线，山之南北各有特殊种类，古拉山以南以种类更丰富为特征，古拉山以北更具有高原区系特色。

以叶甲为例，山之南北在种类上差异显著。如 *Psylliodes fulvilabris*、*Altica* sp.、*Chrysomela tremulae*、*Smaragdina* sp.、*Geinula* sp.、*Jaxartiola* sp.及紫草跳甲等仅在古拉山以南采到，山北尚未发现。相反，如 *Chrysolina exathematica*、*Chrysomela vigintipunctata alticola*、*Phratora bicorlor*、*Liroetis octopunctata*、*Geina invenusta*、*Zeugophora cyanea*、*Atrachya* sp.等仅在山北采到，未见于山南。就现有资料估计，山之南北特有种的数量几乎与两区共有种的数量相当。值得特别指出的是，萤叶甲亚科中最适应于高原的两个属：*Geinula* 和 *Geina* 分别分布于山之南北。古拉山以北，由适应于高原气候的高级类型 *Geina invenusta* 所占据；古拉山以南，由较初级的高原叶甲类型 *Geinula* 所占据。两种萤叶甲具有不同的形态特征，反映着不同的生态条件，代表着高原叶甲的两个不同的发展阶段。（*Geinula* 已知国产 3 种，即 *G. jacobsoni*、*G. nigra*、*G. antennata*，分布于西藏，原西康和川西昌都地区，看来本属的分布区约在昌都及其附近。*Geina* 仅知 1 种，即 *G. invenusta*，原记载分布于西藏东部，根据今年调查资料看来，它的分布区应在羌塘高原的范围内，即在地理上应在杂多、治多、曲麻莱等县内；*Geinula* 应占据囊谦县境。但是，在海拔4700m以上，山之南北，在昆虫种类上未见差异。

2）垂直分布

根据蝗虫和叶甲的分布特点，昆虫的垂直分布初步可分为三带。自下而上分别是农业—森林带、草甸灌丛带和高山砾石带。分带的原则根据昆虫的种类和高原适应的形态标志。

（1）农业—森林带（海拔 4300m 以下）。考察地区主要农作物如青稞分布于海拔3900m以下；小白菜最高可分布于海拔4200m左右；森林上限约在海拔4200m或稍高。农业—森林带的昆虫区系包括多种农林牧草害虫，如菜叶蜂、菜粉蝶、铜色鳃金龟、银腹金龟子、蚊、虻等，是高原昆虫区系种类最丰富的一带。

本带的蝗虫主要是痂蝗和雏蝗等，均属有翅类型。在海拔4000m或以上的山顶还包括无翅（翅芽状）蝗类，如金蝗、凹背蝗等。无翅蝗虫可以向下分布至海拔4000m，但有翅蝗虫的分布不超过海拔4300m。

在叶甲科内，除少数高山叶甲以外，大部分种类都采自本带。如风毛菊龟甲 *Cassida rubiginosa rugosopunctata* 分布上限约 4300m。高原柳叶甲 *Chrysomela vigintipunctata alticola* 分布上限约在 4000m。铁线莲萤叶甲 *Luperus* sp.上限约在 4000m，低于寄生植物铁线莲的分布。蒿萤叶甲 *Geinula* sp.分布于 3900m 以下的盖曲、子曲河谷。其他如银莲跳甲 *Pentamesa anemoneae*、白杨叶甲 *Chrysomela tremulae*、漠金叶甲 *Chrysolina aeruginosa*、金叶甲 *Chrysolina* spp.等都限于海拔 4000m 以下，均低于各自寄主植物的分布海拔。

此外，蜻蜓和蜚蠊的分布也仅限于本带。

（2）草甸—灌丛带（海拔 4300～4700m）。本带的山地阴坡为灌丛，主要有聚枝杜鹃、山柳、锦鸡儿及鲜卑花等。山地阴坡是以嵩草、薹草、珠芽蓼等为主的草甸。气候更湿冷，多风雪，日照强烈，生长期短，为纯牧业区。

本带蝗虫区系以金蝗属及凹背蝗属占优势，均属无翅型或短翅型，无有翅蝗类。

部分高山绢蝶可分布于海拔 4880m 左右。

叶甲区系由典型的高山种类组成，如 *Geina invenusta*、*Galeruca barovskyi*、*Oreomela* spp.、*Galeruca* spp.等，其中 *Geina invenusta* 是优势种，是嵩草的重要害虫。

虫草蝙蝠蛾 *Hepialus altissima* 是高原特有种，是典型的高山高原昆虫。它分布于海拔 4500m 以上的山顶草甸草丛，但不分布于砾石带。

山地阴坡灌丛的昆虫以叶蜂、卷叶虫、木虱及弹尾虫为主，均是害虫。

阳坡草甸昆虫区系比阴坡灌丛更丰富。百花盛开，阳光绚丽时，熊蜂和寄蝇翩翩飞舞。在地面岩石裸露、有散乱石块的地方，拟步甲、步甲、蝼蛄等虫类丰富。

（3）高山砾石带（海拔 4700m 以上）。高山砾石带是高山草甸—灌丛带的上限或草甸与砾石犬牙交错的地段。

高山砾石带昆虫区系已很贫乏，典型代表是红足拟步甲、蓝紫条步甲、弯铗蝼蛄等，基本上不包括蝗虫类。叶甲科的 *Geina invenusta*、*Oreomela* sp.、*Galeruca* sp.等少数个体可达此海拔。有时还有蜡象，不过很少见。

3. 害虫调查

1）牧草害虫

（1）高原毛虫 *Oxgyia* sp.高原毛虫隶属于鳞翅目毒蛾科，又称牧草毒蛾、草地毛虫、红头黑毛虫等。成虫雌雄异型，雄性具发达的翅，雌性翅退化至仅留痕迹。幼虫是牧草的重要害虫，而且有损于牲畜的健康。幼虫食性颇杂，可取食莎草科、禾本科、蔷薇科、豆科、菊科、蓼科、毛茛科、伞形花科、鸢尾科植物。

（2）褐色金龟子。分布于古拉山以南海拔 4200m 以下的河谷，为害珠芽蓼 *Polygonum viviparum*，取食叶片呈缺刻状。

（3）无翅叶甲 *Geina invenusta*。分布于隆宝滩、哈秀、阿荣滩等地的沼泽草甸和高山草甸，海拔 4200～4800m。危害多种嵩草 *Kobresia kansuensis*、*K. prattii*、*K. humilis*、*K. pygmaea*、*K. tibetica*、*K. royleana*、薹草 *Carex hohotostoma*、火绒草 *Leonotopodium*、风毛菊 *Saussurea graminea* 等。日中风和日丽时，成虫爬在植物的顶端取食茎叶呈坑状。在尕耐沟附近的隆宝滩以嵩草 *K. tibetica*、*K. royleana* 为主的沼泽草甸，虫口密度极大，调查 1m^2 有成虫达 50 头，是隆宝滩及阿荣滩牧草的主要害虫。

（4）黑条萤叶甲 *Galeruca barovskyi*。在隆宝滩的嵩草沼泽草甸中与无翅萤叶甲 *Geina invenusta* 混合为害嵩草。在古拉山以南为害珠芽蓼 *Polygonum viviparum*。

（5）锯角叶甲 *Smaragdina* sp.。分布于古拉山以南，从盖曲河谷至特拉山顶，在海拔 4000m 左右数量最多，为害圆穗蓼 *Polygonum sphaerostachyum*、委陵菜 *Potentilla* sp. 及锦鸡儿 *Caragana* 等，成虫于日中取食圆穗蓼的花穗。

（6）蝗虫。海拔 4300m 以下以雏蝗、痂蝗为主，海拔 4300m 以上以金蝗、凹背蝗为主。

2）蔬菜害虫

（1）叶蜂。叶蜂是玉树地区为害蔬菜的重要昆虫。幼虫为害白菜、萝卜、甘蓝、油菜等植物的叶片，使之呈孔洞状。虫口密度较大，在油菜、小白菜混种的菜田内调查约 1m^2 有幼虫 21 头，白菜几乎棵棵被害，1 棵有幼虫 2～3 头。

（2）菜青虫 *Pieris* sp.。数量不多。

玉树蔬菜害虫少，只要克服气候条件，发展蔬菜种植是有利的。

3）林木害虫

（1）铜色金龟子 *Toseospathius auriventris*。分布于玉树、小苏莽，海拔 4000m 以下。初夏成虫群集为害柏树，使叶片呈缺刻状，是柏树的主要害虫。

（2）银腹金龟子。7 月初在错格松多所见，与铜色金龟子混合为害柳、沙棘等，成虫取食叶肉留表皮，呈膜状干枯，严重者使幼苗枯死。

（3）叶甲。共有 5 种，即 *Chrysomela vigintipunctata alticola*、*Chrysomela tremulae*、*Zeugophora thoracica*、*Zeugophora cyanea*、*Luperus* sp.。成虫、幼虫取食叶片，严重时可将叶片完全吃光。分布于玉树附近山地阴坡的山柳灌丛、小苏莽盖曲河谷、布朗通天河沿岸。

附：叶甲科昆虫采集记录

瘤胸叶甲亚科

（1）*Zeugophora cyanea*，采集地：玉树布朗，海拔 3900m；寄主：柳 *Salix* sp.。

（2）*Zeugophora thoracica*，采集地：玉树布朗，海拔 3900m；玉树小苏莽，海拔 3750m；寄主：柳 *Salix* sp.。

隐头叶甲亚科

（3）*Cryptocephalus* sp.，采集地：玉树小苏莽，海拔 3750m。

（4）*Cryptocephalus virens*，采集地：玉树巴塘，海拔 4000m。

（5）*Jaxartiola* sp.，采集地：玉树小苏莽，海拔 4000m。

（6）*Smaragdina* sp1，采集地：歇武至石渠，海拔 4500m。

（7）*Smaragdina* sp2，采集地：玉树小苏莽，海拔 4000m；寄主：圆穗蓼 *Polygonum sphaerostachyum*、委陵菜 *Potentilla* sp.、锦鸡儿 *Caragana* sp.。

肖叶甲亚科

（8）*Mireditha ovulum*，采集地：日月山，海拔 4000m；巴塘，海拔 4100m；玉树至巴塘，海拔 3900m；巴塘，海拔 4250m；小苏莽，海拔 3750m；特拉山，海拔 4520m；隆宝，海拔 4200m/4500m；寄主：风毛菊 *Saussurea* sp.。

叶甲亚科

（9）*Chrysolina aeruginosa*，采集地：玉树巴塘，海拔 3900m；小苏莽，海拔 3750m；生境：河漫滩。

（10）*Chrysolina exathematica*，采集地：玉树，海拔 3750～3900m。

（11）*Chrysolina* sp1，采集地：小苏莽，海拔 3750m；生境：河漫滩石下。

（12）*Chrysolina* sp2，采集地：玉树巴塘，海拔 3900～4200m；寄主：鼠尾草 *Salvia* sp.。

（13）*Chrysolina* sp3，采集地：玉树哈秀山，海拔 4650m；生境：高山草甸。

（14）*Chrysolina* sp4，采集地：玉树，海拔 3750m；小苏莽，海拔 3750～4000m；生境：河漫滩石下。

（15）*Chrysomela tremulae*，采集地：小苏莽，海拔 3750m；寄主：柳 *Salix* sp.。

（16）*Chrysomela vigintipunctata alticola*，采集地：玉树至巴塘，海拔 3900m；玉树布朗海拔 3900m；寄主：柳 *Salix* sp.。

（17）*Oreomela* sp1，采集地：玉树隆宝，海拔，4700m；生境：高山草甸带。

（18）*Oreomela* sp2，采集地：玉树小苏莽，海拔 4300m；哈秀山，海拔 4800m；生境：高山草甸。

萤叶甲亚科

（19）*Erganoides* sp.，采集地：玉树小苏莽，海拔3750m；格龙，海拔3700m，寄主：铁线莲 *Clematis* sp.。

（20）*Euluperus* sp.，采集地：玉树，海拔3750m；小苏莽，海拔3750m；格龙；巴塘海拔3900m；寄主：铁线莲 *Clematis tangutica*。

（21）*Geina invenusta*，采集地：玉树隆宝，海拔4200～4800m；寄主：嵩草 *Kobresia kansuensis*、*Kobresia prottii*、*Kobresia humilis*、*Kobresia pygmeea*、*Kobresia tibetica*、*Kobresia royleana*，薹草 *Carex homatostoma*，火绒草 *Leontopodium* sp.，风毛菊 *Saussarea* sp.。

（22）*Geinula jacobsoni*，采集地：玉树小苏莽；寄主：蒿 *Artemisia* sp.。

（23）*Liroetis octopunctata*，采集地：玉树隆宝，海拔4400～4500m；玉树巴塘3900m；寄主：龙胆 *Gentiana* sp.、橐吾 *Ligularia* sp.。

（24）*Luperus menetries* sp.，采集地：玉树，海拔3750m；寄主：蓼 *Polygonum* sp.。

跳甲亚科

（25）*Chaetocnema* sp.，采集地：巴塘，海拔4000m。

（26）*Altica* sp.，采集地：玉树小苏莽，海拔3750m。

（27）*Longitarsus cyanipennis*，采集地：小苏莽，海拔3750m；寄主：微孔草 *Microula* sp.。

（28）*Longitarsis* sp.，采集地：玉树巴塘，海拔4500m。

（29）*Pentamesa anemoneae*，寄主：*Anemone rivularis*。

（30）*Psylliodes tsinghaina*，采集地：小苏莽，海拔3800m；生境：麦田（间有十字花科植物）。

龟甲亚科

（31）*Cassida rubiginosa rugosopunctata*，采集地：巴塘，海拔4100m；小苏莽，海拔4000m；寄主：华丽风毛菊 *Saussurea superba*。

西藏珠穆朗玛峰登山科学考察小结

王书永，1966

1966年5～7月，在珠穆朗玛峰（以下简称珠峰）及其南翼波曲河谷进行了昆虫考察。收集标本5000余号，隶属于17目，以鞘翅目、双翅目、膜翅目、半翅目、直翅目、鳞翅目6目最多，各目均有其优势科，反映出高山昆虫区系的特点。

珠峰山势高耸，东西连绵，形成巨大的屏障，影响昆虫分布，南北两坡区系有明显差异。北坡种类简单，属于古北区系；南坡种类丰富，有显著的垂直带性分布现象，可分为五带，即常绿阔叶林带、针阔混交林带、针叶林带、灌丛草甸带及高山寒冻带。前两带具热带、亚热带区系色彩，同属东洋区系，但针阔混交林带表现为过渡带性质。后两带与北坡区系有密切联系，属古北区系。两大区系的分界位于针叶林带。

1. 前言

长久以来，珠峰地区的昆虫区系一直备受中外昆虫学家们的关注。但是，由于它特殊的自然地理条件，系统性考察仍然不多。1921～1924 年英国人组织了三次探险，1921 年和 1922 年的两次探险收集的昆虫标本不多，1924 年第三次探险，博物学家 R. W. G. Hingston 自 3 月底至 7 月底前后，历时 4 个月，从锡金出发深入我国境内，东迄亚东，西至珠峰、定日、绒辕河谷，收集万余号动物标本，其中约 1450 号属于鞘翅目步甲科。基于上述三次探险，已发表鞘翅目步甲 105 种（Andrewes，1923，1930）（其中西藏 55 种），瓢虫科 51 种（Kapur，1963）（其中西藏 11 种），异跗节类 30 种（Blain，1921，1927）（其中西藏 27 种），膜翅目熊蜂科 20 种（Richards，1930）（其中西藏 15 种），半翅目 27 种（Kiritschenko，1931）（其中西藏 12 种），直翅目 7 种（Uvarov，1927）（其中西藏 7 种），鳞翅目蝶类 50 种（Riley，1922，1927），计 5 目，其中我国种类 177 种。至今除有关昆虫分类和新种描述的报道外，该地区的昆虫区系则很少论及。

中华人民共和国成立后，党和政府十分重视对西藏的科学考察工作，曾多次组织综合性的科学考察队，昆虫方面于 1960 年和 1961 年先后做了两次调查，收集了大量昆虫标本，积累了丰富的资料。1966 年，中国科学院再次组织了大规模的珠峰登山科学考察，获得了不少珍贵资料。本文即是这次考察的初步总结。由于考察时间有限，加之昆虫标本的鉴定工作还有待深入进行，此总结难免有缺点错误，请批评指正。

2. 考察地区及其自然地理条件

珠峰位于北纬 27° 59′，东经 86° 55′，海拔 8849m，是世界第一高峰，巍然屹立在我国西藏自治区南部喜马拉雅山脉中段的中国与尼泊尔边界。喜马拉雅山脉是自第三纪才强烈隆起的年轻山系。在始新世以前，喜马拉雅地区还处于古地中海—特提斯海区，自第三纪以来海拔上升了近 3000m。新构造运动至今仍在进行中。

珠峰地区地势高亢，海拔多在 4000m 以上，并有海拔 7000～8000m 及以上的主峰群集，发育着不少现代冰川。作用于珠峰地区的大气环流，基本上是西风带控制的冬半季和西南季风控制的夏半季。横亘在珠峰地区南侧的喜马拉雅山脉的主脊，以其高大的山体阻挡了来自印度洋的湿润西南季风，使北坡具有大陆性气候特点，寒冷而干燥；南坡则迎向西南季风，北来寒风被山脊所阻，具海洋性气候特点，温暖而湿润。在地貌上，北坡地势高亢，山势平缓，垂直高差较小；南坡则处于西藏高原的南斜面，山势陡峻，河流深割下切，形成峡谷，垂直高差很大。北坡的植被是以紫花针茅 Stipa purpurea 为主的高原草原和以冰川黑穗薹草 Carex atrata var. glacialis 为主的高山草甸，没有森林植被；在南坡，山体的下部则有茂密的亚热带常绿阔叶林及高大的冷杉 Abies spectabilis 和铁杉 Tsuga yunnanensis，林带以上则是以杜鹃-嵩草 Rhododendron-Kobresia 为主的灌丛草甸植被。

1966 年 5～7 月，在东自珠峰脚下的中、西绒布冰川，西至希夏邦玛峰山前，北起克鲁昂成湖，南止于聂拉木县中尼边界的友谊桥范围内进行了昆虫区系调查。上述地区在行政区划上属于定日县和聂拉木县境内。在自然条件上，包括了喜马拉雅山的北坡和南坡。调查所历地点和工作时间见表 2-1。

表 2-1　珠峰昆虫区系调查所历地点和工作时间

地点	海拔	工作时间
友谊桥、樟木	1668～2214m	5 月 3～15 日
曲乡、德庆塘	3300～3900m	5 月 16～22 日
珠峰绒布冰川	4900～5600m	5 月 28～6 月 3 日
希夏邦玛、色隆	4700～5200m	6 月 11～16 日
聂聂雄拉	5000m	6 月 19 日
甲曲、亚里	4300～4500m	6 月 18～19 日
聂拉木	3700～4000m	6 月 22～7 月 3 日

3. 昆虫主要目类的数量分析

此次考察共收集昆虫标本 5000 余号，隶属于 17 目，即缨尾目、弹尾目、蜉蝣目、蜻蜓目、襀翅目、直翅目、蜡目、革翅目、半翅目、同翅目、缨翅目、脉翅目、毛翅目、鳞翅目、双翅目、膜翅目和鞘翅目。其中数量较多的为鞘翅目（2700号）、双翅目（802 号）、膜翅目（477 号）、半翅目（417 号）、直翅目（235 号）、鳞翅目（216 号），这与昆虫纲种类多寡顺序之前列 6 目是一致的。

鞘翅目是最重要的高山昆虫，在第三纪山地的阿尔卑斯-喜马拉雅山系，鞘翅目几乎达到高山昆虫总数的一半（Mani，1968）。珠峰地区采到的鞘翅目，初步鉴定约有 260 余种，隶属于 38 科。按各科的种类多寡顺序排列，依次为叶甲科、步甲科、象甲科、瓢虫科、金龟科、拟步甲科、隐翅虫科等，其余各科种类较少。按标本的数量顺序排列，依次为步甲科、叶甲科、拟步甲科、象甲科，其余各科均在百头以下。这和 Mani（1962）对西北喜马拉雅高山鞘翅目昆虫区系的研究以步甲科、隐翅虫科、拟步甲科、象甲科为 4 个优势科的结果基本上是一致的。只有隐翅虫科有所不同，在珠峰地区采集较少，特别是在北坡和高海拔处，更是稀有。究其原因，可能与珠峰地区尤其北坡气候十分干燥有关。此次调查发现，叶甲科在种类和数量上都占较大比例，但其 70%的种类系采自南坡低海拔的常绿阔叶林带，高海拔不呈优势，北坡未见踪影。

根据此次所采集鞘翅目标本的海拔，可知步甲科、拟步甲科及象甲科在树线以上的总种数占整个鞘翅目总种数的 67%，由此可知这 3 科在树线以上占优势。拟步甲科在南坡树线以下只采到 2 种，自灌丛草甸带起，种类、数量突然增加，而且自下而上、自南而北，有逐渐增加的趋势，至海拔 4000m 处成为优势类群，种类不下 6 种，而且几乎全部为北坡所共有。

双翅目也是高山昆虫区系的主要成分之一，在珠峰的中、西绒布冰川海拔 5600m 处仍有不少。此次采到的双翅目中有 54.7%属于无瓣蝇类，尚待分类鉴定。有瓣蝇类中已经鉴定的有寄蝇科 13 种、麻蝇科 5 种、花蝇科 6 种、蝇科 13 种、丽蝇科 8 种、食蚜蝇科 7 种、甲蝇科 2 种、实蝇科 1 种、虻科 2 种，共 57 种。从数量上看，花蝇科最多，占双翅目总数的 22.6%；其次是食蚜蝇科，占 8.7%；丽蝇科居第 3 位，占 5.2%。这和 Mani（1968）指出的高山双翅目区系的优势科是一致的。甲蝇科和实蝇科最少，分别为 0.4%和 0.1%，而且只出现在最低海拔的常绿阔叶林带，是南坡的特有种。

膜翅目包括 20 个科，140 余种，在常绿阔叶林带较少，在灌丛草甸带最丰富，比其他各带分布的种类总和还要多，其中姬蜂科、蚁科、蜜蜂科、泥蜂科等自常绿阔叶林带至灌丛草甸带有逐渐增加的趋势。从数量上分析，广腰亚目较少，仅占膜翅目总数的 9%，细腰亚目较多，占 91%。以科别而论，蚁科占 42.8%，蜜蜂科占 18.5%，姬蜂科占 10.3%，叶蜂科占 7.7%，熊蜂科占 5.5%。上述 5 科所包含的种类以姬蜂科最丰富，约占本目总种数的 25%，其次为叶蜂科占 12.8%，蜜蜂科占 10.7%，熊蜂科占 8.5%，蚁科占 6.4%。据此初步统计，可看出上述 5 科显然是珠峰地区膜翅目区系中的优势科。姬蜂科种类、数量的优势性，显然不同于 Mani（1968）关于寄生于步甲和蜘蛛的姬蜂科很少发现于亚高山带的论述。

半翅目昆虫共采得 10 科 41 种，各科数量以长蝽科为冠，占半翅目总数的

70.4%，盲蝽科其次，占 7.4%，跳蝽科占 6.2%，蝽科占 5.3%。以种类计算，长蝽科和盲蝽科各占半翅目总种数的 19.6%，蝽科占 17.1%，缘蝽科占 9.7%，跳蝽科占 7.3%。结合野外观察，上述长蝽科、盲蝽科、蝽科、缘蝽科和跳蝽科是半翅目中最重要的 5 科。

直翅目只采到 3 科 12 种，其中菱蝗科和蟋蟀科采自南坡较低海拔处，未见于北坡，种类和数量均不多。蝗科是高山昆虫区系中常见的科，但在珠峰北坡，可能因为考察时间偏早，显得贫乏。在波曲河谷，下自友谊桥（海拔 1668m），上至聂聂雄拉（海拔 5000m），就蝗虫分布而论，大概可分为 3 带，海拔 3500m 以下由东方车蝗、短角斑腿蝗等组成，均为长翅类，称长翅蝗虫带。海拔 3500～4500m，即山体的中段，由聂拉木牧草蝗所独占，可称短翅蝗虫带。海拔 4500m 以上至雪线，即山体的上段，由高山蝗属 *Dysanema* 占有，其体小无翅，仅为翅芽型，可称为无翅蝗虫带。长翅蝗虫带属于森林范围，短翅蝗虫带属于灌丛草甸范围，无翅蝗虫带属于高山寒冻带。3 个蝗虫带分别代表 3 个截然不同的气候条件，反映蝗虫对高山适应的 3 个发展阶段。

鳞翅目采到了 86 种，隶属于 2 亚目 20 科。其中，蝶类计 20 种，占鳞翅目总种数的 23.3%；蛾类 66 种，占 76.7%，大部分为灯诱，少量为网捕所得。蝶类中以蛱蝶科最多，计 7 种，占 8.1%，数量也多，占本目标本总数的 15%；其次为粉蝶科 5 种，占 5.8%，占本目标本数的 7.7%。就分布海拔来看，以蛱蝶科、绢蝶科最高，如 *Aglais ladakensis* 可达绒布冰川海拔 5600m 处。蛾类中以尺蛾科为冠，包括 28 种，占鳞翅目总种数的 32.5%；夜蛾科为次，占 10%左右；灯蛾科居第 3 位，占 7%。夜蛾科大部分在高海拔处采到，分布海拔可达 5600m，是高海拔昆虫区系的主要科之一。

上述 5 目昆虫在此次调查中种类、数量最多，分布上也较重要。从上述概略分析中可以大致看出珠峰地区昆虫区系组成的某些特点。

4. 南坡昆虫的垂直分带

珠峰地区山势高耸，特别在南坡，垂直高差很大，在很短的距离内从海拔 1700m 的苍郁亚热带常绿阔叶林变化到海拔 5500m 以上的冰雪山峰，无论气候、土壤、植被都有明显的垂直带性分异。这种自然条件的变化，反映在昆虫分布及区系组成上也有不同。

根据不同海拔昆虫的种类、数量和高山适应等特点，参考气候和植被的资料，试将南坡昆虫垂直分布自下而上划分为 5 个带，分别为常绿阔叶林带、针阔混交林带、针叶林带、灌丛草甸带、高山寒冻带（图 2-1）。

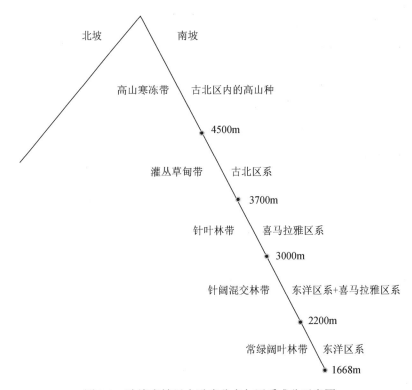

图 2-1　珠峰南坡昆虫垂直分布与区系成分示意图

1）常绿阔叶林带

海拔 1668～2200m，本带的上限相当于植物印度锥 *Castanopsis indica*、西南木荷 *Schima wallichii* 的分布上界，而较低于最冷月平均气温 5℃等温线，气候潮湿温暖，无霜期在 250 天左右。这里的植被以印度锥、西南木荷、飞蛾槭 *Acer oblongum* 和桢楠 *Machilus* spp.为优势，并伴生有黄肉楠 *Actinodaphne sikkimensis*、樟树 *Cinnamomum* sp.、白兰花 *Michelia* sp.、漆树 *Rhus* sp.、尼泊尔桤木 *Alnus nepalensis* 等热带、亚热带常绿阔叶树种，林下灌木、藤本植物和附生植物也很丰富。

本带昆虫的特点是种类十分繁庶，包含许多热带、亚热带昆虫，优势种不明显。区系组成以东洋区成分为主，并杂有喜马拉雅地方种和古北种或泛古北种。

东洋区系的代表有双翅目的甲蝇、寄蝇、麻蝇、实蝇，半翅目的盾蝽、长蝽、猎蝽、盲蝽，同翅目的蛾蜡蝉，直翅目的菱蝗、车蝗、斑腿蝗，鞘翅目的伪瓢虫、黑蜣、锹甲、瓢虫、瘤胸叶甲、瘤叶甲、肖叶甲、铁甲、萤叶甲、跳甲，鳞翅目的凤蝶、蛱蝶、蚬蝶、灰蝶，革翅目的大尾螋等。

喜马拉雅地方种的代表有跳甲、瓢虫、隐翅虫、猎蝽、蠼螋等，其分布范围多限印度北部、尼泊尔、锡金等地。

古北种或泛古北种的代表有寄蝇、麻蝇、斑纹蝇、土蝽、盲蝽、长蝽等，为数不多。

本带较重要的害虫有为害蔬菜的跳甲、菜青虫、菜蝽象、菜叶蜂和地下害虫金龟子等。

2）针阔混交林带

海拔 2200～3000m，其上限抵西藏冷杉 *Abies spectabilis* 的下限，大致与最冷月平均气温 0℃等温线相当。本带的森林主要由高山栎 *Quercus semicarpifolia* 和云南铁杉 *Tsuga dumosa* 所组成。种植的农作物为青稞、荞麦、马铃薯等。本带的昆虫较常绿阔叶林带已显著减少，喜温凉的昆虫逐渐取代喜热的种类，其优势种有叶甲、隐头叶甲、萤叶甲、隐翅虫、马铃薯瓢虫、蝽象、蟋蟀、大排蜂、虻等。

本带灯诱采到的蛾类有舟蛾、灯蛾、天蛾等，均属于喜马拉雅区系成分，其分布范围仅限于印度北部、克什米尔、喜马拉雅、锡金一带。

本带昆虫是东洋区系成分与喜马拉雅区系成分的混杂，其趋势是东洋区系成分下降，喜马拉雅成分随海拔增高而增多。

3）针叶林带

海拔 3000～3700m，其上限相当于最热月平均气温 10℃等温线，气候冷湿，冬季可积雪 80cm。主要由西藏冷杉组成暗针叶林，中下层有二束毛杜鹃、西藏花楸、造皮桦等。在冷杉纯林内，林下腐质层很厚，而缺少灌木。林内昆虫很少，较常见的是虻、步甲、隐翅虫、盲蝽、弗叶甲、丸甲、囊花萤、杜鹃尺蠖、蓟马，均是喜马拉雅区系成分。

4）灌丛草甸带

海拔 3700～4500m，相当于最热月均温 6℃和 10℃等温线之间。阴坡是以杜鹃为主的小矮叶灌丛，阳坡是以嵩草、扁芒草为主的草甸。本带的昆虫异于上述3 带，主要有牧草蝗、拟步甲、叶甲、瓢虫、步甲、象甲、龙虱、寄蝇、麻蝇、种蝇、丽蝇、蝽象、缘蝽、长蝽、盲蝽、夜蛾、叶蜂及蝶类等。

聂拉木牧草蝗 *Omocestus nyalamus* 分布在海拔 3500～4500m，其下限相当于青稞的种植上限，是灌丛草甸带的优势代表昆虫。其前后翅均短缩，特别是雌虫，仅盖及腹部的 1/3～1/2。牧草蝗属在西藏地区已知 3 种，均分布于海拔 3300m 以上。其中，珠峰牧草蝗 *O. hingstoni* 是由 Hingston（Uvarov，1927）采自珠峰南坡的绒辖河谷，和波曲河谷仅一山之隔，海拔、生态条件与聂拉木牧草蝗一致，同属灌丛草甸带。上述牧草蝗体小、翅短，均显示高山适应特征。

5）高山寒冻带

海拔 4500m 以上至雪线，年均温在 0℃ 以下，风力更强劲。以高山嵩草 *Kobresia pygmaea*、团状福禄草 *Arenaria polytrichoides* 等为主的草甸和垫状植被，覆盖度仅 40%～60%。本带昆虫完全由高山种类所组成，如缺线霄蝗 *Dysanema malloryi*、西藏麻蛱蝶 *Aglais ladakensis*、夜蛾、拟步甲、喜玛象、斑芫菁等。

霄蝗属是西藏地区的特有属，已知 2 种，珠峰霄蝗 *D. irvinei* 和缺线霄蝗 *D. malloryi*，采自珠峰东侧的泊里、康巴、定结（Uvarov，1927），喜马拉雅主脊线的北翼，海拔 4200m 以上地区。其中，缺线霄蝗在本次考察中也发现于北坡的色龙（海拔 4800m）和希夏邦玛峰北坡（海拔 5200m）。在西绒布冰川古侧蹟海拔 5600m 处采到本属的另外一个种（因标本幼小，未鉴定到种）。可见，霄蝗属是高山寒冻带的代表性昆虫。

综上所述，珠峰南坡昆虫的垂直分布以常绿阔叶林带最丰富，主要由东洋区系成分所组成，针阔混交林带昆虫种类渐少，是东洋成分和喜马拉雅成分的混杂；针叶林带以喜马拉雅成分为优势；灌丛草甸带的昆虫也较丰富，由古北种（包括泛古北种）和喜马拉雅地方种所组成；高山寒冻带自然条件严酷，昆虫种类贫乏，由高山地区特有种所占据。

5. 珠峰北坡昆虫概貌

珠峰北坡的考察时间较短，范围较小，资料不足，难以讨论昆虫的分布规律，只将考察所见叙述如下。

珠峰北坡受西风带控制，寒冷干燥而多风，海拔在 4700m 以上，地势开阔。植被属高原草原类型，以针茅为主，覆盖度仅 20%～35%，一派荒凉景色，其昆虫较南坡贫乏。大部分种类躲于石下、土中、草丛或其他隐蔽场所，如步甲、拟步甲、象甲、蝽象及夜蛾等；或聚集于水边潮湿处，如暗步甲 *Amara* sp.在希夏邦玛峰北坡海拔 5200m 处的冰川河边成为优势昆虫。在克鲁囊成湖北面的山前地段，向阳温暖，正值棘豆、委陵菜、马先蒿等植物的开花季节，访花昆虫如熊蜂及蝇类较丰富，水中有摇蚊、龙虱和划蝽。熊蜂的丰富性有别于南坡。不同的地貌地段，各有不同的昆虫区系。珠峰绒布寺附近的河阶地和希夏邦玛峰北坡海拔 5200m 处河阶地，昆虫比较丰富。鞘翅目以步甲、拟步甲、象甲为优势科，半翅目以跳蝽为多，水生昆虫如毛翅目、蜉蝣目、襀翅目等都有。

珠峰西绒布冰川的古侧蹟，海拔 5600m，是此次调查的最高点，自然条件十分严酷，6～9 月夜间经常发生冻结，寒冻风化强烈，土层浅薄松散，植被稀疏，种类单纯，主要有黑穗薹草 *Carex atrata*、高山嵩草及多种高山垫状植物，如垫状雪灵芝 *Arenaria pulvinata*、棘豆、紫花点地梅 *Androsace selago* 等。组成这里的昆虫区系，主要是蝇类，其次为夜蛾、短翅芫菁、拟步甲、步甲、象甲、霄蝗、长蝽、盲蝽及囊花萤等。其中，夜蛾体形小，常停息于蚤缀花间，飞翔力很差，其眼具纤毛；囊花萤色黑体小，均是一种高山适应特征。

中绒布冰川的冰塔林及其外侧的宽阔侧碛区，海拔 5400m，地面光裸无植被，是黑跳虫和石蛃的区系。黑跳虫在冰塔林溶水水面及现代冰川侧碛上的小石块下面。石蛃则占据现代冰川侧碛的外侧比较干燥的地段、古冰川侧碛及石海区。

关于昆虫分布的上限问题，Mani（1962）根据西北喜马拉雅高山昆虫区系的研究指出，6000m 是昆虫永久存在的最高海拔，在这个高度弹尾目昆虫仍很繁荣，某些蝶类已被观察到，其实际繁殖海拔为 5800m；鞘翅目拟步甲和隐翅虫的最高海拔是 5600m。根据我们在西绒布冰川 5600m 处观察，鞘翅目昆虫仍很丰富，采到拟步甲幼虫，显示鞘翅目昆虫在珠峰地区分布上限可能更高些。Mani（1962）列举的鞘翅目名单中包括隐翅虫，而我们的结果有所不同，珠峰北坡隐翅虫十分贫乏，仅在色龙（海拔 4700m）采到 1 种（菲隐翅虫 *Philonthus poephagus*），未在海拔 5000m 以上发现。相反，囊花萤科本次采到 8 种，其中 5 种分布于海拔 5600m，3 种后翅消失。Mani（1962）指出半翅目昆虫的分布上限是 5400m，根据我们的调查，半翅目昆虫在珠峰地区的分布已达海拔 5600m。

根据目前已鉴定的结果，北坡昆虫无疑属于古北区系，西藏特有种占很大比例，地方色彩浓厚，部分种类分布范围较广，超越古北界而达北美洲和非洲。例如，在北坡采到半翅目 9 种，其中古北种 5 种，占 56%，仅在西藏分布的有 4 种，占 44%。夜蛾科的 3 种全部为古北种。拟步甲科 60% 的种属于西藏特有种。双翅目的花蝇、丽蝇的一些种类除分布于欧亚大陆外，可达北美洲和非洲。

6. 南北坡区系分异及其相互联系

珠峰北坡地势高，生存条件严酷，昆虫区系简单，由古北种和地方种所组成。南坡垂直高差很大，自然条件复杂，分异明显，其昆虫分布有明显的垂直带现象，区系组成复杂，既有东洋区系成分，也有古北区系成分和喜马拉雅地方成分，各成分的比例随着海拔的升高和自然条件的变化而有所不同。南坡的灌丛草甸带，仍以古北成分为主，东洋成分可以沿波曲河谷上升至聂拉木附近，如红腺长蝽 *Graptostethus quadratomaculatus*，但数量不多；黄足弗叶甲 *Phratora flavipes* 是北型属南方种（陈世骧，1963），在波曲河谷仅见于曲乡，未达聂拉木。灌丛草甸带的优势代表昆虫聂拉木牧草蝗，是地方种，其属是古北属，广布于我国的东北、华北和俄罗斯的西伯利亚。从种的分布连续性看，本带的许多种类皆同见于北坡，在鞘翅目中，与北坡共有的种类几占一半，与北坡区系有更密切的联系。在南坡随着海拔的下降，古北成分逐渐减少，在海拔 1700m 的友谊桥仍有古北种分布，主要表现在双翅目、半翅目和鞘翅目瓢虫科的某些种。东洋区系成分随着海拔的升高而明显下降，典型的东洋成分大部分限于针阔混交林带以下。总之，昆虫区系总体上表现为古北区系成分的南伸幅度较大，东洋区系成分的伸幅度较小。两大区系的分界线约位于南坡的针叶林带，针阔混交林带为两大区系的过渡地带。

参 考 文 献

陈世骧, 1963. 西藏昆虫考察报告: 鞘翅目叶甲科[J]. 昆虫学报, 12(4): 448-457.

陈世骧, 王书永, 1962. 新疆叶甲的分布概况和荒漠适应[J]. 动物学报, 14(3): 337-354.

马世骏, 1959. 中国昆虫地理区划[M]. 北京: 科学出版社.

ANDREWES H E, 1923. Coleoptera of the second mount Everest expedition. Part. 1 Carabidae[J]. The Annals and Magazine of Natural History, 9(11): 273-278.

ANDREWES H E, 1930. The Carabidae of the third mount Everest expedition 1924[J]. Transactions of the Royal Society of London, 78:1-44.

BLAIR K G, 1922. Coleoptera of the mount Everest expedition 1921[J]. The Annals and Magazine of Natural History, 9(9): 558-562.

BLAIR K G, 1923. Coleoptera of the mount Everest expedition 1922. Part 2 Heteromera[J]. The Annals and Magazine of Natural History, 9(11):278-285.

BLAIR K G, 1927. Heteromera of the third mount Everest expedition 1924[J]. The Annals and Magazine of Natural History, 9(19):241-255.

JACZEWSKI T D, 1933. On two species of Corixidae from the Himalayas[J]. The Annals and Magazine of Natural History, 12(72): 588.

KAPUR A P, 1963. The Coccinellidae of the third mount Everest expedition 1924 (Coleoptera) [J]. Bulletin of the British Museum Entomology, 14(1):48.

MANI M S, 1962. Introduction to high altitude entomology: insect life above timberline in the Northwestern Himalayas[M]. London: Methuen.

MANI M S, 1968. Ecology and biogeography of high altitude insects[M]. The Hague: Springer Netherlands.

RICHARDS O W, 1930. The Humble-bees captured on the expeditions to Mt. Everest (Hymenoptera, Bombidae)[J]. The Annals and Magazine of Natural History, 10(5):633-658.

RILEY N D, 1922. The phopalocera of the Mt. Everest 1921 expedition[J]. Transactions of the Entomological society of London: 461-483.

RILEY N D, 1927. The phopalocera of the third mount Everest expedition 1924[J]. Transactions of the Entomological society of London, 75: 119.

UVAROV F E S, 1921. An interesting new grasshopper from mount Everest[J]. The Annals and Magazine of Natural History, 9(9): 551-553.

UVAROV F E S, 1927. Grasshopers (Orthoptera: Acrididae) from the mount Everest[J]. The Annals and Magazine of Natural History, 9(16): 165-173.

备注：此次考察是由中国科学院综合考察队与国家登山队精心组织，配合珠峰登山的一次大规模多学科综合科学考察。科考队分两部分，一部分是东部分队，赴西藏昌都，以当地农业生产任务为主；另一部分是在珠峰地区配合登山，以学科为主，分两个专题。我参加的是第二专题组，组成学科有自然地理、气候、植被、地质水化学、土壤、动物（鸟、兽、虫、鱼）等。主要目的是探讨珠峰地区的自然分带，密切围绕"青藏高原的隆起对人类和自然条件的影响"总题目。原计划考察范围包括珠峰南坡的波曲河谷（聂聂雄拉—聂拉木—樟木一线）、卡玛河谷、绒辖河谷及珠峰北坡绒布寺周围。后因故中途停止，只完成南坡的波曲河谷（从友谊桥海拔1800m至聂聂雄拉分水岭海拔5000m）、珠峰北坡绒布寺海拔5000～6000m，以及希夏邦玛峰北坡的考察。本文执笔为王书永，其中半翅目标本由南开大学肖彩瑜教授鉴定，直翅目蝗科、菱蝗科标本由中国科学院上海昆虫研究所夏凯龄先生鉴定，鞘翅目龙虱科、水龟虫科标本由中国科学院广州昆虫研究所蒲蛰龙教授鉴定并提供有关资料，其余各目由动物所昆虫分类室同志鉴定。

工作汇报之一

自1955年参加工作以来，我的主要工作有两项。第一项工作是野外采集调查，曾先后赴云南、新疆、青海、西藏、广西考察。第二项工作是叶甲科经济志的部分编写和标本整理。多年来一直在陈世骧先生和谭娟杰先生的指导下，并得到研究组同志的帮助，在此表示感谢。今天主要汇报野外方面的工作。陈世骧先生曾对我说："野外调查要多收集寄主、生态和分布的资料，这比多采集几个标本要重要得多。区系调查要注意大的类群，不要只局限于叶甲。"陈先生还说："昆虫有3个特性，即生态特性（包括分布）、生物学特性和形态学特性，今后要把这3个特性统一起来。"多年来我努力要求自己不只是收集几个标本，要尽可能地提供除标本以外的科学资料，为科研服务。下面就根据陈先生的指导，结合自己的工作谈一些体会。

1）物种的空间概念

每个物种都有自己的分布区，都占有一定的空间，这个空间就构成了这个物种的特点之一。分布在高山的物种不可能在平原采到，分布于蒙新荒漠区的物种不会在热带雨林里发现。在同一林区，林内林外也有所不同，这是分类工作者的常识。也就是说，不同的生态条件下有不同的昆虫区系综合体，这是昆虫与环境相互关系的历史发展结果。昆虫为了适应环境，产生了不同的生态特性和形态特征，进而形成新的物种。反过来，根据昆虫的生态特性和形态特征，可以帮助我们认识和推断环境的特点。在南方，我们可以看到蚂蚁在树上做巢，反映了湿热的气候；在北方，蚂蚁却是土栖的，在百花山和新疆阿尔泰山天山林带分布的馒蚁，在地面以上用碎草棍做巢，堆成馒头形，反映了湿冷的气候。

叶甲科中油菜叶甲属 *Entomoscelis*、宽翅叶甲属 *Cystocnemis* 和高山叶甲属 *Oreomela* 在新疆的分布各占有不同的空间，并具有反映这种不同空间的形态标志。油菜叶甲属只分布在平原，体形较大，是油菜的重要害虫；宽翅叶甲属只分布在山麓荒漠，体形为流线型，适于土下生活，跗节腹面光秃，具有荒漠适应特征；而高山叶甲属则分布在高山，体扁色黑，膜翅消失，具有高山生活特征。后两属与油菜叶甲属之间都有渊源关系可追溯。就是说掌握它们的分布规律可为研究它们的亲缘关系、分化路径提供一些线索和依据。

分布在青、藏、川西高原的萤叶甲 *Geina invenusta*、*G. jacobsoni* 和 *Swargia nila*，都有适应高原的形态特征，即膜翅消失、鞘翅减缩，但各占有不同的区域和海拔。*G. invenusta* 主要分布在青海玉树、囊谦、杂多，唐古拉山以北，海拔在4000～5000m的高山草甸和沼泽草甸，以数量优势出现，虫口密度40～50头/m^2，是重要的牧草害虫，鞘翅极端退化，反映地势开阔，风大更冷湿的丘原地貌特征。*G. jacobsoni* 分布于唐古拉山以南至川西的森林峡谷区，地理上靠南，海拔3700m以下，反映在形态上为鞘翅减缩较小，腹部最多外露4节。两种叶甲具有不同的形态特征，占有不同的地理空间，反映着不同的生态条件，代表着适应高原气候的不同发展阶段。高原气候特点之一是风大寒冷，空气稀薄，生活在高原高山上的叶甲一般趋向于失翅不飞，先是膜翅消失，继而鞘翅减缩，减缩的程度又有不同。减缩得越多，反映的气候条件越严酷。根据形态特征和分布区的气候特点，我们可以说 *G. invenusta* 是高原适应的高级类型，是典型的高原物种。*G. jacobsoni* 是较低级的类型，是横断山脉森林峡谷区的物种（本属已知3种，均分布于横断山脉）。*Swargia nila*（当地叫尼泊尔虫），与 *G. invenusta* 一样，鞘翅极端减缩，但它占有不同的地理区域，据现有资料他局限于藏南的喜马拉雅山区，北至雅鲁藏布江河谷（海拔3800～5070m）。

通过上述例证，说明研究昆虫的分布，特别是垂直分布及垂直分布与地理分布的关系，对于认识昆虫的生态特性与形态特性的统一，对于昆虫属种之间亲缘关系的研究是非常重要的，是分类工作不可缺少的一部分。有了这些资料，我们对物种的认识会更深。

2）野外工作方法和垂直分带依据

垂直分布是地理分布（区域分布）的反映，是表现在同一区域的一种立体现象。不同的海拔、不同的垂直带反映着不同纬度区域地理特征和不同的气候条件。了解某一物种在垂直分布中的地位，能帮助我们进一步认识该物种的性质。根据个人体会，昆虫分布的垂直分带基本上在野外调查时就可形成雏形，当然还是停留在感性阶段。要做好这一步，需要有相应的工作方法。第一，调查的环境要全，要包括考察地区的各种环境：山地和平原，沟谷和坡面，阴坡和阳坡，林内和林外，工作路线尽量选择和自然带相垂直的方向，多次穿越各自然带，尽量避免顺河谷的方向走，要学会看地形图，而且养成读图的习惯。第二，记录力求详尽，对采集地点、海拔、数量变化等信息随时加以记录，最好画草图标出某种昆虫的采集地点，以加深印象。第三，多分析勤总结，经常给自己提出问题，然后通过进一步的调查验证自己的想法是否合理，反复调查、反复验证。对于植食性昆虫来说，寄主植物的分布，往往是研究昆虫分布的向导，如铁线莲叶甲的分布低于寄主铁线莲的分布。感性认识还需要经室内标本鉴定后再修改补充，提升到理性认识阶段。昆虫依附植物而存在，植物是气候的最好反映。昆虫的垂直分带基本上从属于植物的分带，但有不同。昆虫的分带必须以昆虫本身反映的特点为依据，虽然要参考植物的分带，但不能本末倒置，形成填空式分带。昆虫分带的依据主要有以下三点。

第一，由于昆虫的生态型不同，适应幅度有宽有窄，在生态地理上根据分布范围的大小可以区分为单带种和多带种。某些物种适应于一定高度内的植被类型和气候条件，只生活或主要生活在这个地带，这类物种我们称为单带种。另一类物种则显现出较大的适应幅度，散见于不同垂直带，这类物种称为多带种。野外调查要努力发现和区分单带种与多带种。单带种是分带的指示种。这里的"种类"也包含区系性质的概念在内，即它是属于古北种、东洋种或地方种。

第二，某些物种虽然是多带分布的，但在不同垂直带有数量差异，可能在某一带显现为数量上的优势，成为优势种，这种数量变化也常用于分带分析。

第三，某些物种由于长期生活于某一特定生态环境，产生了某些特殊的生态适应和形态构造，成为某一特定生态条件下的生态适应种。例如，新疆荒漠中草天牛的迷形色、高山高原蝗虫的失翅和由草栖变为土栖、石栖等现象。生态适应表现在许多方面，有活动时间、栖息场所、寄主特化等。作为某一个垂直带的代表性昆虫，有时是优势种，有时是单带种，有时是生态适应种。不同概念的这 3 类物种可能同时属于同一种昆虫。例如，在珠峰南坡的灌丛草甸带的聂拉木牧草蝗及青海玉树地区分布在海拔 4000～4700m 高山草甸的凹背蝗属、金蝗属，都有失翅现象，又都是当地的优势种。霄蝗属 Dysanema 体小无翅，占据高山寒冻带海拔 4600～5600m，是已知蝗虫分布的最高海拔纪录，具有更好的形态适应特征。这都是单带种和具有形态标志的例子。单带种在某一特定自然带中可能分布普遍，屡屡可见，也可能是稀有的，数量很少。例如，甲蝇在樟木友谊桥的出现，表现出此地的热带、亚热带的气候特征。

横断山区昆虫考察散记

王书永，1981

一、向横断山进军

打开我们伟大祖国的地形图，在西南边陲、深棕色的青藏高原的东南部，可以看到密集的山川，相间并列，垂直向南，这里就是举世闻名的横断山区。它在行政区划上包括西藏的昌都，四川省西部的甘孜、阿坝两个藏族自治州，凉山彝族自治州的安宁河以西地区，云南省西北部的怒江傈僳族自治州，迪庆藏族自治州，大理白族自治州和丽江地区的西部，面积约 50 万 km²，区域辽阔。这里山高谷深，山下森林茂密，郁郁葱葱，仰首眺望山顶，皑皑白雪终年不化，呈现典型的深山峡谷。高大陡峭的山体和密集湍急的北南向河流横断了东西交通，故称横断山区。区内主要河流有怒江、澜沧江、金沙江、雅砻江、大渡河和岷江，主要山脉有高黎贡山、云岭、折多山、邛崃山等。著名的贡嘎山是横断山区的第一高峰，海拔 7556m，其他如雀儿山、梅里雪山、玉龙雪山的海拔也都在 5000m 以上，犹如利剑拔地而起，直刺云端，气势磅礴，雄伟壮观。发源于青藏高原的金沙江、澜沧江和怒江在云南西北角的德钦县境三江并流。在如此狭窄的三江之间却耸立着海拔 5000～6000m 的山崖、雪峰，峰峰如利剑，谷谷如刀切，地势极其险要。位于金沙江第一弯处的哈巴雪山和玉龙雪山，夹江对峙，南北相望，老虎可以一跃而过，故有虎跳江和虎跳峡之名。虎跳峡全长 16km，宽 60～80m，仅为金沙江宽度的一半，两岸雪山海拔约 5000m，河谷下切达 3000m，真是峡谷一线天。金沙江在此劈山夺路而东去，流经我国南部诸省，孕育着中华民族的桑陌良田。

横断山区具有极其独特的自然地理条件，各种矿藏和动植物资源十分丰富，是进行自然科学研究的理想地点。中国科学院在 20 世纪 70 年代完成了我国西藏高原的多学科综合考察后，为加速祖国的四化建设，探清资源家底，又于 80 年代第一春吹响了向横断山区进军的号角。一个由几十个学科几百人组成的科学考察大军向横断山探索。

二、险过泸水塌方

根据考察队计划，野外工作预计 2～4 年完成。考察地区先云南后四川，由南向北推进。昆虫专业和鸟兽专业一起组成动物组，组长是林永烈，昆虫部分由我负责。1981 年的考察范围是滇西北，第一个考察点是高黎贡山西坡的片马。片马属泸水县，与缅甸交界。高黎贡山山脊海拔接近 4000m，西坡迎印度洋西南季风，雨量充沛；东坡以怒江河谷为界，海拔仅 900m，是横断山区昆虫区系最丰富的地区。为此，我们对这里的考察抱有特别的期待。但是由于出队日期较晚，雨季已经到来，山坡滑塌，公路堵截，是本区工作的一大障碍。

5 月 21 日清晨冒雨从昆明出发，一路顺滇缅公路西行，5 月 23 日赶到怒江自治州首府六库。六库位于怒江河谷的东岸，是进入高黎贡山的大门，东依怒山山脉，西岸即高黎贡山山脉的前山。我们在此留宿一夜，到州政府有关部门做必要联系。5 月 24 日离开六库，沿怒江东岸片马公路上行 8km，经跃进桥过怒江后，开始了攀越高黎贡山的行程。那天上午大雾，周围景物看不清，只觉得汽车忽左忽右，环绕山体盘旋而上，直到车前有了房屋才知道到了泸水县城。从江边到泸水，行程不过 25km，海拔却上升了 900m。泸水县城坐落在高黎贡山前山的山头上，是名副其实的山城。公路穿城而过，不管到哪个地方都得上坡或者下坡，到招待所吃顿饭也要爬上爬下几十米。为了在雨季大塌方之前完成片马考察，我们在了解了公路情况后，立即驱车西行。公路继续盘山而上，当行至海拔 2600m 的姚家坪时，太阳露出云端，茂密的常绿阔叶林出现在眼前。队伍在林间小憩，我们趁此下车，迫不及待地在路边采集。天牛、叩甲、蝽、蜂、蝇等，体色艳丽，种类相当丰富。风雪垭口是东西气流的通道，每年有半年左右的时间被冰雪覆盖，夏季则常常被云雾笼罩或细雨蒙蒙，年降水量可达 2500～3000mm，气温很低。我们通过垭口时，虽是 5 月底，仍是冷风刺骨。这里的边防战士夏季也离不开棉大衣。这里已无高大乔木，而是杜鹃、箭竹等低矮的灌丛植被。我们在垭口未多停留，经边防哨卡验过通行证后立刻转至西坡。西坡重叠峰峦，郁郁苍苍，远处还有一雪峰映照，近处森林茂密，不同林带还呈现不同深浅的绿色，坡底也不像东坡那样陡峭，而是较为平缓。从怒江江边至垭口公路只有 70km，海拔却上升了 2200m。

因为时间关系，西坡只设一个采集点。营地建在片马居民点以上 7km 处，于公路旁搭起两顶帐篷，除附近的养路道班外，过往行人很少。西坡由于降水多，人为破坏少，森林非常茂密，林下灌木和草层极其发育，昆虫种类也相当丰富，体现明显的亚热带特性。由于不断下雨，听说回泸水的公路已有塌方，不可再停留了。6 月 1 日，怀着依依不舍的心情我们拔寨东撤。在回东坡的路上，翻过垭口不远，果然有塌方。塌方不大，但因路面松软，路基狭窄，我们乘的东风 140 汽车车身宽大，外侧的一个车轮悬空而过，非常惊险。

我们没有直接回到泸水，而是在东坡的姚家坪建立了第二个营点。在此工作的 6 天里，只有 1 天没有下雨。雨水对我们的威胁越来越大，前方又有多处塌方。6 月 7 日，在养路工人的不断清除中撤回到泸水县城。

撤回泸水并没有到达安全地带，回六库的路上已经发生了更大的塌方。先期到达的几个兄弟组已被堵截在这里好几天。我们便趁此机会抓紧时间采集。这里海拔较低，森林已遭破坏，呈现一种干热景观，采到许多喜热种类，与较高海拔的森林区系显然不同。

横断山区主要河流两岸的山坡都相当陡峭，较少有植被覆盖，雨季塌方频繁。因此公路常半年中断。据泸水县政府同志说，这次送我们出山后，恐怕就要封路了。这次塌方，非同寻常，塌方宽几十米，路面完全被山石堵截，而且上层塌方又冲到下层"之"字公路路面，造成多处堵截。要想清除是不可能的，不但工程太大，而且随清随塌。只有用推土机稍加推平轧实，让汽车冒险抢过。除当地护路工人外，兄弟组的同志们已参与抢修几天了。我们参加了最后一天的抢修工作。接近下午 2 时左右，第一道塌方修复初见眉目，立即做出了抢过的决定。东风车性能比解放车好，首先由东风车开路，并由有经验的司机在前指挥。这时对司机的要求是不但要技术高，而且要沉着冷静，听从车下指挥。内侧有巨石挡路，外侧为陡坡，滔滔怒江就在脚下，稍不留意就将滚至江底。我们站在路边，怀着忐忑的心情注视着第一辆、第二辆、第三辆车冒险过塌方，直到最后一辆汽车安全通过道道险关，阴郁的心情才豁然开朗。时已夜幕降临，大家不顾饥饿和疲劳，带着胜利的喜悦，乘车返抵六库。

三、雨战点苍

结束了高黎贡山和怒江南段的考察后，6 月 27 日折转向东，目的地是洱海西岸的点苍山。点苍山是横断山尾端滇西北的又一名山，最高峰海拔 4122m。原计划在西坡选点登山，到漾濞县政府了解情况后得知，西坡交通不便，因此临时改去东坡。6 月 28 日从西坡转到东坡已是下午，开始天气晴朗，汽车驶上采石路后，逆山前冲积坡，没走几公里就开始爬山。一路上仔细寻找合适的扎营点，均因坡陡路狭没有水源而难以立足扎营，不得已直上采石场工地，盼望有个好的设营条件。事与愿违，不但没有能搭帐篷的地点，而且忽然下起倾盆大雨，临时想在工棚借宿，怎奈工棚漏雨，我们人又多，难以容纳。公路已到尽头，海拔 2800m，高出大理约 800m，加上雨又提前了夜幕的降临。为了在天黑前找到设营点只好调头后退 2 公里，在路旁选择一处稍宽地方。我们两人一组身着雨衣先四下里寻找可食用水源，有了水才能做饭才能开展工作。否则，即使能够暂时住下来也无开展工作的意义。幸好雨季地下渗出水较丰富，在公路内侧的一个小土崖旁有一股涓涓细流，粗看污染不大可作饮用，决定在此扎营。可惜除了停汽车，剩下的空地只够搭一顶帐篷。大家齐心协力冒雨作业，搭起一顶帐篷后，把汽车上的箱子全部卸下排好当作床铺，部分人睡在汽车上。到此首先欢迎我们的是蚂蟥。大家只顾在天黑前把住处安置好，雨水汗水交织在一起，看到手臂淌血以为是被划破，并不在意。用手去擦汗，突然发现脖颈上有一个冰凉的、软软发黏的蚂蟥。雨渐渐小了，住处基本安排停当，大家刚刚松下一口气准备休息，第二个来访者到了，这就是点苍山的风。雨停风起，风是那样的大，以致汽车在摇晃，帐篷钉被拔起，大有把帐篷吹翻滚下苍山东入洱海之势。我们急中生智，看到帐篷紧靠汽车，就用大石块将汽车固定，然后将帐篷系在汽车上。原来点苍山的风是有名的，据文献记载，冬春两季是大理地区的风季，每年有 35 天以上的大风，风级经常在 7 级以上，最大超过 8 级。大理州首府下关就有"风城"的美称。风成为下关"风花雪月"四大名景之首。经过一天的劳累，晚上睡得特别香甜。第二天一早醒来，风停云散，太阳已冉冉升起。走出帐篷，首先映入眼帘的是山脚的洱海，像是一面半月形的镜子碧波万顷，光彩耀人。在县城西北，更有"三塔"亭亭玉立，景色真美。

点苍山的东坡原始森林植被已破坏殆尽，在海拔 2600m 处只有小片人工松林和零星赤杨叶，大部分为草坡，间密生蕨类植物羊齿。在海拔 2900m 以上，以山柳、杜鹃为主的灌丛覆盖度很大。点苍山地处东西季风交汇处，雨量充沛，年降水量超过 1000mm。我们在此工作 5 天，正逢一个降雨过程，曾遇 3 个雨天。我们采集的范围下至山脚海拔 2200m 的洪积坡，这里种植有茶园；上达海拔 2900m 的杜鹃灌丛带；还深入过去开采过大理石的山洞中采集洞穴昆虫。虽然点苍山的原始植被已遭破坏，但因其所处地理位置，昆虫区系仍相当丰富，既有南部热带成分，又有横断山区的特产，与西部高黎贡山也有密切联系。从采集到的某些种类推测，这里的原始植被该是森林草原，包括昆虫在内，均属于湿生性质。

四、奇异的干热峡谷

高山峡谷是横断山区地貌特点的真实写照。峰谷高低悬殊带来气候景观的巨大差别，真是峰谷气候不同季，景观大不同。没有到过横断山峡谷的人，对峡谷的景观一定有很多想象，我就是其中之一。20 世纪 50 年代后期我曾多次去过横断山南部美丽富饶的西双版纳，那里有热带雨林和亚热带季雨林，茂密的森林以高大榕树、板根、气生根和老茎生花等为特征。1964～1965 年，又曾两度到横断山区北部青海省的玉树和囊谦高原腹地进行考察，由此向南下伸到和川西交界的最低海拔点，山谷中苍翠的针叶林，和高原面上清一色的高山草甸相比，显得别有生机，引人入胜。在我的想象中，从西双版纳到青海高原之间的横断山峡谷地区一定是偌大的原始森林，从山上到山下覆盖着所有的坡坡岭岭。

横断山区处于西南季风和东南季风的交汇地区，南北纵向排列的山谷，犹如一道道屏障阻挡着两股湿润气流的深入。高黎贡山向东降水量递减，东南季风经云贵高原的阻挡，到达横断山区后势力也大为减弱，再加之峡谷地区的窄管效应和焚风效应，造成横断山区干热中心的存在。所有峡谷谷底均呈现干热气候，随之而来的是干旱荒漠景观。森林植被只出现在远离主河道的支沟或较高海拔的山地。我们的考察路线几次穿过怒江、澜沧江、金沙江这三江河谷，所见皆然。主河道两岸是荒秃秃岭，零星点布多刺多汁、叶小根须长的耐旱植物，如仙人掌、狼牙刺，或丛生茅草。地表大部分裸露，水土流失严重，一眼望去呈现一片土黄色。热风有时是旋风夹杂着砂砾不时顺谷狂作，使人难以睁眼。中午常是骄阳似火，灼热异常。夜晚仍然炎热，难以入眠。位于怒江河谷的六库，有怒江"火洲"之称。这里的极端最高气温可达 41.9℃，比我国三大火炉城市之一的武汉还高 0.6℃。最热月平均气温比西双版纳首府景洪仅低 0.1℃。坐落在北纬 28°以北金沙江岸边的奔子栏，东有中甸大雪山，西傍白茫雪山，夹江对峙，山坡陡峭，植被稀疏，年降水量仅为 300mm，而蒸发量却高出 6～7 倍。这在云南省所有气象台站记录中是绝无仅有的。据当地老乡说，附近山上每年冬天都有雪，可从未落到村子里，可见这里的冬天也是很暖和的。干热河谷中特殊的气候和景观条件，孕育着特殊的昆虫区系，具有明显的荒漠区系特征，构成横断山区昆虫区系的复杂多样性，有些种类甚至比较罕见。这里采到的蝗虫，有的完全无翅，有的具有典型的荒漠适应。有些甲虫与近乎干枯的寄主植物的色彩十分协调一致，不仔细观察不易发现。蝉是干热河谷优势昆虫的代表，每次从高山下到谷底，首先迎接我们的就是蝉声鼎沸，有时甚至可飞入行驶中的汽车里。当我们从干热河谷向高山进发时，只要蝉声远离，就预示着山地森林带快要到了。

五、险峰风光独好

结束了南部片马、点苍山、维西等地的考察后，8 月 2 日离开丽江开始向高原进发。第一站是迪庆藏族自治州首府——中甸。打开地图，可以看到从丽江到中甸公路中途要沿金沙江并行几十公里，这里就是长江上游第一弯，本来北南流向的滔滔江水，在此突然折转变为南北流向，然后用千钧力劈开海拔 5000m 的玉龙雪山和哈巴雪山的封锁，夺路东去。这就是地理学上所谓的"长江袭夺"。地图上，这里就是石鼓和虎跳江。公路从玉龙山西侧过江，然后顺其支流冲江河而北上高原。金沙江边海拔约 1800m，生长有棕榈等热带植物，护道林是桉树和银桦。进入冲江河峡谷后，咆哮的江水带来一股冷湿气立刻袭上面颊，让人感到浑身发冷。随着海拔的升高，森林逐渐茂密阴湿，山体陡立，日照极差，棕榈树不见了，护道树也由核桃树所取代。核桃是横断山区重要果树之一，分布广泛，但有一定海拔限制，其分布上限一般在 2600～2800m，大致与常绿阔叶林的分布上限相当。在此海拔以上，又以杨柳为主要护道林，山地自然植被也为暗针叶林所占据。公路爬过冲江河的分水岭，海拔已达3200m，进入了中甸山原盆地，地势开阔，一改峡谷地貌，这里空气稀薄，北风呼啸，气温骤降。这里主要种植的作物是青稞和马铃薯，居民主要是藏族。中甸是一个新兴的高原城市，电量供过于求，家家户户都用电炉做饭取暖。

我们没在中甸多作停留，前进的目标是中甸北部和中甸大雪山，仅借联系工作的空档做了短暂采集，但却有了出乎意料的新发现。根据过去多年青藏高原地区的考察，在叶甲科中发现了不少高原适应的特殊种类，表现为膜翅消失，鞘翅短缩，成为高原昆虫区系的特有者，唯独在跳甲亚科中尚未发现这种例证。8月3日我在中甸附近的草甸草丛中终于发现了久欲寻找的目标，这就是导师陈世骧先生鉴定的短鞘丝跳甲新种。它取食为害高原上的多种植物，而且以数量优势出现。

从中甸北上，我们的另一个高山营地设在与四川省交界的中甸大雪山垭口南侧，海拔3800m处，针叶林带的上限，阳坡是灌丛草甸。山顶裸露的岩石，在大自然的雕塑下千姿百态，奇峰异秀，不时被云雾所缭绕，犹如蒙上白纱的仙女亭亭玉立。景色的优美不能代替工作上的新发现、新进展所带来的巨大喜悦。在精心采集中，8月15日晚上，在整理标本时，又发现了在大雪山营地附近的另一个高山种，外形与短翅丝跳甲相近，具有更典型的高山适应特征，身体更小，体形呈流线型，更适应高山多大风的气候条件。当天采到的标本仅两头，寄主不清楚，但却提供了继续搜寻的信息。功夫不负有心人，两天以后，终于在高山灌丛优势植物之一的小檗上找到了它的大本营。这就是经陈先生鉴定为光胸山丝跳甲新种的模式标本的采集故事。此新种还代表了跳甲亚科的一个新属。至此，短翅丝跳甲和光胸山丝跳甲在横断山区的发现，弥补了我国高山跳甲区系研究的缺陷。

1981年的考察工作，于5月21日从昆明出发，经泸水片马、后点苍、维西、中甸至德钦县阿东胜利结束。9月10日经西藏芒康、四川巴塘返回北京，历时近4个月。采集昆虫标本17 000多号，得到陈世骧先生的高度评价。他亲自参与标本鉴定和室内总结，对横断山的考察工作非常支持与重视。次年写出第一篇很有分量的考察报告——《云南横断山的跳甲——丝跳甲属和云丝跳甲属》，在文中指出，仅当年一年的采集，丝跳甲属昆虫就采到16种，其中有10个新种，可见种类之丰富。就是这篇报告，奠定了整个横断山考察4年后学术总结的思想基础。

如何做好昆虫区系调查野外工作

——国家动物博物馆及动物进化与系统学院重点实验室联合学术年会上的发言

王书永，2010

首先热烈祝贺国家动物博物馆开放一周年。

我的发言分为两部分，第一部分：简单介绍与标本馆发展壮大有关的野外考察；第二部分：野外工作的几点体会。

一、与标本馆发展壮大有关的野外考察

我是 1955 年 10 月到中国科学院动物研究所工作，至今已 50 余载，可以说见证了昆虫标本馆的发展历程。它是与中国科学院组织的多次大型综合考察分不开的。回想 20 世纪 50 年代，中华人民共和国成立初期百废待兴，中国科学院为了填补我国科学空白，生物地学部建立综合考察委员会，多次组织大规模的多学科综合考察，如 1955～1957 年云南热带生物资源考察（曾用名紫胶考察）；1956～1960 年新疆综合考察；1958～1959 年广西十万大山热带亚热带生物资源考察；1959～1961 年南水北调考察；1960～1961 年西藏生物资源考察；1966 年西藏珠穆朗玛峰登山科学考察；1973～1976 年西藏考察；1981～1984 年横断山区综合考察；1982～1983 年西藏南迦巴瓦峰考察；1985 年南方山地考察；1987～1990 年喀喇昆仑至昆仑山可可西里考察；1987～1990 年西南武陵山区考察；1970～1972 年三北医学考察。此外，20 世纪 50～60 年代，动物所也组织了多次采集，先后赴海南、福建（武夷山）及云南（西双版纳地区）采集；90 年代，又组织了对长江三峡库区、秦岭西段及甘南地区及广西十万大山等地的考察。纵观上述考察，由于考察前期受参加人员和当时分类学水平的限制，考察基本上以收集标本为主，缺乏区系规律及演替内容的思考和探索。

1962 年陈世骧院士先生在《动物学报》发表的《新疆叶甲的分布概况和荒漠适应》，揭示了新疆荒漠叶甲科昆虫的形态适应特征，同时提出了区域地理、生态地理及分布特点上的单带种和多带种的概念。1963 年陈先生又在《昆虫学报》上发表了《西藏昆虫考察报告——鞘翅目叶甲科》，提出了高山昆虫的适应特征。这两篇论文可以说是我国早期昆虫区系调查的范本，受到后人的广泛关注和引用，也成为我此后考察工作的指导。20 世纪 70 年代黄复生先生先后四年参加西藏考察，并组织全国分类学家编辑出版《西藏昆虫》一、二两册，并发表《西藏高原的隆起和昆虫区系》一文作为该书的总论，第一次将大陆漂移学说与昆虫区系起

源、演替相联系，把昆虫区系的考察提高到一个新的水平，推动了昆虫分类学的发展，也掀起了我国各地昆虫考察的热潮。

1956～1958 年，我参加云南热带生物资源综合考察队；1959～1960 年，参加新疆综合考察队；1963 年参加广西采集；1964～1965 年，参加北京植物所和青海高原生物所组织的青海玉树地区草场考察；1966 年，参加西藏珠穆朗玛峰登山科学考察，爬到海拔近 6000m，是迄今我国昆虫调查的最高纪录；1980～1984 年，带领昆虫组参加横断山区综合考察；1988～1989 年，参加武陵山区考察；1993～1995 年，参加长江三峡库区昆虫考察；1998 年，参加秦岭及甘南地区昆虫考察。其中以横断山区考察持续时间最长，收获最大，出版了《横断山区昆虫》一、二两册，该书记述了该区昆虫近 5000 种，其中新种占 1/6。横断山区是物种分化最活跃的地区，是许多类群物种分布和分化的中心。我也撰写了《横断山区昆虫区系特征及古北、东洋两大区系分异》一文作为该书的总论。《横断山区昆虫》获中国科学院自然科学一等奖。我在横断山考察总结过程中曾到长白山采到我国首个蚤蝼目昆虫——中华蚤蝼新种，为我国填补了一个目级空白。

这里我顺便说一下关于蚤蝼昆虫的采集过程。陈世骧先生生前曾多次教导我要注意中国尚未记录的目，谢蕴贞先生也以杨集昆先生为榜样激励我，我多次阅读杨集昆先生编写的《昆虫的采集》一书，也检视过标本馆收藏的日本蚤蝼的标本，每次野外采集，到高山相似生态环境都注意采集。功夫不负有心人，1986 年，当综考队借长春总结会议之机，到长白山旅游考察时，在向长白山天池爬坡的过程中，在刚滑坡不久的乱石路上，一个具长长的丝状触角和尾须的长形昆虫出现在我眼前，就是我多年追寻的蚤蝼。我立刻将其放入随身带的唯一玻璃管里。中午我试图在天池湖边寻找更多标本，顾不得休息和欣赏湖边的美景，连续翻搬道路上的碎石，可惜没能如愿。下山时又想顺着原路再仔细寻找，但天公不作美，乌云密布，大雨将至，加之要照顾同行的鸟组唐蟾珠先生下山，只好放弃。回到北京向陈先生汇报后，他非常高兴地说："这是对你多年野外工作的最好回报"，并叮嘱我尽快鉴定发表。当时的室主任黄复生先生获悉后，也立刻到我办公室查看标本。

回忆多年的野外工作，深感标本来之不易。过去交通不便，很多地方都只能步行，生活条件艰苦。1960 年，正值国家困难时期，连饭都吃不饱，每次野外时间少则 3～4 个月，多则半年以上，要自带行李，自搭帐篷，夜宿林间荒野，自己做饭。横断山连续四年的考察，冒着可能遇到塌方、泥石流、滚石、翻车和高原反应等危险，保证安全这根弦总是绷得很紧，只有收队到了成都或昆明，才算放松下来。在此，我也特别感谢为我们开车的司机师傅，他们的精心驾驶是保证行车安全的前提。回忆过去，无怨无悔，虽说没有取得惊天动地的成果，但是为国家收集了近30万号昆虫标本，其中有不少新属新种，见诸报刊发表的遍布各个类群，我自己也描述了一些新种，写过几篇有关区系的文章。从某种意义上，可以说我是野外考察的受益者，通过考察学到了有关昆虫的知识。考察出真知，考察出科学，考察出科学家。我国老一辈科学家如李四光、吴征镒等，以及中华人民共和国成立后培养起来的许多年轻中国科学院院士如孙鸿烈、陈宜瑜、曹文宣、张新时、王文彩、郑度等，都是野外考察工作的积极参与者。

二、野外工作的几点体会

1. 野外考察的指导思想

从事昆虫分类和系统进化研究的学者，其野外调查不同于一般采集。一般采集以收集标本为主要目的，而分类和系统进化学者，还要收集有关物种时空特征及生物学特性等更多信息。这些信息，在文献上是很难找到的。比如，物种分布的信息，一般只停留在区域分布的认识，是平面的，而缺乏其空间概念和生态概念。野外工作是分类和系统进化工作的重要内容，有时甚至必须通过野外考察来完成，如隐种类群中的近缘种，有的需要靠生物学特性去区分。要做好野外工作，必须有明确的指导思想。分类学的核心理论是物种概念。现代进化分类学对物种的认识不是单纯的形态概念；特别是对于近缘物种来说，物种的行为特征、空间（生态）特征等都是区分物种的重要标志。关于物种定义，E. Mayr（1953）认为物种是能够（或可能的）相互配育的自然种群的类群，这些类群与其他类群在生殖上相互隔离着；陈世骧（1979）认为物种是繁殖单元，由又连续又间断的居群组成；物种是进化单元，是生物系统线上的基本环节，是分类的基本单元。

新的物种概念突出以下几个内容：①地理（空间）概念：每个物种都占有一定的区域（或空间），没有物种是完全相同的；②群体概念：物种以居群的形式存在；③行为概念：各个物种都有不同的行为特性；④隔离分化概念：种与种之间存在生殖隔离。隔离的形式有地理隔离，是最基本的隔离；生态隔离，即空间地位不同，如不同海拔、不同生态环境（森林内外，植株的上下、干湿、阴阳等），典型的例证是头虱和人虱；寄主隔离，因寄主不同引起的物种分化，特别是隐种中的近缘种。以上地理概念、群体概念、行为概念是关于物种存在的形式，隔离分化概念是关于物种分化的道路。隔离是关键。研究物种形成，就是研究隔离的形成原因。由物种存在的形式追索物种分化的道路，赋予野外工作的重要内容。新的物种概念，就是野外工作的指导思想。

2. 出发前的准备

出发前必须了解考察地区的自然地理条件，如地势、山川走向、大气环流形式、气候和植被特点，阅读有关地形图，在脑海中形成考察地区的地形雏形，并合理设计考察路线、考察点和时间安排。考察路线和考察点要涵盖考察地区的基本生态类型。考察路线尽量避免沿河谷走，而应选择能多次穿越不同生态类型或垂直带的路线。山地考察，要选择有代表性的（垂直带谱较完整的）山体，从低到高分段考察。最好爬到山顶，争取每个地区都要爬 1～2 个山头。

出发前还要搜集并预读本学科、本类群与考察区相关的文献，查看必要的馆藏标本，以便带着问题去考察。

3. 野外工作的对比方法

对比方法是认识事物的基本方法，也是野外调查认识物种分布规律、区系特点的基本方法。从对比中认识物种的空间特性、生物学特性，发现昆虫的分布规律。对比应从物种入手，从昆虫区系总体着眼。对比的对象不只限于本类群；不同类群在分布特性、分布规律上所起的作用不尽相同，有的表现明显，有的不明显。揭示某一地区的昆虫区系要注意高级阶元的变化特点。大类群、高级阶元往往具有普遍性，应多加注意。

对比内容包括：①区域对比：不同地区、不同地域；②生态对比：不同坡向（阴坡与阳坡）：在北方，阳坡多阳性昆虫和古北区种类，阴坡和隐域环境则可能发现东洋区或南方种类；不同林型、同一林型的林内与林外；环境的干与湿；同一寄主的不同地点；同一植株的上与下；叶片正面与反面；不同海拔等。从对比中认识物种的性质、分布规律和区系特征。

通过对比，从数量概念出发，确定该地区的优势种和稀有种；从分布概念出发，找出地理分布上的广布种（垂直分布的多带种）、狭布种和单带种；从生态概念出发，找出具有生态适应和形态标志的指示种。优势种、单带种和指示种是划带分区的依据。在野外调查过程中通过对比形成区系特点和分布规律的雏形，获得感性认识，通过室内标本鉴定、综合分析总结，再上升为理性认识。

对比方法要贯彻野外工作的始终。对比的关键是种类识别，分类学是野外工作的基本功，一般认识到科，专题类群要认识到属种。对采到的不同地带（海拔）

不同生境的标本，一定要分开放，随时查看、随时对比。野外工作时还要注意随时随地采集，往往在不经意间能采到好东西、新东西（如子梅山短鞘萤叶甲新种）。

4. 寄主调查

寄主调查是野外工作不可或缺的重要内容。其意义在于：①确定经济意义，目前许多物种的经济意义尚不明确。②确定学科意义，食性是物种的重要特征，在专食性昆虫中，其取食范围与寄主植物之间存在一定相关性。掌握昆虫的食性规律可以相互检验昆虫与植物分类系统的正确性，在地区开发或植物引进过程中可以预测害虫的发生。反之，从国外引种昆虫时可以预测其可能对哪类植物造成危害，提早予以预防。在叶甲科中，昆虫与寄主植物之间关系十分密切，常以叶甲科的"属"对应植物的"科"。如叶甲属和弗叶甲属分别取食杨柳科和桦木科植物；跳甲属则常以"种"对应植物的"属"，同一物种仅取食同一属或近缘属的植物，寄主植物的不同成为区分物种的重要依据。③确定分布意义，植物的分布常是昆虫分布的向导。昆虫常伴随寄主植物的分布而分布，彼此同域嵌合；有时昆虫的分布狭于寄主植物的分布，在不同的地域出现不同的种类（多见于专食性昆虫）；有时昆虫的分布广于寄主植物的分布，在不同的地域发生食性转化（见于杂食性或广食性昆虫）。野外调查中要注意同一寄主不同地点的害虫调查，不可认为是简单重复而忽视。从不同地点同一寄主的害虫调查结果可以判断昆虫的分布范围或分布界限，还可能会发现新的害虫种类，发现近缘种的地理替代现象。如横断山考察中，对小檗害虫的调查就发现中甸大雪山、白茫雪山、玉龙雪山3个山头分别有3种山丝跳甲新种。

为害醉鱼草的长瘤跳甲属，从云南大理泸水一线向北至四川卧龙、甘肃文县、陕西秦岭，有明显近缘种的物种分化，出现区域分布上近缘种的地理替代和垂直分布上的生态替代现象。

寄主调查是一项烦琐的工作，首先需要带植物标本夹和标本纸，野外负担较重。采集昆虫标本的同时也要采集植物标本（尽量有花、果）。昆虫与寄主要分别编以相应号码，植物标本拴好标签，昆虫标本单独存放。考察结束后，请植物学专家鉴定，并将学名标记在标本之下，永久保存。

5. 标本整理与记录

为保证所采标本的质量和物种信息资料的科学性，当天采集的标本一定要当天整理、当天记录。比如干制标本，应当将当天所采标本按目、科、属、种整齐地摆放在棉层上。整理标本的过程，也是认识标本的过程。在认识标本的过程中不断提高采集的水平和质量。必要时对照标本查对检索表。我认识的蝗虫，许多都是在野外通过查阅检索表认识的。我喜欢采蝗虫，因为蝗虫与生态环境的关系密切，变化明显，常是区系变化、划带分区的指示性昆虫。通过整理标本，发现特殊种类或稀有种类，应争取在当地及时地追踪采集。通过追踪采集，不但能补充标本数量，而且可能有生物学上的重要发现。横断山区发现的珍稀双尾目昆虫伟铗䖵、叶甲科中高山特有种短鞘丝跳甲和高山新属山丝跳甲属都是这样采到的。

调查记录是调查水平的体现，是保证科学性的关键。标本与记录相辅相成，缺一不可。记录分专题记录和总体记录。

专题记录是针对某一特定要求的记录，如有寄主的种类，分布上或生物学上有意义的种类等，应分别保存标本，应分别予以编号登记。我曾采用卡片式记录。卡片记录的内容为：

学　名：*Phygasia diancangana* sp. nov.　采集号 Ch81-90
科　别：*Alticinae*　饲养号　照相
采集地：云南省大理县坐苍山　海拔 2600m　日期 29/VI.81
保存虫态：卵　幼虫　蛹　成虫 √ 2 2♂
寄　主：植 66号 萝藦科杠柳属 *Periploca* sp.
为害部位：根　茎　叶 √　花　果
采集环境：山谷　山坡 √　山脚　平原　草丛 √　林内　林外 √
　　　　　叶背 √　叶面　乔木　灌木　草本 √　藤本
　　　　　湿度　　　光线
　　　　　　　　　　　　　　　　采集人：Wang

一种昆虫、一个地点、一个编号，简要记载野外发现的情况，有时配以相应的图画。鉴定学名后补充学名，作为资料永久保存，以备查考。

总体记录，即本式记录，是将当天野外调查发现的所有情况，包括气候、植被、自然地理、昆虫区系变化特点及其对比结果等都记录在本子上。考察即研究，要带着任务去考察，变被动为主动。

6. 总结提高

野外调查不应是单纯地采集标本，而应具有更深层次的科学内涵。因此，通过野外调查除了积累大量的标本，充实标本馆的馆藏，还要在学科上、学术上有所发现、有所提高、有所贡献。总结包含两个层面，一个是个人的，另一个是组织者的。就是说每个人都要有学术总结，每个参加的课题都要在学术上有所交代；组织者要及时组织各课题交流并对总体有个总结。

我多次参加大型多学科考察，其间学到了其他学科的一些知识，也学到了一些工作方法和思维方法。综合考察队非常重视总结和学科交流，每年考察完毕，在第二年考察出队前都要组织学科交流。1966年参加西藏珠穆朗玛峰登上科学考察第二专题组（生物及自然分带组）的成员，几乎每天考察回来整理完当天的资料，都要交流各学科的情况。还有在横断山考察期间，我每次考察回来都向陈世骧先生汇报，他总会在百忙之中查看标本，并对重要类群及时鉴定，写出论文，为我们的学科交流做了坚实的后盾，为最后的总结奠定了坚实的基础。我非常感谢陈先生对野外考察工作的重视和支持。

衡量一个标本馆的好坏，不仅要看馆藏标本的数量，也应看其定名标本和模式标本的馆藏量，后者反映分类学水平。伴随着国家的改革开放，标本和模式标本的外流是目前存在的一个新现象。如何防止和减少标本和模式标本的外流，是需要我们认真对待的一个问题。其中之一，就是每年考察回来，凡是新的发现，都要及时整理发表，不一定非要追求系统性。不能认为考察回来任务已经完成就将标本束之高阁，等多年过后新种变成老种，再追悔为时已晚。

以上是我对综合考察的认识和体会，是我多年野外工作的切身心得，仅供大家参考并请不吝赐教。

最后祝愿国家动物博物馆越办越好，不断取得标本采集和学科研究双丰收。

谢谢大家。

参 考 文 献

陈世骧, 1962. 新疆叶甲的分布概况和荒漠适应[J]. 动物学报, 14(3): 337-354.

陈世骧, 1963. 西藏昆虫考察报告鞘翅目：叶甲科[J]. 昆虫学报, 12(4): 447-457.

黄复生, 1981. 西藏高原的隆起和昆虫区系[M]//中国科学院青藏高原综合科学考察队. 西藏昆虫 I. 北京: 科学出版社: 1-34.

王书永, 1980. 食植昆虫区系调查和采集的几个问题[J]. 昆虫知识, 4: 178-181.

王书永, 1984. 昆虫区系调查的对比方法探讨[J]. 昆虫学报, 27(3): 359-360.

王书永, 1987. 昆虫区系调查的指导思想和工作方法[J]. 昆虫分类学报, (附页)6: 2-5.

王书永, 1990. 横断山区长瘤跳甲属[J]. 动物学集刊, 7: 127-133.

王书永, 谭娟杰, 1992. 横断山区昆虫区系特征及古北东洋两大区系分异（总论）[M]//中国科学院青藏高原综合科学考察队. 横断山区昆虫（第一册）. 北京: 科学出版社: 1-45.

第三部分　依托考察发表的文章

鞘翅目：叶甲科——叶甲亚科*

王书永　陈世骧

（中国科学院动物研究所）

本文记述西藏叶甲亚科 6 属 12 种。就区系成分分析，可分为 5 类，代表 5 种不同的分布类型。

1. 东洋种

如 *Agrosteomela indica indica* (Hope)，在西藏已知分布于喜马拉雅山南坡，西自吉隆、樟木，东至雅鲁藏布江下游河谷的米林、察隅，海拔 3300m 以下，与印度北部、尼泊尔、不丹、锡金、缅甸、越南分布区相连，大致与喜马拉雅热带雨林、季雨林的分布区相符。

2. 泛北种

如 *Chrysomela populi* Linnaeus 和 *Chrysomela tremulae* Fabricius，前者广布于古北区，后者广布于全北区，统称泛北种。它们向南伸展到东洋区内，在我国东至浙江、福建，西至四川、云南，以及西藏的吉隆（海拔 2500m）、察隅（海拔 2300m）。它们的分布与寄主杨柳科植物的分布有密切关系，约与寄主植物的主要分布区界线一致。

3. 高山种

如 *Oreomela rugipennis* Chen *et* Wang，*Oreomela nigerrima* Chen，*Chrysolina zangana* Chen *et* Wang，*Chrysolina nyalamana* Chen *et* Wang。它们栖居于山体上部，高山草甸植被带以上。由于气候恶劣，日照强，风力劲，经常匿居石下。它们的膜翅或已退化，或完全消失，体色一般较深，多呈黑色或紫黑色，这些都可说是高山种的特点。就目前所知，它们的分布范围狭仄，呈现为孤岛状分布。

4. 喜马拉雅山地种

如 *Parambrostoma mahesa* (Hope)，*Phratora abdominalis* Baly，*Phratora flavipes*

---

* 本文发表于《西藏昆虫第一册》1981 年。

Chen，*Chrysolina medogana* Chen *et* Wang。它们栖居于较低海拔，是树线以下的区系成分，分布范围较高山种更广，但据现有资料，均限于喜马拉雅南坡。如*Parambrostoma mahesa* 分布于樟木（海拔 3300m 以下）及尼泊尔（海拔 1840m），*Phratora abdominalis* 分布于亚东和印度北部，*Phratora flavipes* 分布于亚东（海拔 2800m）和樟木曲香（海拔 3300m），*Chrysolina medogana* 分布于墨脱（海拔 2050m）。它们或多或少具有高山适应的某些特征，如 *Phratora flavipes* 的小型现象，是该属已知种类中体型最小的一种；*Parambrostoma mahesa* 膜翅消失，且该属已知 3 种，均具有失翅现象，是喜马拉雅山地的一个特化的叶甲属。喜马拉雅山地种大致沿山脉呈东西向的带状分布。

5. 横断山区种

如 *Phratora bicolor* Gressitt *et* Kimoto，原记载产地为四川威州（海拔 2000m），北至青海玉树（海拔 4000m），南至云南大理（海拔 2500～3000m），西至西藏芒康（海拔 3800m）、察雅（海拔 3600m）。分布范围限于横断山峡谷区和青藏高原的边缘，大致沿山脉呈南北向的条状分布。

上述 5 种分布类型，就其所隶属的属而论，包括 1 个东洋属 *Agrosteomela*，1个喜马拉雅山地特有属 *Parambrostoma*，1 个中亚高山属 *Oreomela*，3 个广布属 *Chrysolina*、*Chrysomela*、*Phratora*。

高山叶甲属 *Oreomela* 已知 40 余种，分布于北起阿尔泰山，南至喜马拉雅的区域，大部分种类产于我国境内，西藏已知仅 3 种。它们占据高山草甸，多在海拔 4000m 以上，是叶甲亚科内分布海拔最高、最特化的高山类群，是典型的岛状分布类型。

金叶甲属 *Chrysolina* 种类很多，分布很广，但大部分种类分布于古北区和全北区内，较少东洋种和非洲种。本文记述的 3 个新种中两种是高山类型，它们分布于海拔 3700m 以上。此外，前人还曾记载 5 种西藏金叶甲，其中 1 种是膜翅发达的广布种 *Chrysolina aeruginosa* Fald.，除西藏外，分布于西伯利亚、朝鲜和我国华北地区；其余 4 种，*Chrysolina przewalskii* Jacobs.、*Chrysolina roborowskii* Jacobs.、*Chrysolina fallax* Jacobs.、*Chrysolina altimontana* Rybakow 都已失去膜翅，是本区的高山类型。这些高山种类显然都属于古北成分。

弗叶甲属 *Phratora* 是一个全北属，它的种类大多分布于古北区和新北区。在西藏亚东、樟木曲香发现它的两个南方种，组成为本属的喜马拉雅区系，也是本属已知种类的分布南界。本属的所有种类均寄生于杨柳科植物上，在分布上与寄主植物关系密切。这是一个害虫与寄主植物相关分布的很好例证。据此情况，可见本属的两个喜马拉雅种都应视为古北成分的南伸。在近代地质历史中，随着喜马拉雅的不断抬升，气候逐渐寒冷，给古北成分以侵入的有利条件，有些类群向南伸入较远，并在一定海拔的南坡定居下来，由于隔离适应的结果，逐渐形成喜马拉雅山地特有种类。

喜山叶甲属 *Parambrostoma* 是喜马拉雅山地的特有属，属内 3 个种均分布于喜马拉雅南坡。从分布的海拔来看，大致相当于落叶阔叶林和针阔混交林植被带，反映温凉的气候条件。它的近缘属 *Ambrostoma* 主要分布于我国北部，向西南分布至四川、云南。两者显然有密切的亲缘关系，很可能是同一祖型的两个分支；另一可能是，*Parambrostoma* 是适应于喜马拉雅山地的 *Ambrostoma*。

综上所述，可见西藏的叶甲亚科区系以古北成分占优势，它们向南伸展达到喜马拉雅山南坡相当低的海拔；而典型的东洋成分，则限于较低海拔，一般不超过 3500m。海拔 3500～3700m 是一个重要的分界线，在此以上都是北型或中亚型的高山叶甲；在此以下，则为古北、东洋和本地特有成分的混合区系。

1964 年，我国的一个科学考察队曾在希夏邦马峰北坡海拔 5700～5900m 处找到高山栎和毡毛栎等常绿阔叶植物的化石，而现今这类栎林只生长在喜马拉雅南坡海拔 2700～2900m 的地方。这个事实说明了东洋成分南退的历史过程。叶甲亚科区系也经历了类似的情况。

1）黑高山叶甲 *Oreomela nigerrima* Chen

体漆黑；足褐色，杂有棕红色，特别是股节背脊，形成 1 条淡色长斑；触角褐色，基部四五节或多或少棕红色。

触角念珠状，第 3 节显长于第 2 节或第 4 节，后者长宽近乎相等。前胸背板宽倍于长，前后缘均无边框；前角钝圆，后角不突出；刻点相当粗深，不密，中部及前端尤稀，亦较细。鞘翅表面较光洁，很少皱纹；刻点稀疏，不规则，沿基部稍粗，向后又显然减弱。跗节第 1 节腹面有 1 条明显的中秃线。

体长 5.5mm，体宽 2.5mm。

分布：西藏（八宿然，海拔 4250m）。

2）皱高山叶甲 *Oreomela rugipennis* Chen et Wang，新种

体漆黑，光亮；触角也全为黑色，不杂棕红色，端部五六节多毛，幽暗。

头部刻点均匀，不密，大小和鞘翅刻点大致相等。触角较长，不呈念珠状；第 2 节最短，约为第 3 节之半；自第 3 节起，每节长度均显胜于宽。前胸背板宽为长的两倍有余，前角钝圆，前缘和侧缘均有边框，基缘无边框；刻点有粗有细，

如把背板分为前后两半，粗刻点均在后半部。小盾片扁三角形，宽远胜于长。鞘翅端末钝圆，雌虫露出臀板，板上密布刻点；缘折基部颇宽，向后逐渐狭小；鞘翅刻点不规则，颇密，点与点间密布皱纹。雌虫跗节第1节有1条秃线，不很清楚，腹末节端缘弧形拱出，雄虫腹末节两侧略内凹（图3-1）。

体长：♂5mm，♀6mm；体宽：♂2.5mm，♀3mm。

正模♂，西藏：札达地牙龙王拉南，4850m，1976.VI.28，黄复生采。配模♀，产地同上。副模4♂，产地同上。

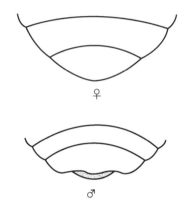

图3-1 皱高山叶甲的腹部末端示意图

本种和 *Oreomela semenovi* Jacobson 接近，但前胸背板粗刻点分布不同，后者粗刻点处于两侧，本种则处于后半部。本属的另一西藏种黑高山叶甲 *O. nigerrima* Chen 前胸前缘无边框，刻点大小相当均匀，鞘翅不皱，很易与本种相区别。

3）墨脱金叶甲 *Chrysolina medogana* Chen et Wang，新种

体长卵形，膜翅发达。背面青紫色，光亮；腹面深青色，微微带紫色；触角黑色，基部6节光亮，端末5节多毛，幽暗。

头部几无刻点，或仅有分散的少数刻点。前胸两侧近乎平行，向前较狭；背板盘区刻点极细而稀，仅在高倍镜下可见；侧区基部约2/5处有1条极深的纵沟，沟内无明显刻点，沟前占胸长3/5处有一群粗刻点。鞘翅刻点不粗，也不太细，呈双行排列，行间杂有稀疏的较细刻点。

体长5mm，体宽3mm。

正模♂，西藏：墨脱汉密，2050m，1975.VIII.22，黄复生采。

本种和缅甸的 *Chrysolina dohertyi* Maulik 接近，后者前胸背板两侧无深沟，而是一条较阔的凹下地带，满布粗刻点。据此特征，很易与本种相区别。

4）西藏金叶甲 *Chrysolina zangana* Chen *et* Wang，新种

体卵形，膜翅退化成狭长小翅。背面紫黑色，具金属光泽；鞘翅缘折棕色，有时鞘翅背侧缘亦杂有此色。触角黑色，端部五六节多毛，较幽暗；基部两节局部棕色。腹面黑色带青色，光亮。

头顶刻点细小，极稀。触角第 4 节显较第 3 节为短，自第 5 节起逐渐加粗。前胸背板刻点细小，分布相当均匀；两侧稍微隆起，刻点较粗大，侧沟除基部外，一般不明显；四角具毛，前角突出，基缘有边框。鞘翅刻点变异很大，粗细不一，排列成双行；刻点越粗的种类，双行相当整齐，刻点越细的种类，行列越不整齐，向端细稀不显。雌虫跗节第 1 节狭长，中间有一直条秃线。

体长：♂5～5.5mm，♀6mm；体宽：♂3mm，♀4mm。

正模♀，西藏：聂拉木聂聂雄拉，4900～5020m，1974.V.31，张学忠采。配模♂，产地同上。副模 22♂5♀，产地同上。采于石下。

本种和 *Chr. aeruginosa* Fald.较近，应属同一种团。但后者鞘翅刻点远较粗大，行距间杂有颇密的较细刻点；本种则不仅行上刻点细小，行间几无刻点，或仅有稀疏零落的更细刻点。

5）聂拉木金叶甲 *Chrysolina nyalamana* Chen *et* Wang，新种

膜翅退化。体黑色，背面黑中略带青色，不光亮；鞘翅缘折棕黑。前胸背板两侧刻点较前种为粗，侧缘向前拱弧。鞘翅刻点不粗，和前种类似，行列成双，行间或多或少隆起；表面呈明显的皮纹状，并杂有皱纹。雌虫跗节第 1 节具有一直条秃线。

体长 7mm，体宽 4mm。

正模♀，西藏：聂拉木，3800m，1966.VI.21，王书永采自石下。配模♂，产地同上，3700m，1974.V.27，张学忠采。副模 1♂，产地同上，4000m，1966.VI.23，王书永采自该地后山古冰川侧碛平台石下。

本种和西藏金叶甲接近，但体型较大，产地海拔较低，体色幽暗，鞘翅具皱纹。

6）荆芥叶甲 *Parambrostoma mahesa* (Hope)

体短圆，鞘翅中部特别拱凸。金绿色，带红铜色和紫色闪光；前胸背板前缘、侧缘和后缘及盘区的 3 条纵带金属红铜色；鞘翅周缘、中缝、肩胛内侧 1 条短纵带、肩胛后横凹内 1 条横带，以及从此横带向后延伸的 2 条纵带（这 2 条纵带至翅端合并）均为钢蓝色。在这些钢蓝色的纵横带的边缘还饰以红铜色的狭边，使

整个表面显现为金绿色、钢蓝色、红铜带紫色的光泽。触角基部红铜带紫色，端部 5 节黑色；腹面颜色为红铜色与金绿色相间。

头部刻点微细，触角细长，第 4 节短于第 3 节、而长于第 2 节，端节略粗。前胸背板刻点细，侧区纵凹内刻点较粗，侧缘在中部之前膨阔。小盾片半圆形，具微细刻点。鞘翅在肩胛后有 1 条明显的横凹，其后显著拱凸，刻点稀细，肩胛内侧及肩后横凹内刻点较粗。膜翅消失。

体长 6～8.5mm，体宽 4～5mm。

分布：西藏（樟木海拔 2200～3300m）；尼泊尔（海拔 1840m）。

寄主：荆芥（唇形花科）。

本属原定为 *Ambrostoma* 的亚属，除本种外，还包括 *P. ambiguum* Chen 和 *P. sublaevis* Chen，现将其提升为属，因为它和 *Ambrostoma* 有明显的区别，如膜翅消失，鞘翅缘折仅端部 1/3 具细毛，翅面刻点不排成双行，前胸基缘具边框，触角第 2 节短于第 4 节等。此外，本种寄生于唇形花科的荆芥，而 *Ambrostoma* 属内，则有著名的榆树害虫 *A. quadriimpressum*，食性很不相同。从分布讲，本属限于喜马拉雅南坡；而 *Ambrostoma* 属的已知种类，北自西伯利亚、朝鲜，南至我国浙江、福建、贵州、四川、云南等省区。

7）柱胸叶甲 *Agrosteomela indica indica* (Hope)

分布：西藏（察隅海拔 2300m、察隅古井海拔 3300m、察隅洞冲海拔 1850～2500m、米林海拔 3000m、樟木海拔 2600m、吉隆海拔 3000m）、台湾、四川；缅甸，锡金，不丹，尼泊尔，印度。

8）杨叶甲 *Chrysomela populi* Linnaeus

分布：西藏（吉隆海拔 2800m、江村）、北京、东北、内蒙古、甘肃、青海、新疆、河北、山西、陕西、江苏、浙江、江西、湖南、四川、贵州、云南；日本，朝鲜，俄罗斯（西伯利亚），印度，以及亚洲西部和北部，欧洲，北非。

寄主：杨、柳，是杨柳科植物特别是杨树苗期的重要害虫。成虫、幼虫均取食叶肉，仅留叶脉呈网状干枯，或取食顶端嫩芽、嫩叶，使之呈黑色。成虫产卵于叶面，卵粒长圆形。初孵幼虫群集叶面，2 龄后分散取食。老熟幼虫倒悬于叶面或嫩枝上化蛹。

本种与白杨叶甲近似，在国内某些省区常混合发生，易于混淆。区别在于：本种鞘翅中缝顶端有 1 个小黑斑，后者常无此黑斑；本种鞘翅外侧边缘隆脊上仅有一行刻点［图 3-2（b）］，后者刻点为两行［图 3-2（a）］；本种跗爪基部圆形，无刺状突起［图 3-3（b）］，后者每爪基部各有一个刺状突起［图 3-3（a）］。

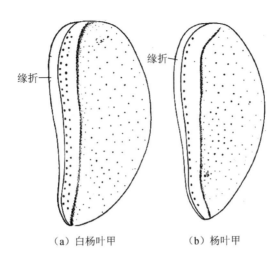

（a）白杨叶甲 　　　　（b）杨叶甲

图 3-2　鞘翅，示边缘隆脊上的刻点

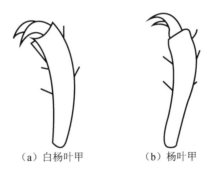

（a）白杨叶甲 　　　　（b）杨叶甲

图 3-3　爪节，示爪基刺状突起

9）白杨叶甲 *Chrysomela tremlae* Fabricius

分布：西藏（波密海拔 2700m、林芝海拔 3070m、察隅木宗海拔 2300m、察隅古井海拔 3300m、察隅阿扎海拔 2460m、察隅本堆海拔 2070m、察雅吉塘海拔 3600m）、北京、东北、内蒙古、青海、河北、安徽、四川、贵州、云南；俄罗斯（西伯利亚），欧洲，北美洲。

寄主：杨、柳、藏青杨（波密）。在青海玉树囊谦地区，成虫为害山柳灌丛，取食顶端嫩叶。

10）黄足弗叶甲 *Phratora flavipes* Chen

体小，长方形。古铜色，常带紫红色光泽，极光亮；足全部淡棕红色，仅爪节黑色；触角基部两节至第 5、6 节棕黄色或棕红色，其余黑色，第 3～6 节有时褐黑色；腹部端节全部或大部淡棕红，也有仅端末淡色的。

头部刻点稀疏。触角短于体长之半，端部第 4、5 节膨阔，第 3 节与第 2 节等长或稍长。前胸背板宽为中长的两倍有余，两侧直而不弧，向前稍狭，前角前伸，前缘凹口深阔，基缘无边框，表面刻点粗细不一，中央纵区及沿侧缘处较稀，其余颇密。鞘翅刻点远比前胸粗大，行列整齐，每翅十行半，不成双行，行距内无明显刻点。雄虫各足第 1 跗节较雌虫膨大。

体长 2.7～3.2mm，体宽 1.2～1.5mm。

分布：西藏（亚东：模式产地海拔 2800m、亚东阿桑村海拔 2800m、樟木曲香海拔 3300m）。

寄主：山柳灌丛。据 1966 年 5 月在樟木曲香观察发现，成虫匿居山柳灌丛的顶端心叶，取食叶肉。

11）两色弗叶甲 *Phratora bicolor* Gressitt *et* Kimoto

分布：西藏（察雅，海拔 3600m；芒康，海拔 3800m）、青海（玉树，海拔 4000m）、四川（威州，海拔 2000m，模式产地）、云南（大理，海拔 2500～3000m）。

寄主：山柳灌丛。

12）毛胫弗叶甲 *Phratora abdominalis* Baly

体长方形。体色颇有变异，原描述背面蓝色，腹面端末 2 节棕黄色。西藏标本有深蓝色，有蓝色带紫色或黑色带紫色的，也有青铜色或古铜色的；腹面一般端末 2 节棕黄色，也有少数个体呈 3 节棕黄色的，第 1、2 或 1～3 腹节后缘黄褐色；触角第 1、2 节腹面黄褐色，背面杂有沥青色，其余各节黑色。

头部刻点粗密混乱，复眼内侧略呈细皱状；触角约为体长之半，第 2 节细长，稍短于第 3 节，约与第 4 节等长，第 5～7 节稍短于第 4 节，各节长度彼此略等，第 8～10 节短粗，末节圆锥形。前胸背板窄于鞘翅，其宽度略大于长，侧缘微弧弯，前缘凹口深阔，前角突出，后缘无边框，表面刻点粗密，两侧微皱。小盾片极小，三角形，无刻点。鞘翅窄长，刻点相当强烈，排成不规则的纵行，行距平；肩后区刻点混乱，略呈皱状。本种雌雄差异非常显著，除雄虫各足第 1 跗节显著膨大外，雄虫后足胫节十分粗壮，并在其内侧密生丛毛（图 3-4）。

体长 4.8～5.5mm，体宽 3.0mm。

分布：西藏（亚东海拔 2800m）；印度北部（海拔 2500～2800m）。

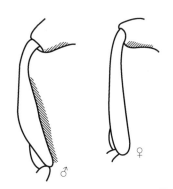

图 3-4　毛胫弗叶甲的后足胫节

阳性昆虫和阴性昆虫在分类学上的意义*

王书永
（中国科学院动物研究所）

　　植物有阳性植物与阴性植物之分，昆虫有无阳性昆虫与阴性昆虫之别？陈世骧（1963）从昆虫本身（内因）的特性出发，在总结了农林害虫发生规律与生境特点的相关性之后，根据物种对光照的要求明确指出，昆虫也分阴阳，并进而阐明区分阳性昆虫与阴性昆虫在生产实践上的重要意义。对果树和森林来讲，阳性害虫以孤立的或稀疏的树株发生较重，阴性害虫以阴郁的林区受害较大。对大田作物来讲，密植和发育茂盛的作物有利于阴性害虫的发生，稀植和发育不茂的作物有利阳性害虫的发生。在植株茂密的情况下，阳性昆虫一般发生于植株的上部，阴性昆虫一般发生于植株的中下部。掌握害虫的阳阴特性，对虫害的发生预测和防治有重要意义。

一、阳性与阴性

　　1）种间差别

　　昆虫阳阴特性的不同，在某些类群中是近缘种的重要区别特征。每个物种都要求一定的生存条件，占有一定的空间，并在长期的进化过程中形成了个别的行为特性和生态特性。因此，形态特征、行为特征和生态特征是区分物种的依据。

---

　　* 蒙陈世骧先生指导工作、修改文稿，特此致谢。
　　本文发表于《昆虫知识》1983 年第 20 卷第 6 期，有改动。

目前分类学者主要应用形态特征。但是，对外部形态特别近似的近缘种（姊妹种），单靠外部形态往往区分困难，必须结合行为和生态特征，即从物种内在的特性出发进行研究。昆虫的阳性与阴性就是基于这种特性观点。以鞘翅目叶甲科跳甲亚科的跳甲属 Altica 为例，北京地区发现 6 种，即蛇莓跳甲 A. fragariae、地榆跳甲 A. sanguisorbae、蓟跳甲 A. cirsicola、朴草跳甲 A. caerulescens、老鹳草跳甲 A. viridicyanea 和委陵跳甲 Altica sp.（未定种）。这 6 种跳甲单据外部形态，很难确切区分，但结合行为和生态特征则界限分明。

委陵跳甲、蛇莓跳甲和地榆跳甲是 3 种分布于北京山地的跳甲。3 种跳甲同域分布，但寄主各异，行为有别，生境不一。委陵跳甲是单食性的，寄生于委陵菜 Potentilla chinensis，一种干生性植物，发生于阳光充足的高燥地段，而且成虫、幼虫只在叶子正面及花序中活动取食，体色金绿，在阳光照射下闪闪发光，是本属中典型的山地阳性物种。蛇莓跳甲是寡食性，其寄主包括蛇莓 Duchesnea indica、葡枝委陵菜 Potentilla flagellaris、龙芽草 Agrimonia pilosa、水杨梅 Geum aleppicum（文献记载还有草莓 Fragaria）等，均为湿生性植物。这些植物喜生于林木或灌木丛的底层，或溪流水边阳光不能直射到的环境。蛇莓、葡枝委陵菜更是沿地面匍匐生长，龙牙草、水杨梅虽有直立茎，但只有贴附地面的叶片被加害。蛇莓跳甲发生在如此荫湿条件下，并且成虫和幼虫绝无例外地全部匿居叶片反面取食，特别是水杨梅贴附地面的肥大叶片，似伞盖遮蔽阳光照射，造成更阴暗隐蔽的栖境。在野外调查中，我们只能观察到植物叶片似筛孔的被害状，而见不到虫体暴露在外。蛇莓跳甲是典型的山地阴性物种，并以数量优势出现。地榆跳甲似介于阳阴之间而偏于阴性，发生环境虽不像蛇莓跳甲那样荫蔽，却也不如委陵跳甲那样暴露，而且成虫和幼虫均在寄主植物地榆 Sanguisorba pilosa 的叶片反面取食，相似蛇莓跳甲，但虫口数量显然较少。

蓟跳甲和朴草跳甲是平原地区常见的物种。前者喜阳干燥，寄主植物为菊科蓟属 Cirsium，其幼虫可在叶片正面，也可在叶片反面，初孵幼虫分散取食，食去叶肉留下表皮，被害状初呈坑道状，随龄期增长逐渐扩大，终致整个叶片呈膜状干枯。成虫则喜群居植物顶端叶面，以获取更多阳光。蓟跳甲是平原阳性物种，而朴草跳甲则是平原阴性物种。它多发生在荫蔽处所，如麦田、玉米地、果园和防护林下，寄生于大戟科朴草 Acalypha australis 上，成虫、幼虫均取食于叶片反面，轻则呈缺刻状，重则吃光整个叶片。朴草跳甲的行为特征、生态特征均不同于前者。

老鹳草跳甲为山地平原所共有，寄主为牻牛儿苗科老鹳草 Geranium sp.，发生于向阴、防护林下或山地沟谷溪边杂草丛中，成虫、幼虫全部在叶片反面隐居取食，也是阴性物种。

上述 6 种跳甲的寄主，除野外观察外，还在室内做寄主转换饲养试验，结果表明 6 种跳甲的食性已相当隔离，每种均只取食本种寄主植物。同样地做种间杂交试验，一直未见交配行为发生，而作为对照的种内个体则正常交配。由于本属外部形态的近似，Ohno（1960）发表的地榆跳甲 *A. sanguisorbae* (Kimoto, 1966) 被列为蛇莓跳甲 *A. fragariae* 的同物异名。但是，据我们观察，地榆跳甲显然是一个独立的种。

综上所述，6 种跳甲虽是同域分布，外形难辨，但内质不同，寄主各异，行为有别，生境不一，阳阴分明，各自为种，独立存在。

2）属间差别

昆虫的阳阴特性，也有"属"间的差别。即以"属"为单位，具有大体相似的光照要求，或喜阴或喜阳。以叶甲科为例，绿叶甲属 *Chrysochares*、甘薯叶甲属 *Colasposoma*、萝藦叶甲属 *Chrysochus*、沟臀叶甲属 *Colaspoides*、钳叶甲属 *Labidostomis*、山漠叶甲属 *Crosita*、瘤叶甲属 *Chlamisus*、异跗叶甲属 *Apophylia* 等均是阳性属。它们一般发生在地形开阔、阳光充足的高燥环境，或是在植物稀疏、透光性好的裸露部位，并具闪烁的金属光泽为体色标志。乌壳虫属 *Colaphellus*、卵形叶甲属 *Oomorphoides*、长跗跳甲属 *Longitarsus*、沟胫跳甲属 *Hemipyxis*、齿胸叶甲属 *Aulexis*、萤叶甲属 *Cneoranidea* 等均是阴性属。它们或多发生在茂密的森林内，或喜栖居于寄主植物叶片的反面，体色比较暗，较少金属光泽。

3）科目间差别

昆虫的阳阴特性也见于"科""目"级单元。在"科"级单元中，如缨尾目中的衣鱼科 Lepismatidae 属于阴性，石蛃科 Machilidae 则属于阳性。衣鱼科的某些种类生活于衣箱书柜中，衣物受潮、经久不晒，易生衣鱼；另一些种类则生活于树洞、树皮及砾石下面或蚁巢中。石蛃科种类生活于岩石及海岸岩礁上，栖境开阔裸露，阳光充足，生活在高山岩石上者更能接受强烈的紫外线，是一个喜阳类群。双翅目中生活于热带、亚热带密林中的甲蝇科 Celyphidae、突眼蝇科 Diopsidae 是阴性科；而常飞翔于空中或往来于百花丛中的食蚜蝇科 Syrphidae 单就成虫而论，为阳性科。鞘翅目中的吉丁虫科 Buprestidae、花金龟科 Cetoniidae、虎甲科 Cicindelidae 基本属阳性科，步甲科 Carabidae、隐翅虫科 Staphylinidae 则基本属阴性科。在目级单元中，如长翅目 Mecoptera、啮虫目 Corrodentia、襀翅目 Plecoptera、纺足目 Embiodea 等，基本属于阴性。

以上分别从种、属、科及目级分类单元举例说明阳阴昆虫的差别。但"种"是基本的分类单元，"属""科""目"只能说明它们基本属于阳性或阴性，或者说其中的绝大多数种类属阳性或阴性，必然会有一些种类例外。由于昆虫种类繁多，生活方式奇异，有的类群阳阴特性差异明显，易于区分；有些类群由于成虫、幼虫生活方式不同，区分标准很难等同划一。本文主要以叶甲科及某些甲虫为例说明阳阴特性差别及其在分类学上的意义，必然有许多不足，目的在于抛砖引玉，希望在各个类群广泛开展行为习性的研究，使之不断补充完善和提高，从而推动昆虫学的发展。

二、生境与阳阴特性

1）大生境

研究昆虫的阳阴特性，要从生境入手，首先着眼于大生境的特点。阳性昆虫喜阳干燥，有些种类有晒太阳的习性。因此，在地形开阔、地势高燥、较少荫蔽的裸露环境中，多有阳性昆虫。如果某类或某种昆虫总是在与此有关的环境中发生，则可认为属于阳性昆虫。反之，阴性昆虫忌阳光直射，喜欢阴暗潮湿，常选择荫蔽的环境。因此，野外调查首先要对环境进行观察并予以分类。在山地要区分阳坡和阴坡，沟谷与高岗（或山顶），地形的开阔与荫蔽；在林区要区分林内与林外，原始林与次生林，密林与疏林；平原区分旱地与水田，田园的内部与边缘，植被密度的大与小等。不同生境昆虫出现的频率、虫口密度都与阳阴特性有关。

2）小栖境

在野外调查工作中，我们常常发现某种昆虫不仅选择一定的大生境，而且还有一定的小栖境要求。因此，在同一（或相似）生境条件下，还要注意小栖境的特点。如取食活动发生在植株的上部或下部，树株的外冠与内部，叶子的正面与反面等。如榿木卵形叶甲 *Oomorphoides yaosanicus* 是一种热带亚热带昆虫，我国南方发生普遍，为害榿木，多发生在疏林、林缘或次生林中，大环境通风透光，但该叶甲总是栖居于榿木叶子反面取食为害。榿木叶片肥大茂密，足以遮蔽强烈的直射阳光，造成荫蔽的小栖境，保证该叶甲的阴性需要。

瘤叶甲属 *Chlamisus* 则呈现为相反的性质，其发生在森林外围、阳光充足的灌木丛，取食于悬钩子 *Rubus* 植物的叶面，烈日照射下仍照常于叶面取食，是喜阳类群。

前面提到的蛇莓跳甲发生于寄主植物的叶片反面，决定的因素是该虫对光照的要求，不是叶片正反面的理化性质。我们曾试验将寄主植物水杨梅的叶片翻转过来，正面背光向下，反面向光朝上，在阳光照射下，蛇莓跳甲全部转到背光的叶片正面取食。试验证明小栖境关系到物种的行为特征，不可忽视。

3）干与湿

干与湿和光照有关。地形开阔、植被稀疏、阳光充足则干；地形荫蔽、植被茂密、不通风透光则湿。陈世骧（1963）曾提出害虫有干生性与湿生性的区别。麦圆蜘蛛在水田发生较重，是湿生性；麦长腿蜘蛛在旱地为害最甚，是干生性害虫。水浇麦田一般植株茂密，适宜阴性昆虫。旱地麦田一般生长较差，株稀矮小，通风透光，适宜阳性昆虫。干生性与阳性相通，湿生性与阴性相连。典型的荒漠种类基本都是阳性物种，如罗布麻绿叶甲 *Chrysochares aeneocupreus*、大绿叶甲 *Chrysochares asiaticus*、山漠叶甲 *Crosita altaica altaica*、山麓萤叶甲 *Theone silphoides*、草天牛 *Eodorcadion* sp.、漠王 *Przewalskya dilatata* 等，这些种类都是新疆盆地荒漠、砾石戈壁或山麓荒漠的代表，并有相适应的形态构造，是干生性物种。重要的蔬菜害虫黄条跳甲 *Phyllotreta* 以旱地发生为重，也是干生性——阳性昆虫。柳叶甲 *Plagiodera versicolora* 是柳树的重要害虫，它发生在水边柳树上，一般在离水较远环境干燥的树株上很难见其踪迹。

4）发生季节和活动时间

许多害虫的发生季节与其阳阴特性有关。阳性害虫可能在干旱季节大发生，阴性害虫往往在阴雨连绵的季节成灾。阳性害虫可能出现时间较早，持续时间较长；阴性害虫可能出现时间较晚，持续时间较短。如蓟跳甲在北京地区早在每年4月下旬即发生，直至11月底仍在向阳的有蓟菜生长的地方取食；而朴草跳甲于每年6月初始见越冬成虫，10月即绝迹。

在一天内的活动时间上，阳性昆虫喜在日中活动，阴性昆虫则会避开阳光最强的时刻。据作者在海南岛采集时观察，瘤叶甲在骄阳烈日下、在开阔的环境中，仍暴露在寄主植物悬钩子的叶面取食。黄猿叶虫 *Phaedon fulvescens* 是南方林区的阴性种类，据作者于广西龙胜林区观察，以晨昏时活动最盛。

三、形态差异及其生物学意义

物种的形态特征、行为特征和生境特征是物种对环境适应与占领的对立统一结果，是自然选择的产物。生活在不同环境下的物种具有不同的形态标志和行为适应，由形态标志和行为适应可以推断其生境特征。阳性昆虫和阴性昆虫分别代表不同的生境条件。某种昆虫属于阳性，必然联系到发生地的向阳干燥；某种昆虫属阴性，必然联系到其生境的荫蔽潮湿。阳阴昆虫生境条件的不同，反映到形态上也有区分标志。作者根据叶甲科和某些甲虫的观察发现，在体色上有一定差异。阳性种类显然更为艳丽，大多具有灿烂的金属色彩或鲜明的花斑，如罗布麻绿叶甲 *Chrysochares aeneocupreus*、大绿叶甲 *Chrysochares asiaticus*、山漠叶甲 *Crosita altaica altaica*、甘薯叶甲 *Colasposoma dauricum*、异跗叶甲 *Apophylia* spp.、竹丽铁甲 *Callispa* spp.、绿芫菁 *Lytta* spp.等，金光闪烁，十分艳丽。具花斑

的有隐头叶甲 *Cryptocephalus* 属的许多种类。在叶甲科中，凡具有灿烂金属色彩或鲜明花斑的种类，大多和开阔、裸露、阳光充足的生境有关。其他甲虫如芫菁科的斑芫菁属 *Mylabris*、虎甲科的虎甲属 *Cicindela* 等都具有艳丽体色和鲜明花斑，也是生活在阳光充足的环境中。

阳性昆虫所具有的金属色彩的灿烂体色，有警戒天敌的作用。阳性昆虫生活在暴露的环境，容易受到鸟类等天敌的侵袭，而艳丽的金属色彩和鲜明的花斑可使天敌望而生畏，不敢捕食。

但是，这种体色的适应，在不同类群中表现不同。例如，拟步甲科中大部分种类是黑色的，但是新疆沙漠中的漠王 *Przwalskya dilatata* 却是黄褐色的。这种颜色与其环境的色调十分一致，使其很难被发现。我们采集到的漠王标本都是根据足迹追踪所得。这是阳性昆虫的一种拟色现象。还有一种拟态现象（不只限于阳性昆虫），如瘤叶甲 *Chlamisus*，体漆黑色或黄褐色，身体表面有许多瘤状突起，酷似鳞翅目幼虫的粪便，遇危险即藏起触角和足，假死滚落。

与阳性昆虫艳丽的体色相反，阴性昆虫的体色昏暗或趋向淡色，很少具金属光泽。叶甲科中凡栖居森林内或其他荫蔽环境的，体色多为黄褐色、淡黄色至淡白色，如齿胸叶甲 *Aulexis*、长跗跳甲 *Longitarsus*、川榛萤叶甲 *Cneoranidea* 等。明显湿生性的种类则多为暗蓝色至蓝黑色，如卵形叶甲 *Oomorphoides yaosanicus*、柳叶甲 *Plagiodera versicolora*、乌壳虫 *Colaphellus bowringi*、蛇莓跳甲 *A. fragariae* 等。其他目的阴性昆虫如长翅目、襀翅目、啮虫目、纺足目等，都是昏暗的体色。昏暗的体色在阴暗的环境中，显然可使体形轮廓模糊，便于隐匿，以避敌害，也是一种有利的适应方式。

参 考 文 献

陈世骧, 1963. 阳性昆虫与阴性昆虫[J]. 昆虫知识, 7 (1): 1-2.

陈世骧, 王书永, 1962. 新疆叶甲的分布概况与荒漠适应[J]. 动物学报, 14 (3): 346.

施凡维奇, 1956. 普通昆虫学教程[M]. 方三阳, 译. 北京: 高等教育出版社.

王林瑶, 张广学, 刘友樵, 1977. 昆虫知识[M]. 北京: 科学出版社.

杨集昆, 1958. 昆虫的采集[M]. 北京: 科学出版社.

KIMOTO S, 1966. The Chrysomelidae of Japan and the Ryukyu Island. X. Subfamily Alticinae III[J]. Journal of the Faculty of Agriculture Kyushu University, 13(4): 627-633.

OHNO M, 1960. On die species of the genus *Altica* occurring in Japan. Studies on the flea-beetles of Japan (I) (Coleoptera, Chrysomelidae)[J]. Bulletin of the Department of Liberal Arts, 1: 77-95.

蛩蠊目昆虫在中国的发现及一新种记述*

王书永
（中国科学院动物研究所）

摘要　蛩蠊目昆虫地位古老，是昆虫纲的活化石，已知种类不多，分布区狭窄，我国一直没有报道。作者在长白山采得一雄虫，系一新种，是该目昆虫在我国的新发现。

关键词　蛩蠊目，中华蛩蠊新种，长白山

蛩蠊目 Grylloblattodea 的第一个种 *Grylloblatta campodeiformis* 产于加拿大西部落基山区，Walker 于 1914 年首次记述，并建立为蛩蠊科 Grylloblattidae，归隶于直翅目。1915 年，Crampton 把它提升为目。该目是昆虫纲内的一个小目，一个古老的原始类群，具有直翅类的许多原始性特征：咀嚼口器，前口式头型；触角细长多节，通常由 28～40 节组成；胸部无翅，3 个胸节均可自由活动，并保留原始的肌肉连接方式；雄虫腹部第 9 节有发达的肢基片（coxite），左右不对称，端末具刺突（stylus），雌虫无特化的下生殖板；体末具长而分节的尾须；腹部 7 对神经节都保留原始位置，仅第 1 腹节的神经节向前移动与后胸神经节合并；个体发育无明显变态等。该目昆虫适于步行的长足颇像蜚蠊，分节的尾须接近蜚蠊和螳螂，但更长。略扁的前口式头型不像蝗虫或蜚蠊，而更接近于竹节虫、白蚁或蠼螋。雌虫的刀形产卵器很像螽斯，卵散产习性又似竹节虫。个体间的相互残杀则与螳螂、蟋蟀相似。但雌虫没有特化的下生殖板，又不同于直翅类各目。它综合了直翅类并兼有襀翅目、纺足目、缨尾目的某些特征，是一个古老的原始直翅类的综合成员。在古昆虫中可和原蠊目 Protoblattoidea 比较，可能更接近于原直翅目 Protorthoptera，是唯一的古老残遗类群（Imms，1957），昆虫纲内的活化石（Walker，1937）。蛩蠊目昆虫对探讨昆虫的起源、演化及其与地史演变的关系有重要意义，但在我国一直没有发现，成为“目”的空白。作者于 1986 年 8 月 28 日在长白山采得一雄虫，鉴定为一新种，终于弥补了这一缺憾。

* 本文于 1986 年 1 月收到。本刊编委会认为这是蛩蠊目昆虫在我国的首次发现，适当提前发表。
蒙陈世骧先生指导，并审改文稿，钦俊德、陈永林、杨集昆诸先生提供宝贵意见和资料，刘举鹏、李铁生同志惠予帮助，陈瑞瑾同志绘图，均致衷心感谢。
本文发表于《昆虫学报》1987 年第 30 卷第 4 期，有改动。

包括本文新种——中华蛩蠊，该目现知共 1 科 3 属 25 种和亚种。其中 *Grylloblatta* 属包括 13 种和亚种，分布于北美（美国、加拿大）落基山脉以西地区，跨北纬 35°～60°。*Grylloblattina* 属仅 1 种，产于苏联远东滨海区南部，与我国黑龙江毗邻。*Galloisiana* 属计 11 种，其中 2 种产于苏联，分别采自中亚和远东滨海区南部；2 种产于韩国，均采自洞穴；6 种产于日本，其中 4 种采自在本州岛中部山地，1 种分布于长崎，约北纬 33°，是该目昆虫迄今分布的南限；1 种分布于中国的长白山。

上述 25 种和亚种，除 1 种（*Gall. pravdini*）[1] 深入大陆内部外，其他均限于太平洋北部东西两岸的附近山地、高原和岛屿。就其已知种的分布区而言，清楚表明北美（新北区）与亚洲北部（古北区）的昆虫区系和地史演变的历史联系，白令地区陆连和断裂在洲际间昆虫区系交流和隔离分化上的意义。分布区地处高纬度，气候冷湿。一般栖居在树木线以上的滑坡碎石腐木下或洞穴中，有时在冰雪表面或冰洞中。多在夜间活动觅食，取食昆虫碎片或苔藓。

据 Walker（1937）记载，该目昆虫适应低温，最适温度在 0℃ 左右或稍高，超过 16℃ 死亡率显著增加。高温是其居群间交流、迁移扩散的限制因素。由于成虫无翅，其迁移、扩散能力有限，种的分布区非常狭窄。目前仅知 *Grylloblatta campodeiformis* 和 *Galloisiana nipponensis* 两种分别在北美落基山区和日本本州有较广的分布，其他种类几乎均只限于模式产地，形成典型的点状分布。地理上相距不远，或仅一山一水之隔，就分化为不同物种。地域上的狭布性是蛩蠊目昆虫又一重要特征。地理隔离是该目物种分化的主要途径。

中华蛩蠊产地约为北纬 42°，东经 128°。于长白山顶部天池瀑布左侧陡崖下的滑坡滚石地段，海拔 2000m。处于岳桦林带上线，上接山地苔原植被带，生长有蒿、景天、棘豆、风毛菊、龙胆、马先蒿、嵩草及苔藓、地衣等多种高山植被。年均气温在 0℃ 以下，冬季积雪时间长达 230 天以上。采集时阴天，虽值中午，但气温很低，成虫爬行于地面，行动敏捷。

新种模式标本保存在中国科学院动物研究所。

中华蛩蠊 *Galloisiana sinensis* 新种（图 3-5）

体长形。背面和头部棕黄色，较暗；腹面、足、触角琥珀色，较淡。体表被细毛，腹部两侧和足着生稀疏深棕色刺状毛。

头宽大，约与前胸等阔或稍阔，头部中央具一模糊的黑斑；复眼黑色，很小，

---

1 产于苏联戈尔诺—阿尔泰薪克（N51.58°，E85.58°）南 100km，接近我国新疆阿尔泰山。阿尔泰山降水充沛，气候冷湿，是值得今后采集注意的又一地区。

显较触角窝为小，且略狭；小眼面近似圆形；复眼下方有 2 根刺状毛。唇基倒梯形，前半部色淡，膜质半透明；上唇略半圆形，下颚内颚叶（laciina）基部着生一排刷状长毛，端部具 2 个小齿状突起［图 3-5（c）］。下颚须 5 节，第 1 节短，第 2 节长于第 1 节，第 3 节为前两节长度之和，约与第 4 节等长，第 5 节略长，顶端尖。触角丝状，34 节，基部节较粗而短，向端部渐变细长，第 1 节最粗，卵圆形，第 2 节短，第 3 节约为第 2 节长的 2～2.5 倍，第 4～9 节短，每节长约等于端宽；自第 10 节起逐渐变长，第 10～19 节每节长显胜于端宽，第 20 节后，每节长约为端宽的 2.5 倍。

前胸背板长略胜于宽，前端较阔，略向基部收狭，侧缘近乎平直，前缘微弧，后角宽圆，后缘中部明显向内凹进［图 3-5（b）］；盘区较平，不甚凸，接近前缘具一微波形横沟纹。中胸背板中长略短于后缘宽度，基部显较前胸背板后缘为狭，侧缘向后膨阔，后角处最阔，约与前胸背板后缘等阔或稍阔，后缘中部向内凹进。后胸背板阔约为其中长的 1.7 倍，显短于中胸背板。

腹部背板 10 节，密生深棕色绒毛，中部数节较阔，向尾端渐狭，各节后角，有时包括后缘着生 1 或 2 根暗棕色刺状毛，末节（肛上板）端缘呈钝三角形，中央延伸成一向下弯曲的锥状体［图 3-5（d）］。

尾须 9 节，基部两节很短，界限不清，第 3～5 节彼此约等长，余节略细长，端节最细，除基部 2 节外，各节端前着生 4～5 根刺状刚毛，不规则环状排列，腹面毛较粗长。

前足腿节粗短［图 3-5（e）］，长约为其中部最宽处的 3 倍，背面着生 2 行刺状毛，每行 3～4 根；外侧面光，内侧面有一些短毛，腹面内沿着生一排刺状毛，约 15～18 根，多数集中在端半部；胫节略短于腿节，腹面具 2 行刺状毛，每行 4～5 根，端末有 2 距，内距较长，但显较前足第 1 跗节为短；跗节 5 节，从背面观，第 1～4 节呈三角形，基细端宽，背面中央小三角形区呈膜质状，腹面密生绒毛，各节端部两侧具膜质垫一对，第 5 节长卵形，腹面中央略凹，密生绒毛，端前具一膜质垫；爪单齿。中足腿节显较前足为细，各侧面着生刺状毛；胫节约与腿节等长，各侧面具刺状毛，不呈行列，端距 2 根，彼此等长，跗节同于前足，但第 1 跗节较长。后足腿节显较前、中足细长，背面具刺状毛 2 行，内侧面 1 行，腹面内沿 10～12 根，外沿 7～8 根；胫节长于腿节，刺状毛排列不规则；跗节显长于前、中足跗节，第 1 跗节尤长，约为第 2、3 两节长度之和。

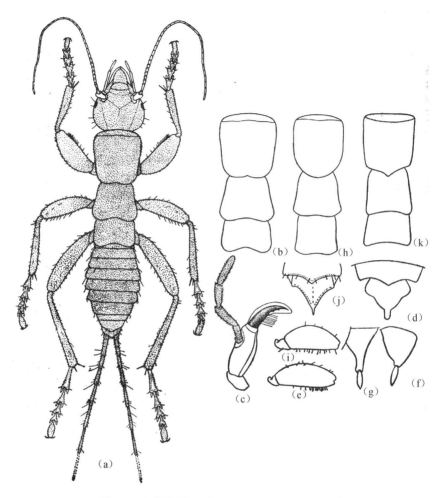

图 3-5　中华蛩蠊 *Galloisiana. sinensis*, sp. nov. ♂

a～g. 中华蛩蠊 *Galloisiana sinensis*, sp. nov.（a）成虫整体图，（b）前、中、后胸背板，（c）下颚须和内颚叶，
（d）雄虫腹部第 10 背板，（e）前足腿节，（f）左肢基版（left coxite），（g）右肢基片，
h～k. 日本蛩蠊 *Gal. nipponensis*，（h）胸部背板（据馆藏标本），
（i）前足腿节（据馆藏标本），（j）腹部第 10 背板（据 Asahina），
（k）*Gal. kurentzovi* 胸部背板（据 Pravdin *et* Storozhenko）

　　肢基片（coxite）左侧基部较宽，约占腹板宽度的 2/3，渐向端部收狭，呈宽三角形［图 3-5（f）］；右侧肢基片较狭，端部显细［图 3-5（g）］；端部刺突（stylus）圆筒形，不很细长。

　　体长 12mm，头宽 3mm，触角长 10mm；前胸背板中长 2.6mm，宽 2.3mm；

中胸背板中长 1.7mm，端宽 2.3mm，基宽 1.3mm；后胸背板中长 1.3mm，端宽 2.3mm；前足腿节 2.6mm，胫节 2.4mm；中足腿节 3mm，胫节 3mm；后足腿节 4mm，胫节 4.3mm；尾须 6mm。

正模♂，吉林长白山，2000m，1986.VIII.28，王书永。

本种与日本蛩蠊 *Galloisiana nipponensis* Caudell *et* King 接近。但本种前胸背板后缘中部凹进 [后者后缘拱弧，见图 3-5（h）]；触角节数少，第 3 节较短，为第 2 节长的 2.5 倍，端部节细长（后者 40 节，第 3 节约为第 2 节长的 3 倍，端部节较粗）；前足腿节较细，腹面内沿刺状毛较多较密 [后者前足腿节更粗壮，腹面内沿毛较稀少，见图 3-5（i）] 及腹部末节端部形状不同 [图 3-5（j）] 等特征，呈现显著差别。与西伯利亚的 *Gall. kurentzovi* Pravdin *et* Storzhenko 的区别在于后者前胸背板后缘中部向后呈角状突出 [图 3-5（k）]。与朝鲜采于洞穴的两种 *Gall. biryongensis* Namkung，*Gall. kosuensis* Namkung 的区别在于洞穴生活的两种复眼退化。

参 考 文 献

ASAHINA S, 1959. Descriptions of two new Grylloblattidae from Japan[J]. Konyû, 27(4): 249-252.

ASAHINA S, 1961. A new *Galloisiana* from Hokkaido (Grylloblattoidea)[J]. Kontyû, 29(2): 85-87.

BEI-BIENKO G Y, 1951. A new representative of the Orthopteroid insects of the group Grylloblattoidea (Orthoptera) in the fauna of the U.S.S.R[J]. Entomologicheskoe Obozrenie, 31: 506-9.

CAUDELL A N, KING J L. 1924. A new genus and species of the *Notopterous* family Grylloblattidae from Japan[J]. Proceedings of the Entomological Society of Washington, 26: 53-60.

CRAMPTON G C, 1915. The thoracic sclerites and systematic position of Grylloblatta campodeiformis Walker, a remarkable annectent. "Orthopteroid" insect[J]. Entomological News, 26(10): 337-350.

GURNEY A B, 1937. Synopsis of the Grylloblattidae with the description of a new spccies from Oregon (Orthoptera)[J]. The Pan-Pacific Entomologist, 13: 156-171.

GURNEY A B, 1948. The taxonomy and distribution of the Grylloblattidae (Orthoptera)[J]. Proceedings of the Entomological Society of Washington, 50: 86-110.

IMMS A D, 1957. General textbook of entomology[M]. London: Science Paperbacks.

KAMP J W, 1963. Description of two new species of Grylloblattidae and the adult of *Grylloblatta barberi*, with an interpretation of their geographical distribution[J]. Annals of the Entomological Society of America, 56: 53-68.

NAMKUNG J, 1974. A new species of cave dwelling Grylloblattoidea[J]. Korean Journal of Entomology, 4(1): 1-7.

NAMKUNG J, 1974. A new species of *Galloisiana* from Kosydong-gul cave in Korea[J]. Korean Journal of Entomology, 4(2): 91-95.

PRAVDIN F H, STOROZHENKO S Y, 1977. A new species of the Grylloblattidae (Insecta) from the southern Maritime territory[J]. Entomologicheskoe Obozrenie, 56(2): 352-356.

STOROZHENKO S Y, Oliger A I, 1984. A new species of Grylloblattida (or Notoptera) from north-eastern Altai[J]. Entomologicheskoe Obozrenie, 63(4): 729-732.

WALKER E M, 1914. A new species of Orthoptera, forming a new genus and family[J]. Canadian Entomologist, 46: 93-99.

WALKER E M, 1937. Grylloblatta, a living fossil[J]. Transactions of the Royal Society of Canada, 31: 1-10.

备注： 本文蒙陈世骧先生和周尧先生推荐优先发表，下附两位先生的亲笔信。

横断山区昆虫区系特征及古北、东洋两大区系分异

王书永　谭娟杰

（中国科学院动物研究所）

横断山区地处西藏东部、四川西部和云南西北部，北纬26°～34°、东经98°～104°，面积约50万km²，是青藏高原的东南边缘。这里峰峦重叠、河流密集、山川并列、南北纵贯，是我国独特的高山峡谷地区，也为世界所罕见。区内自西而东依次排列着伯舒拉岭—高黎贡山、他念他翁山—怒山、宁静山—云岭、雀儿山—沙鲁里山、大雪山—折多山、邛崃山以及岷山等纵列山脉，分别为怒江、澜沧江、金沙江、雅砻江、大渡河和岷江的分水岭。岭谷之间高低悬殊，山势险峻，河流湍急。贡嘎山（海拔7556m）为区内第一高峰，其东坡大渡河谷（泸定德威）海拔仅1150m，岭谷之间水平距离不足30km，垂直高差达6400m。其他如雀儿山（6168m）、四姑娘山（6250m）、梅里雪山（6740m）、白茫雪山（5429m）、哈巴雪山（5396m）、玉龙雪山（5596m）等海拔5000m以上的山峰，与相对河谷之间高差一般都在3000～5000m。由于短距离内高差巨大，峰谷之间景色殊异。峰顶皑皑白雪终年不化，谷坡森林茂密、郁郁苍苍，垂直自然带分异明显。现代湿性冰川从峰顶蜿蜒而下，伸达林带范围，更使景色无比壮观。

本区地势西北高东南低，逐渐向东南倾斜。区内北部和西北部，是上述诸河上游，地势高亢，为波状起伏的丘状高原。高原面的海拔多在3500m以上，山体较浑圆，谷底较开阔，岭谷高差较小，河岸阶地较发育。冬半年受高空西风南支控制，气候恶劣、寒冷干燥，冬长夏短，年均温0～6℃，年降水量仅500～800mm。北部的石渠、色达年均温低于0℃，几乎全年为冬天。主要植被类型为寒温性暗针叶林和高山灌丛草甸。

本区东部和南部，以巨大落差急剧下降，是典型峡谷区，是横断山的核心地带。怒江、澜沧江、金沙江三江纵贯，其间最短距离仅60km，山峰耸立陡峭，河谷深邃，水流湍急，河岸阶地极不发育。窄管效应和焚风效应强烈，谷底气候干热。云南奔子栏至四川德荣、巴塘一带，年降水量仅300mm左右，而蒸发量却超出降水量的6～7倍。位于怒江河谷的六库，海拔仅900m，最高气温可达41.9℃，素有怒江火洲之称。高温低湿的环境，形成奇特的干热河谷景观，河道两岸仅生长着稀疏多刺的灌丛植被。

横断山区是来自印度洋的西南季风、太平洋的东南季风和青藏高原高空西风环流南支三股气流的交会地区。区内南北纬向、东西经向以及由海拔不同所引起的垂直带性三度空间上的气候差异，都受三股气流的强弱、进退所控制。冬半年（11 月至翌年 4 月）在西风急流控制下，天气晴朗、寒冷干燥。夏半年（5～10 月）在东南季风和西南季风影响下，多阴雨天气。但经重重山岭阻挡后，西南季风（主要在滇西北）由西向东逐渐减弱；东南季风（主要在川西）由东向西减弱。其结果导致滇西北以西地区、川西北以东地区降水量充沛，在云南德钦，四川德荣、巴塘一带形成干热中心。高黎贡山是阻挡西南季风气流的第一道山岭，迎风面降水量十分充沛，位于其西坡的片马年降水量达 1400mm，而东坡的泸水为 1185mm，维西为 954mm，丽江一带为 772mm，德钦为 667mm。东西相差一倍多。与滇西北情况相反，邛崃山和大雪山东坡面迎东南季风，年降水达 1000mm，而其西坡则为 600mm，再向西至金沙江河谷的巴塘、德格降水量仅 470mm。

"一山有四季，十里不同天"，是横断山区气候多变的真实写照。伴随海拔增加，气温明显下降。但降温速率因坡向、地理位置而有很大差别。概括而言，西部大于东部、西坡大于东坡。四川西部沙鲁里山东坡每升高 100m，气温下降 0.7℃，西坡则下降 1.5℃；东部大雪山东坡每升降 100m，温差为 0.67℃，西坡则为 1℃。纬向、经向、垂直三度空间水热条件的变化，导致植被的地带性变化。从南向北、从东向西逐渐由亚热带常绿阔叶林、针阔混交林、暗针叶林向高山寒带灌丛草甸过渡。自然带谱的结构、带幅宽度及种类组成等由南向北、由东向西（滇西北则由西向东）渐趋简单。山地亚热带常绿阔叶林在滇西北广泛分布于海拔 2700m 以下地区，其北界大致在维西白济汛至金沙江畔的中甸虎跳江一线。丽江玉龙雪山、中甸哈巴雪山蕴藏着大量高山、亚高山植物，欧亚高山的科属应有尽有，并形成许多特有属。从丽江北上至中甸、德钦，属青藏高原高寒植被区范围，生长山地寒温性暗针叶林，以川西云杉、林芝云杉、红豆杉、黄果冷杉、黄背栎等为主要树种。德格、甘孜、马尔康、壤塘一线以北则为以山柳、蒿草、薹草为主的高山灌丛草甸植被。

横断山区复杂、奇特的自然地理条件，孕育着独特的生物区系，极大地吸引着中外学者的关注。一个世纪以前，普尔热瓦斯基（Przewarski，1870～1873）、科兹洛夫（Kozlov，1897，1900）、罗伯洛夫斯基（Roborovski，1897）等曾先后进入长江、黄河上游及藏东丁青汝曲（Ruchu），采集数万号生物标本（包括昆虫）。进入 20 世纪后，霍恩（Höne，1934～1936），深入云南丽江、阿墩子（A-tun-tze，今德钦）、四川巴塘、康定等地采集标本。葛维汉（Graham，1923～1930）在康定、汶川、丽江等地收集了大量昆虫标本。

中华人民共和国成立前，我国昆虫学家做了大量开拓性工作。1939 年，四川大学组织川康科学考察团，周尧、郑凤瀛、郝天和等进入康定、贡嘎山东坡、西昌、汶川及理县等地。1939～1941 年，李传隆到理县、松潘、漳腊、西昌、盐源、会理、巧家、康定、泸定等地，重点调查蝶类昆虫。

中华人民共和国成立后，在党和政府的领导下，非常重视横断山区的科学考察工作。1959～1960 年，中国科学院组织了多学科南水北调综合考察队，其中昆虫组在邓国藩先生领导下，先后在川西的木里、盐源、理县、马尔康等地进行了自然疫源地的有关调查。南开大学郑乐怡等，分别于 1963 年和 1979 年到马尔康、小金、红原、若尔盖、宝兴及云南丽江等地，重点进行半翅目昆虫的区系调查。1974 年，周尧、袁锋等到云南大理点苍山、丽江玉龙雪山考察同翅目昆虫。1976 年，张学忠、韩寅恒参加西藏考察队，在昌都进行了全面的昆虫区系调查。20 世纪 70 年代末，云南省林业厅在怒江河谷和高黎贡山西坡的独龙江地区做了森林害虫的普查。1983 年，南京农业大学田立新先生等在怒江河谷调查水生毛翅目昆虫。近年来，中国科学院动物研究所也曾先后组织人员到丽江、攀枝花、西昌、卧龙等地进行专业采集调查。

1981～1984 年，中国科学院青藏高原综合科学考察队，组织大规模多学科综合考察，其中昆虫组连续 4 年进入横断山区，共收集各目昆虫标本计 17 万余号，初步鉴定包括 20 目 236 科，计 1994 属 4826 种，其中新属 24 个，新种 850 种。是 1949 年以来规模最大的一次考察。具体考察地点及参加人员见表 3-1。

表 3-1　考察地区和参加人员

时间	考察地区（以先后为序）	参加人员
1981 年 5～9 月	昆明、下关、泸水（片马、姚家坪）、六库、保山、云龙（志奔山）、泸水（老窝）、大理点苍山、维西（白济汛、攀天阁）、丽江（石鼓）、中甸（格咱、大雪山垭口）、德钦（白茫雪山、阿东）、芒康、康定	赵建铭、王书永、张学忠、崔云琦、廖素柏
1982 年 5～9 月	康定、理塘（康嘎、海子山）、稻城（桑堆）、乡城（柴柯、马熊沟、中热乌）、中甸（翁水）、德钦（梅里石、梅里雪山东坡、红山口）、芒（海通）、巴塘（竹巴笼、义敦、海子山）、理塘、雅江、贡嘎山西坡（六巴、贡嘎寺、子梅山）、贡嘎山东坡（泸定、磨西、新兴）	王书永、张学忠、崔云琦、柴怀成
1983 年 5～9 月	康定、贡嘎山东坡（薪兴、磨西）、泸定（德威）、康定（瓦斯沟、折多山）、道孚、甘孜、德格（柯洛洞、马尼干戈）、卧龙、巴郎山、理县（米亚罗）、马尔康（梦笔山）、红原（龙日坝）、若尔盖、南坪（九寨沟）、松潘（黄龙寺）、汶川（映秀）、成都（崔云琦随动物组到贡嘎山西坡、芒康、左贡、察雅、昌都、炉霍、马尔康）	王书永、张学忠、崔云琦、柴怀成、陈元清、王瑞琪
1984 年 6～8 月	雅安、荥经（泗坪）、西昌、盐源（金河）、米易、攀枝花、永胜（六德）、丽江（玉龙山、黑白水、玉湖、拉美荣）、维西（犁地坪）、兰坪（金顶）、昆明	王书永、王瑞琪、陈一心、刘大军、范建国、李畅方、孙德伟

一、横断山区昆虫区系的基本特征

横断山区有着古老的地质历史（钟章成，1979）和复杂奇特的现代自然地理条件，孕育着极其丰富多彩而又非常独特的昆虫区系，是研究昆虫物种分化、演化发展的天然基地。它处于古北、东洋两大动物地理区系的交会处，在我国昆虫区系和区划研究中居于十分特殊的地位。较之西部青藏高原主体，东部四川盆地、南部云南热带雨林区，以及我国其他地区，表现出十分突出的区系特征。

1. 古北、东洋两大区系交叉重叠

我国横跨古北、东洋两大动物地理区，横断山区恰处两大区系交汇地区。区内南北纵列的山体有利于古北区系成分的南进；低海拔的纵向河谷又使东洋区系成分向北突伸。南进北伸的结果，形成两大区系的交叉重叠。同一区域的高山高海拔地带为古北成分和高山特有成分所占据，低海拔的河谷则为东洋区系成分所统治，两大区系犬牙交错、交互发展。南进北伸的范围和深度，与物种的区系性质生态适应幅度和对环境的占领能力密切相关。全北区分布型属，如叶甲科弗叶甲属 *Phratora* 在我国主产于北方省区，而东部各省（除台湾省外）迄今仍无报道。但在横断山区种类异常丰富，几乎遍及区内各地，在南部泸水、志奔山种类依然聚集。在垂直空间上，弗叶甲属海拔跨度很大，其寄生于柳属植物，是高山山柳灌丛带的优势代表昆虫。

在古北成分中，凡在古北区内广布的种，在横断山区也向南伸入较远。如跳甲属 *Altica* 中典型古北种 *A. cirsicola*、*A. oleracea*、*A. weisei* 等，自我国最北部向南直达本区保山、泸水分布；阔角谷盗 *Grathocerus cornutus* 广布于世界温带地区，在云南可抵金平，在该区发现于保山。世界性分布种如黄粉虫 *Trinebrio motrtor*、拟赤谷盗 *Tribolium castaneum*、丝光绿蝇 *Lucilia sericata* 等南伸至泸水、兰坪、永胜；美陌夜蛾 *Trachea bella* 从苏联、日本及我国黑龙江南伸至兰坪。白线散纹夜蛾 *Callopistria albolineala* 南伸到丽江。圆肩跳甲属 *Batophila* 主产于欧亚大陆北部，横断山区的 5 个种 *B. angustata*、*B. iragariae*、*B. impressa*、*B. potentillae*、*B. punctifrons*，分别产自云南中甸大雪山、白茫雪山、云岭犁地坪和高黎贡山风雪垭口等 5 座山峰，其南界接近北纬 25°，是北方种向南方高山发展的典型代表。

古北区系中的中亚成分，南伸范围较小。如明奂夜蛾 *Amphipoea distineta* 南伸至丽江，短须长蟌 *Camprotelus obscuripcnnis* 南伸至芒康海通，隐褐刺甲 *Platynoscelis crypticoides*、宽胫刺甲 *Platynoscelis integra* 限于北部高原面。高山叶甲属 *Oreomela* 是典型中亚高山属，其已知种分布南界止于乡城无名山，东界止于康定折多山垭口，约与青藏高原东南部边缘相吻合。中亚成分南伸范围，在古北、东洋两大区系划界上有重要参考意义。

东洋成分向北突伸，如曲胫跳甲属 *Pentamesa* 是向北突伸最远的一类代表。该属主产于喜马拉雅山地和横断山区，其中银莲曲胫跳甲 *P. ancmoneae anemoneae* 可北上青海玉树，进入高山灌丛草甸地带。丝跳甲属 *Hespera* 是个亚非分布型属，主产于亚洲、非洲的热带及亚热带地区，在横断山区其已知种的分布北界抵四川道孚，相当于暗针叶林分布北限。

叶甲科最原始的类群如距甲亚科，主产于亚非热带地区，我国已知 20 余种，横断山区 5 种，也北伸较远、海拔较高，已知北抵乡城（海拔 2900m）、道孚（海拔 3000m），但居群数量不大，只在特殊适宜条件下，属隐域型分布。它们可能是原始古老分布区在地史演变过程中的残留成分。

膜翅目蜜蜂总科，据吴燕如先生分析，除汶川映秀、盐源金河、泸水片马、云龙志奔山等地无古北成分外，其他各地均显现为两大区系成分的混杂交错，只是各成分所占比重不同。

各类群，古北、东洋两区系成分交错混杂最多的地区约在滇西北的丽江、中甸至德钦及四川乡城一带。在垂直分布中，据鞘翅目天牛科、半翅目蝽总科和长蝽科资料，海拔 2000～2500m 为两大区系成分的交会地带。鳞翅目、鞘翅目其他科则处于较高海拔地带。

2. 地区特有种丰富

横断山区峰峦重叠、山势陡峭，犹如海洋中的岛屿有效地限制着昆虫居群间的迁移、扩散和交流，是物种隔离分化的天然基地，区内特有属种十分丰富。直翅目蝗亚科滇蝗属 *Dianacris*、拟缺沟蝗属 *Asulconotoides*、雪蝗属 *Nivisacris*、横鼓蝗属 *Transtympanacris*、康蝗属 *Kangacris*、白纹蝗属 *Albonemacris*、大康蝗属 *Macrokangacris* 等为本区特有的蝗属，占本区蝗亚科 23 属的 30.4%；锥头蝗亚科、斑翅蝗亚科和斑腿蝗亚科计 40 属，其中 9 属为本区特有，占 22.5%。鞘翅目跳甲亚科 37 属中，5 属为本区特有，占 13.5%；萤叶甲亚科 43 属中，5 属为本区特有，占 11.6%；天牛科 66 属中，5 属为本区特有，占 7.6%。特有种所占比重更高。毛翅目已知 84 种，其中 45 种为本区特有，占 53.6%。竹节虫已知 6 种，其中 5 种为本区特有，占 83.3%。脉翅目已知 59 种，其中 42 种为本区特有，占 71.2%。双尾目已知 2 种，啮虫目已知 4 种，均为本区特有种。毒蛾科茸毒蛾属 *Dasychira* 已知 23 种，其中 11 种为本区特有，占 47.8%。虫草是青藏高原的重要昆虫资源，其寄主昆虫蝙蝠蛾本区已知 2 属 12 种（朱弘复和王林瑶，1985），占全国 21 种的 51.7%。康定历来是虫草的主要集散地，仅其附近就有虫草蝙蝠蛾 2 属 5 种，丽江地区也有 4 种。其他主要目科特有种比重如表 3-2 所示。

表 3-2　主要目科特有种统计

目	科	总种数	特有种	特有种占比/%
直翅目	蝗亚科	59	39	66.1
	斑腿蝗亚科等	61	23	37.7
	菱蝗科	20	8	40.0
	小计	140	70	50.0
同翅目	角蝉科	39	21	53.9
	木虱科	29	29	100.0
	尖胸沫蝉科	34	12	35.3
	沫蝉科	27	9	33.3
	叶蝉科	116	81	69.8
	蚜总科	96	29	30.2
	蚧总科	18	3	16.6
	小计	359	184	51.3
半翅目	蝽总科	139	19	13.8
	长蝽科	50	12	24.0
	盲蝽科	8	5	62.5
	跳蝽科	4	3	75.0
	姬蝽科	13	5	38.5
	小计	214	44	20.6
鳞翅目	灯蛾科	70	21	30.0
	苔蛾科	93	26	28.0
	鹿蛾科	12	3	25.0
	尺蛾科	148	49	33.1
	毒蛾科	85	39	45.9
	波纹蛾科	23	12	52.2
	卷蛾、巢蛾科等	57	21	36.8
	夜蛾科	376	90	23.9
	小计	864	261	30.2
膜翅目	蜜蜂总科	143	58	40.6
双翅目	蝇科	113	47	41.6
	寄蝇科	264	75	28.0
	实蝇科	31	19	61.3
	小计	408	141	35.1
蜱螨目	叶螨	30	9	30.0
	皮刺螨	22	8	36.4
	硬蜱	16	4	25.0
	小计	68	21	30.9

3. 高山种类丰富

高山物种在本区特有成分中居于十分突出的地位。和青藏高原西部主体比较，本区呈现高山物种更为密集的特点，包含许多特殊种类。以蝗虫为例，据印象初（1984）报道，在青藏高原的200种蝗虫中，作为高山适应代表的无翅种类计12属35种。它们分布于雅鲁藏布江河谷以南、西藏东部、青海南部和横断山区，而以横断山区更为集中。通过1981～1984年横断山考察，对无翅高山种类又有新的补充，如点珂蝗 *Anepipodisma punctata*（德钦阿东、芒康盐井）、中甸拟澜沧蝗 *Paramekongiella zhongdiangensis*（中甸）、格湄公蝗 *Mekongiana gregoryi*（乡城、德钦奔子栏）、中甸雪蝗 *Nivisacris zhongdianensis*（中甸大雪山垭口）等。据笔者统计，横断山区集中了青藏高原高山无翅种类总数的 2/3 以上。对高山种类的聚集，印象初（1984）认为与地壳隆起的早晚有关，凡高山种类集中的地区可能是地壳隆起较早的地区。

鞘翅目叶甲科萤叶甲亚科是高山种类很丰富的一个类群。过去青藏考察记述 3 属 10 种，本次横断山考察又发现 1 新属（新脊萤叶甲属 *Xingeina*），12 新种，连同原记录共计 4 属 23 种（包括南迦巴瓦峰地区 1 种）；而横断山区有 4 属 17 种，占整个青藏高原已知高山种总数的 74%。

在叶甲科跳甲亚科中，过去我国没有短翅型高山种类的报道。1981 年在滇西北中甸地区海拔 3200m 处，首次发现了我国短翅型高山跳甲——短鞘丝跳甲 *Hespera brachyelytra* 新种。随后又在附近的中甸大雪山、白茫雪山、玉龙雪山等高山灌丛草甸地带发现两个高山型新属（山丝跳甲属 *Orhespera* 和小丝跳甲属 *Micrespera*），以及 4 新种（*O. glabricollis*、*O. impressicollis*、*O. fulvhirsuta* 和 *M. castanea*），大幅提高了对我国高山叶甲区系的认识。

肖叶甲科是以低海拔分布、东洋区系成分占优势的类群，本区分布于海拔 3000m 以上的高山种有 11 属 26 种，占特有种总数的 37.1%。

本次记述芫菁科 Meloidae 15 种，大部分种类沿大理、芒康、理塘北至昌都、江达、左贡、甘孜一带高原区分布。特有种占 73%，高原种占 40%，其中高原斑芫菁 *Mylabris przewalskyi*、西藏绿芫菁 *Lytta roborowskyi*、多毛斑芫菁 *M. hirta* 等，都是本区优势种、特有种。

膜翅目蜜蜂总科拟隧蜂属 *Halictoides* 广布于全北区，以高山和高原为主要分布区，我国记录 18 种，其中横断山区分布 8 种，占我国已知种的 44.4%。

双翅目蝇科胡棘蝇属 *Pogonomyia* 也是一个典型的古北区高山高原分布型属。据范滋德先生研究，我国已知 32 种，主产于青海、西藏、新疆、陕西及横断山区，以横断山区种类最多、分布最集中，计 17 种，占我国已知的 53.1%。其中新种 13 种，占 76.5%。大部分种类分布在海拔 3200～4480m 的高海拔地带。

寄蝇科长须寄蝇属 *Peleteria*、诺寄蝇属 *Nowickia* 等都是古北区高山高原分布属，前者横断山区有 15 种，后者有 10 种，分别占我国已知种的 55.6%和 76.9%。

半翅目盲蝽科狭盲蝽属 *Stenodema*，系高山类群，本区记述 7 种，5 种为特有种。

其他如鞘翅目象甲科、拟步甲科、步甲科、丸甲科，以及革翅目的一些科、膜翅目熊蜂族、鳞翅目夜蛾科和绢蝶科等，都是高山昆虫区系的重要成员，种类十分丰富，不一一列举。

4. 狭布种多、地理替代明显

与横断山区特有种十分丰富的特点相联系的，是物种空间占领上的狭窄性。在地区特有种中，许多物种仅发现于极其狭窄的地理区域或生态地带。在近缘物种中，常因一山一水之隔或海拔、生态地带不同而分化为不同种类，产生地理的或生态的替代现象，尤以高山物种表现最明显。山丝跳甲属 *Orhespea* 内 3 个新种（*O. glabricollis*、*O. impressicollis*、*O. fulvohisuta*）分别占据中甸大雪山、白茫雪山和玉龙雪山，呈鼎足之势，其间仅以金沙江相隔。短鞘丝跳甲 *Hespera brachyelytra* 也仅限于中甸附近，小丝跳甲 *Micrespea castanea* 仅见于玉龙雪山等。上述跳甲亚科的高山适应种属，仅局限于丽江玉龙雪山至中甸大雪山和白茫雪山之间极狭区域内。据实地考察，在此以北的相似生境中未见其踪迹。这说明该处生态条件的特异性和物种区域分布的狭窄性。

萤叶甲亚科中高山短翅种类共 23 种，除尼拉短鞘萤叶甲 *Geinella alni*（分布于雅鲁藏布江河谷以南的喜马拉雅山地）、绿翅短鞘萤叶甲 *Geinella jacobsoni*（南自巴塘，北至江达、昌都）有较广的分布外，其余 21 种均只限于其模式产地或极小范围内。其中蓝鞘脊萤叶甲 *Geinulla coeruleipennis* 与三洼脊萤叶甲 *G. trifoveolata* 十分近缘，前者分布于贡嘎山西坡的贡嘎寺后山，后者分布于子梅山，两山近在咫尺，隔莫溪河相望。同样情况也见于新脊萤叶甲属 *Xingeina*。该属内十分近缘的两新种粗腿新脊萤叶甲 *X. femoralis* 和亮黑新脊萤叶甲 *X. nigra*，分别占据邛崃山脉的巴郎山和梦笔山。在显萤叶甲属 *Shaira* 中，黑显萤叶甲 *Sh. atra* 与四星显萤叶甲 *Sh. quadriguttata* 是同域的生态替代。两种同见于梅里雪山东坡，分别占领不同的生态地带。前者见于海拔 2900~3000m 的针阔混交林带，后者高居于海拔 4200m 的高山草甸带。

鞘翅目象甲科喜马象属 *Leptomias*，其中长胸喜马象种团已知 17 种，横断山区计 12 种；西藏喜马象种团 15 种，除 1 种广布于我国东北、山西、陕西、甘肃等地外，其余 14 种均为横断山区的狭布种。其他如双翅目蝇科胡棘蝇属、膜翅目蜜蜂总科拟隧蜂属、杜隧蜂属以及直翅目蝗亚科的高山种，都是区域狭布种。

在峡谷特有成分中，如鞘翅目肖叶甲科锯背叶甲属 *Serrinotus* 是本次记述的新属，包括 2 新种，即白毛锯背叶甲 *S. albopilosus* 和巴塘锯背叶甲 *S. batangensis*，它们同寄生于头花香薷 *Elsholrizia capituligerra*（干热河谷谷坡的一种荒漠灌丛植物）。体色灰淡，与其背景色调十分一致。两种近缘物种分别为两条河谷的代表。白毛锯背叶甲占据澜沧江河谷德钦梅里石段，巴塘锯背叶甲分布于金沙江河谷的巴塘竹笆龙段，其间仅隔一分水岭。

毛翅目、鳞翅目（夜蛾科、灯蛾科、虎蛾科、舟蛾科、尺蛾科等），在 20 世纪三四十年代发表了许多新种，至今仍仅知其分布于各自的模式产地，主要集中在云南丽江、中甸、德钦和四川巴塘一带。究其原因，一方面是我们在本地区的调查工作不多；另一方面也可说明本地区确实聚集了许多分布区极其狭小的特有种类。

在野外考察过程中常常发现，植食性昆虫在相同寄主条件下，由于地理条件上的改变，常由不同的近缘种所取代。如斯萤叶甲属 *Sphenoraia* 寄生于小檗 *Berberis*，在德钦白茫雪山东坡为小檗斯萤叶甲 *S. berberii*，北至四川雅江则被雅江斯萤叶甲 *S. yajiangensis* 所替代，两者除鞘翅花斑不同外，雄虫外生殖器也有显著分化。

总之，物种的分布区，是历史进化的产物，与地史变迁、生态条件密切相关，是隔离分化的结果。横断山区地理条件的特殊性和多样性，造成物种的极大丰富性和地域分布的狭窄性。正是这种狭域性清楚地反映了本区特殊的自然地理特征和昆虫区系本质。

5. 原始类群种类丰富

横断山区有悠久的地质历史，早在古生代即隆起形成南北狭长的川滇古陆，陆地范围虽经多次变化，但从未被海水全部淹没（钟章成，1979）。第三纪末，四川、云南、贵州形成准平原，发育着丰富的热带生物区系。据在川西理塘发现的古植物桉树化石估计，现今横断山区北段，当时的海拔不超过 1000m。受第三纪喜马拉雅造山运动影响，横断山区大幅度抬升，估计从始新世以来，理塘地区海拔至少上升了 2000~2500m。古冰川的资料证明，在第四纪冰期过程中，横断山区未曾发生大面积冰川覆盖。优越的气候条件为古生物类群提供了天然避难所。张荣祖（1979）认为，横断山区是古老和原始类群保存得最多的地区。柳支英等（1986）指出，横断山脉及其附近地区有不少动物呈狭窄分布区，其中某些种类在分类学上的地位比较特殊或比较原始。本次考察发现的无翅亚纲双尾目的伟蚨蚊 *Atlasjapyx atlas* Chou *et* Huang 是一个很好的例证。它分布在干热河谷底部有地下水渗出的地段，栖于石块下，具有热带昆虫体型壮硕的特征。体长达 58.55mm，是当今世界上最大的双尾目昆虫。据黄复生、周尧研究，伟蚨蚊属与分布在我国海南的巨蚨蚊属 *Gigasjapyx* 近缘。它们可能源于一个共同祖先，曾广泛分布于热带地区，包括隆升前的横断山区。横断山区抬升以后，气温下降，分布区缩小，部分个体保留在热量条件最好的干热河谷繁衍演化，在长期隔离条件下逐渐分化为现今的伟蚋蚖，而与海南的巨蚋蚖属不同。

石蛾科 Rhyacophilidae 是毛翅目昆虫中最原始类群。据田立新研究，横断山区已知 17 种，占毛翅目总种数的 20%。另角蛾属 Stenopsyche 是角石蛾科 Stenopsychidae 中最原始属，本区已知 11 种，占该属世界已知 52 种的 21%，为我国已知 28 种的 40%。可见横断山区是毛翅目昆虫原始类群保存得最多的地区。

距甲亚科 Megalopodinae 是叶甲科中最原始类群（陈世骧等，1986），我国已知 21 种，横断山区记述 5 种，占我国已知种的 23.8%。

瘦跳甲属 Stenoluperus 是跳甲亚科中最原始类群（陈世骧，1954）。体型瘦长，后足腿节不明显粗壮，与萤叶甲亚科种类十分相像。该属与老跳甲属 Laotzeus、峨眉跳甲属 Omeiana、寡毛跳甲属 Luperomorpha 及丝跳甲属 Hespera 等近缘，彼此有密切渊源。其中老跳甲属、峨眉跳甲属是我国西南地区的特有属，可能起源于本区。瘦跳甲属、寡毛跳甲属、丝跳甲属在横断山区均显示种类十分聚集、物种分化非常活跃，而且数量颇大。如瘦跳甲属、寡毛跳甲属各记述 9 种，分别占我国已知种的 60% 和 70%，本区特有种分别占 77% 和 55%。充分显示横断山区是跳甲亚科中原始类群物种聚集和分化中心。

虫草蝙蝠蛾是鳞翅目昆虫中现今存在的最低等原始类群，青藏高原是其主要产区。横断山区已知 2 属 12 种，占我国已知种的 50%。它们主要生活在海拔 3500m 以上的高山草甸地带，是在高山条件下保存古老原始类群的典型，与在云南境内高山上发现的古老植物物种的情况十分相似。

二、古北、东洋两大区系分异

1. 区系组成

横断山区昆虫区系组成复杂，就整体而言，主要由东洋种、古北种、广布种和地区特有种 4 种成分所组成。各成分所占比重因目科不同而有很大差异。单就种类分析，绝大多数目科，除特有种外，均以东洋种居首，古北种其次，广布种最少。缨翅目的东洋种、古北种、广布种占比分别为 41.7%、12.5%、8%。半翅目蝽总科三者占比为 71%、10.9%、11.6%；长蝽科为 44%、24%、8%。鳞翅目毒蛾科为 44.7%、3.5%、3.5%；夜蛾科为 41%、25.3%、8.5%。鞘翅目天牛科为 49.6%、4.5%、1.5%；跳甲亚科为 31.7%、6.1%、2.2%；步甲科为 38%、20%、2%；金龟子总科为 51.5%、8.8%、1.4%。膜翅目蜜蜂总科为 31.4%、23.7%、6.3%；叶蜂科为 42.4%、35.6%、6.8%。双翅目丽蝇科为 58.4%、40% 和 5%。而蜚蠊目、毛翅目、竹节虫目、同翅目（角蝉科、沫蝉科）、广翅目、鳞翅目（鹿蛾科）等，则无典型古北成分。但双翅目（食蚜蝇科、寄蝇科）、直翅目（蝗亚科）、脉翅目及半翅目（跳蝽科）等则以古北种占优势，其古北种与东洋种之比，食蚜蝇科为30.4∶20.7，寄蝇科为36.0∶25.0，蝗亚科为23.7∶6.8，脉翅目为18.6∶8.5。跳蝽科的古北种占25%，其余为特有种，无东洋成分。

在个别目科中广布种显占优势，如双翅目食蚜蝇科广布种占48.7%，几乎为古北、东洋两成分之和。同翅目蚧总科广布种占83.3%，无典型古北种和东洋种。蜱螨目叶螨科的跨区广布种和世界性种接近1/3。蚜总科广布种也较多，约占1/5。

统计区系成分与揭示区系性质，是一项复杂的工作。确定一个物种的区系成分不能简单依据其地理分布范围，还应参考其所在地的生态条件、海拔，即其空间地位，以及其所隶属的"属"级阶元的分布特性。参考"属"级的分布特性对分析、认识区系结构很有帮助。表3-3是对蝗亚科的剖析。

表3-3　直翅目蝗亚科"属"的区系成分及分布

属名	种数	区系成分			分布（海拔）
		古北	东洋	特有	
僧帽蝗属 *Phlaeoba*	1		+		维西、六库、泸水（900~2300m）
滇蝗属 *Dianacris*	1			+	玉龙山（2650~3750m）
凹背蝗属 *Ptygonorus*	4	+			松潘、康定、理县（4000m）
缺背蝗属 *Anaptygus*	1	+			泸定
缺沟蝗属 *Asulconosus*	1	+			玉树、曲麻来、朵多、久治、阿坝（3650~4400m）
拟缺沟蝗属 *Asulconotoides*	1			+	理塘（3650~4130m）
雪蝗属 *Nivisacris*	1			+	中甸大雪山（4000~4300m）
无声蝗属 *Asonus*	1	+			昌都（4333m）
拟无声蝗属 *Pseudoasonus*	1	+			玉树、贡嘎山西坡（4200m）
横鼓蝗属 *Transtympanacrts*	1			+	玉树、康定
康蝗属 *Kangacris*	1			+	唐定、甘孜（2600~3450m）
白纹蝗属 *Albonemacris*	8			+	理塘、稻城、雅江、唐定（3300~4680m）

属名	种数	区系成分			分布（海拔）
		古北	东洋	特有	
隆背蝗属 Carinacris	1		+		西昌、点苍山、丽江（2500m）
坳蝗属 Aulacobothrus	1		+		大理、景东
脊竹蝗属 Ceracris	2		+		泸定、保山、大理（1550m）
沼泽蝗属 Mecostethus	1	+			康定、若尔盖、青海东部（3650m）
网翅蝗属 Arcyptera	1	+			马尔康
牧草蝗属 Omocestus	2	+			理塘、芒康（3880～4000m）
异爪蝗属 Euchorthippus	1	+			汶川（1520m）
雏蝗属 Chorthippus	22	+			马尔康、乡城、昌都、巴塘、芒康、德钦、康定、泸定、金河（2600～4400m）
槌蝗属 Gomphocerus	1	+			芒康、巴宿（3400～4200m）
拟蛛蝗属 Aeropedelloides	4	+			察雅、八宿、左贡、昌都（3600～4400m）
大康蝗属 Macrokangacris	1			+	巴塘（2600m）
总计 23 属	59	12	4	7	
		52.2%	17.4%	30.4%	

由表 3-3 可见，组成横断山蝗亚科区系的属种两级阶元，明显以古北、特有两成分占优势。前者包括 12 属 40 种，分别占属种总数的 52.2% 和 67.8%；后者包括 7 属 14 种，分别为 30.4% 和 23.7%。其中作为古北成分的雏蝗属计 22 种（暗针叶林带的优势属），作为特有成分的白纹蝗属 8 种，以及凹背蝗属、拟蛛蝗属各 4 种（均为高山草甸带的优势属、代表属），4 属之和占总种数的 64%。由此可见古北属、特有属在横断山区物种分化最明显、势力最强，而东洋区系成分仅 4 属 5 种，所占比重极小。

2. 区系成分与地域分布

（1）东洋区系成分的分布。东洋区系成分是横断山区昆虫区系的主体，所占比重最大，地域性分布明显。各主要类群东洋成分在地理分布上所反映的共同特征是，凡典型东洋属种基本上均限于本区东部和东南部峡谷地区，与植被上亚热带常绿阔叶林的分布密切相关。以鞘翅目叶甲总科为例，部分典型东洋属在本区的分布如表 3-4 所示。

表3-4　鞘翅目叶甲总科部分典型东洋属的分布

属名	卧龙	米亚罗	泸定	荥经	金河	永胜	丽江	冲江河	维西	兰坪	点苍山	志奔山	泸水	片马	道孚	康定	乡城	中甸	德钦	马尔康	南坪	若尔盖	红原	甘孜	德格	昌都	雅江	理塘	巴塘	芒康	贡嘎山西坡	种数
Sagra	+		+																													2
Temnaspis	+		+			+		+					+				+															3
Poecilomorpha						+									+																	2
Podontia	+		+												+																	1
Euphitrea	+			+									+																			2
Xuthea								+				+	+		+																	2
Luperomorpha	+		+		+		+						+																			9
Lipromorpha			+		+		+					+	+																			4
Trachyaphthona	+	+				+		+	+	+	+	+	+			+					+											8
Nisotra					+								+	+																		2
Humba	+		+																													1
Potaninia	+		+																													1
Agrosteomela	+							+	+			+				+	+	+	+	+												2
Paridea	+		+																													7
Agetocera	+		+						+				+																			3

续表

属名	卧龙	米亚罗	泸定	荥经	金河	永胜	丽江	冲江河	维西	兰坪	点苍山	志奔山	泸水	片马	道孚	康定	乡城	中甸	德钦	马尔康	南坪	若尔盖	红原	甘孜	德格	昌都	雅江	理塘	巴塘	芒康	贡嘎山西坡	种数
Mimastra			+	+	+	+	+		+	+	+	+		+																		5
Haplosomoides		+																									+					4
Macrima	+		+			+	+	+				+	+																			5
Cleorina			+			+	+	+			+		+																			3
Nodina									+	+	+		+			+																3
Basilepta	+		+	+		+	+		+	+	+		+			+		+	+													20
Callisina													+																			1
Trichochrysea			+										+																			1
Aoria	+															+																4
Enneaoria									+			+	+																			1
Oömorphoides	+	+	+		+								+	+	+	+																4
Callispa			+	+																												2

由表 3-4 可知，叶甲总科中典型东洋属的几乎均限于四川邛崃山、贡嘎山以东及云南的中甸、德钦以南地区，仅有极个别种类向西向北伸入较远。如拟守瓜 *Paridea avicauda*、红胸距甲 *Poecilomorpha penae* 北伸至道孚，铜绿扁角叶甲 *Platycorynus cupreoviridis* 北伸至乡城柴柯等，但其种类不多，居群数量不大，是隐域性地貌中的偶见种。

联系典型热带性属种在四川、云南较大范围的地理分布可以看出，其种类的丰富性从东向西（四川）、从南向北（云南）明显递减。据杨星科对拟守瓜属的研究，我国已知 51 种，横断山及其附近地区（云南、四川、西藏）计 30 种，其中云南 19 种（1 种具体分布地点不详），四川 9 种（与云南共有种 1 种），西藏墨脱 3 种。四川道孚，海拔 3000m，是该属已知种的最北、最高分布纪录，其种类出现频率的递减情况如表 3-5 所示。

表 3-5　拟守瓜属 *Paridea* 在横断山及附近地区的分布

云南（21 种）			四川（13 种）		
地点	种数	百分比/%	地点	种数	百分比/%
西双版纳（23°N）	14	78.0	峨眉山	7	78.0
昆明—景东—保山（25°N）	4	22.0	汶川、宝兴、泸定	5	55.5
东川—大理—泸水（26°N）	2	11.0	道孚	1	11.1
中甸（27°50′N）	1	5.5			

据郑乐怡分析，半翅目长蝽科典型东洋区广布种多只分布于横断山区东缘、南缘较低海拔地区，北起汶川、金川、小金、宝兴等地邛崃山脉以东，南至金沙江附近的盐源、永胜、丽江及泸水等地，海拔多在 2000m 以下。

（2）古北区系成分的分布。与东洋区系成分相反，典型古北种包括某些全北种，集中分布于南坪、红原、若尔盖、马尔康、折多山、甘孜、德格、理塘、雅江、芒康、中甸、德钦、丽江等地。基本限于高原面针叶林和高山草甸分布范围内，也有向南伸较远的，但多限于高海拔的山地，如点苍山、高黎贡山等山峰。叶甲总科部分典型古北属种的分布情况如表 3-6 所示。

双翅目寄蝇科典型古北属，如诺寄蝇属 *Nowickia*（10 种）、长须寄蝇属 *Pelezeria*（15 种），种类相当丰富。

寄蝇科昆虫有很强的飞行能力，种的分布区一般较广。诺寄蝇属及长须寄蝇属大部分种类在本区仅限于北部高原面，并与国内其他分布区如西部的昌都，北部的青海、新疆、华北、东北等分布区相连，构成完整的连续分布，显示与古北区系的密切联系。只有极少数种南伸至维西、东伸至泸定新兴。

表 3-6 叶甲总科典型古北属种的分布

叶甲种类	卧龙	米亚罗	泸定	荥经	金河	永胜	丽江	冲江河	维西	兰坪	点苍山	志奔山	泸水	片马	道孚	康定	乡城
Zeugophora cyanca																	
Lema cyanella																	
Dibolia tibialis																	
Argopus bidentatus							+										+
Batophila spp.									+		+	+	+				
Chrysomela populi		+	+													+	
Chrysomela tremulae			+				+		+		+	+	+			+	+
Gastrophysa atrocyanca																	
Oreomela spp.																+	+
Chrysolina aeruginosa																	
Pallasiola absinthii																	
Galeruca barovskyi																	
Xanthonia collaris	+						+				+	+	+			+	+
Mireditha spp.																+	
Phratora spp.	+		+						+	+	+	+	+			+	+
Bromius obscurus																	
Phaedon spp.																	

续表

叶甲种类	中甸	德钦	马尔康	南坪	若尔盖	红原	甘孜	德格	昌都	雅江	理塘	巴塘	芒康	贡嘎山西坡	察雅	江达
Zeugophora cyanca	+									+	+					
Lema cyanella						+										
Dibolia tibialis			+					+					+			
Argopus bidentatus																
Batophila spp.	+	+														
Chrysomela populi			+	+		+	+			+						
Chrysomela tremulae	+	+						+							+	
Gastrophysa atrocyanca					+											
Oreomela spp.							+	+			+					
Chrysolina aeruginosa							+	+			+	+				
Pallasiola absinthii				+			+	+								
Galeruca barovskyi			+	+		+						+				
Xanthonia collaris	+	+					+	+	+	+					+	+
Mireditha spp.	+	+		+		+	+	+					+	+	+	
Phratora spp.			+				+						+	+	+	
Bromius obscurus				+									+			
Phaedon spp.	+		+			+	+	+			+	+		+		

据郑乐怡分析，半翅目长蝽科凡北方型广布种南伸多止于云南德钦、中甸一带，部分种类南抵大理、兰坪、云龙，在川西向东则止于大雪山（康定以西）一线，也有东达邛崃山脉的高海拔地区者，大致相当于1月均温1℃等温线。

（3）高山种类的分布。高山特有种是本区高寒生态地理特征的标志。各类群高山种类的分布均与青藏高原自然地理的东南部边缘相吻合，也与前述典型古北区系成分分布的东南部界线基本一致，约与植被区划中山地寒温性针叶林分布南界相当。膜翅目拟隧蜂属 *Halicotoides*、杜隧蜂属 *Dufourea* 是古北区高山高原分布类群。前者8种，集中分布在德钦、中甸、巴塘、芒康、察雅、昌都、德格、甘孜、康定、若尔盖、红原等高海拔地区，其东界止于康定、南坪，南界止于中甸、德钦和丽江；后者5种，分布限于芒康、贡嘎山西坡至丽江一带。

与拟隧蜂属、杜隧蜂属的分布情况相似，鞘翅目叶甲科所有典型高山属种均限于云南丽江、玉龙雪山以北，四川贡嘎山、邛崃山以西的高原地区。

双翅目蝇科胡棘蝇属 *Pogonomyia* 是个典型的全北区分布属，已知种类主要分布于亚洲、欧洲及北美高纬度地带或高山，海拔2800～5600m，高山和高寒种类丰富。据范滋德先生初步研究，我国已知32种，主产于青海、西藏、新疆、陕西和横断山区。其中以横断山区种类最丰富、分布最集中，总计达17种。它们占据本区北部高山高原地带，东界止于邛崃山脉的巴郎山，南界止于云南大理点苍山，也与青藏高原自然地理东南边界基本一致。在种的分布特性上还可看出，某些种的分布范围呈南北状延伸，如雀儿山胡棘蝇 *P. qiaoershanensis*，北迄雀儿山，南抵乡城、中甸大雪山；钝突胡棘蝇 *P. apiciventralis*，北自巴塘、雅江，南至中甸大雪山；甘孜胡棘蝇 *P. ganziensis*，北自甘孜，南至巴塘等，均沿沙鲁里山分布。贡山胡棘蝇 *P. gongshanensis*，从德钦白茫雪山至维西，沿云岭山脉分布，多与山脉的南北走向一致，较少做东西横向扩张。从属内已知种的分布来看，本区与青海、新疆、西藏分布区相连，显示出横断山区的巴郎山以西、中甸德钦以北与古北区系的密切联系。胡棘蝇属在本区的分布范围应视作古北区系向南延伸的结果，反映古北区系的南部边界。

高山成分对高寒气候条件的适应及分布区特点，就某种意义来说与古北区系相通，在区系划界上有同等意义。但就区系渊源而论，则不尽相同。前述胡棘蝇属、喜马象属、拟隧蜂属、杜隧蜂属、高山叶甲属、高萤叶甲属、萤叶甲属、阔胫萤叶甲属等，无疑起源于古北区系，是古北区系成分向南方高山的侵入与占领，是古北成分的南伸。但另一部分高山种类，就叶甲科的情况而言，则可能起源于东洋区系，是东洋区系成分在地史演变过程中逐渐适应高山的结果，如短鞘萤叶

甲属 *Geinela*、脊萤叶甲属 *Geinula*、新脊萤叶甲属 *Xingeina*、显萤叶甲属 *Shaira* 及短鞘丝跳甲 *Hespera brachyelytra* 等。

3. 区系成分与垂直分布

研究横断山区昆虫区系垂直分布规律是探讨该区昆虫区系的本质特征及古北、东洋两界划分不可缺少的重要内容。昆虫垂直分布规律和特点取决于立地条件和昆虫本身对环境的适应与占领能力。横断山区南北跨纬度8°，东西跨经度6°，区域辽阔，群峰林立，峡谷割裂，使区内自然地理条件相差悬殊，垂直自然带谱变化多端。不同山体与不同坡面、主干河谷与支侧河谷、滇北与川北，其立地条件、水热状况、植被类型各有不同，昆虫垂直分布规律、区系组成、优势类群等也颇不相同。滇西高黎贡山与丽江玉龙雪山相比，前者区系更丰富，且富有热带区系带谱色彩，后者则表现出向青藏高原的过渡，包括更多地区特有种类。就坡面而言，高黎贡山西坡迎来自印度洋的西南季风，降水十分充沛，而东坡处于雨影区，降水显少，西坡昆虫区系显较东坡更丰富。川西的贡嘎山和巴郎山，东坡迎来自太平洋的东南季风，西坡受来自青藏高原的干冷西风控制，水热条件以东坡为优。昆虫区系则东坡富于西坡，垂直带谱东坡更为复杂，显属亚热带性质，西坡简单，以高原种占优势。就昆虫类群而言，蝗虫是山地昆虫区系的重要组成成员，种类多、分布广，垂直层次明显，但在梅里雪山东坡和巴郎山东坡，或许由于山体十分陡峭、河谷狭窄阴湿，蝗虫少见。总之，不同山峰垂直带谱不同，区系组成各异。本文试综合横断山区各主要山峰的普遍情况，说明其垂直分布规律，目的在于寻求垂直分布与区系成分的关系，找出我国古北、东洋两界划分与植被分布之间的内在联系和相关性。

1）垂直带的划分及各带主要代表性昆虫

参考本区植被带的划分和区域生态地理特点，初步划分为 6 个垂直带：①干热（旱）河谷灌丛带；②山地亚热带常绿阔叶林带；③山地针叶阔叶混交林带；④亚高山暗针叶林带；⑤高山灌丛草甸带；⑥高山砾石冰雪带。

（1）干热（旱）河谷灌丛带［海拔 900～2000（2600）m］。干热（旱）河谷灌丛作为山地垂直带谱的一个基带，是青藏高原东南部高山峡谷地区十分引人瞩目的独特现象（郑度，1985），是特殊地理条件下的特殊产物。怒江、澜沧江、金沙江、雅砻江、大渡河及岷江等河流主干河谷谷底，由于峡谷窄管及梵风效应，都出现干热（旱）河谷灌丛景观。各河谷起始海拔和带幅宽度不同。怒江河谷的六库海拔 900m，是本次考察的最低海拔，丽江玉龙山西坡金沙江河谷海拔 1800m，德钦梅里石澜沧江河谷海拔 2200m，雅江的雅砻江河谷海拔达 2800m。谷坡陡峻，植被稀疏，以旱生带刺灌丛植物为主，如白刺花 *Sophora visifolia*、鼠李 *Rhamnus* spp.、仙人掌、菰 *Caryopzcris* spp.、华南小石积 *Osteomeles schwerinae*、矮黄栌 *Cotinus nana*、山蚂蝗 *Desmodium* spp.、牡荆 *Vitex negundo*、头花香薷 *Elsholtizia capituligera*、灰毛木蓝 *Indigofera cinerascens*、对节木 *Sageretia pycnoptylla*、小黄麻 *Trema levicata*、小马鞍叶羊蹄甲 *Bauhinia faberi* var. *microphylla* 等。

相对而言，干热（旱）河谷的昆虫区系比较贫乏，以东洋区系成分占绝对优势，其中包括许多典型热带及亚热带种类，广布种居突出地位，特有种中以干旱适应种类更引人注目。典型代表种类有：双尾目的伟蛱虬 *Atlasjapyx atlas*，半翅目的硕蝽 *Eurostus validus*、异色巨蝽 *Eusthenes cupreus*、暗绿巨蝽 *Eusthenes saevus*、长盾蝽 *Scutellera fasciata*、丽盾蝽 *Chrysocoris grandis*、箭痕腺长蝽 *Spilostethus hospes*、短喙细长蝽 *Paromius gracilis*、锈赭缘蝽 *Ochrochira ferruginea*、斑背安缘蝽 *Anoplocnemis* spp.，同翅目的红蝉 *Huechys* spp.、台湾田蝉 *Scieroptera formosana*、蟪蛄蝉 *Platypleura kaempfera*，直翅目的僧帽佛蝗 *Phlaeoba infumata*、疣蝗 *Trilophidia annutaza*、缘纹蝗 *Aiolopus thalassinus*、东亚飞蝗 *Locusta migratoria manilensis*、非洲车蝗 *Gastrimargus africanus africanus*、中甸拟澜沧蝗 *Paramekongiella zhongdianensis*、无纹刺秃蝗 *Parapodisma astriara*，广翅目的中华臀鱼蛉 *Neochauliodes sinensis*，鞘翅目的紫红耀茎甲 *Sagra fulgida minuta*、紫耀茎甲 *Sagra femorata purpurea*、突肩叶甲 *Cleorina* spp.、白毛锯背叶甲 *Serrinotus albopilosus*（新属、新种）、巴塘锯背叶甲 *Serrinotus batangensis*（新属、新种），膜翅目的埃彩带蜂 *Nomia elliotic*、黑孔蜂 *Eriades sauteri*、甜无垫蜂 *Amegilla calceiifera*、枻木蜂 *Xylocopa* (*Ctenoxylocopa*) *fenestrata*、黄柄泥蜂 *Sceliphron madraspatanum*、四脊泥蜂 *Sphex aurulentus*、银毛泥蜂 *S. argentatus*、黑毛泥蜂 *S. subtruncatus* 等。其中锯背叶甲和某些蝗虫体色灰淡，与干旱的背景色调十分一致，具干旱体色适应标志。同翅目的蝉可作为本带景观指示性昆虫，只要听到蝉声吱吱，即指示已进入干旱河谷。

（2）山地亚热带常绿阔叶林带［海拔 1500～2000（2800）m］。山地亚热带常绿阔叶林带是昆虫区系最丰富的一个带。本带年均温度 12～18℃，降水多、湿度大，植被组成复杂，主要有壳斗科的青冈 *Cyclobalanopsis*、栲属 *Castanopsis*、栎属 *Quercus*，茶科的木荷 *Schima*、山茶 *Camellia*，樟科的山胡椒 *Lindera*、樟 *Cinnamomzim*，木兰科的木兰 *Magnolia*、含笑 *Michelia*，冬青科的冬青 *Ilex*，蔷薇科的悬钩子 *Rubus*、石楠 *Photinia*，五加科的梁王茶 *Nothopanax*、鹅绒柴 *Schefflera*，漆树科的黄连木 *Pistacia*、漆 *Toxicodendron*，唇形花科的香薷 *Elshotzia*，桦木科的赤杨 *Alnus*、桦 *Betula*，榛木科的榛 *Corylus*，木犀科的女贞 *Ligustrum* 等植物。

本带的昆虫以种类最丰富、东洋区系成分占绝对优势为区系特征。主要代表昆虫有直翅目的云南蝗 Yunnanites coriacea、短额负蝗 Atractomorpha sinenszs、中华拟裸蝗 Conophyrnacris chinensis，半翅目的黑赭缘蝽 Ochrochira fusca、宽大眼长蝽 Geocoris varzus、长须梭长蝽 Pachygrontha antenata、黑须稻缘蝽 Nazara antennata、甘川碧蝽 Palomena haemorrhodalis，膜翅目的喜马排蜂 Megapis laboriosa、红足木蜂 Xylocopa (Mimoxylocopa) rufipes、拟长尖腹蜂 Coelioxys subelongata（新种）、云南黄斑蜂 Paranthidium yunnanensis，鞘翅目的毛斑芫菁 Mylabrzs hiria（新种）、瘤胸瘦天牛 Distenia tuberosa、黑点瘦天牛 Distenia nigrostparsa、绿墨天牛 Monochamus millegra、桤木里叶甲 Linaeidea placida（优势种）、卵形叶甲 Oömorphoides spp.、角胸叶甲 Basilepta spp.、扁角叶甲 Platycorynus spp.、突肩叶甲 Cleorina spp.、云南九节叶甲 Enneaoria yunnanensis、米萤叶甲 Mimastra spp.、异跗萤叶甲 Apophylia spp.、瘤叶甲 Chlamisus spp.、长瘤跳甲 Trachyaphthona spp.、三齿婪步甲 Harpalus tridens、中华婪步甲 H. sinensis、异丽金龟 Anomala spp.（有 27 种之多）、修丽金龟 Ischnopopilla spp.、樱小蠹 Scolytus pomi、瘤额四眼小蠹 Polygraphus verucifrons，鳞翅目的我国珍稀蝶类三尾褐凤蝶 Bhuzanitis thaidina 等。常绿阔叶林带的昆虫种类约占该区昆虫总数的 1/3。

（3）山地针阔混交林带（海拔 2800～3200m）。本带年均温度 9～12℃，无霜期 150 天左右。主要树种为云南铁杉 Tsuga dumosa、黄果冷杉 Abies ernestii、石栎 Lithocarpus spp.、槭树 Acer spp.、红桦 Betula albosinensis 和悬钩子 Rubus spp. 等。本带是昆虫区系的过渡带。主要代表昆虫有异翅雏蝗 Chorthippus anomo、周氏滇蝗 Dianacris choui、金铜丝跳甲 Hespera aeneocuprea、沟胸云丝跳甲 Yunohespera sulcicollis、蒿金叶甲 Chrysolina aurichalcea、等壮唇瓢虫 Arawana isensis、褐粒眼瓢虫 Sumnius brunneus、谷婪步甲 Harpalus calceatus、毛婪步甲 Harpalus grisens、肖毛婪步甲 Harpalus jureceki（优势种、广布种）、大毛婪步甲 Harpalus vicarius、藏毛婪步甲 Harpalus tibeticus、淡鞘婪步甲 Harpalus pallidipennis、半环花天牛 Leptura semilunata、松红胸天牛 Derereticulata、川康真蝽 Pentatoma montana、黑真蝽 Pentatoma nigra、古铜长蝽 Emphanisis cuprea、棕古铜长蝽 Emphanisis kiritschenkoi、大眼长蝽 Geocoris pallidipennis、白唇地蜂 Andrena albopicta、片唇裂爪蜂 Chelostoma lamellum(新种)、拟片唇裂爪蜂 Chelostoma sublamellum、桔色黄斑蜂 Anthidium rubopunctatum（新种）等。本带昆虫就其组成而言，表现为东洋区系成分由常绿阔叶林带的主导地位开始下降，逐渐由古北区系成分所取代。在双翅目、脉翅目、膜翅目等类群

中古北区系成分显超过东洋区系成分，而在半翅目、蜱螨目中两成分所占比重相当。

（4）亚高山暗针叶林带（海拔 3200～4000m）。本带年均温度 3～9℃，降水充沛，主要树种有黄果冷杉 Abies ernestii、红豆杉 Taxus mairer、长苞冷杉 Abies georgii、川西云杉 Picea likiangensis var. balfouriana、林芝云杉 Picea likiangensis var. linzhiensis、黄背栎 Quercus pannosa、红花杜鹃 Rhododendron rubiginosutn、红毛花椒 Sorbus rufopilosa 等。林间草地及灌木有悬钩子、山柳、金缕梅等植物。本带昆虫相当丰富，古北成分显占优势，并包含许多高山物种，颇具地方色彩。直翅目蝗亚科雏蝗属 Chorthippus 种类多、数量大、分布广，是本带林间草地的优势代表。青藏雏蝗 Chorthippus qingzangensis、短翅雏蝗 Chorthippus brevipterus、乡城雏蝗 Chorthippus xiangchengensis、东方雏蝗 Chorthippus intermedius、芒康雏蝗 Chorthippus markamensis、林间雏蝗 Chorthippus nemus 等，它们前翅短缩，仅盖及腹部基部之半，飞行能力差，表现出对高山气候的生态适应。叶甲科的短鞘丝跳甲 Hespera brachyelytra、棕黄小丝跳甲 Micrespera castanea，前者鞘翅短缩，腹端外露，后者体小呈流线型，鞘翅端部叉开，膜翅消失，均为横断山区特有的高山种。膜翅目的拟隧蜂属 Halictoias，是典型古北区高山高原分布型属，本带种类丰富，有中华拟隧蜂 Halictoias senensls、唇拟隧蜂 Halictoias clypeatus、针腹拟隧蜂 Halictoias spinivenltris、山拟隧蜂 Halictoias clavicrus、宽额拟隧蜂 Halictoias megamandibularis、粗腿拟隧蜂 Halictoias atifemurinis 等。半翅目的高山狭盲蝽 Stenodema alticola、小狭盲蝽 Stenodema parvulum、高山梯背长蝽 Trapezonotus alticola 等也是高山种类。其他代表性昆虫还有天牛科的黑角金花天牛 Gaurotes (Neogaurotes) atricornis（新种）、光胸金花天牛 Gaurotes (Neogaurotes) glabricollis（新种）、黑纹花天牛 Leptura grahamiana、光胸断眼天牛 Tetropium castaneum、椎天牛 Spondylis buprestoides 等，叶甲总科的杉针黄叶甲 Xanthonia coliaris、白斑茶叶甲 Demotina albomaculata（新种）、斑额茶叶甲 Demotina bicoloriceps（新种）、曲胫跳甲 Pentamesa spp.、蓝小距甲 Zeugophora cyanea，步甲科的凹细胫步甲 Agonum impressum，半翅目长蝽科的横带红长蝽 Lygaeus equcstris、普红长蝽 Lygaeus oreophilus、拟红长蝽 Lygaeus vicarius，脉翅目的横断华草蛉 Sinochrysa hengduanana 等。横断华草蛉生活于海拔 3300～4000m 的高山高原，体长 6～8mm，个体之小是幻草蛉亚科所罕见。纵观各目，暗针叶林带昆虫种类约占该区昆虫总数的 1/5，高山种明显增加，除特有种占绝对优势外，古北种所占比重均超过东洋种，尤以双翅目、半翅目、膜翅目、直翅目、蜱螨目等最突出，古北种占 40%～50%（表 3-10～表 3-15）。

（5）高山灌丛草甸带（海拔 4000～4500m）。本带处于树木线以上的山体顶部，气候冷湿，年均温度 0～2℃，最暖月均温 5～9℃，无霜期仅 30 天。阳坡为草甸，阴坡多为灌丛。优势灌丛为山柳 Salix spp.、小檗 Berberis spp.、杜鹃 Rhododendren spp.、金露梅 Potentilla fruticosa、窄叶鲜卑花 Sibiaea angustata 等，草甸植被有嵩草 Kobresia spp.、薹草 Carex spp.、圆穗蓼 Polygonum macrophylla、珠芽蓼 Polygonum viviparum、羊茅 Festuca ovina、银莲花 Anemone trullifolia、狼毒 Stellea sp.、橐吾 Ligularis sp.、景天 Rhodiola sp.、龙胆 Gentiana sp.、委陵菜 Potentilla spp.、风毛菊 Sausorea sp. 等。本带气候恶劣，植物生长期短，但昆虫区系仍然丰富，以高山种占统治地位。典型代表为直翅目蝗亚科区系，以白纹蝗属 Albonemacris 为优势属，如沙鲁黑山白纹蝗 A. shalulishanensis、缺沟白纹蝗 A. asulconotus、长翅白纹蝗 A. longipennis、横断山白纹蝗 A. hengduanshanensis、小翅白纹蝗 A. microptera、西藏白纹蝗 A. xizangensis、理塘白纹蝗 A. litangensis、短翅白纹蝗 A. breviptera 等。其他优势蝗虫还有四川拟缺沟蝗 Asulconotoides sichuanensis、中甸雪蝗 Nivisacris zhongdianensis、康定拟无声蝗 Pseudoasonua kangdingensis 等，均为横断山特有种，其生态适应的形态标志是飞行器官极不发育，特别是雌性，前翅退化为鳞片状，分置体侧，顶端到达或不到达后胸背板后缘或仅超过腹部第一节背板的后缘。

甲虫区系中最突出的代表是萤叶甲亚科。该亚科高山种最丰富，大部分鞘翅短缩的高山种均分布于本带。如四斑显萤叶甲 Shaira quadriguttata（新种）、黄胸显萤叶甲 Shaira fulvicollis（新种）、耀黑短鞘萤叶甲 Geinella splendida、三洼脊萤叶甲 Geinula trifoveolata、蓝鞘脊萤叶甲 Geinula coeruleipennis、皱鞘脊萤叶甲 Geinula rugipennis、类毛脊萤叶甲 Geinula similis、直斑新脊萤叶甲 Xingenia vittata、黑亮新脊萤叶甲 Xingenia nigra、粗腿新脊萤叶甲 Xingenia femoralis 等，还有高萤叶甲属 Capula 已知的 3 种和萤叶甲属 Galeruca 的某些种。叶甲亚科中的代表是高山叶甲属 Oreomela、叶甲属 Phaedon、金叶甲属 Chrysolina 以及两色弗叶甲 Phratora bicolor、柳二十斑叶甲高山亚种 Chrysomela vigintipunctata alticola 等，后两种为高山山柳灌丛的优势性害虫。芫菁科、步甲科是青藏高原甲虫区系的重要组成成员，有时并以数量优势出现，代表种，如高原斑芫菁 Mylabris przewalskyi、西藏绿芫菁 Lytta robrowskyi、蝶角短翅芫菁 Meloe patellicornis、娇山丽步甲 Aristochroa venusta 及圆角山丽步甲 Aristochroa rotundata 等。

本带的半翅目昆虫有四川突盾跳蝽 Calacanthia sichuanicus、宽角跳蝽 Calacanthia angulosa、高山狭盲蝽 Stenodema alticola、小狭盲蝽 Stenodema *parvulum*、灰赤须盲蝽 *Trigonotylus bianchii*、绿环缘蝽 *Stictopleurus subviridis*、角蛛缘蝽 *Alydus angulus* 等。跳蝽常栖居在高山湖沼周围，是半翅目昆虫分布海拔最高的一类代表。双翅目、膜翅目是高山善飞昆虫的佼佼者。在风和日丽的夏季，它们飞翔于高山草甸的万花丛中。代表昆虫有墨黑诺寄蝇 *Nowickia funebris*、宽带诺寄蝇 *Nowickia latilinea*、黑角诺寄蝇 *Nowickia nigrovillosa*、黑腹诺寄蝇 *Nowickia heifu*、黑头长须寄蝇 *Peleteria triseta*、光亮长须寄蝇 *Peleteria nitella*、黑毛拟隧蜂 *Halictoides carbopilus*、光腹拟隧蜂 *Halictoides glaboabdominalis*、黑地蜂 *Andrena (Oreomelissa) nigra* 等。

上述高山草甸带的代表种，都是本区的特有种、狭布种，具有高山适应的形态标志，同时也是横断山区昆虫区系的特征和标志。

（6）高山砾石冰雪带（海拔 4500～4700m 及以上）。高山砾石与高山草甸呈犬牙交错形式。其昆虫区系与高山草甸带相似，以土栖、石栖种类为主，如高山叶甲属 *Oreomela*、山丽步甲属 *Aristochroa*、拟步甲、丸甲、象甲以及革翅目昆虫等。值得提出的是，在四川沙鲁里山脉中部的无名山海拔 4600m 处，曾发现狭翅褐蛉 *Hemerobius angustipennis*（新种），是在如此高海拔地带非常稀少的脉翅目昆虫，是迄今已知脉翅目昆虫最高的分布纪录。

2）垂直分布与种类的丰富性

不同目科的昆虫对环境的适应与占领能力不同，在垂直分布中其种类的丰富性表现也不同。表 3-7 是直翅目蝗亚科与锥头蝗亚科、斑翅蝗亚科、斑腿蝗亚科等种类丰富性的比较；表 3-8 是各主要目昆虫垂直分布与种类丰富性比较。

表 3-7 蝗亚科、锥头蝗亚科等的垂直分布与种类丰富性比较

海拔	蝗亚科		锥头蝗、斑翅蝗、斑腿蝗亚科	
	种数	百分比/%	种数	百分比/%
2100m 以下	3	5.2	22	40.0
2100～2900m	7	12.1	17	30.9
2900～3300m	9	15.5	7	12.7
3300～4100m	21	36.2	7	12.7
4100～4700m	18	31.0	2	3.6
总计	58		55	

表 3-8　各主要目昆虫垂直分布与种类丰富性

垂直带	鞘翅目		鳞翅目		半翅目		同翅目		膜翅目		双翅目		直翅目	
	种数	百分比/%	种数	百分比/%	种数	百分比/%	种数	百分比/%	种数	百分比/%	种数	百分比/%	种数	百分比/%
干热河谷下段 500～1500m	273	15.3	102	8.2	83	15.3	39	10.5	48	16.9	97	7.1	45	24.3
干热（旱）河谷上段 1500～2000m	369	20.7	201	16.2	109	20.0	78	21.0	23	7.8	201	14.7	26	14.1
常绿阔叶林带 2000～2800m	569	32.0	536	43.2	177	32.6	133	35.8	81	28.3	396	28.9	39	21.1
针阔混交林带 2800～3200m	247	13.9	189	15.4	72	13.3	50	13.4	56	20.5	213	15.5	19	10.3
暗针叶林带 3200～4000m	245	13.8	201	16.3	87	16.0	67	18.0	61	21.3	372	27.2	33	17.8
高山灌丛草甸带 4000～4500m	67	3.8	7	0.5	15	2.8	5	1.3	14	5.2	77	5.6	19	10.3
高山冰雪砾石带 4500～4700m 及以上	10	0.5	3	0.2	0	0	0	0	0	0	14	1.0	4	2.1

3）区系成分与垂直分布

各主要目不同区系成分在各垂直带分布变化规律如表 3-9～表 3-16 所示。

表 3-9　鳞翅目区系成分与垂直分布（据 1063 种统计）

垂直带	总种数	广布种		古北种		东洋种		特有种	
		种数	百分比/%	种数	百分比/%	种数	百分比/%	种数	百分比/%
干热（旱）河谷下段 900～1500m	102	14	13.7	13	12.7	68	66.7	7	6.9
干热（旱）河谷上段 1500～2000m	201	27	13.4	23	11.4	116	57.8	35	17.4
常绿阔叶林 2000～2800m	531	52	9.8	95	17.9	333	62.7	51	9.6
针阔混交林 2800～3200m	192	17	8.9	19	9.8	70	36.5	86	44.8
暗针叶林 3200～4000m	191	10	5.2	51	26.7	45	23.6	85	44.5
高山灌丛草甸 4000～4500m	7	0	0	1	14.3	0	0	6	85.7
高山砾石冰雪 4500～4700m 及以上	3	0	0	1	33.3	0	0	2	66.7

表 3-10　鞘翅目区系成分与垂直分布（据 1153 种统计）

垂直带	总种数	广布种		古北种		东洋种		特有种	
		种数	百分比/%	种数	百分比/%	种数	百分比/%	种数	百分比/%
干热（旱）河谷下段 900～1500m	273	30	11.0	16	5.9	194	71.0	33	12.1
干热（旱）河谷上段 1500～2000m	369	38	10.3	27	7.3	217	58.8	87	23.6
常绿阔叶林 2000～2800m	567	36	6.3	39	6.9	282	49.8	210	37.0
针阔混交林 2800～3200m	247	16	6.5	33	13.4	93	37.6	105	42.5
暗针叶林 3200～4000m	246	15	6.1	46	18.7	39	15.9	146	59.3
高山灌丛草甸 4000～4500m	67	1	1.5	11	16.4	3	4.5	52	77.6
高山砾石冰雪 4500～4700m 及以上	10	0	0	0	0	0	0	10	100.0

根据上述各主要目昆虫垂直分布的统计结果，可得出以下认识：①东洋种和跨区分布的广布种以低海拔地带占优势，其优势性随海拔增高而减少，古北种和地方特有种以高海拔地带所占比重较大，并随海拔增高而增多；②常绿阔叶林带

以下显然以东洋区系成分占绝对优势，是区系主体，暗针叶林带以上以古北区系成分和地方特有成分为区系主体，东洋区系成分居次要地位，针阔混交林带为东洋、古北两区系成分优势性地位转换的过渡地带；③低海拔地带的区系成员，除特有种外，一般地理分布区域较广，高海拔地带特别是典型高山种，其地理分布区域较狭，或完全是孤岛状分布型。

表 3-11　半翅目区系成分与垂直分布（据 343 种统计）

垂直带	总种数	广布种		古北种		东洋种		特有种	
		种数	百分比/%	种数	百分比/%	种数	百分比/%	种数	百分比/%
干热（旱）河谷下段 900～1500m	83	9	10.8	6	7.2	62	74.8	6	7.2
干热（旱）河谷上段 1500～2000m	109	8	7.3	10	9.2	73	67.0	18	16.5
常绿阔叶林 2000～2800m	177	13	7.3	23	13.0	96	54.3	45	25.4
针阔混交林 2800～3200m	72	8	11.1	20	27.8	20	27.8	24	33.3
暗针叶林 3200～4000m	87	4	4.6	35	40.2	17	19.5	31	35.7
高山灌丛草甸 4000～4500m	15	1	6.7	8	53.3	1	6.7	5	33.3
高山砾石冰雪 4500～4700m 及以上	0	0	0	0	0	0	0	0	0

表 3-12　膜翅目区系成分与垂直分布（据 204 种统计）

垂直带	总种数	广布种		古北种		东洋种		特有种	
		种数	百分比/%	种数	百分比/%	种数	百分比/%	种数	百分比/%
干热（旱）河谷下段 900～1500m	48	13	27.1	5	10.4	19	39.6	11	22.9
干热（旱）河谷上段 1500～2000m	23	4	17.4	1	4.4	15	65.2	3	13.0
常绿阔叶林 2000～2800m	80	9	11.3	15	18.8	15	18.8	41	51.1
针阔混交林 2800～3200m	56	4	7.1	22	39.3	4	7.1	26	46.5
暗针叶林 3200～4000m	61	3	4.9	16	26.2	5	8.2	37	60.7
高山灌丛草甸 4000～4500m	14	0	0	5	35.7	1	7.1	8	57.2
高山砾石冰雪 4500～4700m 及以上	0	0	0	0	0	0	0	0	0

表 3-13　双翅目区系成分与垂直分布（据 696 种统计）

垂直带	总种数	广布种		古北种		东洋种		特有种	
		种数	百分比/%	种数	百分比/%	种数	百分比/%	种数	百分比/%
干热（旱）河谷下段 900～1500m	97	22	22.7	21	21.6	49	50.5	5	5.2
干热（旱）河谷上段 1500～2000m	201	30	14.9	38	18.9	109	54.3	24	11.9
常绿阔叶林 2000～2800m	396	50	12.6	122	30.8	147	37.1	77	19.5
针阔混交林 2800～3200m	219	33	15.1	94	42.9	47	21.5	45	20.5
暗针叶林 3200～4000m	372	39	10.5	195	52.4	50	13.4	88	23.7
高山灌丛草甸 4000～4500m	77	7	9.1	43	55.8	8	10.4	19	24.7
高山砾石冰雪 4500～4700m 及以上	14	0		6	42.9	2	14.2	6	42.9

表 3-14　直翅目区系成分与垂直分布（据 138 种统计）

垂直带	总种数	广布种		古北种		东洋种		特有种	
		种数	百分比/%	种数	百分比/%	种数	百分比/%	种数	百分比/%
干热（旱）河谷下段 900～1500m	43	2	4.7	3	7.0	32	74.4	6	13.9
干热（旱）河谷上段 1500～2000m	26	2	7.7	2	7.7	18	69.2	4	15.4
常绿阔叶林 2000～2800m	39	3	7.7	2	5.1	18	46.2	16	41.0
针阔混交林 2800～3200m	19	2	10.5	2	10.5	6	31.6	9	47.4
暗针叶林 3200～4000m	33	1	3.0	8	24.3	3	9.1	21	63.6
高山灌丛草甸 4000～4500m	19	0	0	3	15.8	0	0	16	84.2
高山砾石冰雪 4500～4700m 及以上	4	0	0	0	0	0	0	4	100.0

表 3-15　同翅目区系成分与垂直分布（据 274 种统计）

垂直带	总种数	广布种		古北种		东洋种		特有种	
		种数	百分比/%	种数	百分比/%	种数	百分比/%	种数	百分比/%
干热（旱）河谷下段 900～1500m	39	5	12.8	0	0	28	71.8	6	15.4
干热（旱）河谷上段 1500～2000m	78	7	9.0	2	2.6	39	50.0	30	38.4
常绿阔叶林 2000～2800m	133	11	8.3	2	1.5	48	36.1	72	54.1
针阔混交林 2800～3200m	50	5	10.0	5	10.0	8	16.0	32	64.0
暗针叶林 3200～4000m	67	7	10.4	5	7.5	4	6.0	51	76.1
高山灌丛草甸 4000～4500m	5	2	40.0	0	0	0	0	3	60.0
高山砾石冰雪 4500～4700m 及以上	0	0	0	0	0	0	0	0	0

注：蚜总科因海拔记录不全，未计算在内。

表 3-16　虱目、蜱螨目区系成分与垂直分布（据 75 种统计）

垂直带	总种数	广布种		古北种		东洋种		特有种	
		种数	百分比/%	种数	百分比/%	种数	百分比/%	种数	百分比/%
干热（旱）河谷下段 900～1500m	8	3	37.5	0	0	5	62.5	0	0
干热（旱）河谷上段 1500～2000m	22	7	31.9	3	13.6	10	45.5	2	9.0
常绿阔叶林 2000～2800m	36	7	19.4	11	30.6	11	30.6	7	19.4
针阔混交林 2800～3200m	23	2	8.7	4	17.4	4	17.4	13	56.5
暗针叶林 3200～4000m	17	3	17.6	7	41.2	2	11.8	5	29.4
高山灌丛草甸 4000～4500m	16	2	12.5	6	37.5	2	12.5	6	37.5
高山砾石冰雪 4500～4700m 及以上	0	0	0	0	0	0	0	0	0

4. 古北、东洋两大区系分界

横断山区缺乏东西横向的重要阻隔，代之以南北纵向的山川并列，昆虫区系成分交叉混杂，导致区系划界上有很大的困难和意见分歧。马世骏（1959）根据农业昆虫的分布特点，将横断山区划归东洋区的中国缅甸亚区康滇峡谷森林草原地区，并下分为东北峡谷和西南峡谷两个省。张荣祖（1979）根据脊椎动物的分布特点，将横断山区列为东洋界西南山地亚区，提出古北、东洋两界在本区中段沿北纬 30°线划界，用虚线表示，显示两大区系的相互渗透和界线难定。黄复生（1981）将昌都以南的整个横断山区全部划入东洋界。章士美（1986）据西藏蝽科区系研究，把本区西段，即昌都的八宿然乌、芒康盐井以南归入东洋界，以北地区划入古北界。同年又根据四川蝽科区系分布，建议古北和东洋的分界以若尔盖、马尔康、炉霍、甘孜、德格一线较为合适，此线以西以北为古北界，以东以南为东洋界，但没有谈到与西藏部分如何衔接。柳支英（1986）根据蚤目昆虫的研究提出，自西藏东南部喜马拉雅山脉东麓开始，经林芝、波密、左贡，随横断山脉南下，穿过云南西北部的德钦、贡山、中甸甚至更南，东入四川南部的木里、西昌，沿盆地西缘北上而划界。同时指出该段由于山脉走向错综复杂，有层层高山和低谷，两界蚤种的分布随山脉高度而异，一般山上海拔约 3000m 以上为古北区，低地为东洋区。综合上述，可归纳为以下 3 种意见：①横断山区全部划入东洋界；②沿北纬 30°划界；③向南推移至左贡、盐井、德钦、中甸一线，基本上沿青藏高原的自然地理界线。笔者认为，昆虫区划应依据：①昆虫的种类、分布、区系性质；②数量的优势性；③区系成员的空间地位和生态适应标志，并结合自然地理特征。为说明问题，再就各主要地点的区系组成比较列于表 3-17 中。

表 3-17　横断山区各主要地点昆虫区系组成（据 4223 种统计）

地点	海拔/m	总种数	广布种		古北种		东洋种		特有种	
			种数	百分比/%	种数	百分比/%	种数	百分比/%	种数	百分比/%
九寨沟	2300	188	22	17.0	60	31.9	38	20.2	58	30.9
黄龙寺	3150～4000	51	12	23.5	25	*49.0	4	7.8	10	19.6
若尔盖	3400	43	5	11.6	27	*62.8	3	7.0	8	18.6
红原	3500	105	13	12.4	49	*46.7	12	11.4	30	28.6
马尔康	2650	200	31	15.5	68	*34.0	58	29.0	63	31.5
甘孜	3300～3600	211	20	9.5	84	*39.8	33	15.6	73	34.6
德格	3100～4800	283	26	9.2	124	*48.3	17	6.0	116	41.0

续表

地点	海拔（m）	总种数	广布种		古北种		东洋种		特有种	
			种数	百分比/%	种数	百分比/%	种数	百分比/%	种数	百分比/%
米亚罗	2700	129	14	10.9	50	*38.7	35	27.1	30	23.3
康定	2500	284	27	9.5	82	*28.9	63	22.2	112	39.4
巴郎山	4350	45	8	17.8	4	8.9	8	17.8	12	*26.7
卧龙	900～3450	738	79	10.7	122	16.5	374	*50.7	157	21.3
贡嘎山（西坡）	3450～4450	109	9	8.3	35	*32.1	12	11.0	53	48.6
贡嘎山（东坡）	1600～3500	721	81	11.2	91	12.6	381	*52.8	168	23.3
金河	1270	409	55	13.4	40	9.8	249	*60.9	65	15.9
理塘、义敦	3370～4700	268	32	11.9	80	*29.9	41	15.3	112	*41.8
雅江	3300	150	10	6.7	48	*32.1	26	17.3	66	*44.0
芒康	3250	195	17	8.7	59	30.2	41	21.0	78	*40.0
中甸	3200～4300	416	29	7.0	108	26.0	105	25.2	174	*41.8
德钦	2700～4500	521	50	9.6	130	25.0	130	25.0	211	*40.5
乡城、稻城	2850～4400	341	45	13.2	89	26.1	75	22.0	132	*38.7
丽江（玉龙山）	2700～4100	1081	99	9.2	152	14.1	430	*39.8	400	37.0
维西	1780～3400	670	63	9.4	91	14.5	314	*46.9	196	29.3
点苍山	2050～2600	268	30	11.2	43	16.0	127	*47.4	67	25.0
泸水	1810～3100	720	48	6.7	47	6.5	470	*65.2	159	22.1
志奔山	1670～2430	296	21	7.1	34	11.5	160	*54.1	81	27.4
兰坪	2300～3000	196	21	10.7	34	17.3	82	*41.8	59	30.1
永胜	2300	288	47	16.3	31	10.8	151	*52.4	59	20.5
保山	—	87	14	16.1	4	4.6	58	66.7	11	12.7

*表示优势成分。

　　综合各目计 4223 种昆虫在不同地点区系组成表明，除特有种外，就古北、东洋两区系成分比较，以古北成分占优势的地点有：南坪九寨沟、松潘黄龙寺、若尔盖、红原、马尔康、甘孜、德格、贡嘎山西坡、雅江、理塘、芒康等地；以东洋成分占优势的地点有：卧龙、贡嘎山东坡（泸定磨西、新兴）、盐源金河、永胜、丽江玉龙山、维西、大理点苍山、泸水、兰坪等地。而康定、米亚罗、中甸、德钦，贡山等地两种区系成分比重相差不大，表现为两大区系的过渡。米亚罗和康定分别位于邛崃山和大雪山的东侧、四川盆地的西北边缘，其区系性质与盆地相通，在植被区划上属常绿阔叶林区。从此翻过分水岭即鹧鸪山和折多山，则与青藏高原连为一体，属高寒气候。位于滇西北的中甸、德钦，则是从滇西三江峡谷区跨上青藏高原的第一级台阶，海拔 3200m 以上属高原气候和泛北极高寒植被分布区的东南边缘（吴征镒，1987）。从昆虫区系和物种分化上可以看出，大量的高山属、种、亚种从此开始出现分化，这里是物种分化十分活跃的地带。从种的分布区的连续性上看，这里是许多与青藏高原连续分布的物种的分布南界，也是许多典型东洋区物种的分布北界。以上事实表明，从维西、丽江至中甸、德钦一带，显然存在着一条生物界线，南北的区系性质有所不同。

根据昆虫区系成分地理分布和垂直分布特点，结合自然地理、气候、植被特征，参考前人工作，笔者建议，横断山区古北、东洋两界由北至南应沿弓嘎岭、松潘、黑水、鹧鸪山、邛崃山—折多山、贡嘎山—木里、金沙江第一弯至中甸、德钦、芒康、左贡一线划开，此线以西以北属古北界，以东以南属东洋界。该线约与中国植被区划的亚热带常绿阔叶林在本区的分布北线一致。

海拔是影响横断山区昆虫分布迁移扩散的重要限制因素。同一地区，随着海拔的增加，昆虫区系丰富性显著下降，种类组成明显不同。综合各目垂直分布事实，笔者认为，一般海拔 2800m 以下地区属于东洋区系，海拔 2800~3200m 应为古北、东洋两区系的过渡地带，海拔 3200m 以上显然属古北区系和高山区系。

上述划界较张荣祖（1979）线约向南推移了两个纬度，基本上与柳支英等（1986）的意见一致。笔者认为纬度地带性在横断山区的制约作用较之垂直地带性和地形特征已降至次要地位，垂直地带性和特殊的地形特征已上升为决定昆虫区系性质的主导因素。

三、区系渊源与物种分化

横断山区现代昆虫区系结构，以东洋区系成分为主体，以高山种、特有种、原始古老种类极其丰富为特征，显示出本区既与原始热带区系有密切渊源，又有独特的形成历史和发展道路。

1. 以古热带区系为基础的区系进化

横断山区有悠久的地质历史，早在古生代即隆起形成南北狭长的川滇古陆，此后陆地范围虽经多次变化，但海水从未全部淹没（钟章成，1979）。中生代三叠纪印支运动后（距今 1.8 亿万年）气候温暖湿润，树木丛生，森林茂密，当时的川滇全境出现大量蕨类和裸子植物（吴征镒和朱彦丞，1987）。第三纪末，川、滇、黔形成准平原，处于热带、亚热带气候条件。据在川西理塘发现桉树植物化石估计，现今横断山脉北段，当时的海拔不超过 1000m（陈明洪等，1983）。第三纪早期，亚热带植物群的分布北界可达北纬 37°～38° 的黄河流域，甚至更北的地区。第三纪中新世，组成冈瓦纳古陆的印度板块迅速向北推移，并俯冲于欧亚板块之下，喜马拉雅山脉隆起，古地中海海槽消失。受喜马拉雅造山运动的影响，横断山区大幅抬升，准平原解体，又在河流下切作用下，逐渐形成南北纵向的高山峡谷地貌。地壳的隆起、褶皱和峡谷地貌的形成过程就是本区昆虫区系的分化、演替、形成的历史。大幅度的地壳抬升，首先迫使大量典型热带成分南撤或退居于低海拔的河谷地带，萤叶甲亚科拟守爪属 *Paridea*（表 3-5）在滇川的分布可以说明这种后退过程；部分种类则因地形和海拔的阻隔，阻留在原始分布地，逐渐分化为适应当地条件的特有种；部分广温性种，则可能被推到较高海拔地带，长期的适应结果，逐渐成为高山高原的占领者，特化为高山高原种。总之，第三纪准平原热带区系构成现代昆虫区系的进化基础。叶甲科丝跳甲属 *Hespera* 及其近缘属的分化，似乎有助于说明这种区系形成过程。丝跳甲属是一个亚非分布型属，它的已知种分布于亚洲和非洲，该属可能起源于亚洲（陈世骧等，1984），它的热带平原地区的祖种可能曾广布于隆起前的横断山区。这些祖种的不同居群在地壳抬升后隔离分化为大量密集的特有种类。其中个别上升到较高海拔地带者，在高寒多风气候条件下，走向膜翅消失、鞘翅缩短的适应道路，特化为高山种，如短鞘丝跳甲 *H. brachyelytra*。该种与平原地区的广布种裸顶丝跳甲 *H. sericea* 及分布于高原前沿的金铜丝跳甲 *H. auricuprea* 在体毛和体形特征上近似，显示彼此有密切的亲缘关系。就属间关系看，本次考察记述的 3 个跳甲新属：云丝跳甲属 *Yunohespera*、山丝跳甲属 *Orhespera*、小丝跳甲属 *Micrespera*，通过形态结构和分布特点可以说明都是丝跳甲属的后裔，起源于横断山区（陈世骧等，1984，1987），是地壳隆起后的产物。其中云丝跳甲占据亚高山暗针叶林带，不具高山适应标志，代表较早的分化阶段；后两属则是进化过程的后起类群，占据高山灌丛草甸带，它们后翅消失、鞘翅端缘叉开、体小、流线型等，显示高山适应特征。由此可见，地壳的隆起过程，反映在跳甲区系上，既有种级的辐射分化，种类十分丰富，又有属级的复化发展，从广布属到狭布属，再到高山属的发展。同样地，萤叶甲亚科的许多高山属种，如新脊萤叶甲属 *Xingeina*、短鞘萤叶甲属 *Geinella*、显萤叶甲属 *Shaira*、脊萤叶甲属 *Geinulla* 等，都可能与低地热带区系有密切渊源，是热带祖种伴随地壳抬升逐渐发展而形成。也就是说，横断山区的高山高原成分，有相当一部分可能起源于热带区系，是热带祖种就地分化的结果，是地壳隆起后的产物。

2. 冰川的影响

地壳抬升、气温下降，促使北方区系成分沿山脊南下。第四纪冰期的到来，更加速北方成分南侵的深度和广度。加之本区在冰期过程中没有经受大面积的冰川覆盖，成为许多物种的避难所。而已经隆起的高山，又为间冰期北方成分后撤提供了向上短距离迁移的可能，不必像平原地区北方种那样做长距离的回撤，易于完成对高山高原的占领。叶甲科弗叶甲属 *Phratora*、象甲科喜马象属 *Leptomias*、蜜蜂科拟隧蜂属 *Halictoides*、蝇科胡棘蝇属 *Pogonomyia* 等在我国的分布格局，都可能是受第四纪更新世冰川进退的影响。弗叶甲属广布于全北区，我国已知 21 种，主产于北方和西部省区，除台湾有 1 种 *Phratora similis* 分布外，我国东部省份未见报道。就地区种类丰富性看，我国东北和横断山区分别为两个分化中心。横断山区本次记述 8 种，其中仅 1 种 *Phratora laticollis* 与东北地区所共有，其余 7 种为特有种。其共有种可说明两地的区系渊源关系，共同起源于北方，包括台湾的 1 种在内，都是第四纪冰期时北方区系向南方侵入的结果。而在间冰期后撤过程中，东部平原区种类全部撤至东北地区，而部分 *Phratora laticillis* 却残留在我国西部如神农架和横断山区，保持彼此区系联系。台湾岛在间冰期与大陆断连，原已分布的种未能回撤。横断山区的高山峡谷有利于物种向高山攀登，由于地形、气候复杂多样，遂分化为许多特有种类，成为物种的聚集和分化中心。

横断山区不仅是某些类群的物种分化中心，而且可能由此自西扩散至喜马拉雅山区。遂蜂属我国产 18 种，西藏和横断山区计 12 种，其中 3 种为两区共有。由于喜马拉雅山脉隆起较晚，据吴燕如（1987）研究认为该区的地方种是由横断山区成分向西分布特化而形成。

总之，第四纪冰期促使北方成分向横断山区侵入，间冰期又便于部分种类向高山迁移、定居。冰期与间冰期的往复，导致南北区系成分的全面渗透、交叉重叠，形成目前的分布格局。横断山区的高山属种，既有起源于南方热带区系成分的直接特化，又有来自北方区系成分的侵入。从地质历史观点，北方区系成分是后来者，形成历史较短，相对年轻。从叶甲区系中形态适应水平可以看出，来源北方区系成分的高山属种，如漠金叶甲 *Chrysolina aeruginosa*、阔胫萤叶甲 *Pallasiola absinthii*、高萤叶甲 *Capula* spp.、萤叶甲 *Galeruca* sp.、高山叶甲 *Oreomela* spp.、猿叶甲 *Phaedon* spp.等，仅显示与荒漠适应相同的形态特征，如膜翅退化、跗节腹面毛被消失等，尚未达到鞘翅缩短的更高阶段。而与南方热带区系有密切渊源关系的高山属种则显现为适应的高级阶段，代表较悠久的进化历史。

3. 物种分化的活跃地带

植被方面的研究认为：滇西北的高海拔地区植物种类丰富、特有种多，丽江的玉龙雪山、中甸的哈巴雪山，都蕴藏着大量的高山、亚高山植物，素有"世界花园之母"之称，驰名中外。它是杜鹃、报春、龙胆等名花的分布中心和分化中心。不但欧亚高山科属应有尽有，而且形成许多特有属。过去常称为"北方成分"

的，实际可能起源于横断山脉。在垂直带各类植被的优势成分中，常出现与我国东部地区和北部青藏高原一系列的地理替代现象，增加了向高寒、高原过渡和转变的色彩。由于几条大山和大江的南北走向，更促使北温带和高山成分沿山脊南下，热带成分顺江北上。这里南北植物的交流和分化往往比滇中高原地区更为复杂（吴征镒，1987）。

昆虫区系物种和物类分化的大量事实，也充分显示出与植物分化的一致性。如前所述，特有种极其丰富是本区昆虫区系的重要特征之一，但特有种的地理分布并不均衡。由表 3-17 的统计结果可以看出，特有种比重超过该地总虫数 1/3 的地区集中在丽江（37%）、中甸（41.8%）、德钦（40.5%）、乡城（38.7%）、芒康（40%）至理塘（41.8%）一带。其中特有种绝对值最高的为丽江、德钦和中甸。个别类群在上述地点的特有种所占比重更高，如直翅目特有种占比丽江为 40%，中甸为 75%，德钦为 87.5%，芒康为 80%；同翅目特有种占比丽江为 36.3%，中甸为 81.3%，德钦为 64%，芒康为 62.5%。

在这一地带除特有种比重很高外，还集中出现了许多新属和高山属种。本次考察已记述新属达 24 个，其中 14 个属集中分布在丽江—维西以北的中甸、德钦、乡城、芒康至理塘一带，其中高山型属又占绝大多数。换言之，许多高山型属种是在丽江以北大量出现，而且种类聚集，如点珂蝗 *Anepipodisma punctata*、四川拟缺沟蝗 *Asulconotoides sichuanensis*、中甸雪蝗 *Nivisacris zhongdianensis*、横断华草蛉 *Sinochrysa hengduana*、短鞘丝跳甲 *Hespera brachyelytra*、小丝跳甲属 *Micresprea*、山丝跳甲属 *Orhespera*、显萤叶甲 *Shaira* spp.、新脊萤叶甲 *Xingeina* spp.、脊萤叶甲 *Geinulla* spp.、短鞘萤叶甲 *Geinela* spp.等。

除属级、种级的分化外，种下类型及亚种的分化在这里也十分活跃。在跳甲亚科中，银莲曲胫跳甲 *Pentamesa anemoneae* 广布于横断山的北部高原，但在中甸、德钦、乡城一带出现许多变异类型，而与分布在低海拔地带的三带曲胫跳甲 *Pentamesa trifasciata* 十分近似，不易区分。隆翅侧刺跳甲 *Aphthona howenchuni*，寄生于林下悬钩子属 *Rubus* 植物上，广泛分布于南自泸水北至芒康、雅江的广阔区域，且为优势种。据形态特征，可区分为两个亚种，南北两亚种形态差异很大。南部为狭体亚种 *Aphthona howenchuni angustata*，是亚热带常绿阔叶林带的代表；北部为黑足亚种 *Aphthona howenchuni nigripes*，是亚高山暗针叶林带成员。两亚种恰在丽江—维西、海拔约 2800m 一带混杂交接。在叶甲亚科中，柳二十斑叶甲 *Chrysomela vigintipunctata* 在本区也有两个亚种，即高山亚种 *Chrysomela vigintipunctata alticola* 和指名亚种。高山亚种模式标本产自青海玉树，在本区广布于海拔 3200m 以上的高原地区，是山柳灌丛的主要害虫，数量颇大；指名亚种分布于平原低地。在形态特征上，高山亚种体色黑化，体背黑斑较大，有时彼此连结；指名亚种体色淡化，黑斑小而分离。两种色型在中甸、丽江一带均可见到，但比例不同。据野外随机采集、室内鉴定统计结果，中甸高山黑化型个体占 2/3，淡化型个体占 1/3，而丽江恰相反，淡化型个体占2/3，黑化型个体占1/3。据亚种地理梯度变异法则，中甸应属高山亚种，丽江为指名亚种。

上述不同级别的物类与物种的分化，均集中发生在滇西北的云岭、玉龙雪山、白茫雪山和中甸大雪山的崇山峻岭之中，即长江第一弯的左右两岸的丽江—中甸—德钦—乡城一带。这里是滇西峡谷跨上青藏高原的第一级台阶，是大气环流、气候、植被类型的过渡交接地带。在此以南，主要受太平洋、印度洋南来湿润海洋季风气候影响，温暖多雨，发育着亚热带常绿阔叶林。在此以北，地势高亢，主要受高空西风环流控制，气候干冷，为暗针叶林和高山灌丛草甸等高寒植被分布区。在地势上，从金沙江河谷海拔仅 1800m 突然上升到中甸海拔 3200m 以上高原，以及附近海拔 5000m 以上高山，自然条件的急骤变化，迫使生物物种，特别是南来物种发生急剧变异和分化，发生新的适应与占领。变异、分化、适应、占领的结果是新的物种和物类的形成。生态交接地带是生存条件急骤变化的地带，也是物种分化的活跃地带。云南丽江—德钦、西藏芒康、四川乡城一带地处生态交接地带，特有种十分丰富，是物种分化的活跃地带。

参 考 文 献

陈明洪, 孔昭宸, 陈晔, 1983. 川西高原早第三纪植物群的发现及其在植物地理学上的意义[J]. 植物学报, 25(5): 482-492.

陈世骧, 姜胜巧, 王书永, 1987. 川滇横断山区的萤叶甲高山新种[J]. 动物学集刊, 5: 61-71.

陈世骧, 王书永, 1984. 云南横断山区的跳甲: 丝跳甲属和云丝跳甲属[J]. 昆虫学报, 27(3): 308-322.

陈世骧, 王书永, 1986. 丝跳甲属的中国种类[J]. 动物分类学报, 11(3): 283-307.

陈世骧, 王书永, 1987. 云南跳甲的两个高山属[J]. 昆虫学报, 30(2): 196-200.

黄复生, 1981. 西藏高原的隆起和昆虫区系[M]//中国科学院青藏高原综合科学考察队. 西藏昆虫第一册. 北京: 科学出版社: 1-31.

黄复生等, 1987. 云南森林昆虫区系[M]//云南省林业厅, 中国科学院动物研究所主编. 云南森林昆虫. 昆明: 云南科学技术出版社: 13-19.

李世英, 王金亭等, 1984. 关于横断山区植物地带划分的若干问题[J]. 植物学报, 26(5): 532-538.

柳支英, 等, 1986. 中国动物志昆虫纲蚤目[M]. 北京: 科学出版社.

四川植被协作组, 1980. 四川植被[M]. 成都: 四川人民出版社.

四川资源动物志编委会, 1980. 四川资源动物志, 第一卷(总论)[M]. 成都: 四川人民出版社: 1-10.

谭娟杰, 1988. 中国角胸叶甲属的研究[J]. 动物学集刊, 6: 149-176.

王乔, 蒋书楠, 1988. 四川卧龙自然保护区天牛区系及其起源与演化的研究[J]. 昆虫分类学报, 10(1-2): 131-141.

王书永, 1990. 横断山区的长瘤跳甲[J]. 动物学集刊, 7: 127-135.

王书永, 1990. 横断山区昆虫区系初探[J]. 昆虫学报, 33(1): 94-101.

吴燕如, 1987. 中国拟隧蜂属的研究及三新种记述[J]. 动物学集刊, 5: 187-201.

吴征镒, 朱彦丞, 1987. 云南植被[M]. 北京: 科学出版社.

印象初, 1984. 青藏高原的蝗虫[M]. 北京: 科学出版社.

俞德俊等, 1984. 西藏蔷薇科植物的区系特点和地理分布[J]. 植物分类学报, 22(5): 351-359.

张荣祖, 1979. 中国自然地理: 动物地理[M]. 北京: 科学出版社.

章士美, 1986. 四川蝽科昆虫区系分析[J]. 江西农业大学学报, 农业昆虫地理学专辑: 71-75.

章士美, 1986. 西藏蝽科昆虫区系分析[J]. 昆虫学报, 29(4): 426-431.

郑度, 杨勤业, 1985. 青藏高原东南部山地垂直自然热带的几个问题[J]. 地理学报, 40(1): 60-69.

钟章成, 等, 1979. 四川植物地理历史演变的探讨[J]. 西南师范学院学报(自然科学版), (1): 1-13.

朱弘复, 王林瑶, 1985. 冬虫夏草与蝙蝠蛾[J]. 动物学集刊, 3: 121-134.

附　　录

王书永发表论文及著作

1. 陈世骧, 姜胜巧, 王书永, 1987. 川滇横断山区的萤叶甲高山新种[J]. 动物学集刊, 5: 61-72.

2. 陈世骧, 王书永, 1980. 中国跳甲亚科的新属与新种[J]. 昆虫分类学报, 2(1): 1-25.

3. 陈世骧, 王书永, 1981. 鞘翅目叶甲科: 跳甲亚科[M]//中国科学院青藏高原综合科学考察队. 西藏昆虫 I. 北京: 科学出版社: 491-508.

4. 陈世骧, 王书永, 1984. 云南横断山区的跳甲: 丝跳甲属和云丝跳甲属[J]. 昆虫学报, 27(3): 308-332.

5. 陈世骧, 王书永, 1984. 云南横断山区的叶甲亚科新种[J]. 动物分类学报, 9(2): 170-175.

6. 陈世骧, 王书永, 1985. 鞘翅目: 龟甲科[M]//中国科学院登山科学考察队. 天山托木尔峰地区的生物. 乌鲁木齐: 新疆人民出版社: 108.

7. 陈世骧, 王书永, 1986. 丝跳甲属的中国种类[J]. 动物分类学报, 11(3): 283-306.

8. 陈世骧, 王书永, 1987. 鞘翅目: 叶甲科: 跳甲亚科[M]//章士美. 西藏农业病虫及杂草（一）. 拉萨: 西藏人民出版社: 57-63.

9. 陈世骧, 王书永, 1987. 云南跳甲的两个高山属[J]. 昆虫学报, 30(2): 196-200.

10. 陈世骧, 王书永, 1988. 鞘翅目叶甲科: 跳甲亚科[M]//中国科学院登山科学考察队. 西藏南迦巴瓦峰地区昆虫. 北京: 科学出版社: 347-353.

11. 陈世骧, 王书永, 1988. 鞘翅目叶甲科: 叶甲亚科[M]//中国科学院登山科学考察队. 西藏南迦巴瓦峰地区昆虫. 北京: 科学出版社: 335-336.

12. 陈世骧, 王书永, 姜胜巧, 1985. 华西萤叶甲新属之一[J].动物学报, 31(4): 372-376.

13. 陈世骧, 王书永, 姜胜巧, 1985. 鞘翅目: 叶甲科[M]//中国科学院登山科学考察队. 天山托木尔峰地区的生物. 乌鲁木齐: 新疆人民出版社: 104-107.

14. 陈世骧, 王书永, 姜胜巧, 1986. 新疆托木尔峰的新叶甲[J]. 昆虫分类学报, 8(1-2): 55-58.

15. 陈世骧, 王书永, 姜胜巧, 1986. 中国西部的高萤叶甲属记述[J]. 动物分类学报, 11(4): 398-400.

16. 陈世骧, 王书永, 1962. 新疆叶甲的分布概况和荒漠适应[J]. 动物学报, 14(3): 337-354.

17. 陈世骧, 虞佩玉, 王书永, 等, 1976. 中国西部叶甲新种志[J]. 昆虫学报, 19(2): 205-224.

18. 高明媛, 杨星科, 甘雅玲, 等, 2000. 萤叶甲鞘翅内、外表面超微形态观察[J].昆虫分类区系研究: 122-132.

19. 葛斯琴, 王书永, 崔俊芝, 2005. 鞘翅目叶甲科叶甲亚科[M]//杨星科. 秦岭西段及甘南地区昆虫. 北京: 科学出版社: 439-443.

20. 葛斯琴, 王书永, 李文柱, 等, 2005. 鞘翅目叶甲科叶甲亚科[M]//金道超, 李子忠. 习水景观昆虫. 贵阳: 贵州科技出版社: 270-272.

21. 葛斯琴, 王书永, 杨星科, 2002. 中国弗叶甲属四新种记述[J]. 动物分类学报, 27 (2): 326-329.

22. 葛斯琴, 王书永, 杨星科, 等, 2006. 叶甲科: 叶甲亚科[M]//金道超, 李子忠. 梵净山景观昆虫. 贵阳: 贵州科技出版社: 300-301.

23. 葛斯琴, 王书永, 杨星科, 2002. 中国猿叶甲属种类记述[J]. 动物分类学报, 27(2): 316-325.

24. 葛斯琴, 杨星科, 王书永, 等, 2003. 核桃扁叶甲三亚种的分类地位订正[J]. 昆虫学报, 46 (4) :512-518.

25. 葛斯琴, 杨星科, 王书永, 等, 2003. 叶甲亚科后翅比较形态研究[J]. 动物分类学报, 28(3): 374-380.

26. 郭炳群, 李世文, 侯无危, 等, 1996. 栖境不同的两种跳甲复眼结构比较[J]. 昆虫学报 39(3): 260-265.

27. 江世宏, 王书永, 1999. 中国经济叩甲图志[M]. 北京: 中国农业出版社.

28. 江世宏, 王书永, 2004. 鞘翅目叩甲科[M]//杨星科. 广西十万大山地区昆虫. 北京: 中国林业出版社: 304-310.

29. 江世宏, 王书永, 2005. 鞘翅目叩甲科[M]//杨星科. 秦岭西段及甘南地区昆虫. 北京: 科学出版社: 364-376.

30. 梁爱萍, 王书永, 1993. 国家一级保护昆虫: 中华蚤蝼[J]. 大自然, (1): 23-24.

31. 宋大祥, 1994. 西南武陵山地区动物资源与评价[M]. 北京: 科学出版社.

32. 谭娟杰, 王书永, 1981. 鞘翅目 肖叶甲科[M]//中国科学院青藏高原综合科学考察队. 西藏昆虫 I. 北京: 科学出版社: 433-456.

33. 谭娟杰, 王书永, 1981. 似角胸叶甲属二新种(鞘翅目: 肖叶甲科)[J]. 动物分类学报, 8(4): 392-394.

34. 谭娟杰, 王书永, 周红章, 2005. 中国动物志昆虫纲第四十卷鞘翅目肖叶甲科肖叶甲亚科[M]. 北京: 科学出版社.

35. 谭娟杰, 王书永, 1984. 云南横断山肖叶甲新种记述(I)[J]. 动物分类学报, 9(1): 55-58.

36. 谭娟杰, 虞佩玉, 李鸿兴, 等, 1980. 中国经济昆虫志鞘翅目叶甲总科(一)[M]. 北京: 科学出版社.

37. 谭娟杰, 章有为, 王书永, 1995. 中国药用甲虫: 芫菁科的资源考察与利用[J]. 昆虫学报, 38: 324-331.

38. 汪家社, 杨星科, 等, 1998. 武夷山保护区叶甲科昆虫志[M]. 北京: 中国林业出版社.

39. 王书永, 1966. 青海高原为害牧草的草原叶甲[J]. 昆虫学报, 15(2): 160-162.

40. 王书永, 1980. 食植昆虫区系调查和采集的几个问题[J]. 昆虫知识, (4): 178-181.

41. 王书永, 1983. 阳性昆虫和阴性昆虫在分类学上的意义[J]. 昆虫知识, (6): 274-276.

42. 王书永, 1984. 昆虫区系调查的对比方法探讨[J]. 昆虫学报, 27(3): 359-360.

43. 王书永, 1985. 昆虫的拟态[J]. 生物学通报, (10): 18-20.

44. 王书永, 1985. 那里有我的归宿[J]. 自学, 9: 22.

45. 王书永, 1987. 叩头虫科[M]//云南省林业厅, 中国科学院动物研究所. 云南森林昆虫. 昆明: 云南科技出版社: 599.

46. 王书永, 1987. 昆虫区系调查的指导思想和工作方法[J]. 昆虫分类学报, 6: 2-5.

47. 王书永, 1987. 蚤蝼目昆虫在中国的发现及一新种记述[J]. 昆虫学报, 30(4): 398-404.

48. 王书永, 1987. 我国发现了蚤蝼目昆虫[J]. 昆虫知识, (2):126-127.

49. 王书永, 1987. 叶甲亚科, 跳甲亚科及叩头虫科[M]//中国科学院动物研究所. 中国农业昆虫. 北京: 中国农业出版社: 596-597, 616-632, 435-438.

50. 王书永, 1987. 叶甲亚科及跳甲亚科[M]//云南省林业厅, 中国科学院动物研究所. 云南森林昆虫. 昆明: 云南科技出版社: 734-750.

51. 王书永, 1990. 横断山区长瘤跳甲属[J]. 动物学集刊, 7: 127-133.

52. 王书永, 1990. 横断山区昆虫区系初探[J]. 昆虫学报, 33(1): 94-101.

53. 王书永, 1990. 横断山区昆虫区系特征及古北东洋两大区系分异[G]. 北京昆虫学会成立四十周年学术讨论会论文摘要汇编. 北京昆虫学会: 14-15.

54. 王书永, 1990. 潜跳甲属二新种[J]. 昆虫分类学报, 12(2): 123-125.

55. 王书永, 1991. 叩头虫科: 沟叩头、细胸叩头[M]//中国大百科全书总编委员会. 中国大百科全书生物学. 北京: 中国大百科全书出版社: 815, 421, 1845.

56. 王书永, 1991. 森林昆虫野外调查的指导思想和工作方法[J]. 森林病虫通讯, 4: 42-44.

57. 王书永, 1991. 叶甲科: 栗凹胫跳甲、恶性橘齿跳甲、黄曲条菜跳甲、马铃薯甲虫[M]//中国大百科全书总编委员会. 中国大百科全书生物学. 北京: 中国大百科全书出版社: 307, 616, 939, 1612, 2033.

58. 王书永, 1992. 叩头虫科[M]//湖南省林业厅. 湖南森林昆虫图鉴. 长沙: 湖南科学技术出版社: 382-386.

59. 王书永, 1992. 鞘翅目叶甲科: 跳甲亚科[M]//中国科学院青藏高原综合科学考察队. 横断山区昆虫. 北京: 科学出版社: 675-753.

60. 王书永, 1992. 鞘翅目叶甲科: 叶甲亚科[M]//中国科学院青藏高原综合科学考察队. 横断山区昆虫. 北京: 科学出版社: 628-645.

61. 王书永, 1992. 武陵山区叶甲科二新种[J]. 动物学集刊, 9: 175-178.

62. 王书永, 1992. 叶甲亚科[M]//湖南省林业厅. 湖南森林昆虫图鉴. 长沙: 湖南科学技术出版社: 532-539.

63. 王书永, 1993. 叩甲科[M]//黄春梅. 福建龙栖山动物. 北京: 中国林业出版社: 270-276.

64. 王书永, 1993. 叩甲科[M]//黄复生. 西南武陵山地区昆虫. 北京: 科学出版社: 259-260.

65. 王书永, 1993. 鞘翅目叶甲科: 叶甲亚科[M]//黄春梅. 福建龙栖山动物. 北京: 中国林业出版社: 329-333.

66. 王书永, 1993. 鞘翅目叶甲科: 叶甲亚科[M]//黄复生. 西南武陵山地区昆虫. 北京: 科学出版社: 311-314.

67. 王书永, 1995. 鞘翅目: 叶甲科: 跳甲亚科[M]//吴鸿. 华东百山祖昆虫. 北京: 中国林业出版社: 264-266.

68. 王书永, 1997. 鞘翅目: 叶甲科叶甲亚科[M]//杨星科. 长江三峡库区昆虫. 重庆: 重庆科技出版社: 855-862.

69. 王书永, 1997. 鞘翅目叩甲科[M]//杨星科. 长江三峡库区昆虫. 重庆: 重庆科技出版社: 669-686.

70. 王书永, 1998. 鞘翅目叶甲科: 叶甲亚科[M]//吴鸿. 龙王山昆虫. 北京: 中国林业出版社: 126-127.

71. 王书永, 1999. 昆虫纲: 蚤蝎目[M]//郑乐怡, 归鸿. 昆虫分类. 南京: 南京师范大学出版社: 219-230.

72. 王书永, 1999. 深切的怀念: 纪念杨老诞辰一百周年[M]//尹益寿. 一代宗师垂训千秋: 纪念杨惟义院士百年诞辰. 南昌: 江西高校出版社: 9-11.

73. 王书永, 2001. 叶甲科: 叶甲亚科[M]//吴鸿, 潘承文. 天目山昆虫. 北京: 科学出版社: 370-372.

74. 王书永, 2002. 鞘翅目: 叩甲科[M]//黄复生. 海南森林昆虫. 北京: 科学出版社: 360-362.

75. 王书永, 2002. 鞘翅目: 叶甲科叶甲亚科[M]//黄复生. 海南森林昆虫. 北京: 科学出版社: 438.

76. 王书永, 2002. 叶甲亚科[M]//黄邦侃. 福建昆虫志第六卷. 福州: 福建科学技术出版社: 613-620.

77. 王书永, 陈世骧, 1981. 鞘翅目叶甲科: 叶甲亚科[M]//中国科学院青藏高原综合科学考察队. 西藏昆虫 I. 北京: 科学出版社: 509-519.

78. 王书永, 崔俊芝, 2005. 鞘翅目: 叶甲科: 叶甲亚科[M]//杨茂发, 金道超. 贵州大沙河昆虫. 贵阳: 贵州科技出版社: 248-250.

79. 王书永, 崔俊芝, 李文柱, 2005. 鞘翅目叶甲科: 跳甲亚科[M]//金道超, 李子忠. 习水景观昆虫. 贵阳: 贵州科技出版社: 265-269.

80. 王书永, 崔俊芝, 李文柱, 等, 2005. 跳甲属昆虫的食性及其生物学意义[J]. 昆虫知识, 42(4): 385-390.

81. 王书永, 崔俊芝, 李文柱, 等, 2010. 寡毛跳甲属中国种类[J]. 动物分类学报, 35(1): 190-201.

82. 王书永, 崔俊芝, 李文柱, 等, 2010. 中国、越南柰黄尾球跳甲(*Sphaeroderma apicale* Baly)种组三新种记述[J]. 动物分类学报, 35(4): 905-910 .

83. 王书永, 崔俊芝, 王洪建, 2005. 鞘翅目叶甲科: 跳甲亚科[M]//杨星科. 秦岭西段及甘南地区昆虫. 北京: 科学出版社: 459-471.

84. 王书永, 崔俊芝, 杨星科, 2002. 青藏高原跳甲亚科昆虫区系研究[J]. 动物分类学报, 27(4): 774-782.

85. 王书永, 等, 1994. 武陵山区药用昆虫[M]//宋大祥. 西南武陵山区动物资源和评价. 北京: 科学出版社: 234-237.

86. 王书永, 樊厚德, 1992. 浙江莫干山的叶甲[J]. 浙江林学院学报, 9(4): 487.

87. 王书永, 高明媛, 2001. 叶甲科: 跳甲亚科[M]//吴鸿, 潘承文. 天目山昆虫. 北京: 科学出版社: 373-379.

88. 王书永, 葛德燕, 李文柱, 等, 2007. 中国跳甲一新纪录属及一新种记述[J]. 动物分类学报, 32(4): 952-954.

89. 王书永, 葛德燕, 杨星科, 2010. 鞘翅目: 叶甲科: 跳甲亚科[M]//陈祥盛, 李子忠, 金道超. 麻阳河景观昆虫. 贵阳: 贵州科技出版社: 386-387.

90. 王书永, 葛斯琴, 2005. 中国叶甲科昆虫的食性分析及其生物学意义[C]. 第五届生物多样性保护与利用高新科学技术国际研讨会: 357-358.

91. 王书永, 葛斯琴, 杨星科, 等, 2002. 广西叶甲亚科昆虫种类记述[J]. 昆虫分类学报, 24(2): 116-124.

92. 王书永, 葛斯琴, 张平飞, 2004. 鞘翅目叶甲科叶甲亚科[M]//杨星科. 广西十万大山地区昆虫. 北京: 中国林业出版社: 365-367.

93. 王书永, 李文柱, 1995. 鞘翅目: 叶甲科: 叶甲亚科[M]//吴鸿. 华东百山祖昆虫. 北京: 中国林业出版社: 257-258.

94. 王书永, 李文柱, 2004. 鞘翅目叶甲科: 跳甲亚科[M]//杨星科. 西藏雅鲁藏布大峡谷昆虫. 北京: 中国科学技术出版社: 77-81.

95. 王书永, 李文柱, 2004. 鞘翅目叶甲科: 叶甲亚科[M]//杨星科. 西藏雅鲁藏布大峡谷昆虫. 北京: 中国科学技术出版社: 72-73.

96. 王书永, 李文柱, 2007. 球须跳甲属的中国种类[J]. 动物分类学报, 32(2): 462-464.

97. 王书永, 李文柱, 崔俊芝, 等, 2009. 凹唇跳甲属的中国种类[J]. 动物分类学报, 34(4): 898-904.

98. 王书永, 李文柱, 崔俊芝, 2004. 鞘翅目叶甲科: 跳甲亚科[M]//杨星科. 广西十万大山地区昆虫. 北京: 中国林业出版社: 378-384.

99. 王书永, 谭娟杰, 1990. 横断山区昆虫区系特征及古北东洋两大区系分异[M]//中国青藏高原研究会. 中国青藏高原研究会第一届学术讨论会论文选. 北京: 科学出版社: 47.

100. 王书永, 谭娟杰, 1990. 横断山区物种分化的活跃地带[M]//中国青藏高原研究会. 中国青藏高原研究会第一届学术讨论会论文选. 北京: 科学出版社: 48.

101. 王书永, 谭娟杰, 1992. 横断山区昆虫区系特征及古北东洋两大区系分异[M]//中国科学院青藏高原综合科学考察队. 横断山区昆虫. 北京: 科学出版社: 1-45.

102. 王书永, 谭娟杰, 1993. 横断山区叶甲总科区系研究[J]. 动物学集刊, 10: 157-167.

103. 王书永, 谭娟杰, 1994. 中国四十年来昆虫区系考察的成就[M]//中国科学院动物研究所系统进化动物学重点实验室. 系统进化动物学论文集第二集. 北京: 中国科学技术出版社: 1-8.

104. 王书永, 谭娟杰, 章有为, 1990. 青藏高原有待开发的药用昆虫基地[M]//中国青藏高原研究会. 中国青藏高原研究会第一届学术讨论会论文选. 北京: 科学出版社: 77.

105. 王书永，杨星科，1990. 武陵山区昆虫区系及资源评价[M]//中国科学院西南武陵山地区动物资源考察队. 西南武陵山地区动物资源的合理利用与保护. 北京: 科学出版社: 107-112.

106. 王书永，杨星科，1998. 鞘翅目叶甲科: 跳甲亚科[M]//吴鸿. 龙王山昆虫. 北京: 中国林业出版社: 136-138.

107. 王书永，杨星科，1998. 武夷山自然保护区叶甲科昆虫区系及其特点[M]//汪家社，杨星科，等. 武夷山保护区叶甲科昆虫志. 北京: 中国林业出版社: 22-32.

108. 王书永，杨星科，李文柱，2002. 鞘翅目: 叶甲科[M]//李子忠，金道超. 茂兰景观昆虫. 贵阳: 贵州科技出版社: 295-316.

109. 王书永，杨星科，谭娟杰，1995. 叶甲总科中国特有属及其分布特征[J]. 动物学集刊，12: 194-206, 344-355.

110. 王书永，虞佩玉，1992. 跳甲亚科[M]//湖南省林业厅. 湖南森林昆虫图鉴. 长沙: 湖南科学技术出版社: 541-551.

111. 王书永，虞佩玉，1993. 鞘翅目叶甲科: 跳甲亚科[M]//黄春梅. 福建龙栖山动物. 北京: 中国林业出版社: 351-359.

112. 王书永，虞佩玉，1993. 鞘翅目叶甲科: 跳甲亚科[M]//黄复生. 西南武陵山地区昆虫. 北京: 科学出版社: 315-330.

113. 王书永，虞佩玉，1995. 鞘翅目: 叶甲科: 负泥虫亚科, 跳甲亚科, 叶甲亚科[M]//朱廷安. 浙江古田山昆虫和大型真菌. 杭州: 浙江科学技术出版社: 119-120.

114. 王书永，虞佩玉，1997. 鞘翅目: 叶甲科跳甲亚科[M]//杨星科. 长江三峡库区昆虫. 重庆: 重庆科技出版社: 905-930.

115. 王书永，虞佩玉，2002. 跳甲亚科[M]//黄邦侃. 福建昆虫志第六卷. 福州: 福建科学技术出版社: 633-693.

116. 王书永，张勇，2002. 鞘翅目叶甲科: 跳甲亚科[M]//申效诚、赵永谦. 河南昆虫分类区系研究第5卷. 北京: 中国农业科学技术出版社: 381-382.

117. 王书永，张勇，2005. 叶甲科: 跳甲亚科[M]//杨茂发，金道超. 贵州大沙河昆虫. 贵阳: 贵州科技出版社: 251-252.

118. 王书永，张勇，2007. 叶甲科跳甲亚科[M]//李子忠，杨茂发，金道超. 雷公山景观昆虫. 贵阳: 贵州科技出版社: 308-312.

119. 谢蕴贞，王书永，1981. 鞘翅目龟甲科[M]//中国科学院青藏高原综合科学考察队. 西藏昆虫 I. 北京: 科学出版社: 521-522.

120. 薛怀君，王书永，李文柱，等，2007. 蛇莓跳甲的生物学初步观察[J]. 昆虫知识，44(1): 69-73.

121. 杨星科，王书永，2001. 萤叶甲亚科[M]//吴鸿，潘承文. 天目山昆虫. 北京: 科学出版社: 379-387.

122. 杨星科，王书永，高明媛，1999. 中国高山萤叶甲区系研究[J]. 动物分类学报，24(4): 402-416.

123. 杨星科，王书永，葛斯琴，等，2005. 秦岭中西段及甘南山区昆虫区系研究[M]//杨星科. 秦岭西段及甘南地区昆虫. 北京: 科学出版社: 1-29.

124. 杨星科，王书永，姚建，1997. 长江三峡库区昆虫区系及其起源与演化[M]//杨星科. 长江三峡库区昆虫. 重庆: 重庆科技出版社: 1-33.

125. 姚建，李文柱，王书永，2000. 香溪河谷昆虫区系及其特点[M]//张雅林. 昆虫分类区系研究: 中国昆虫学会第五届全国昆虫分类区系学术研讨会论文集. 北京: 中国农业出版社: 304-312.

126. 虞佩玉，王书永，1992. 莫干山跳甲亚科昆虫[J]. 浙江林学院学报，9(4): 489-490.

127. 虞佩玉，王书永，2002. 鞘翅目叶甲科跳甲亚科[M]//黄复生. 海南森林昆虫. 北京: 科学出版社: 449-454.

128. 虞佩玉, 王书永, 杨星科, 1996. 中国经济昆虫志鞘翅目叶甲总科(二)[M]. 北京: 科学出版社.

129. 翟宗昭, 薛怀君, 王书永, 等, 2007. 跳甲属同域分布种及其寄主关系探讨[J]. 动物分类学报, 32(1): 137-142.

130. 中国科学院北京动物研究所昆虫分类室叶甲组, 1975. 甘薯叶甲种类问题的探讨[J]. 昆虫学报, 18(1): 66-70.

131. 中国科学院北京动物研究所昆虫分类室叶甲组, 1975. 昆虫分类学必须坚定地沿着我国宪法第十二条指引的方向前进[J]. 昆虫学报, 15(4): 451-453.

132. 中国科学院动物研究所昆虫分类区系室叶甲组, 河北省张家口地区坝下农业科学研究室植保组, 河北省蔚县农业局植保站西合营公社技术站, 1979. 双斑萤叶甲研究简报[J]. 昆虫学报, 22(1): 115-117.

133. 中国科学院青藏高原综合科学考察队, 1992. 横断山区昆虫（第一、二册）[M]. 北京: 科学出版社.

134. 周红章, 杨玉璞, 任嘉诚, 等, 1997. 北京地区法医昆虫学研究 I. 嗜尸性甲虫物种多样性及其地区分异[J]. 昆虫学报, 40(1): 62-70.

135. 周红章, 杨玉璞, 任嘉诚, 等, 1997. 北京地区法医昆虫学研究 II. 尸体分解过程中的昆虫种类演替与死亡时间推断[J]. 中国法医学杂志, 12(2): 79-83.

136. BAI M, JARVIS K, WANG S Y, et al., 2010. A second new species of ice crawlers from China (Insecta: Grylloblattodea), with thorax evollution and the prediction of potential distriobution[J]. PLoS One, 5(9): 1-13.

137. GE D Y, WANG S Y, LI W Z, et al., 2008. Study of *Phygasia* (Coleoptera: Chrysomelidae) from China with descriptions of eight new species[J]. Biologia, 63(4): 1-13.

138. GE D Y, WANG S Y, YANG X K, 2009. A new species of *Philopona* Weise (Coleoptera: Chrysomelidae: Alticinae) from China and a key to the known species of China[J]. Proceedings of the Entomological Society of Washington, 111(1): 27-32.

139. GE D Y, WANG S Y, YANG X K, 2010. A new species of the genus *Phygasia* (Coleoptera: Chrysomelidae: Alticeinae) from Taiwan of China[J]. Biologia, 65(2): 325-329.

140. GE S Q, WANG S Y, YANG X K, et al., 2002. A revision of the genus *Agrosteella* Medvedev (Chrysomelidae: Chrysomelinae)[J]. Pan-Pacific Entomologist, 78(2): 80-87.

141. WANG S Y, GE D Y, LI W Z, et al., 2008. A new species of *Euphitrea* Baly from China and description of male of *E. rufomarginata* Wang (Coleoptera. Chrysomelidae, Alticinae)[J]. Acta Zootaxonomica Sinica, 33(1): 46-48.

142. WANG S Y, GE S Q, LI W Z, et al., 2009. A new species of genus *Lipromela* Chen from China (Chrysomelidae, Alticinae)[J]. Acta Zootaxonomica Sinica, 34(4): 766-768.

143. WANG S Y, GE S Q, LI W Z, et al., 2012. New record genus *Micoctepis* Chen from China and description of a new species (Coleoptera, Chrysomelidae, Alticinae)[J]. Acta Zootaxonomica Sinica, 37(2): 337-340.

144. WANG S Y, GE S Q, LI W Z, et al., 2012. Study of the pepper pest genus *Lanka* Maulik, and descriptions of two new species from China (Coleoptera, Chrysomelidae, Alticinae) [J]. Acta Zootaxonomica Sinica, 37(2): 331-336.

145. WANG S Y, TAN J J, 1992. On the fauna of Chrysomeloidea in the Hengduan Mountains Region, China[C]. Proceedings XIX International Congress of Entomology, 7: 17.

146. WANG S Y, TAN J J, 1994. On the fauna of Chrysomeloidea in the Hengduan Mountains Region, China[M]//Proceedings of the Third International symposium on the Chrysomelidae Beijing, 1992. Leiden: Backhuys Publishers: 149-150.

147. WANG S Y, YANG X K, TAN J J, 1992. Forty years of achievements in the entomological expedition of China[C]. Proceedings XIX International Congress of Entomology: 56.

148. YU P Y, YANG X K, WANG S Y, 1996. Biology of *Syneta adamsi* Baly and its phylogenetic implication[M]// Chrysomelidae Biology Vol 3 SPB. Amsterdam: Academic Publishing Amsterdam: 201-216.

149. ZHANG Y, WANG S Y, YANG X K, 2006. A new species of the genus *Altica* Geoffroy (Coleoptera, Alticinae) from China[J]. Acta Zootaxonomica Sinica, 31(4): 855-858.

王书永独立或合作发表的新属与新种名单

跳甲亚科 Alticinae

1. 丝角球须跳甲 *Acrocrypta gracilicornis* Chen *et* Wang, 1980, 昆虫分类学报, 2(1): 1, 15.

2. 紫铜球须跳甲 *Acrocrypta violaceicuprea* Wang, 2007, 动物分类学报, 32(2): 463, 464.

3. 高山跳甲 *Altica alticola* Wang, 1992, 横断山区昆虫, I: 724, 752.

4. 沙枣跳甲 *Altica elaeagnusae* Zhang, Wang *et* Yang, 2006, 动物分类学报, 31(4): 855.

5. 云南跳甲 *Altica yunnana* Wang, 1992, 横断山区昆虫, I: 726, 753.

6. 蓝跳甲 *Altica zangana* Chen *et* Wang, 1981, 西藏昆虫, 1: 504, 508.

7. 黄胸侧刺跳甲 *Aphthona flavicollis* Wang, 1992, 横断山区昆虫, I: 712, 746.

8. 隆翅侧刺跳甲狭体亚种 *Aphthona howenchuni angustata* Wang, 1992, 横断山区昆虫, I: 711, 745.

9. 隆翅侧刺跳甲黑足亚种 *Aphthona howenchuni nigripes* Wang, 1992, 横断山区昆虫, I: 712, 745.

10. 黑鞘亚跗跳甲 *Aphthonella nigripennis* Chen *et* Wang, 1980, 昆虫分类学报, 2(1): 8, 21.

11. 黑亮亚跗跳甲 *Aphthonella nigronitida* Chen *et* Wang, 1980, 昆虫分类学报, 2(1): 8, 22.

12. 栗色刀刺跳甲 *Aphthonoides castaneus* Wang, 1992, 横断山区昆虫, I: 686, 735.

13. 阔翅刀刺跳甲 *Aphthonoides latipennis* Chen *et* Wang, 1980, 昆虫分类学报, 2(1): 9, 22.

14. 毛翅刀刺跳甲 *Aphthonoides pupipennis* Wang, 1992, 横断山区昆虫, I: 686, 735.

15. 皱顶刀刺跳甲 *Aphthonoides rugiceps* Wang, 1992, 横断山区昆虫, I: 687, 735.

16. 瘤额刀刺跳甲 *Aphthonoides tuberifrons* Wang, 2004, 西藏雅鲁藏布大峡谷昆虫: 78, 81.

17. 双齿凹唇跳甲 *Argopus bidentatus* Wang, 1992, 横断山区昆虫, I: 693, 739.

18. 粗背凹唇跳甲 *Argopus foveolata* Wang *et* Ge, 2009, 动物分类学报, 34(4): 900, 904.

19. 似双齿凹唇跳甲 *Argopus similibidentata* Wang *et* Ge, 2009, 动物分类学报, 34(4): 901, 904.

20. 狭体圆肩跳甲 *Batophila angustata* Wang, 1992, 横断山区昆虫, I: 720, 750.

21. 肋鞘圆肩跳甲 *Batophila costipennis* Wang, 1997, 长江三峡库区昆虫, 上: 925, 930.

22. 草莓圆肩跳甲 *Batophila fragariae* Wang, 1992, 横断山区昆虫, I: 720, 750.

23. 凹翅圆肩跳甲 *Batophila impressa* Wang, 1992, 横断山区昆虫, I: 721, 751.

24. 金腊梅圆肩跳甲 *Batophila potentilae* Wang, 1992, 横断山区昆虫, I: 721, 751.

25. 麻脸圆肩跳甲 *Batophila punctifrons* Wang, 1992, 横断山区昆虫, I: 722, 751.

26. 高原凹胫跳甲 *Chaetocnema altisocia* Chen *et* Wang, 1981, 西藏昆虫, 1: 493, 506.

27. 梭型凹胫跳甲 *Chaetocnema fusiformis* Chen *et* Wang, 1980, 昆虫分类学报, 2(1): 4, 17.

28. 山西凹胫跳甲 *Chaetocnema shanxiensis* Chen *et* Wang, 1980, 昆虫分类学报, 2(1): 4, 18.

29. 沟胸凹胫跳甲 *C haetocnema sulcicollis* Chen *et* Wang, 1980, 昆虫分类学报, 2(1): 5, 18.

30. 越南凹胫跳甲 *Chaetocnema vietnamica* Chen *et* Wang, 1980, 昆虫分类学报, 2(1): 4, 18.

31. 西藏凹胫跳甲 *Chaetocnema zangana* Chen *et* Wang, 1981, 西藏昆虫, 1: 493, 506.

32. 黑头毛翅跳甲 *Demarchus nigriceps* Chen *et* Wang, 1988, 西藏南迦巴瓦峰地区昆虫: 350, 353.

33. 红足双刺跳甲 *Dibolia tibialis* Wang, 1992, 横断山区昆虫, I: 685, 734.

34. 红足优跳甲 *Eudolia rufipes* Wang, 2004, 西藏雅鲁藏布大峡谷昆虫: 78, 81.

35. 棕脊凸顶跳甲 *Euphitra costata* Chen *et* Wang, 1980, 昆虫分类学报, 2(1): 6, 19.

36. 网点凸顶跳甲 *Euphitrea cribripennis* Chen *et* Wang, 1980, 昆虫分类学报, 2(1): 7, 19.

37. 凹颚凸顶跳甲 *Euphitrea excavata* Wang *et* Yang 2008, 动物分类学报, 33(1): 46.

38. 光胸凸顶跳甲 *Euphitrea laevicollis* Wang, 2004, 广西十万大山地区昆虫: 380, 384.

39. 蓝脊凸顶跳甲 *Euphitrea laticostata* Chen *et* Wang, 1980, 昆虫分类学报, 2(1): 6, 19.

40. 长角凸顶跳甲 *Euphitrea longicornis* Wang, 2004, 广西十万大山地区昆虫: 379, 384.

41. 大颚凸顶跳甲 *Euphitrea mandibula* Wang *et* Yang, 2006, Proc. Ent. Soc. Wash., 108(4): 853.

42. 红足凸顶跳甲 *Euphitrea rufipes* Chen *et* Wang, 1980, 昆虫分类学报, 2(1): 7, 20.

43. 红缘凸顶跳甲 *Euphitrea rufomarginata* Wang, 1992, 横断山区昆虫, I: 685, 734.

44. 红缘凸顶跳甲 *Euphitrea rufomarginata* Wang, 2008, 动物分类学报, 33(1): 47.

45. 亚整凸顶跳甲 *Euphitrea subregularis* Chen *et* Wang, 1980, 昆虫分类学报, 2(1): 7, 20.

46. 西藏凸顶跳甲 *Euphitrea xia* Chen *et* Wang 1981, 西藏昆虫, 1: 495, 507.

47. 黑足血红跳甲 *Haemaltica nigripes* Chen *et* Wang, 1980, 昆虫分类学报, 2(1): 5, 18.

48. 小血红跳甲 *Haemaltica parva* Chen *et* Wang, 1980, 昆虫分类学报, 2(1): 5, 18.

49. 光胸沟胫跳甲 *Hemipyxis glabricollis* Wang, 1992, 横断山区昆虫, I: 694, 740.

50. 康定沟胫跳甲 *Hemipyxis kangdingana* Wang, 1992, 横断山区昆虫, I: 694, 739.

51. 小沟胫跳甲 *Hemipyxis parva* Wang, 1992, 横断山区昆虫, I: 695, 740.

52. 凹腹丝跳甲 *Hespera abdominalis* Wang, 1997, 长江三峡库区昆虫, 上: 915, 929.

53. 古铜丝跳甲 *Hespera aenea* Chen *et* Wang, 1984, 昆虫学报, 27(3): 315, 320.

54. 膨胸丝跳甲 *Hespera aeneocuprea* Chen *et* Wang, 1986, 动物分类学报, 11(3): 290, 301.

55. 铜黑丝跳甲 *Hespera aeneonigra* Chen *et* Wang, 1986, 动物分类学报, 11(3): 291, 302.

56. 狭胸丝跳甲 *Hespera angusticollis* Chen *et* Wang, 1986, 动物分类学报, 11(3): 291, 302.

57. 金铜丝跳甲 *Hespera auricuprea* Chen *et* Wang, 1986, 动物分类学报, 11(3): 292, 302.

58. 双丝黑毛跳甲 *Hespera bipilosa* Chen *et* Wang, 1984, 昆虫学报, 27(3): 315, 320.

59. 短鞘丝跳甲 *Hespera brachyelytra* Chen *et* Wang, 1984, 昆虫学报, 27(3): 315, 320.

60. 察雅丝跳甲 *Hespera chagyabana* Chen *et* Wang, 1981, 西藏昆虫, 1: 499, 508.

61. 蓝鞘丝跳甲 *Hespera coeruleipennis* Chen *et* Wang, 1984, 昆虫学报, 27(3): 316, 321.

62. 凹窝丝跳甲 *Hespera excavata* Chen *et* Wang, 1986, 动物分类学报, 11(3): 292, 303.

63. 双毛黄丝跳甲 *Hespera flavodorsata* Chen *et* Wang, 1984, 昆虫学报, 27(3): 314, 319.

64. 淡足丝跳甲 *Hespera fulvipes* Chen *et* Wang, 1986, 动物分类学报, 11(3): 293, 303.

65. 光头丝跳甲 *Hespera glabriceps* Chen *et* Wang, 1984, 昆虫学报, 27(3): 316, 321.

66. 瘦角丝跳甲 *Hespera gracilicornis* Chen *et* Wang, 1986, 动物分类学报, 11(3): 293, 303.

67. 吉隆丝跳甲 *Hespera gyirongana* Chen *et* Wang, 1986, 动物分类学报, 11(3): 294, 304.

68. 丽江丝跳甲 *Hespera lijiangana* Chen *et* Wang, 1986, 动物分类学报, 11(3): 294, 304.

69. 墨脱丝跳甲 *Hespera medogana* Chen *et* Wang, 1986, 动物分类学报, 11(3): 294, 304.

70. 黑鞘丝跳甲 *Hespera melanoptera* Chen *et* Wang, 1986, 动物分类学报, 11(3): 295, 305.

71. 黑体丝跳甲 *Hespera melanosoma* Chen *et* Wang, 1984, 昆虫学报, 27(3): 317, 321.

72. 光背丝跳甲 *Hespera niitididosata* Chen *et* Wang, 1986, 动物分类学报, 11(3): 295, 305.

73. 光胸丝跳甲 *Hespera nitidicollis* Chen *et* Wang, 1984, 昆虫学报, 27(3): 318, 322.

74. 毛头丝跳甲 *Hespera pubiceps* Chen *et* Wang, 1986, 动物分类学报, 11(3): 296, 305.

75. 麻顶丝跳甲 *Hespera puncticeps* Chen *et* Wang, 1984, 昆虫学报, 27(3): 316, 321.

76. 桑植丝跳甲 *Hespera sangzhiensis* Wang, 1992, 西南武陵山地区昆虫: 319, 328.

77. 稀毛丝跳甲 *Hespera sparsa* Wang, 1992, 横断山区昆虫, I: 701, 741.

78. 金色丝跳甲 *Hespera univestis* Chen *et* Wang, 1986, 动物分类学报, 11(3): 296, 307.

79. 变色丝跳甲 *Hespera varicolor* Chen *et* Wang, 1986, 动物分类学报, 11(3): 297, 307.

80. 光肩山丝跳甲 *Hespera* (*Orhespera*) *glabricollis* Chen *et* Wang, 1984, 昆虫学报, 27(3): 313, 319.

81. 光背突顶跳甲 *Horaia laevigata* Chen *et* Wang, 1980, 昆虫分类学报, 2(1): 14, 25.

82. 大瘤爪跳甲 *Hyphasis grandis* Wang, 1992, 西南武陵山地区昆虫: 318, 328.

83. 栗褐突顶跳甲 *Lanka puncticolla* Wang *et* Ge, 2012, 动物分类学报, 37(2): 334.

84. 律点突顶跳甲 *Lanka regularis* Wang *et* Ge, 2012, 动物分类学报, 37(2): 335.

85. 双色老跳甲 *Laotzeus bicolor* Wang, 1992, 横断山区昆虫, I: 703, 741.

86. 黑老跳甲 *Laotzeus niger* Chen *et* Wang, 1980, 昆虫分类学报, 2(1): 10, 22.

87. 十斑九行跳甲 *Lipromela decemmaculata* Wang *et* Ge, 2009, 动物分类学报, 34(4): 767.

88. 毛翅九行跳甲 *Lipromela pubipennis* Chen *et* Wang, 1980, 昆虫分类学报, 2(1): 10, 23.

89. 隆翅束跳甲 *Lipromorpha costipennis* Chen *et* Wang, 1980, 昆虫分类学报, 2(1): 4, 17.

90. 青蓝束跳甲 *Lipromorpha cyanea* Chen *et* Wang, 1980, 昆虫分类学报, 2(1): 317.

91. 凹器束跳甲 *Lipromorpha emarginata* Chen *et* Wang, 1980, 昆虫分类报, 2(1): 2, 16.

92. 边胸束跳甲 *Lipromorpha marginata* Wang, 1992, 横断山区昆虫, I: 682, 733.

93. 黑翅束跳甲 *Lipromorpha melanoptera* Chen *et* Wang, 1980, 昆虫分类学报, 2(1): 3, 16.

94. 黑腹束跳甲 *Lipromorpha piceiverntris* Chen *et* Wang, 1980, 昆虫分类学报, 2(1): 3, 16.

95. 眉山束跳甲 *Lipromorpha, meishanica* Chen *et* Wang, 1980, 昆虫分类学报, 2(1): 2.

96. 双行玉簪跳甲 *Liprus geminatus* Chen *et* Wang, 1980, 昆虫分类学报, 2(1): 9, 22.

97. 狭胸长跗跳甲 *Longitarsus angusticollis* Wang, 1992, 横断山区昆虫, I: 714, 747.

98. 光背长跗跳甲 *Longitarsus laevicollis* Wang, 1992, 横断山区昆虫, I: 716, 747.

99. 理塘长跗跳甲 *Longitarsus litangana* Wang, 1992, 横断山区昆虫, I: 716, 748.

100. 高山长跗跳甲 *Longitarsus montanus* Wang, 1992, 横断山区昆虫, I: 717, 748.

101. 黑头长跗跳甲 *Longitarsus nigriceps* Wang, 1992, 横断山区昆虫, I: 718, 748.

102. 瘤尾长跗跳甲 *Longitarsus nodulis* Wang, 1992, 横断山区昆虫, I: 718, 749.

103. 毛翅长跗跳甲 *Longitarsus pubipennis* Chen *et* Wang, 1980, 昆虫分类学报, 2(1): 14, 25.

104. 粗背长跗跳甲 *Longitarsus rugipunctata* Wang, 1992 横断山区昆虫, I: 719, 749.

105. 樟木长跗跳甲 *Longitarsus zhamicus* Chen *et* Wang, 1981 西藏昆虫, 1: 503, 508.

106. 陈氏寡毛跳甲 *Luperomorpha cheni* Wang *et* Ge, 2010, 动物分类学报, 35(1): 197, 199.

107. 隆基寡毛跳甲 *Luperomorpha clypeata* Wang, 1992, 横断山区昆虫, I: 707, 743.

108. 脊鞘寡毛跳甲 *Luperomorpha costipennis* Wang, 2002, 福建昆虫志: 684, 693.

109. 膨跗寡毛跳甲 *Luperomorpha dilatata* Wang, 1992, 横断山区昆虫, I: 707, 744.

110. 光胸寡毛跳甲 *Luperomorpha glabricollis* Wang *et* Ge 2010, 动物分类学报, 35(1): 197, 199.

111. 广西寡毛跳甲 *Luperomorpha guangxiana* Wang *et* Ge, 2010, 动物分类学报, 35(1): 197, 200.

112. 海南寡毛跳甲 *Luperomorpha hainana* Wang *et* Ge 2010, 动物分类学报, 35(1) 198, 200.

113. 泸水寡毛跳甲 *Luperomorpha lushuinensis* Wang, 1992, 横断山区昆虫, I: 708, 744.

114. 斑翅寡毛跳甲 *Luperomorpha maculata* Wang, 1992, 横断山区昆虫, I: 708, 744.

115. 膨梗寡毛跳甲 *Luperomorpha pedicelis* Wang *et* Ge 2010, 动物分类学报, 35(1): 198, 201.

116. 古铜寡毛跳甲 *Luperomorpha similimetallica* Wang *et* Ge, 2010, 动物分类学报, 35(1): 198, 201.

117. 绿翅寡毛跳甲 *Luperomorpha viridis* Wang, 1992, 横断山区昆虫, I: 709, 745.

118. 毛翅角腹跳甲 *Lypnea pubipennis* Wang *et* Yang, 2007, 动物分类学报, 32(4): 952, 954.

119. 眉山跳甲属 *Meishania* Chen *et* Wang, 1980, 昆虫分类学报, 2(1): 13, 24.

120. 红眉山跳甲 *Meishania rufa* Chen *et* Wang, 1980, 昆虫分类学报, 2(1): 13, 25.

121. 棕栗小丝跳甲 *Micrespera castanea* Chen *et* Wang, 1987, 昆虫学报: 30(2): 196, 200.

122. 小丝跳甲属 *Micrespera* Chen *et* Wang, 1987, 昆虫学报, 30(2): 196, 199.

123. 光背喜山跳甲 *Microcrepis laevigata* Wang *et* Ge, 2012, 动物分类学报, 37(2): 339.

124. 四川卵形跳甲 *Minota sichuanica* Chen *et* Wang, 1980, 昆虫分类学报, 2(1): 7, 20.

125. 新疆四线跳甲 *Nisotra xinjiangana* Zhang *et* Wang, 2007, Proceedings of the Entomological Society of Washington, 109(4): 844.

126. 黑鞘九节跳甲高山亚种 *Nonarthra nigricolle alticola* Wang, 1992, 横断山区昆虫, I: 676, 730.

127. 黑鞘九节跳甲 *Nonarthra nigripenne* Wang, 1992, 横断山区昆虫, I: 676, 731.

128. 黄角九节跳甲 *Nonarthra pallidicornis* Chen *et* Wang, 1980, 昆虫分类学报, 2(1): 1, 15.

129. 黄斑峨眉球跳甲 *Omeisphaera flavimaculata* Wang, 2002, 茂兰景观昆虫, 313, 316.

130. 小双沟跳甲 *Ophrida parva* Chen *et* Wang, 1980, 昆虫分类学报, 2(1): 6, 19.

131. 山丝跳甲属 *Orhespera* Chen *et* Wang, 1987, 昆虫学报, 30(2): 197, 200.

132. 丽江山丝跳甲 *Orhespera fulvohirsuta* Chen *et* Wang, 1987, 昆虫学报, 30(2): 200.

133. 凹胸山丝跳甲 *Orhespera impressicollis* Chen *et* Wang, 1987, 昆虫学报, 30(2): 200.

134. 直胸宽额跳甲 *Parathrylea rectimarginata* Wang, 1992, 西南武陵山地区昆虫: 320, 328.

135. 银莲曲胫跳甲沟胸亚种 *Pentamesa anemoneae canaliculata* Wang, 1992, 横断山区昆虫, I: 688, 736.

136. 凹基曲胫跳甲 *Pentamesa depressa* Wang, 1992, 横断山区昆虫, I: 688, 736.

137. 凹缘曲胫跳甲 *Pentamesa emarginata* Chen *et* Wang, 1987, 西藏农业病虫及杂草, II: 59, 62.

138. 棕红曲胫跳甲 *Pentamesa fulva* Wang, 1992, 横断山区昆虫, I: 688, 736.

139. 贡嘎曲胫跳甲 *Pentamesa gongana* Wang, 1992, 横断山区昆虫, I: 689, 737.

140. 星翅曲胫跳甲 *Pentamesa guttipennis* Chen *et* Wang, 1980, 昆虫分类学报, 2(1): 11, 23.

141. 无饰曲径跳甲 *Pentamesa innornata* Chen *et* Wang, 1980, 昆虫分类学报, 2(1): 11, 23.

142. 小曲胫跳甲 *Pentamesa parva* Chen *et* Wang, 1981, 西藏昆虫, 1: 497, 507.

143. 乡城曲胫跳甲 *Pentamesa xiangchengana* Wang, 1992, 横断山区昆虫, I: 690, 737.

144. 拟菜豆树肿爪跳甲 *Philopona pseudomouhoti* Ge, Wang *et* Yang, 2009, Proceedings of Entomological Society of Washington, 111(1): 28.

145. 西藏瘤爪跳甲 *Philopona zangana* Chen *et* Wang, 1987, 西藏农业病虫及杂草, II: 58, 62.

146. 脊鞘粗角跳甲 *Phygasia carinipennis* Chen *et* Wang, 1980, 昆虫分类学报, 2(1): 11, 23.

147. 点苍粗角跳甲 *Phygasia diancangana* Wang, 1992, 横断山区昆虫, I: 722, 752.

148. 凹翅粗角跳甲 *Phygasia foveolata* Wang, 1992, 横断山区昆虫, I: 723, 752.

149. 纤角粗角跳甲 *Phygasia gracilicornis* Wang *et* Yang, 2008, Versita Biol. 63(4) Section Zoology: 557.

150. 中黄粗角跳甲 *Phygasia media* Chen *et* Wang, 1980, 昆虫分类学报, 2(1): 12, 24.

151. 黑胸粗角跳甲 *Phygasia nigricollis* Wang *et* Yang, 2008, Versita Biol. 63(4) Section Zoology: 558.

152. 黄鞘粗角跳甲 *Phygasia pallidipennis* Chen *et* Wang, 1980, 昆虫分类学报, 2(1): 12, 24.

153. 小粗角跳甲 *Phygasia parva* Wang *et* Yang, 2008, Versita Biol., 63(4) Section Zoology: 559.

154. 拟中黄粗角跳甲 *Phygasia pseudomedia* Wang *et* Yang, 2008, Biologia, 63(4) Section Zoology: 561.

155. 似斑翅粗角跳甲 *Phygasia pseudornata* Wang *et* Yang, 2008, Biologia, 63(4) Section Zoology: 562.

156. 红胸粗角跳甲 *Phygasia ruficollis* Wang, 1992, 西南武陵山地区昆虫: 325, 329.

157. 近斑翅粗角跳甲 *Phygasia simidorsata* Wang *et* Yang, 2008, Biologia, 63(4) Section Zoology: 562.

158. 尖缝粗角跳甲 *Phygasia suturalis* Wang *et* Yang, 2008, Biologia, 63(4) Section Zoology: 563.

159. 台湾粗角跳甲 *Phygasia taiwanensis* Ge *et* Wang 2010, Biologia, 65(2) Section Zoology: 325.

160. 云南粗角跳甲 *Phygasia yunnana* Wang *et* Yang, 2008, Biologia, 63(4) Section Zoology: 564.

161. 无翅菜跳甲 *Phyllotreta aptera* Wang, 1992, 横断山区昆虫, I: 713, 746.

162. 丽江菜跳甲 *Phyllotreta lijiangana* Wang, 1992, 横断山区昆虫, I: 713, 746.

163. 铜色潜跳甲 *Podagricomela cuprea* Wang, 1990, 昆虫分类学报, XII(2): 123, 125.

164. 红胫潜跳甲 *Podagricomela flavitibialis* Wang, 1990, 昆虫分类学报, XII(2): 123, 125.

165. 锯刺跳甲属 *Priobolia* Chen *et* Wang, 1987, 西藏农业病虫及杂草, II: 58, 61.

166. 金绿锯刺跳甲 *Priobolia viridiaurata* Chen *et* Wang, 1987, 西藏农业病虫及杂草, II: 58, 62.

167. 双沟伪束跳甲 *Pseudoliprus bisulcatus* Chen *et* Wang, 1980, 昆虫分类学报, 2(1): 1, 15.

168. 凹腹蚤跳甲 *Psylliodes abdominalis* Wang, 1992, 横断山区昆虫, I: 677, 731.

169. 普兰蚤跳甲 *Psylliodes burangana* Chen *et* Wang, 1981, 西藏昆虫, I: 492.

170. 吉隆蚤跳甲 *Psylliodes gyirongana* Chen *et* Wang, 1981, 西藏昆虫, 1: 492, 505.

171. 华西蚤跳甲 *Psylliodes huaxiensis* Wang, 1992, 横断山区昆虫, I: 679, 732.

172. 聂拉木蚤跳甲 *Psylliodes nyalamana* Chen *et* Wang, 1981, 西藏昆虫, 1: 492., 506.

173. 长体蚤跳甲 *Psylliodes (Semicnema) elongata* Wang, 1992, 横断山区昆虫, I: 680, 732.

174. 长角蚤跳甲 *Psylliodes (Semicnema) longicornis* Wang, 1992, 横断山区昆虫, I: 681, 732.

175. 箭竹黄尾球跳甲 *Sphaeroderma bambusicola* Wang *et* Ge 2010, 动物分类学报, 35(4): 907, 910.

176. 双脊黄尾球跳甲 *Sphaeroderma bicarinata* Wang *et* Ge 2010, 动物分类学报, 35(4): 906, 909.

177. 脊唇球跳甲 *Sphaeroderma carinatum* Wang, 1992, 横断山区昆虫, I: 691, 737.

178. 黑跗球跳甲 *Sphaeroderma flavitarsis* Wang, 2004, 西藏雅鲁藏布大峡谷昆虫: 80, 81.

179. 斑翅球跳甲 *Sphaeroderma maculatum* Wang, 1992, 横断山区昆虫, I: 691, 737.

180. 细刻黄尾球跳甲 *Sphaeroderma minutipunctata* Wang *et* Ge 2010, 动物分类学报, 35(4): 906, 910.

181. 黑头球跳甲 *Sphaeroderma nigrocephalum* Wang, 1992, 横断山区昆虫, I: 692, 738.

182. 绿翅球跳甲 *Sphaeroderma viridis* Wang, 1992, 横断山区昆虫, I: 692, 738.

183. 蓝翅瘦跳甲 *Stenoluperus cyanipennis* Wang, 1992, 横断山区昆虫, I: 703, 741.

184. 杉树瘦跳甲 *Stenoluperus piceae* Wang, 1992, 横断山区昆虫, I: 705, 742.

185. 粗顶瘦跳甲 *Stenoluperus puncticeps* Wang, 1992, 横断山区昆虫, I: 706, 743.

186. 糙胸瘦跳甲 *Stenoluperus puncticollis* Wang, 1997, 长江三峡库区昆虫, 上: 917, 929.

187. 漆黑瘦跳甲 *Stenoluuperus niger* Wang, 1992, 横断山区昆虫, I: 704, 742.

188. 凹腹台跳甲 *Taizonia excavata* Wang, 1992, 西南武陵山地区昆虫: 321, 329.

189. 双齿长瘤跳甲 *Trachyaphthona bidentata* Chen *et* Wang, 1980, 昆虫分类学报, 2(1): 12, 24.

190. 醉鱼草长瘤跳甲 *Trachyaphthona buddlejae* Wang, 1990, 动物学集刊, 第 7 集: 127, 134.

191. 全黄长瘤跳甲 *Trachyaphthona fulva* Wang, 1990, 动物学集刊, 第 7 集: 128, 135.

192. 宽刺长瘤跳甲 *Trachyaphthona latispina* Wang, 1990, 动物学季刊, 第 7 集: 128, 134.

193. 黑腹长瘤跳甲 *Trachyaphthona nigrosterna* Wang, 1990, 动物学集刊, 第 7 集: 129, 135.

194. 皱胸长瘤跳甲 *Trachyaphthona rugicollis* Wang, 1997, 长江三峡库区昆虫, 上: 921, 930.

195. 双行沟胸跳甲 *Xuthea geminalis* Wang, 1992, 横断山区昆虫, I: 683, 733.

196. 阔胸沟顶跳甲 *Xuthea laticollis* Chen *et* Wang, 1981, 西藏昆虫, 1: 495, 507.

197. 沟胸云丝跳甲 *Yunohespera sulcicollis* Chen Wang, 1984, 昆虫学报, 27(3): 318, 322.

198. 云丝跳甲属 *Yunohespera* Chen *et* Wang, 1984, 昆虫学报, 27(3): 318, 322.

199. 云毛跳甲属 *Yunotrichia* Chen *et* Wang，1980, 昆虫分类学报, 2(1): 8, 21.

200. 黑条云毛跳甲 *Yunotrichia mediovittata* Chen *et* Wang, 1980, 昆虫分类学报, 2(1): 9, 22.

201. 脊翅藏跳甲 *Zagaltica multicostata* Chen *et* Wang, 1988, 西藏南迦巴瓦峰地区昆虫: 348, 353.

202. 藏跳甲属 *Zangaltica* Chen *et* Wang, 1988, 西藏南迦巴瓦峰地区昆虫: 348, 353.

叶甲亚科 Chrysomelinae

203. 雷公山榆叶甲 *Ambrostoma leigongshana* Wang, 1992, 动物学集刊, 9: 175, 177.

204. 大理金叶甲 *Chrysolina dalia* Chen *et* Wang, 1984, 动物分类学报, 9(2): 170, 173.

205. 墨脱金叶甲 *Chrysolina medogana* Chen *et* Wang, 1981，西藏昆虫，I: 511, 516.

206. 怒山金叶甲 *Chrysolina nushana* Chen *et* Wang, 1984，动物分类学报，9(2): 170, 174.

207. 聂拉木金叶甲 *Chrysolina nyalamana* Chen *et* Wang, 1981，西藏昆虫，I: 512, 516.

208. 西藏金叶甲 *Chrysolina zangana* Chen *et* Wang, 1981，西藏昆虫，I: 512, 516.

209. 中甸金叶甲 *Chrysolina zhongdiana* Chen *et* Wang, 1984，动物分类学报，9(2): 171, 174.

210. 墨脱角胫叶甲 *Gonioctena (Asiphytodecta) medogana* Wang, 2004，西藏雅鲁藏布大峡谷昆虫: 72, 73.

211. 高山角胫叶甲 *Gonioctena (Brachyphytodecta) altimontana* Chen *et* Wang, 1984，动物分类学报，9(2): 173, 175.

212. 眼斑角胫叶甲 *Gonioctena (Brachyphytodecta) oculata* Wang *et* Ge, 2002，昆虫分类学报，24(2): 122, 123.

213. 窝翅高山叶甲 *Oreomela foveipennis* Chen *et* Wang, 1986，昆虫分类学报，8(1, 2): 55, 57.

214. 宽胸高山叶甲 *Oreomela laticollis* Wang, 1992，横断山区昆虫，I: 628, 643.

215. 墨黑高山叶甲 *Oreomela melanosoma* Wang, 1992，横断山区昆虫，I: 628, 643.

216. 光胸高山叶甲 *Oreomela nitidicollis* Wang, 1992，横断山区昆虫，I: 629, 643.

217. 皱高山叶甲 *Oreomela rugipennis* Chen *et* Wang, 1981，西藏昆虫，I: 511, 515.

218. 细毛高山叶甲 *Oreomela setigera* Wang, 1992，横断山区昆虫，I: 630, 644.

219. 紫蓝高山叶甲 *Oreomela violacea* Wang, 1992，横断山区昆虫，I: 630, 644.

220. 高山猿叶甲 *Phaedon alpina* Ge, Wang *et* Yang, 2002，动物分类学报，27(2): 321, 323.

221. 缺翅猿叶甲 *Phaedon apterus* Chen *et* Wang, 1984，动物分类学报，9(2): 172, 175 .

222. 巴郎山猿叶甲 *Phaedon balangshanensis* Ge, Wang *et* Yang, 2002，动物分类学报，27(2): 321, 324.

223. 铜色猿叶甲 *Phaedon cupreum* Wang, 1992，动物学集刊，9: 176, 177.

224. 腊梅猿叶甲 *Phaedon potentillae* Wang, 1992，横断山区昆虫，I: 633, 644.

225. 无名山猿叶甲 *Phaedon wumingshanensis* Ge, Wang *et* Wang, 2002，动物分类学报，27(2): 322, 325.

226. 杨青铜弗叶甲 *Phratora aenea* Wang, 1992，横断山区昆虫，I: 636, 644.

227. 双刺弗叶甲 *Phratora bispinula* Wang, 1992，横断山区昆虫，I: 637, 645.

228. 双钩弗叶甲 *Phratora biuncinata* Ge, Wang *et* Yang, 2002，动物分类学报，27(2): 327.

229. 皱弗叶甲 *Phratora caperata* Ge, Wang *et* Yang 2002，动物分类学报，27(2): 328.

230. 陈氏弗叶甲 *Phratora cheni* Ge, Wang *et* Yang, 2002，动物分类学报，27(2): 326.

231. 柳赤铜弗叶甲 *Phratora cuprea* Wang, 1992，横断山区昆虫，I: 637, 645.

232. 达氏弗叶甲 *Phratora daccordii* Ge *et* Wang, 2004, Coleopeterists Bulletin, 58: 134.

233. 紫翅弗叶甲 *Phratora purpurea* Ge, Wang *et* Yang, 2002，动物分类学报，27(2): 327.

234. 双色柳圆叶甲横断亚种 *Plagiodera bicolor hengduanicus* Chen *et* Wang, 1984，动物分类学报，9(2): 172, 174.

肖叶甲亚科 Eumolpinae

235. 背斑樟叶甲 *Aulexis cinnamomi* Chen *et* Wang, 1976，昆虫学报，19(2): 216, 224.

236. 疏刻角胸叶甲 *Basilepta remota* Tan *et* Wang, 1984，动物分类学报，9(1): 55.

237. 红胸樟叶甲 *Chalcolema cinnamomi* Chen *et* Wang, 1976，昆虫学报，19(2): 217, 224.

238. 脊鞘樟叶甲 *Chalcolema costata* Chen *et* Wang, 1976，昆虫学报，19(2): 217, 224.

239. 脊鞘突肩叶甲 *Cleorina costata* Tan *et* Wang, 1981，西藏昆虫，I: 434, 452.

240. 光胸突肩叶甲 *Cleorina nitidicollis* Tan *et* Wang, 1981，西藏昆虫，I: 434, 451.

241. 西藏突肩叶甲 *Cleorina xizangense* Tan *et* Wang, 1981, 西藏昆虫, I: 435, 452.

242. 粗腿沟臀叶甲 *Colaspoides crassifemur* Tan *et* Wang, 1984, 动物分类学报, 9(1): 56, 58.

243. 麻点甘薯叶甲 *Colasposoma confusa* Tan *et* Wang, 1981, 西藏昆虫, I: 440, 453.

244. 云南皱皮叶甲 *Dermorhytis ynnanensis* Tan *et* Wang, 1984, 动物分类学报, 9(1): 55, 57.

245. 疑平肩叶甲 *Meriditha ambigue* Chen *et* Wang, 1976, 昆虫学报, 19(2): 216, 223.

246. 二色长肢叶甲 *Merilia bipartita* Tan *et* Wang, 1981, 西藏昆虫, I: 447, 454.

247. 瘤鞘似角胸叶甲 *Parascela tuberosa* Tan *et* Wang, 1983, 动物分类学报, 8(4): 393, 394.

248. 脊鞘光叶甲 *Smaragdina costata* Tan *et* Wang, 1981, 西藏昆虫, I: 448, 455.

249. 芒康光叶甲 *Smaragdina mangkamensis* Tan *et* Wang, 1981, 西藏昆虫, I: 448, 455.

250. 西藏齿股叶甲 *Trichotheca fulvopilosa* Chen *et* Wang, 1976, 昆虫学报, 19(2): 214, 223.

251. 瘤胸齿股叶甲 *Trichotheca nodicollis* Chen *et* Wang, 1976, 昆虫学报, 19(2): 215, 223.

252. 小齿股叶甲 *Trichotheca parva* Chen *et* Wang, 1976, 昆虫学报, 19(2): 213, 223.

253. 一色齿股叶甲 *Trichotheca unicolor* Chen *et* Wang, 1976, 昆虫学报, 19(2): 215, 223.

萤叶甲亚科 Galerucinae

254. 丝萤叶甲属 *Pseudespera* Chen, Wang *et* Jiang, 1985, 动物学报, 31(4): 372, 375.

255. 灰黄丝萤叶甲 *Pseudespera sericea* Chen, Wang *et* Jiang, 1985, 动物学报, 31(4): 373, 375.

256. 近黄丝萤叶甲 *Pseudespera sodalis* Chen, Wang *et* Jiang, 1985, 动物学报, 31(4): 373, 376.

257. 神农架丝萤叶甲 *Pseudespera shennongjiana* Chen, Wang *et* Jiang, 1985, 动物学报, 31(4): 374, 376.

258. 花股丝萤叶甲 *Pseudespera femoralis* Chen, Wang *et* Jiang, 1985, 动物学报, 31(4): 374, 376.

259. 麻臀高萤叶甲 *Capula caudata* Chen, Wang *et* Jiang, 1986, 动物分类学报, 11(4): 398, 400.

260. 厚缘高萤叶甲 *Capula apicalis* Chen, Wang *et* Jiang, 1986, 动物分类学报, 11(4): 399, 400.

261. 新萤叶甲属 *Xingeina* Chen, Jiang *et* Wang, 1987, 动物学集刊, 5: 61, 67.

262. 直斑新脊萤叶甲 *Xingeina vittata* Chen, Jiang *et* Wang, 1987, 动物学集刊, 5: 61, 68.

263. 亮黑新脊萤叶甲 *Xingeina nigra* Chen, Jiang *et* Wang, 1987, 动物学集刊, 5: 62, 68.

264. 粗腿新脊萤叶甲 *Xingeina femoralis* Chen, Jiang *et* Wang, 1987, 动物学集刊, 5: 63, 68.

265. 全黑显萤叶甲 *Shaira atra* Chen, Jiang *et* Wang, 1987, 动物学集刊, 5: 63, 68.

266. 死斑显萤叶甲 *Shaira quadrigutta* Chen, Jiang *et* Wang, 1987, 动物学集刊, 5: 63, 69.

267. 黄胸显萤叶甲 *Shaira fulvicollis* Chen, Jiang *et* Wang, 1987, 动物学集刊, 5: 64, 69.

268. 耀黑短鞘萤叶甲 *Geinella splendida* Chen, Jiang *et* Wang, 1987, 动物学集刊, 5: 64, 69.

269. 皱鞘脊萤叶甲 *Geinula rugipennis* Chen, Jiang *et* Wang, 1987, 动物学集刊, 5: 65, 70.

270. 长毛脊萤叶甲 *Geinula longipilosa* Chen, Jiang *et* Wang, 1987, 动物学集刊, 5: 65, 70.

271. 类毛脊萤叶甲 *Geinula similis* Chen, Jiang *et* Wang, 1987, 动物学集刊, 5: 66, 70.

272. 蓝鞘脊萤叶甲 *Geinula coeruleipennis* Chen, Jiang *et* Wang, 1987, 动物学集刊, 5: 66, 71.

273. 三洼脊萤叶甲 *Geinula trifoveolata* Chen, Jiang *et* Wang, 1987, 动物学集刊, 5: 67, 71.

蛩蠊目 Grylloblattodea

274. 中华蛩蠊 *Galloisiana sinensis* Wang, 1987, 昆虫学报, 30(4): 423, 428.

275. 陈氏西蛩蠊 *Grylloblattella cheni* Bai, Wang *et* Yang, 2010, PLoS One, 5(9): 1.

王书永采集的新种模式标本名录

（不完全统计）

一、鞘翅目 Coleoptera

（一）叶甲科 Chrysomelidae

叶甲亚科 Chrysomelinae

1. 黑胸柱胸叶甲 *Agrosteomela nigrita* Ge *et* Yang, 2004
   正模：四川马尔康，1983.VIII.17。

2. 雷公山榆叶甲 *Ambrostoma leigongshanum* Wang, 1992
   正模、配模、副模：贵州雷山雷公山，1988.VI.30。

3. 聂拉木金叶甲 *Chrysolina* (*Allohypericia*) *nyalamana* Chen *et* Wang, 1981
   正模、配模：西藏聂拉木，3800m，1966.VI.21，23。

4. 富蕴金叶甲 *Chrysolina* (*Chrysocrosita*) *fuyunica* Chen, 1961
   副模：新疆富蕴，1960.VII.12。

5. 富蕴金叶甲阿尔泰亚种 *Chrysolina* (*Chrysocrosita*) *fuyunica alta* Chen, 1961
   正模、副模：新疆阿勒泰阿祖拜，1960.VIII.5。

6. 大理金叶甲 *Chrysolina* (*Timarchomela*) *dalia* Chen *et* Wang, 1984
   正模、配模：云南大理点苍山，1981.VI.30。

7. 红原金叶甲 *Chrysolina hongyuanensis* Daccordi *et* Ge, 2011
   副模：四川红原龙日坝，1983.VIII.25。

8. 马尔康金叶甲 *Chrysolina markamensis* Daccordi *et* Ge, 2011
   正模、副模：西藏马尔康，1982.VIII.12。

9. 书永氏金叶甲 *Chrysolina shuyongi* Ge *et* Daccordi, 2011
   正模：云南维西犁地坪，1984.VIII.14。

10. 绿胸金叶甲 *Chrysolina zhongdiana* Chen *et* Wang, 1984
    正模、副模：云南中甸大雪山，1981.VIII.16，20。

11. 高原叶甲 *Chrysomela alticola* Wang, 1992
    正模：青海玉树，1962.VI.15。

12. 高原角胫叶甲 *Gonioctena* (*Brachyphytodecta*) *altimontana* Chen *et* Wang, 1984
    正模、配模、副模：云南中甸格咱，1981.VIII.8。

13. 巴郎山新猿叶甲 *Neophaedon balangshanensis* (Ge *et* Wang, 2002)
    正模、副模：四川卧龙巴郎山，1985.VII.7。

14. 腊梅齿猿叶甲 *Odontoedon potentillae* (Wang, 1992)
    正模、配模：四川德格柯洛洞，1983.VIII.5；副模：四川康定贡嘎山西坡贡嘎寺，1982.XI.2。

15. 尾高山叶甲 *Oreomela caudata* Chen, 1976

　　正模、配模、副模：青海玉树小苏莽，1964.VII.23。

16. 蓝高山叶甲 *Oreomela coerulea* Chen, 1976

　　正模：青海囊谦，1965.VI.30。

17. 铜高山叶甲 *Oreomela cupreata* Chen, 1976

　　正模：青海玉树哈秀山，1964.VII.10。

18. 宽胸高山叶甲 *Oreomela laticollis* Wang, 1992

　　正模、副模：四川康定折多山垭口，1983.VI.24。

19. 墨黑高山叶甲 *Oreomela melanosoma* Wang, 1992

　　正模、配模、副模：四川乡城无名山，1982.VIII.5。

20. 紫高山叶甲 *Oreomela nigroviolacea* Chen, 1976

　　正模、副模：青海囊谦，1965.VII.4。

21. 光胸高山叶甲 *Oreomela nitidicollis* Wang, 1992

　　正模、配模、副模：四川理塘，1982.VIII.23。

22. 细毛高山叶甲 *Oreomela setigera* Wang, 1992

　　正模：四川巴塘海子山，1982.VIII.19。

23. 天山高山叶甲 *Oreomela tianshanica* Chen, 1961

　　正模、配模、副模：新疆天山北坡，1960.V.31。

24. 紫蓝高山叶甲 *Oreomela violacea* Wang, 1992

　　正模、配模、副模：四川德格马尼干戈，1983.VII.9～10。

25. 高山猿叶甲 *Phaedon alpinus* Ge *et* Wang, 2002

　　正模、配模、副模：四川德格雀儿山西坡，1983.VII.7。

26. 高原猿叶甲 *Phaedon alticolus* Chen, 1974

　　正模、配模、副模：青海囊谦，1965.IX.3。

27. 缺翅猿叶甲 *Phaedon apterus* Chen *et* Wang, 1984

　　正模、副模：云南德钦白茫雪山东坡，1981.VIII.29。

28. 无名山猿叶甲 *Phaedon wumingshanensis* Ge *et* Wang, 2002

　　正模、配模：四川乡城无名山垭口，1982.VIII.5。

29. 高原弗叶甲 *Phratora aenea* Wang, 1992

　　正模、配模、副模：四川乡城柴柯，1982.VI.21。

30. 双刺弗叶甲 *Phratora bispinula* Wang, 1992

　　正模、配模：云南中甸翁水，1982.VII.10；副模：云南兰坪，1984.VIII.22；云南丽江玉龙山，1984.VII.19。

31. 双钩弗叶甲 *Phratora biuncinata* Ge *et* Yang, 2002

　　正模：云南云龙志奔山，1981.VI.21；副模：云南中甸翁水，1982.VII.10。

32. 皱弗甲 *Phratora caperata* Ge *et* Yang, 2002

　　正模：云南梅里雪山东坡，1982.VII.29。

33. 铜色弗叶甲 *Phratora cuprea* Wang, 1992

　　正模云南泸水姚家坪，1981.VI.6；配模、副模：云南云龙志奔山，1981.VI.23。

34. 达氏弗叶甲 *Phratora daccordii* Ge *et* Wang, 2004

    正模、配模、副模：四川乡城柴柯，1982.VI.21。

35. 德钦弗叶甲 *Phratora deqinensis* Ge *et* Wang, 2004

    正模、配模、副模：云南德钦白茫雪山，1981.VIII.25。

36. 京弗叶甲华西亚种 *Phratora phaedonoides occidentalis* Chen, 1965

    副模：云南大理苍山，1955.V.30～31。

37. 双色圆叶甲横断亚种 *Plagiodera bicolor hengduanica* Chen *et* Wang, 1984

    正模、配模、副模：云南泸水片马，1981.V.29～30。

跳甲亚科 Alticinae

38. 紫铜球须跳甲 *Acrocrypta violaceicuprea* Wang, 2007

    配模、副模：云南西双版纳勐宋，1958.VI.9。

39. 高山跳甲 *Altica alticola* Wang, 1992

    正模、配模、副模：四川甘孜，1983.VI.29。

40. 沙枣跳甲 *Altica elaeagnusae* Zhang, Wang *et* Yang, 2006

    正模、副模：新疆婼羌，1960.IV.27。

41. 栗色刀刺跳甲 *Aphthonoides castaneus* Wang, 1992

    正模、副模，云南泸水姚家坪，1981.VI.6。

42. 隆翅侧刺跳甲狭体亚种 *Aphthona howenchuni angustata* Wang, 1992

    正模、配模、副模：云南云龙志奔山，1981.VI.20。

43. 隆翅侧刺跳甲黑足亚种 *Aphthona howenchuni nigripes* Wang, 1992

    正模、配模、副模：西藏芒康海通，1982.VIII.8。

44. 阔翅刀刺跳甲 *Aphthonoides latipenis* Chen *et* Wang, 1980

    正模：广西龙胜白岩，1963.VI.23。

45. 毛翅刀刺跳甲 *Aphthonoides pubipennis* Wang, 1992

    正模、配模、副模：云南兰坪，1984.VIII.20。

46. 皱顶刀刺跳甲 *Aphthonoides rugiceps* Wang, 1992

    正模、配模、副模：云南兰坪，1984.VIII.20。

47. 双齿凹唇跳甲 *Argopus bidentatus* Wang, 1992

    正模、配模、副模：四川乡城柴柯，1982.VI.20。

48. 狭体圆肩跳甲 *Batophila angustata* Wang, 1992

    正模、副模：云南大理点苍山，1981 VI.30。

49. 草莓圆肩跳甲 *Batophila fragariae* Wang, 1992

    正模、配模、副模：云南维西犁地坪，1984.VIII.13。

50. 凹翅圆肩跳甲 *Batophila impressa* Wang, 1992

    正模、配模、副模：云南泸水姚家坪，1981.VI.6。

51. 金蜡梅圆肩跳甲 *Batophila potentillae* Wang, 1992

    正模、配模、副模：云南德钦白茫雪山，1982.VII.14。

52. 麻脸圆肩跳甲 *Batophila punctifrons* Wang, 1992

　　正模、配模、副模：四川乡城中热乌，1982.VII.14。

53. 红足双刺跳甲 *Dibolia tibialis* Wang, 1992

　　正模、配模、副模：四川马尔康，1983.VIII.22。

54. 西藏凸顶跳甲 *Euphitrea xia* Chen *et* Wang, 1981

　　正模、配模、副模：西藏樟木，1966.V.3。

55. 小血红跳甲 *Haemaltica parva* Chen *et* Wang, 1980

　　正模：云南西双版纳勐阿，1958.V.10。

56. 光胸沟胫跳甲 *Hemipyxis glabricollis* Wang, 1992

　　正模、配模、副模：云南泸水姚家坪，1981.VI.6。

57. 康定沟胫跳甲 *Hemipyxis kangdingana* Wang, 1992

　　正模、配模、副模：四川康定瓦斯沟，1983.VI.22。

58. 小沟胫跳甲 *Hemipyxis parva* Wang, 1992

　　正模、配模、副模：四川盐源金河，1984.VI.30。

59. 古铜丝跳甲 *Hespera aenea* Chen *et* Wang, 1984

　　正模、配模、副模：云南维西白济汛，1981.VII.13。

60. 膨胸丝跳甲 *Hespera aeneocuprea* Chen *et* Wang, 1986

　　正模：云南兰坪金顶，1984.VIII.24。

61. 铜黑丝跳甲 *Hespera aeneonigra* Chen *et* Wang, 1986

　　正模、配模、副模：云南兰坪金顶，1984.VIII.24。

62. 金铜丝跳甲 *Hespera auricuprea* Chen *et* Wang, 1986

　　正模、配模、副模：云南维西犁地坪，1984.VIII.14。

63. 稀毛丝跳甲 *Hespera sparsa* Wang, 1992

　　正模、配模、副模：云南兰坪，1984.VIII.22。

64. 双毛黑丝跳甲 *Hespera bipilosa* Chen *et* Wang, 1984

　　正模、配模、副模：云南中甸格咱，1981.VIII.4。

65. 短鞘丝跳甲 *Hespera brachyelytra* Chen *et* Wang, 1984

　　正模、配模、副模：云南中甸，1981.VIII.3。

66. 凹窝丝跳甲 *Hespera excavata* Chen *et* Wang, 1986

　　正模、配模、副模：四川乡城柴柯，1982.VI.22。

67. 双毛黄丝跳甲 *Hespera flavodorsata* Chen *et* Wang, 1984

　　正模、配模、副模：云南中甸翁水，1981.VIII.21。

68. 淡足丝跳甲 *Hespera fulvipes* Chen *et* Wang, 1986

　　正模、配模、副模：云南德钦梅里雪山，1982VII.20。

69. 光头丝跳甲 *Hespera glabriceps* Chen *et* Wang, 1984

　　正模：云南泸水，1981.VI.10。

70. 瘦角丝跳甲 *Hespera gracilicornis* Chen *et* Wang, 1986

　　正模、配模、副模：云南维西犁地坪，1984.VIII.16。

71. 丽江丝跳甲 *Hespera lijiangana* Chen *et* Wang, 1986
    正模：云南丽江玉龙山，1984.VII.17。

72. 黑体丝跳甲 *Hespera melanosoma* Chen *et* Wang, 1984
    正模、配模、副模：云南泸水，1981.VI.11。

73. 亮胸丝跳甲 *Hespera nitidicollis* Chen *et* Wang, 1984
    正模、配模、副模：云南泸水老窝，1981.VI.25。

74. 光背丝跳甲 *Hespera nitididorsata* Chen *et* Wang, 1986
    正模、配模、副模：云南中甸虎跳峡，1984.VIII.6。

75. 麻顶丝跳甲 *Hespera puncticeps* Chen *et* Wang, 1984
    正模：云南大理点苍山，1981.VI.30。

76. 桑植丝跳甲 *Hespera sangzhiensis* Wang, 1993
    正模、配模、副模：湖南桑植天平山，1988.VIII.14。

77. 全色丝跳甲 *Hespera univestis* Chen *et* Wang, 1986
    正模、配模、副模：四川泸定磨西海螺沟，1982.IX.12。

78. 变色丝跳甲 *Hespera varicolor* Chen *et* Wang, 1986
    正模、配模、副模：四川雅江兵站，1982.VIII.27。

79. 光背突顶跳甲 *Horaia laevigata* Chen *et* Wang, 1980
    正模：云南西双版纳小勐养，1957.V.6。

80. 大瘤爪跳甲 *Hyphasis grandis* Wang, 1993
    正模、副模：湖北利川星斗山，1989.VII.21。

81. 双色老跳甲 *Laotzeus bicolor* Wang, 1992
    正模、配模、副模：云南维西犁地坪，1984.VIII.15。

82. 边胸束跳甲 *Lipromorpha marginata* Wang, 1992
    正模、配模、副模：云南泸水老窝，1981.VI.19。

83. 黑腹束跳甲 *Lipromorpha piceiventris* Chen *et* Wang, 1980
    正模：云南西双版纳勐宋，1958.IV.23。

84. 光背长跗跳甲 *Longitarsus laevicollis* Wang, 1992
    正模、配模、副模：云南德钦阿东，1981.IX.6。

85. 理塘长跗跳甲 *Longitarsus litangana* Wang, 1992
    正模、副模：四川理塘，1982.VIII.23。

86. 高山长跗跳甲 *Longitarsus montanus* Wang, 1992
    正模、配模、副模：四川德格马尼干戈，1983.VIII.8。

87. 瘤尾长跗跳甲 *Longitarsus nodulus* Wang, 1992
    正模、配模、副模：云南泸水姚家坪，1981.VI.4。

88. 粗背长跗跳甲 *Longitarsus rugipunctata* Wang, 1992
    正模、配模、副模：云南昆明，1981.VI.16。

89. 隆基寡毛跳甲 *Luperomorpha clypeata* Wang, 1992
    正模、副模：四川卧龙，1983.VII.20。

90. 膨跗寡毛跳甲 *Luperomorpha dilatata* Wang, 1992

   正模、配模、副模：云南丽江石鼓，1981.VII.30。

91. 广西寡毛跳甲 *Luperomorpha guangxiana* Wang *et* Ge, 2010

   正模、副模：广西临桂宛田，1963.VI.30。

92. 海南寡毛跳甲 *Luperomorpha hainana* Wang *et* Ge, 2010

   副模：海南尖峰岭天池，1980.III.22。

93. 泸水寡毛跳甲 *Luperomorpha lushuinensis* Wang, 1992

   正模、配模：云南泸水片马，1981.V.26。

94. 斑翅寡毛跳甲 *Luperomorpha maculata* Wang, 1992

   正模、配模、副模：四川泸定磨西，1982.IX.13。

95. 古铜寡毛跳甲 *Luperomorpha similimetallica* Wang *et* Ge, 2010

   正模：云南维西攀天阁，1981.VII.24。

96. 绿翅寡毛跳甲 *Luperomorpha viridis* Wang, 1992

   正模、配模、副模：四川卧龙三圣沟，1983.VIII.6。

97. 毛翅角腹跳甲 *Lypnea pubipennis* Wang *et* Yang, 2007

   副模：云南西双版纳勐阿，1958.VIII.4～19。

98. 棕栗小丝跳甲 *Micrespera castanea* Chen *et* Wang, 1987

   正模、配模、副模：云南玉龙雪山牦牛坪，1984.VII.18。

99. 丽江山丝跳甲 *Orhespera fulvohirsuta* Chen *et* Wang, 1987

   正模、配模、副模：云南玉龙雪山牦牛坪，1984.VII.18。

100. 光胸山丝跳甲 *Orhespera glabricollis* (Chen *et* Wang, 1984)

   正模、副模：云南中甸大雪山南坡，1981.VIII.20。

101. 凹胸山丝跳甲 *Orhespera impressicollis* Chen *et* Wang, 1987

   正模、配模、副模：云南德钦白茫雪山东坡，1981.VII.25。

102. 黑胸九节跳甲高山亚种 *Nonarthra nigricolle alticola* Wang, 1992

   正模、配模、副模：四川理塘，1982.VI.4。

103. 黑鞘九节跳甲 *Nonarthra nigripenne* Wang, 1992

   正模：云南中甸翁水，1982.VII.10。

104. 黑足九节跳甲 *Nonarthra nigripes* Wang, 1992

   正模、配模：四川泸定贡嘎山燕子沟，1982.IX.17。

105. 新疆四线跳甲 *Nisotra xinjiangana* Zhang *et* Yang, 2007

   正模、副模：新疆阿勒泰克木奇，1960.VIII.16。

106. 银莲曲胫跳甲 *Pentamesa anemoneae* Chen *et* Zia, 1966

   正模、配模、副模：青海省玉树小苏莽，1964.VII.4。

107. 银莲曲胫跳甲沟胸亚种 *Pentamesa anemoneae canaliculata* Wang, 1992

   正模、配模、副模：四川乡城中热乌，1982.VII.4。

108. 棕红曲胫跳甲 *Pentamesa fulva* Wang, 1992

   正模、配模、副模：四川炉霍朱倭，1983.VI.28。

109. 贡嘎曲胫跳甲 *Pentamesa gonggana* Wang, 1992

    正模：四川康定贡嘎寺，1982.IX.3。

110. 乡城曲胫跳甲 *Pentamesa xiangchengana* Wang, 1992

    正模、配模、副模：四川乡城中热乌，1982.VII.5。

111. 无翅菜跳甲 *Phyllotreta aptera* Wang, 1990

    正模：云南中甸，1981.VIII.22。

112. 丽江菜跳甲 *Phyllotreta lijiangana* Wang, 1992

    配模、副模：云南丽江玉湖，1984.VII.21。

113. 点苍粗角跳甲 *Phygasia diancangana* Wang, 1992

    正模、配模、副模：云南大理点苍山，1981.VI.29。

114. 黑胸粗角跳甲 *Phygasia nigricollis* Wang *et* Yang, 2008

    正模、副模：海南尖峰岭天池，1980.VI.18。

115. 拟斑翅粗角跳甲 *Phygasia pseudornata* Wang *et* Yang, 2008

    正模、副模：海南尖峰岭，1980.VI.18。

116. 红胸粗角跳甲 *Phygasia ruficollis* Wang, 1993

    正模：湖北利川星斗山，1989.VII.23。

117. 云南粗角跳甲 *Phygasia yunnana* Wang *et* Yang, 2008

    正模：西双版纳勐阿，1958.V.29。

118. 双行潜跳甲 *Podagricomela geminata* Chen *et* Zia, 1966

    正模：云南省西双版纳大勐龙，1958.V.5。

119. 凹腹蚤跳甲 *Psylliodes* (s. str.) *abdominalis* Wang, 1992

    正模、配模、副模：云南丽江玉龙雪山，1984.VII.21。

120. 华西蚤跳甲 *Psylliodes huaxiensis* Wang, 1992

    配模：四川乡城柴柯，1982.VI.22。

121. 聂拉木蚤跳甲 *Psylliodes nyalamana* Chen *et* Wang, 1981

    正模：西藏聂拉木，1966.VI.22。

122. 青海蚤跳甲 *Psylliodes tsinghaina* Chen *et* Zia, 1966

    正模、配模、副模：青海玉树小苏莽，1964.VII.1。

123. 长体蚤跳甲 *Psylliodes* (*Semicnema*) *elongata* Wang, 1992

    正模：云南兰坪，1984.VIII.19。

124. 长角蚤跳甲 *Psylliodes* (*Semicnema*) *longicornis* Wang, 1992

    正模、配模：云南维西犁地坪，1984.VIII.16。

125. 脊唇球跳甲 *Sphaeroderma carinatum* Wang, 1992

    正模：四川泸定新兴，1983.VI.21。

126. 斑翅球跳甲 *Sphaeroderma maculatum* Wang, 1992

    正模：云南德钦梅里雪山，1982.VII.22。

127. 黑头球跳甲 *Sphaeroderma nigrocephalum* Wang, 1992

    正模：云南永胜六德，1984.VII.9。

128. 绿翅球跳甲 *Sphaeroderma viridis* Wang, 1992

　　正模、配模、副模：四川卧龙三圣沟，1983.VIII.8。

129. 蓝翅瘦跳甲 *Stenoluperus cyanipennis* Wang, 1992

　　正模、配模、副模：四川康定六巴，1982.IX.9。

130. 漆黑瘦跳甲 *Stenoluperus niger* Wang, 1992

　　正模、配模、副模：云南泸水姚家坪，1981.VI.4。

131. 杉树瘦跳甲 *Stenoluperus piceae* Wang, 1992

　　正模、配模、副模：四川乡城中热乌，1982.VII.2。

132. 粗顶瘦跳甲 *Stenoluperus puncticeps* Wang, 1992

　　正模、配模、副模：云南中甸大雪山，1981.VIII.16。

133. 凹腹台跳甲 *Taizonia excavate* Wang, 1993

　　正模：湖南永顺杉木河林场，1988.VIII.6。

134. 黑腹长瘤跳甲 *Trachyaphthona nigrosterna* Wang, 1990

　　正模、配模、副模：四川泸定贡嘎山燕子沟，1983.VI.5。

135. 全黄长瘤跳甲 *Trachyaphthona fulva* Wang, 1990

　　正模、配模、副模：云南泸水，1981.VI.8。

136. 宽刺长瘤跳甲 *Trachyaphthona latispina* Wang, 1990

　　正模、配模、副模：四川卧龙巴郎山东坡，1983.VIII.9。

137. 醉鱼草长瘤跳甲 *Trachyaphthona buddlejae* Wang, 1990

　　副模：云南泸水片马，1981.V.25～29。

138. 双行沟顶跳甲 *Xuthea geminalis* Wang, 1992

　　正模、配模、副模：云南中甸冲江河，1984.VIII.4。

139. 沟胸云丝跳甲 *Yunohespera sulcicollis* Chen *et* Wang, 1984

　　正模、副模：云南维西攀天阁，1981.VII.17。

萤叶甲亚科 Galerucinae

140. 黄腹殊角萤叶甲 *Agetocera abdominalis* Jiang, 1992

　　正模、配模、副模：云南泸水片马，1981.V.26。

141. 云南殊角萤叶甲 *Agetocera yunnana* Chen, 1964

　　正模、配模：云南景洪石灰窑，1957.IV.27；副模：云南西双版纳小勐养，1957.V.3。

142. *Aplosonyx flavipennis* Chen, 1964

　　配模：云南省西双版纳勐遮，1958.VII.7；副模：云南省西双版纳勐阿，1958.VI.7。

143. 黑须黑守瓜萤叶甲 *Aulacophora nigripalpis* Chen *et* Kung, 1959

　　正模：云南省西双版纳允景洪，1957.IV.29。

144. 玉树卡萤叶甲 *Calomicrus yushunicus* Chen *et* Jiang, 1981

　　正模、配模、副模：青海玉树小苏莽，1964.VII.6。

145. 榛克萤叶甲 *Cneoranidea coryli* Chen *et* Jiang, 1984

　　正模、配模、副模：安徽黄山北海，1978.VIII. 22。

146. 红柳粗角萤叶甲 *Diorhabda deserticola* Chen, 1961

正模、副模：新疆米泉，1959.IX.14。

147. 小柱萤叶甲 *Gallerucida parva* Chen, 1992

正模：云南西双版纳勐混，1958.X.28。

148. 耀黑短鞘萤叶甲 *Geinella splendida* Chen, Jiang *et* Wang, 1987

副模：四川康定子梅山，1982.IX.2。

149. 蓝鞘脊萤叶甲 *Geinula coeruleipennis* Chen, Jiang *et* Wang, 1987

正模、配模、副模：四川康定六巴，1982.IX.9。

150. 长毛脊萤叶甲 *Geinula longipilosa* Chen, Jiang *et* Wang, 1987

正模、配模、副模：四川道孚，1983.VII.12。

151. 皱鞘脊萤叶甲 *Geinula rugipennis* Chen, Jiang *et* Wang, 1987

正模：四川理塘，1982.VIII.23。

152. 类毛脊萤叶甲 *Geinula similis* Chen, Jiang *et* Wang, 1987

正模、配模：四川德格马尼干戈，1983.VII.8。

153. 双枝日萤叶甲 *Japonitata biramosa* Chen *et* Jiang, 1986

正模：云南西双版纳小勐养，1957.IV.2。

154. 淡足日萤叶甲 *Japonitata pallipes* Chen *et* Jiang, 1986

正模：广西龙胜白岩，1963.VI.19。

155. 三脊日本萤叶甲 *Japonitata tricostata* Chen *et* Jiang, 1981

副模：西藏樟木友谊桥，1966.VI.24。

156. *Nepalogaleruca nigriventris* Chen *et* Jiang, 1987

配模、副模：西藏樟木曲乡，1966.V.17。

157. 形凹翅萤叶甲 *Paleosepharia J-signata* Chen *et* Jiang, 1984

正模、副模：云南西双版纳勐阿，1958.VI.7。

158. 红肩凹翅萤叶甲 *Paleosepharia humeralis* Chen *et* Jiang, 1984

配模：云南西双版纳小勐养，1957.X.25。

159. 毛足拟萤叶甲 *Paridea hirtipes* Chen *et* jiang, 1981

正模、配模、副模：西藏樟木友谊桥，1966.V.6。

160. *Paridea* (*Semacia*) *biconvexa* Yang, 1991

副模：云南西双版纳勐遮，1958.IV.24。

161. *Paridea* (*Semacia*) *grandifolia* Yang, 1991

正模、配模、副模：云南中甸，1984.VIII.6。

162. *Paridea* (*Semacia*) *nigricaudata* Yang, 1991

副模：云南西双版纳勐遮，1958.IV.14。

163. *Paridea* (*Paridea*) *phymatodea* Yang, 1991

正模、副模：云南西双版纳勐遮，1958.VII.3。

164. *Paridea* (*Paridea*) *sancta* Yang, 1991

配模：云南西双版纳大勐龙勐宋，1958.IV.24。

165. *Paridea (Paridea) terminate* Yang, 1991

　　正模：云南西双版纳小勐养，1957.VI.16。

166. 云南拟守瓜 *Paridea (Paridea) yunnana* Yang, 1991

　　副模：云南西双版纳，1958.V～IX。

167. 黑缘脊守瓜 *Paragetocera nigrimarginalis* Jiang, 1992

　　正模、副模：云南中甸冲江河维西攀天阁，1984.VIII.5。

168. 三带拟隶萤叶甲 *Pseudoliroetis trifasciata* Jiang, 1992

　　正模、配模：云南丽江玉龙山，1984.VII.20。

169. 红翅宽缘萤叶甲 *Pseudosepharia rufula* Jiang, 1992

　　正模、配模、副模：云南泸水片马，1981.V.26。

170. 斑翅宽缘萤叶甲 *Pseudosepharia pallinotata* Jiang, 1992

　　副模：云南云龙志奔山，1981.VI.21～24。

171. 六斑额凹萤叶甲 *Sermyloides biconcava* Yang, 1991

　　正模、副模：贵州雷山桃江，1988.VII.5。

172. 槽唇额凹萤叶甲 *Sermyloides pilosa* Yang, 1991

　　正模、副模：贵州雷山雷公山，1988.VI.30。

173. 六斑额凹萤叶甲 *Sermyloides sexmaculata* Yang, 1991

　　正模、副模：广西龙州大青山，1963.IV.23。

174. 槽唇额凹萤叶甲 *Sermyloides sulcata* Yang, 1991

　　副模：云南西双版纳勐混，1958.VI.1。

175. 圆突额凹萤叶甲 *Sermyloides umbonata* Yang, 1991

　　副模：云南西双版纳勐阿，1958.VIII.5。

176. 王氏额凹萤叶甲 *Sermyloides wangi* Yang, 1993

　　正模、配模：湖北利川星斗山，1989.VII.21。

177. 全黑显萤叶甲 *Shaira atra* Chen, Jiang *et* Wang, 1987

　　正模、配模：云南德钦梅里雪山，1982.VII.24。

178. 黄兄显萤叶甲 *Shaira fulvicollis* Chen, Jiang *et* Wang, 1987

　　正模、配模、副模：四川乡城中热乌，1982.VII.2。

179. 四班显萤叶甲 *Shaira quadriguttata* Chen, Jiang *et* Wang, 1987

　　正模、配模、副模：云南德钦梅里雪山，1982.VII.27。

180. 小檗斯萤叶甲 *Sphenoraia berberii* Jiang, 1992

　　正模、配模、副模：云南德钦白茫雪山东坡，1981.VIII.28。

181. 黑斑斯萤叶甲 *Sphenoraia nigromaculata* Jiang, 1992

　　正模：四川马尔康，1983.VIII.17。

182. 粗点斯萤叶甲 *Sphenoraia punctipennis* Jiang, 1992

　　正模：西藏芒康海通，1982.VIII。

183. 雅江斯萤叶甲 *Sphenoraia yajiangensis* Jiang, 1992

　　正模、配模、副模：四川雅江兵站，1982.VIII.26。

184. 粗腿新脊萤叶甲 *Xingeina femoralis* Chen, Jiang *et* Wang, 1987

　　正模：四川卧龙巴郎山，1983.VIII.7。

185. 亮黑新脊萤叶甲 *Xingeina nigra* Chen, Jiang *et* Wang, 1987

　　正模、配模、副模：四川马尔康梦笔山，1983.VIII.19。

186. 直斑新脊萤叶甲 *Xingeina vittata* Chen, Jiang *et* Wang, 1987

　　正模、配模、副模：云南德钦白茫雪山，1981.VIII.30。

187. *Yunomela rufa* Chen, 1964

　　正模：云南省西双版纳小勐养，1957.VI.27；副模：云南省西双版纳小勐养，1957.IX.5。

（二）肖叶甲科 Eumolpidae

188. 粗角隐盾叶甲 *Adiscus crassicornis* Tan, 1992

　　正模、副模：云南泸水片马，1981.V.31。

189. 蓝鞘隐盾叶甲 *Adiscus cyaneus* Tan, 1992

　　副模：四川贡嘎山燕子沟，1983.VI.5。

190. 泸水隐盾叶甲 *Adiscus lushuiensis* Tan, 1992

　　正模、副模：云南泸水片马，1981.V.31。

191. 短胸隐盾叶甲 *Adiscus transversalis* Tan, 1992

　　正模、配模、副模：云南泸水姚家坪，1981.VI.6。

192. 桔色隐盾叶甲 *Adiscus inornatus* Chen, 1980

　　正模：云南西双版纳勐腊，1958.V.28。

193. 斑腿隐盾叶甲 *Adiscus tibialis* Chen, 1980

　　正模：云南西双版纳勐海，1958.VII.25；副模：云南西双版纳勐遮，1958.VI.27。

194. 泸水厚缘肖叶甲 *Aoria (Osnaparis) lushuiensis* Tan, 1992

　　正模：云南泸水片马，1981.V.29。

195. 高山厚缘肖叶甲 *Aoria (Osnaparis) montana* Tan, 1992

　　正模、副模：四川贡嘎山，1983.VI.17。

196. 脊鞘厚缘肖叶甲 *Aoria carinata* Tan, 1992

　　正模：贵州江口梵净山，1988.VII.16。

197. 樟齿胸肖叶甲 *Aulexis cinnamomi* Chen *et* Wang, 1976

　　正模、配模、副模：云南西双版纳勐龙勐宋，1958.IV.26。

198. 江口齿胸肖叶甲 *Aulexis jiangkouensis* Tan, 1992

　　正模：贵州梵净山，1988.VII.16。

199. 四川齿胸肖叶甲 *Aulexis sichuanensis* Tan, 1992

　　正模：四川汶川卧龙，1983.VII.27。

200. 瘤突齿胸肖叶甲 *Aulexis tuberculate* Tan, 1992

　　正模：贵州雷山桃江，1988.VII.5。

201. 双丘角胸肖叶甲 *Basilepta bicollis* Tan, 1988

　　正模、副模：云南云龙志奔山，1981.VI.21。

202. 峭脊角胸肖叶甲 *Basilepta declivis* Tan, 1988
     正模、副模：四川泸定磨西，1983.VI.18。

203. 德钦角胸肖叶甲 *Basilepta deqenensis* Tan, 1988
     正模、配模、副模：云南德钦梅里石，1982.VII.18。

204. 长足角胸肖叶甲 *Basilepta elongate* Tan, 1988
     正模、配模、副模：云南泸水姚家坪，1981.VI4。

205. 黄端角胸肖叶甲 *Basilepta flavicaudis* Tan, 1988
     正模、副模：云南维西攀天阁，1981.VII.23。

206. 褐边角胸肖叶甲 *Basilepta fuscolimbata* Tan, 1988
     正模、配模、副模：云南云龙志奔山，1981.VI.21。

207. 颗粒角胸肖叶甲 *Basilepta granulosa* Tan, 1988
     正模、配模、副模：云南中甸小中甸，1981.VIII.2。

208. 毛腹角胸肖叶甲 *Basilepta pubiventer* Tan, 1988
     正模、副模：四川荥经四坪，1984.VI.25。

209. 疏刻角胸肖叶甲 *Basilepta remota* Tan, 1984
     正模、配模、副模：云南泸水姚家坪，1981.VI.10。

210. 瘤脊角胸肖叶甲 *Basilepta rugipennis* Tan, 1988
     正模：云南泸水片马，1981.V.29。

211. 似圆角胸肖叶甲 *Basilepta subruficollis* Tan, 1992
     正模、配模：贵州雷山桃江，1988.VII.5。

212. 三脊角胸肖叶甲 *Basilepta tricarinata* Tan, 1988
     正模、配模、副模：云南中甸小中甸，1981.VIII.2。

213. 维西角胸肖叶甲 *Basilepta weixiensis* Tan, 1988
     正模、配模、副模：云南维西攀天阁，1981.VII.20。

214. 红胸樟肖叶甲 *Chalcolema cinnamoni* Chen et Wang, 1976
     正模、配模、副模：云南西双版纳勐龙勐宋，1958.IV.26。

215. 光樟肖叶甲 *Chalcolema glabrata* Tan, 1982
     正模、配模、副模：云南西双版纳勐遮，1958.VI.12。

216. 桑植樟肖叶甲 *Chalcolema sangzhiensis* Tan, 1992
     正模：湖南桑植天平山，1988.VIII.14。

217. 似红头瘤叶甲 *Chlamisus subruficeps* Tan, 不详
     配模：四川卧龙，1983.VII.30。

218. 脊鞘突肩肖叶甲 *Cleorina costata* Tan et Wang, 1981
     正模：西藏樟木友谊桥，1966.V.3。

219. 长角突肩肖叶甲 *Cleorina longicornia* Tan, 1992
     正模：云南泸水片马，1981.V.27。

220. 丽突肩肖叶甲 *Cleorina nitida* Tan, 1981
     正模、配模、副模：西藏聂拉木友谊桥，1966.V.3。

221. 光胸突肩肖叶甲 *Cleorina nitidicollis* Tan *et* Wang, 1981

    正模：西藏樟木友谊桥，1966.V.3。

222. 光亮突肩肖叶甲 *Cleorina splendida* Tan, 1992

    配模：云南大理点苍山，1981.VI.30。

223. 西藏突肩肖叶甲 *Cleorina xizangense* Tan *et* Wang, 1981

    正模：西藏樟木，1966.V.16。

224. 额斑锯角叶甲 *Clytra rubrimaculata* Tan, 1992

    正模、配模、副模：云南德钦奔子栏，1981.VIII.23。

225. 距接眼叶甲 *Coenobius distantis* Tan, 1992

    副模，四川泸定新兴，1983.VI.13。

226. 粗腿沟臀肖叶甲 *Colaspoides crassifemur* Tan *et* Wang, 1984

    配模：云南大理点苍山，1981.VI.29。

227. 乡城切头叶甲 *Coptocephala xiangchengensis* Tan, 1992

    正模、配模、副模：四川乡城，1982.VI.27。

228. 荒落隐头叶甲 *Cryptocephalus egenus* Tan, 1992

    正模、配模、副模：四川甘孜马尼干戈新路海，1983.VII.9。

229. 黄端隐头叶甲 *Cryptocephalus flavicaudis* Tan, 1992

    正模、副模：云南中甸冲江河，1984.VIII.6。

230. 黑角隐头叶甲 *Cryptocephalus furvicornis* Tan, 1992

    配模、副模：四川马尔康，1983.VIII.22。

231. 切缘隐头叶甲 *Cryptocephalus incisus* Tan, 1992

    正模、配模、副模：云南中甸冲江河，1984.VIII.6。

232. 乳白斑隐头叶甲 *Cryptocephalus lactineus* Tan, 1992

    正模：四川理县米亚罗，1983.VIII.13。

233. 兰坪隐头叶甲 *Cryptocephalus lanpingensis* Tan, 1992

    正模：云南兰坪，1984.VIII.22。

234. 雀斑隐头叶甲 *Cryptocephalus lentiginosus* Tan, 1992

    正模、配模、副模：四川雅江兵站，1982.VIII.29。

235. 泸定隐头叶甲 *Cryptocephalus ludingensis* Tan, 1992

    配模、副模：四川泸定磨西，1983.VI.17。

236. 小隐头叶甲 *Cryptocephalus nanus* Tan, 1992

    正模、配模、副模：云南小中甸，1984.VIII.2。

237. 掌跗隐头叶甲 *Cryptocephalus pedatus* Tan, 1992

    正模、配模、副模：四川德格柯洛洞，1983.VIII.23。

238. 箭斑隐头叶甲 *Cryptocephalus sagittimaculatus* Tan, 1992

    正模、副模：云南云龙志奔山，1981.VI.21。

239. 盾斑隐头叶甲 *Cryptocephalus scutemaculatus* Tan, 1992

    正模、配模、副模：云南丽江石鼓，1981.VII.8。

240. 似西藏隐头叶甲 *Cryptocephalus similis* Tan, 1992

　　　配模、副模：云南泸水片马，1981.V.27。

241. 云南皱皮肖叶甲 *Dermorhytis yunnanensis* Tan *et* Wang, 1984

　　　正模、配模、副模：云南泸水片马，1981.V.31。

242. 白斑茶肖叶甲 *Demotina albomaculata* Tan, 1992

　　　正模、配模、副模：四川乡城，1982.VI.28。

243. 斑额茶肖叶甲 *Demotina bicoloriceps* Tan, 1992

　　　正模：云南中甸格咱，1981.VIII.6。

244. 棕缺齿筒胸肖叶甲 *Malegia brunnea* Tan, 1992

　　　正模：云南兰坪，1984.VIII.22。

245. 柱纹齿爪肖叶甲 *Melixanthus columnarius* Tan, 1991

　　　正模、配模、副模：四川泸定磨西海螺沟，1982.IX18。

246. 长柄齿爪肖叶甲 *Melixanthus longicsapus* Tan, 1991

　　　正模、配模、副模：云南泸水老窝，1981.VI.25。

247. 雅江齿爪叶甲 *Melixanthus yajiangensis* Tan, 1992

　　　正模、配模、副模：四川雅江兵站，1982.VIII.29。

248. 黄斑平肩肖叶甲 *Mireditha flamaculata* Tan, 1992

　　　正模、配模、副模：四川甘孜马尼干戈，1983.VII.10。

249. 居间平肩肖叶甲 *Mireditha intermedia* Tan, 1992

　　　正模、副模：四川康定，1983.VI.25。

250. 黑纹平肩肖叶甲 *Mireditha vittata* Tan, 1992

　　　正模：四川甘孜马尼干戈，1983.VII.8。

251. 额窝卵形叶甲 *Oomorphoides foveatus* Tan, 1992

　　　正模、副模：四川贡嘎山燕子沟，1983.VI.5。

252. 粗刻卵形叶甲 *Oomorphoides punctatus* Tan, 1992

　　　正模、配模、副模：四川泸定新兴，1983.VI.13。

253. 瘤鞘似角胸肖叶甲 *Parascela tuberosa* Tan, 1983

　　　正模、副模：云南泸水片马，1981.V.31。

254. 簇毛伪厚缘肖叶甲 *Pseudaoria floccosa* Tan, 1992

255. 正模、配模、副模：云南丽江玉湖，1984.VII.23。

256. 漫点伪厚缘肖叶甲 *Pseudaoria irregulare* Tan, 1992

　　　正模、副模：四川雅江兵站，1982.VIII.25。

257. 白毛锯背叶甲 *Serrinotus albopilosus* Tan, 1992

　　　正模、配模、副模：云南德钦梅里石，1982.VII.20。

258. 巴塘锯背叶甲 *Serrinotus batangensis* Tan, 1992

　　　正模、配模、副模：四川巴塘，1982.VIII.13。

259. 红额齿股肖叶甲 *Trichotheca rufofrontalis* Tan, 1992

　　　正模、配模、副模：云南永胜六德，1984.VII.10。

260. 似红额齿股肖叶甲 *Trichotheca similis* Tan, 1992

    配模、副模：四川泸定磨西，1983.VI.20。

261. 额窝黄肖叶甲 *Xanthonia foveata* Tan, 1992

    正模、配模、副模：云南维西攀天阁，1981.VII.21。

262. 光亮黄肖叶甲 *Xanthonia glabrata* Tan, 1992

    正模、副模：云南泸水片马，1981.V.21。

263. 似光亮黄肖叶甲 *Xanthonia similis* Tan, 1992

    正模、配模、副模：云南云龙志奔山，1981.VI.21。

264. 西双皱鞘肖叶甲 *Abirus xishuangensis* Tan, 1982

    配模：云南西双版纳小勐养，1957.VI.14。副模：云南西双版纳勐遮，1958.VI.30～VII.2。

265. 毛端甘薯肖叶甲 *Colasposoma apicipeenne* Tan, 1983

    副模：云南西双版纳，1958.V～X。

266. 似毛端甘薯肖叶甲 *Colasposoma vicinale* Tan, 1983

    正模、配模、副模：云南西双版纳勐遮，1958.VI.15。

267. 凹窝皱皮肖叶甲 *Dermorhytis foveata* Tan, 1982

    配模：云南西双版纳大勐龙勐宋，1958.VI.27。

268. 角胫扁角肖叶甲 *Platycorynus angularis* Tan, 1982

    副模：云南西双版纳，1958～1959.V～X。

269. 长跗亮肖叶甲 *Chrysolampra longitarsis* Tan, 1982

    正模：云南西双版纳大勐龙勐宋，1958.VI.22。

270. 多皱亮肖叶甲 *Chrysolampra rugose* Tan, 1982

    副模：云南西双版纳勐遮，1958.VII。

271. 齿股扁角肖叶甲 *Platycorynus dentatus* Tan, 1982

    正模、副模：云南西双版纳猛啊，1958.V.13。

272. 麻点扁角肖叶甲 *Platycorynus punctatus* Tan, 1982

    正模、副模：云南西双版纳大勐龙勐宋，1958.IV.23。

273. 红鞘扁角肖叶甲 *Platycorynus roseus* Tan, 1982

    正模、配模、副模：云南西双版纳橄榄坝，1957.III.16。

（三）负泥虫科 Crioceridae

274. *Donacia shishona* Chen, 1962

    副模：云南西双版纳大勐龙，1958.V.4。

275. *Munina donacioides* Chen, 1976

    正模、副模：云南西双版纳允景洪石灰窑，1957.IV.26。

276. *Pedrillia impressa* Chen et Pu, 1962

    副模：云南西双版纳勐龙版纳勐宋，1958.IV.25。

277. *Poecilomorpha assamensis yunnana* Chen et Pu, 1962

    正模：云南西双版纳小勐养，1957.VI.15；配模：云南西双版纳勐养菜元和，1987.IX.3。

278. *Prodonacia shishona* Chen, 1966

　　正模、配模、副模：云南西双版纳大勐龙，1958.V.4。

279. *Sagra (Sagrinola) moghanii* Chen *et* Pu, 1962

　　副模：云南西双版纳勐阿，1988.VIII.12, 19；云南西双版纳勐遮，1958.VI.14。

280. 棕瘤胸叶甲 *Zeugophora cribrata* Chen, 1974

　　正模、配模、副模：青海玉树布朗，1964.VIII.12。

281. 蓝瘤胸叶甲 *Zeugophora cyanea* Chen, 1974

　　正模、配模、副模：青海玉树布朗，1964.VIII.12。

（四）铁甲科 Hispidae

282. 斑鞘三脊甲 *Agonita metasternalis* (Tan *et* Sun, 1962)

　　正模：云南西双版纳橄榄坝，1957.IV.18。

283. 全脊三脊甲 *Agonita tricostata* Yu *et* Huang, 2002

　　配模、副模：海南尖峰岭，1981.IV.10。

284. 邹腹潜甲 *Anisodera rugulosa* Chen *et* Sun, 1964

　　配模：云南西双版纳勐阿，1958.VIII.12。

285. 云南梳龟甲 *Aspidomorpha yunnana* Chen *et* Zia, 1964

　　正模：云南西双版纳，1957.IX.2。

286. 阔锯龟甲 *Basiprionota* (s.str.) *lata* Chen *et* Zia, 1964

　　正模：云南西双版纳勐遮，1958.IX.2。

287. 蓝丽甲 *Callispa cyanea* Chen *et* Yu, 1961

　　正模：云南西双版纳大勐龙曼养广，1958.V.5。

288. 膨丽甲 *Callispa fulvescens* Chen *et* Yu, 1961

　　正模：云南思茅，1957.V.11。

289. 黑胸丽甲 *Callispa nigricollis* Chen *et* Yu, 1961

　　配模：云南勐海，1958.VIII.13；副模：云南勐海，1957.VIII.13。

290. 瘤背残铁甲 *Chaeridiona tuberculata* Chen *et* Yu, 1964

　　副模：云南西双版纳勐阿勐康，1958.V.25。

291. 双斑趾铁甲 *Dactylispa* (s.str.) *binotaticollis* Chen *et* T'an, 1964

　　副模：广西龙州大青山，1963.IV.26。

292. 山地趾铁甲 *Dactylispa* (s.str.) *brevispinosa yunnana* Chen *et* T'an, 1961

　　副模：云南西双版纳勐阿，1958.VIII.8, 19。

293. 差刺趾铁甲 *Dactylispa* (s.str.) *inaequalis* Chen *et* T'an, 1964

　　正模：云南西双版纳勐宋勐龙，1958.IV.26；副模：云南西双版纳勐遮西定，1958.VI.25。

294. 狭边叉趾铁甲 *Dactylispa* (s.str.) *internedia* Chen *et* T'an, 1961

　　正模：云南西双版纳小勐养，1957.V.6；副模：云南西双版纳大勐龙勐宋，1958.IV.22。

295. 宽额趾铁甲 *Dactylispa* (s.str.) *latifrons* Chen *et* T'an, 1961

　　正模：云南景洪石灰窑，1957.IV.27；副模：云南勐海茶场，1957.IV.24。

296. 黑角趾铁甲 *Dactylispa* (s.str.) *melanocera* Chen *et* T'an, 1961
     副模：云南西双版纳勐阿，1958.VIII.4。

297. 杂刺趾铁甲 *Dactylispa* (s.str.) *mixta* Kung *et* T'an, 1961
     副模：云南西双版纳勐遮，1958.VI.30。

298. 多毛趾铁甲 *Dactylispa* (s.str.) *pilosa* T'an *et* Kung, 1961
     副模：云南景洪石灰窑，1957.IV.27。

299. 寡毛趾铁甲 *Dactylispa* (s.str.) *polita* Chen *et* T'an, 1961
     副模：云南西双版纳大勐龙勐宋，1958.IV.20；西双版纳勐遮西定，1958.VI.24。

300. 金毛趾铁甲 *Dactylispa* (s.str.) *pubescens* Chen *et* T'an, 1962
     副模：云南西双版纳勐阿勐往，1958.V.31；云南西双版纳龙曼景宰，1958.V.4。

301. 玉米趾铁甲 *Dactylispa* (s.str.) *setifera atra* Chen *et* T'an, 1961
     副模：云南西双版纳勐阿，1958.VIII.21；云南澜沧，1957.VII.25。

302. 凹胸叉趾铁甲 *Dactylispa* (s.str.) *sternalis* Chen *et* T'an, 1964
     正模：广西龙胜，1963.VI.19。

303. 水稻铁甲云南亚种 *Dicladispa armigera yunnanica* (Chen *et* Sun, 1962)
     正模：云南西双版纳勐龙曼景宰，1958.V.4；副模：云南西双版纳孔明山曼通，1957.IX.16。

304. 棕腹平脊甲 *Downesia thoracica* Chen *et* Sun, 1964
     副模：广西阳朔，1963.VII.17。

305. 长刺铁甲 *Hispa echinata* Chen *et* Sun, 1964
     正模：云南西双版纳孔明山曼通，1957.IX.16。

306. 裸异胸甲 *Javeta maculata* Sun, 1985
     正模、副模：海南乐东天池，1980.III.18, 20。

307. 龙胜侧爪脊甲 *Klitispa mutilata* Chen *et* Sun, 1964
     正模：广西龙胜，1963.V.28；副模：广西龙胜天平山，1963.VI.6。

308. 山栖毛唇潜甲 *Lasiochila monticola* Chen *et* Yu, 1964
     正模、配模：广西龙胜蔚青岭，1963.VI.20；副模：广西龙胜蔚青岭, 1963.VI.20。

309. 平行卷叶甲 *Leptispa parallela yunnana* Chen *et* Yu, 1964
     正模：云南西双版纳勐阿，1958.VI.10。

310. 高顶腊龟甲 *Laccoptera prominens* Chen *et* Zia, 1964
     副模：云南西双版纳大勐龙曼兵，1958.IV.17。

311. 窄额瘤龟甲 *Notosacantha shishona* Chen *et* Zia, 1964
     正模、配模、副模：云南西双版纳勐遮西定，1958.VI.25。

312. 异变圆龟甲 *Taiwania* (*Cyclocassida*) *variabilis* Chen *et* Zia, 1961
     副模：云南西双版纳大勐龙，1955.IV.8。

313. 凸胸驼龟甲 *Taiwania* (*Cyrtonocassis*) *tumidicollis* Chen *et* Zia, 1961
     副模：云南西双版纳小勐养，1957.V.4。

314. 双轨台龟甲 *Taiwania* (s. str.) *binorbis* Chen *et* Zia, 1961
     副模：云南西双版纳勐阿勐康，1958.V.25；云南西双版纳大勐龙勐宋，1958.II.27。

315. 黑顶台龟甲 *Taiwania* (s. str.) *culminis* Chen *et* Zia, 1964

　　正模：云南西双版纳大勐龙，1958.IV.26。

316. 迷台龟甲 *Taiwania* (s.str.) *perplexa* Chen *et* Zia, 1961

　　副模：云南西双版纳橄榄坝，1957.III.14；云南澜沧，1957.VII.27；云南景洪，1957.IV.3。

317. 龙胜台龟甲 *Taiwania* (s. str.) *ratina* Chen *et* Zia, 1964

　　正模：广西龙胜红滩，1963.VI.12。

318. 网脊台龟甲 *Taiwania* (s.str.) *reticulicosta* Chen *et* Zia, 1964

　　配模：云南西双版纳小勐养，1957.VI.25；副模：云南西双版纳勐养，1957.VI.25。

319. 元江台龟甲 *Taiwania* (s. str.) *sodalis* Chen *et* Zia, 1964

　　正模：云南元江，1957.VI. 2。

320. 昆明圆龟甲 *Taiwania kunminica* Chen *et* Zia, 1964

　　正模、副模：云南昆明，1958.V.15。

321. 长角阔龟甲 *Thlaspidosoma brevis* Chen *et* Zia, 1964

　　正模：云南西双版纳勐遮，1958.VII.6。

322. 半圆瘤铁甲 *Oncocephala hemicyclica* Chen *et* Yu, 1962

　　副模：云南西双版纳小勐仑，1958.VIII.21。

323. 大瘤铁甲 *Oncocephala grandis* Chen *et* Yu, 1962

　　正模：云南西双版纳小勐养，1957.IV.2。

324. 并蒂掌铁甲 *Platypria aliena* Chen *et* Sun, 1962

　　正模：云南西双版纳勐阿勐往，1958.V.30；副模：云南西双版纳小勐养，1957.X.22。

325. 小掌铁甲 *Platypria parva* Chen *et* Sun, 1964

　　正模：云南西双版纳勐遮，1958.VI.22。

326. 暗鞘楔铁甲 *Prionispa opacipennis* Chen *et* Yu, 1962

　　正模：云南景洪普文龙山，1957.V.8；副模：云南思茅，1957.V.11。

327. 洼胸断脊甲 *Sinagonia foveicollis* (Chen *et* T'an), 1962

　　正模：云南西双版纳勐阿勐往，1958.V.29；副模：云南景洪-勐海，1957.IV.23。

（五）天牛科 Cerambycidae

328. 黄斑长毛天牛 *Arctolamia luteomaculata* Pu, 1981

　　正模：云南西双版纳勐遮，1958.VII.6。

329. 多纹纤天牛 *Cleomenes multiplagatus* Pu, 1992

　　正模：云南维西攀天阁，1981.VII.25。

330. 小灰豹天牛 *Coscinesthes minuta* Pu, 1985

　　正模：云南德钦白茫雪山，1981.VIII.28。

331. 黑翅短节天牛 *Eunidia atripennis* Pu *et* Yang, 1992

　　正模：贵州雷山桃江，1988.VII.7。

332. 石阡直脊天牛 *Eutetrapha shiqianensis* Pu *et* Jin, 1991

　　正模、副模：贵州石阡金星，1988.VII.22。

333. 黑角金花天牛 *Gaurotes (Carilia) atricornis* Pu, 1992

    正模、配模、副模：云南德钦梅里雪山，1982.VII.23。

334. 蝶斑并脊天牛 *Glenea papiliomaculata* Pu, 1992

    正模：云南泸水片马，1981.V.28。

335. 淑氏并脊天牛 *Glenea shuteae* Lin et Yang, 2011

    副模：云南西双版纳勐遮，1958.VII.6。

336. 拟莫氏并脊天牛 *Glenea problematica* Lin et Yang, 2009

    副模：云南西双版纳小勐养，1957.VI.14～VIII.17；云南西双版纳海勐仑，1958.VI.6。

337. 多刻利天牛 *Leiopus (Carinopus) multipunctellus* Wallin, Kvamme et Lin, 2012

    正模、副模：云南泸水姚家坪，1981.VI.5。

338. 黑瘤瘤筒天牛 *Linda (Linda) subatricornis* Lin et Yang, 2012

    副模：四川泸定磨西，1983.VI.18；四川泸定新兴，1983.VI.13。

339. 黑翅锯翅天牛 *Microdebilissa atripennis* (Pu, 1992)

    正模：云南泸水，1981.VI.11。

340. 两色膜花天牛 *Necydalis (Eonecydalis) bicolor* Pu, 1992

    正模：广西龙胜白岩，1963.VI.18。

341. 王氏拟虎天牛 *Paraclytus wangi* Miroshnikov et Lin, 2012

    正模：四川泸定新兴，1983.VI.19。

342. 维西曲脊天牛 *Pareutetrapha weixiensis* Pu, 1992

    副模：云南维西攀天阁，1981.VII.20。

343. 肖小筒天牛 *Phytoecia (Cinctophytoecia) approximata* Pu, 1992

    配模、副模：云南小中甸，1984.VIII.7；云南丽江鲁甸，1984.VIII.10。

344. 棕胸小筒天牛 *Phytoecia (Phytoecia) brunneicollis* Pu, 1992

    正模、副模：四川康定，1983.VI.22。

345. 黑腹广翅天牛 *Plaxomicrus nigriventris* Pu, 1991

    正模、副模：云南勐龙版纳勐宋，1958.IV.22。

346. 蒲氏猫眼天牛 *Pseudoechthistatus pufujiae* Bi et Lin, 2016

    副模：云南泸水姚家坪，1981.VI.2。

（六）瓢虫科 Coccinellidae

347. 十斑隐胫瓢甲 *Aspidimerus decemmaculatus* Pang et Mao, 1979

    正模：云南西双版纳勐遮，1958.VI.26。

348. 黑背隐势瓢甲 *Cryptogonus nigritus* Pang et Mao, 1979

    正模：云南西双版纳小勐养，1957.VI.16。

349. 矢端隐势瓢甲 *Cryptogonus sagittiformis* Pang et Mao, 1979

    正模：云南西双版纳大勐龙，1958.IV.12。

350. 叶突食植瓢甲 *Epilachna folifera* Pang et Mao, 1979

    正模：云南西双版纳勐混，1958.V.14；配模：云南西双版纳勐阿，1958.V.10。

351. 聂拉木食植瓢甲 *Epilachna nielamuensis* Pang *et* Mao, 1977

    正模：西藏聂拉木樟木，1966.V.9。

352. 横带食植瓢甲 *Epilachna parainsignis* (Pang *et* Mao, 1979)

    副模：云南西双版纳勐阿，1958.V.18。

353. 天平食植瓢甲 *Epilachna tianpingiensis* Pang *et* Mao, 1979

    正模、副模：广西龙胜天平山，1963.VI.4。

354. 十三斑食植瓢甲 *Epilachna tridecimmaculosa* Pang *et* Mao, 1977

    正模：西藏聂拉木樟木，1966.V.9。

355. 毛突裂臀瓢甲 *Henosepilachna verriculata* Pang *et* Mao, 1979

    副模：云南西双版纳勐混, 1958.VI.28。

356. 泸水盘瓢虫 *Lemnia lushuiensis* Jing, 1992

    正模：云南泸水，1981.VI.11。

357. 贡嘎巧瓢虫 *Oenopia gonggarensis* Jing, 1992

    正模：四川贡嘎山燕子沟，1983.VI.10。

358. 兰坪巧瓢虫 *Oenopia lanpingensis* Jing, 1992

    正模：云南兰坪，1984.VIII.20。

359. 黑胸巧瓢虫 *Oenopia picithoroxa* Jing, 1992

    正模：四川贡嘎山，1983.VI.17。

360. 云龙巧瓢虫 *Oenopia yunlongensis* Jing, 1992

    正模、配模、副模：云南云龙志奔山，1981.VI.20, 24；副模：云南维西攀天阁，1981.VII.22。

361. 景洪刻眼瓢甲 *Ortalia jinghongensis* Pang *et* Mao, 1979

    正模：云南西双版纳勐阿，1958.VI.10；副模：云南西双版纳勐阿，1958.VI.2, 3, 10；1958.V.2。

362. 黑腹刻眼瓢甲 *Ortalia nigropectoralis* Pang *et* Mao, 1979

    副模：云南西双版纳勐海，1957.VIII.13；云南西双版纳勐阿，1958.V.11；云南西双版纳勐遮, 1958.VIII.29。

363. 云南刻眼瓢甲 *Ortalia yunnanensis* Pang *et* Mao, 1979

    副模：云南西双版纳，1958.IV.5；云南西双版纳大勐龙，1958.IV.5。

364. 小黑星盘瓢虫 *Phrynocaria piciella* Jing, 1992

    正模：云南云龙志奔山，1981.VI.20。

365. 红褐粒眼瓢虫 *Sumnius brunneus* Jing, 1983

    正模：云南泸水，1981.VI.8。

366. 乡城黄壮瓢虫 *Xanthadalia xiangchengensis* Jing, 1992

    正模、配模：四川乡城中热乌，1982.VII.5；副模：云南中甸小中甸，1984.VII.31。

367. 中甸褐菌瓢虫 *Vibidia zhongdianensis* Jing, 1992

    副模：西藏芒康海通，1982.VIII.12。

（七）象甲科 Curculionidae

368. 横断短喜象 *Hyperomias hengduanensis* Chen, 1992

    副模：四川甘孜罗锅梁子，1983.VI.24。

369. 棒黑喜马象 *Leptomias clavellatus* Chen, 1992

    正模、配模、副模：云南中甸虎跳江，1984.VIII.6。

370. 长毛喜马象 *Leptomias longisetosus* Chen, 1981

    副模：西藏拉萨，1966。

371. 乌黑喜马象 *Leptomias nigronitidus* Chen, 1992

    正模、副模：云南中甸小中甸，1984.VIII.1。

372. 短胸喜马象 *Leptomias pusillus* Chen, 1981

    正模：西藏林芝，1966.V.10。

373. 珠峰喜马象 *Leptomias qomolangmaensis* Chen, 1981

    副模：西藏珠穆朗玛绒布寺，1966.VI.2～19。

374. 中纹喜马象 *Leptomias ramosus* Chen, 1981

    正模、配模、副模：青海玉树巴塘，1964.VI.15。

375. 中沟喜马象 *Leptomias sulcus* Chen, 1992

    副模：云南中甸小中甸，1984.VIII.2。

376. 瘦长喜马象 *Leptomias tenuis* Chen, 1992

    正模、配模：云南中甸，1984.VIII.6。

377. 三角喜马象 *Leptomias triangulus* Chao, 1981

    正模：青海玉树，1964.VII.1。

378. 玉湖喜马象 *Leptomias yuhuensis* Chen, 1992

    正模、配模、副模：云南丽江玉湖，1984.VII.22。

379. 玉龙山喜马象 *Leptomias yulongshanensis* Chen, 1992

    正模、配模、副模：云南丽江玉龙山，1984.VII.18。

380. 汶川喜马象 *Leptomias wenchuanensis* Chen, 1992

    正模、配模、副模：四川汶川卧龙，1983.VII.24。

381. 折多山喜马象 *Leptomias zheduoshanensis* Chen, 1992

    副模：四川康定折多山垭口，1983.VI.13。

（八）蜉金龟科 Aphodiidae

382. 宽头蜉金龟 *Aphodius* (*Platgderides*) *laticapitus* Zhang, 1992

    正模：四川西昌，1984.VII.24。

（九）金龟科 Scarabaeidae

383. *Drepanocerus liuchungloi* Kryz. *et* Medvedev, 1966

    正模：云南西双版纳大勐龙，1957.IV.28。

（十）花金龟亚科 Cetoniinae

384. 亮莫花金龟 *Moseriana nitida* Ma, 1990

    正模：广西阳朔白沙，1963.VIII.22。

385. 褐黄环斑金龟 *Paratrichius castanus* Ma, 1992

配模：云南维西攀天阁，1981.VII.17；副模：云南德钦梅里雪山，1982.VII.25；四川泸定新兴，1983.VI.12。

386. 圆环斑金龟 *Paratrichius rotundatus* Ma, 1990

副模：云南西双版纳勐阿，1958.V.25。

387. 糙纹星花金龟 *Protaetia* (*Liocla*) *rudis* Ma, 1993

配模：云南西双版纳小勐养，1957.VIII.22。

（十一）丽金龟亚科 Rutelinae

388. 泡胫异丽金龟 *Anomala fusitibia* Lin, 1992

正模、配模：云南泸水，1981.V.9。

389. 瘦足异丽金龟 *Anomala leptopoda* Lin, 1992

正模：云南泸水，1981.VI.9。

390. 沟翅珂丽金龟 *Callistopopillia sulcipennis* Lin, 1992

正模：云南丽江石鼓，1981.VII.30；配模：云南泸水姚家坪。

391. 消突修丽金龟 *Ischnopopillia angusta* Lin, 1992

正模：云南中甸小中甸，1984.VII.31。

392. 滇西修丽金龟 *Ischnopopillia nana* Lin, 1992

副模：云南维西攀天阁，1981.VII.22；云南维西犁地坪，1984.VIII.16；云南丽江鲁甸，1984.VIII.10；云南兰坪，1985.VIII.22；四川乡城柴柯，1982.VI.20。

393. 卷唇修丽金龟 *Ischnopopillia reflexa* Lin, 1992

正模、配模：云南大理点苍山，1981.VII.2。

394. 卷唇修丽金龟 *Ischnopopillia reflexa* Lin, 1992

正模、配模、副模：云南大理点苍山，1981.VII.2；1981.VI.26～29。

395. 阳齿彩丽金龟 *Mimela dentifera* Lin, 1990

副模：海南乐东尖峰岭天池，1980.III.18。

396. 幻点弧丽金龟 *Popillia varicollis* Lin, 1988

副模：云南丽江鲁甸，1981.VII.10；1984.VIII.10；1984.VII.10。

（十二）鳃金龟亚科 Melolonthinae

397. *Gastroserica nigrofasciata* Liu, *et.al.*, 2011

正模：广西龙胜天平山，1963.VI.9，740m；副模：广西龙胜红毛冲，1963.VI.10，900m。

398. 蓝灰单爪鳃金龟 *Hoplia liventa* Zhen, 1987

正模、副模：云南大理点苍山，1981.VI.29。

399. *Neoserica* (s.l.) *baishuiensis* Ahrens, Fabrizi *et* Liu, 2014

副模：云南维西攀天阁，1981.VII.23，诱，2500m。

400. *Neoserica* (s.l.) *lushuiana* Liu, *et.al.*, 2014

正模：云南泸水，1981.VI.9，1810m。

401. *Neoserica* (s.l.) *menghaiensis* Liu, *et.al.*, 2014

    正模：云南西双版纳勐海，1958.VII.18，1200～1600m。

402. *Neoserica* (s.l.) *sakoliana* Ahrens, Fabrizi *et* Liu, 2016

    副模：海南吊罗山，1980.IV.22，1000m。

403. *Neoserica* (s.l.) *shuyongi* Ahrens, Fabrizi *et* Liu, 2016

    正模：海南尖峰岭天池，1980.IV.25，750m；副模：海南尖峰岭天池，1980.IV.10，800m。

404. *Neoserica* (s. str.) *mengsongensis* Liu *et* Ahrens, 2015

    正模：云南西双版纳勐宋，1958.VII.28，1600m。

405. *Tetraserica changshouensis* Liu, *et.al.*, 2014

    副模：湖北利川星斗山，1989.VII.22，诱，810m。

406. *Tetraserica daqingshanica* Liu, *et.al.*, 2014

    副模：广西龙州大青山，1963.IV.13，360m。

407. *Tetraserica mengeana* Liu, *et.al.*, 2014

    副模：云南西双版纳勐海，1958.VII.19，1200～1600m。

408. *Tetraserica sigulianshanica* Liu, *et.al.*, 2014

    副模：四川万县龙驹，1995.VI.18，2500m。

409. *Tetraserica tianchiensis* Liu, *et.al.*, 2014

    正模：海南尖峰天池，1980.IV.13，900m。

（十三）吉丁虫科 Buprestidae

410. *Acmaeodera* (*Acmaeodera*) *sinensis* Volkovitsh, 2012

    副模：四川乡城柴柯，1982.VI.21。

（十四）花萤科 Cantharidae

411. *Athemus nigrithorax* Wittm

    副模：云南丽江玉湖，1984.VII.22。

412. *Habrongchus* (*Macrohabrongchus*) *chaoi* Wittm

    正模：云南泸水姚家坪，1981.VI.2。

413. *Micropodabrus cicatricosus* Wittmer

    副模：广西桂林，1963.V.19。

414. *Micropodabrus multiexeavdtus* Wittmer

    副模：广西龙州大青山，1963.IV.19～26。

415. *Micropodabrus pseudonotatithorax* Wittmer

    正模：云南西双版纳勐阿，1958.VI.9；副模：云南西双版纳勐阿，1958.VI.9；1958.V.10。

416. *Themus* (s.str.) *curticornis* Wittm

    正模：四川康定折多山亚口，1983.VII.13。

417. *Themus* (s.str.) *limbatus* Wittm

　　副模：云南西双版纳勐阿，1958.V.16。

418. *Themus* (s.str.) *migropolitus* Wittm

　　正模：云南泸水，1981.VI.4；副模：云南泸水，1981.VI.4；云南泸水姚家坪，1981.VI.2。

（十五）拟步甲科 Tenebrionidae

419. 中华漠王 *Platyope proctoleuca chinensis* Kaszab, 1962

　　正模：新疆青河二台，1960.VII.1。

420. 印支大轴甲 *Promethis subrobusta indochinensis* Kaszab, 1988

　　副模：云南西双版纳橄榄坝，1957.IV.16。

（十六）芫菁科 Meloidae

421. 维西豆芫菁 *Epicauta weixiensis* Tan, 1992

　　正模：云南维西攀天阁，1981.VII.27。

422. 多毛斑芫菁 *Mylabris hirta* Tan, 1992

　　副模：云南德钦阿东，1981.IX.8。

（十七）步甲科 Carabidae

423. 圆角山丽步甲 *Aristochroa rotundata* Yu, 1992

　　正模：云南中甸红山，1981.VIII.10。

424. *Carabus* (*Trachycarabus*) *sibericus pseudobliteratus* Korell *et* Kleinfield, 1982

　　正模：新疆阿勒泰阿祖拜，1960.VIII.7。

（十八）龙虱科 Dytiscidae

425. 带窄胸龙虱 *Hydronebries striatus* Zeng *et* Pu, 1992

　　正模、配模、副模：四川盐源金河，1984.VI.29。

（十九）伪瓢虫科 Endomychidae

426. 尖齿原伪瓢虫 *Eumorphus dentatus* Ren *et* Wang, 2007

　　正模、副模：西藏聂拉木友谊桥，1966.V.12。

二、蛩蠊目 Grylloblattodea

（二十）蛩蠊科 Grylloblattidae

427. 中华蛩蠊 *Galloisiana sinensis* Wang, 1986

　　正模：吉林长白山，1986.VIII.28。

三、双尾目 Diplura

（二十一）铗虯科 Japygidae

428. 伟铗虯 *Atlasjapyx atlas* Chou *et* Huang, 1986

　　正模、副模：四川乡城，1982.VI.27。

四、缨翅目 Thysanoptera

（二十二）管蓟马科 Phlaeothripidae

429. 暗角眼管蓟马 *Ophthalmothrips tenebronus* Han, 1991

　　正模、配模、副模：四川盐源县金河，1984.VII.2。

（二十三）蓟马科 Thripidae

430. 侣金裂绢蓟马 *Hydatothrips heteraureus* Han, 1990

　　副模：四川盐源县金河，1984.VII.11。

五、直翅目 Orthoptera

（二十四）网翅蝗科 Arcypteridae

431. 青海无声蝗 *Asonus qinghaiensis* Liu, 1986

　　正模、副模：青海玉树布朗，1964.VIII.13。

432. 中甸雪蝗 *Nivisacris zhongdianensis* Liu, 1984

　　正模、配模、副模：云南中甸大雪山垭口，1981.VIII.16。

433. 聂拉木牧草蝗 *Omocestus nyalamus* Xia, 1981

　　正模、配模、副模：西藏聂拉木，1966.VI.21～25；西藏聂拉木甲曲，1966.VI.19。

（二十五）斑腿蝗科 Catantopidae

434. 点珂蝗 *Anepipodisma punctata* Huang, 1984

　　正模、配模：云南德钦阿东，1981.IX.6～8。

435. 维西曲翅蝗 *Curvipennis wixiensis* Huang, 1984

　　正模、配模：云南维西攀天阁，1981.VII.17。

436. 斑腿黑背蝗 *Eyprepocnemis maculata* Huang, 1983

　　配模：云南西双版纳勐腊，1958.XI.15。

437. 无纹刺秃蝗 *Parapodisma astris* Huang, 2006

　　正模：云南中甸，1984.VIII.6。

438. 长尾小蹦蝗 *Pedopodisma dolichypyga* Huang, 1988

　　正模：安徽黄山玉屏峰，1978.VIII.21；配模：安徽黄山，1978.VIII.20。

439. 霍山蹦蝗 *Sinopodisma houshana* Huang, 1982

　　　正模：安徽霍山，1978.IX.2；副模：安徽大别山，1978.VIII.31。

440. 黄山蹦蝗 *Sinopodisma huangshana* Huang, 2006

　　　正模：安徽黄山温泉，1980.VIII.18。

（二十六）瘤锥蝗科 Chrotogonidae

441. 戈弓湄公蝗 *Mekongiana gregoryi* (Uvarov, 1925)

　　　正模：云南中甸冲江河，1984.VIII.6。

（二十七）斑翅蝗科 Oedipodidae

442. 锈翅痂蝗 *Bryodema zaisanicum ferruginum* Huang *et* Chen, 1982

　　　正模：新疆吉木乃乌土布拉克，1960.IX.3。

443. 黑股束颈蝗 *Sphingonotus nigrifemoratus* Huang *et* Chen, 1982

　　　配模：新疆布尔津，1978.VIII.27。

（二十八）蚱科 Tetrigidae

444. 梵净山波蚱 *Bolivaritettix fanjingshanensis* Zheng, 1992

　　　配模：贵州雷山桃江，1988.VII.5。

445. 短翅突眼菱蝗 *Ergatettix brachyptera* Zheng, 1992

　　　副模：云南泸水片马，1981.V.26～31。

446. 贡山真背菱蝗 *Euparatettix gongashangensis* Zheng, 1992

　　　正模、配模：云南泸水，1981.VI.10。

447. *Formosatettix fanjingshanensis* Zheng, 1992

　　　配模：贵州雷山桃江，1988.VII.5。

448. *Scelimena wulingshana* Zheng, 1992

　　　副模：湖南古丈高望界，1988.VII.31。

449. 横刺瘤蝗 *Thoradonta transspicula* Zheng, 1996

　　　副模：云南西双版纳小勐养，1957.VI.17。

（二十九）蟋蟀科 Gryllidae

450. 云南短翅蟋 *Callogryllus yunnanus* Woo *et* Zheng, 1992

　　　正模、副模：云南云龙县志奔山，1981.VI.22。

六、蟠目 Phasmida

（三十）异蟠科 Heteronemiidae

451. 刀臀短角棒蟠 *Ramulus scalpratus* Liu *et* Cai, 1992

　　　正模：云南泸水片马，1981.V.26。

（三十一）䗛科 Phasmatidae

452. 棕胸短肛䗛 *Baculum fusco-thoracicum* Liu *et* Cai, 1992
　　正模：四川泸定新兴，1983.VI.25。

453. 密粒短肛䗛 *Baculum granulosum* Chen *et* He, 1992
　　正模：湖北利川，1989.VII.23。

454. 线文短肛䗛 *Baculum lineatum* Liu *et* Cai, 1992
　　正模：云南大理点苍山，1981.VI.29。

455. 无翅刺冲䗛 *Cnipsus apteris* Lie *et* Cai, 1992
　　正模：云南泸水姚家坪，1981.VI.2。

七、革翅目 Dermaptera

（三十二）丝尾螋科 Diplatyidae

456. *Diplatys yunnaneus* Bey-Bienko, 1959
　　副模：云南省景洪，1957.IV.14。

（三十三）球螋科 Forficulidae

457. 黄柄异螋 *Allodahlia coriacea signata* Bey-Bienko, 1959
　　副模：云南景洪小勐养，1957.III.19；云南西双版纳橄榄坝，1957.IV.18～19。

458. 多毛垂缘球螋 *Eudohrnia hirsuta* Zhang, Ma *et* Chen, 1992
　　副模：湖南永顺杉木河林场，1988.VIII.6～9；重庆市酉阳山坡草地，1989.VII.17。

459. 分支长铗螋 *Opisthocosmia ramosa* Zhang, Ma *et* Chen, 1992
　　副模：湖南桑植天平山，1988.VIII.13。

八、襀翅目 Plecoptera

（三十四）叉襀科 Nemouridae

460. 栉信叉襀 *Amphinemura ctenospina* Li *et* Yang, 2008
　　正模：云南泸水姚家坪，1981.VI.2。

461. 聂拉木印叉襀 *Indonemoura nielamuensis* Li *et* Yang, 2007
　　正模：西藏聂拉木，1966.VI.21。

462. 腹彩叉襀 *Nemoura mesospina* Li *et* Yang
　　正模：西藏聂拉木，1966.VI.22。

463. 王氏叉襀 *Nemoura wangi* Li *et* Yang
　　正模、副模：新疆乌库公路天山北坡，1960.VI.14。

464. 新疆原叉襀 *Protonemura xijiangensis* Li *et* Yang

   正模、副模：新疆布尔津，1960.VIII.25。

(三十五)襀科 Perlidae

465. 梯形钩襀 *Kamimuria trapezoidea* Wu, 1962

   副模：云南思茅，1957.V.10。

466. *Neoperla forcipata* Yang *et* Yang, 1992

   配模：湖北利川，1989.VII.23。

九、同翅目 Homoptera

(三十六)蝉科 Cicadidae

467. *Paramistica yunnanensis* 不详

   正模：云南元江，1957.V.13。

(三十七)叶蝉科 Cicadellidae

468. 短刺丽叶蝉 *Calodia setulosa* Zhang, 1994

   副模：云南西双版纳勐龙勐宋，1958.IV.23～25。

469. 黑带增脉叶蝉 *Kutaria nigrifasciata* Kuoh, 1992

   正模、配模、副模：云南兰坪，1984.VIII.20。

470. 穗单突叶蝉 *Lodiana fringa* Zhang, 1994

   正模：云南西双版纳勐遮，1958.VI.15；副模：云南景洪勐解，1957.IV.22。

471. 多刺单突叶蝉 *Lodiana polyspinata* Zhang, 1994

   副模：云南西双版纳勐混，1958.VII.2。

472. 矛盾无害叶蝉 *Tahrana acontata* Zhang, 1994

   副模：广西龙胜天平山，1963.VI.5。

473. 尖尾无突叶蝉 *Tahrana acuminata* Zhang, 1994

   副模：广西龙胜红毛冲，1963.VI.10；广西龙胜天平山，1963.VI.4；广西龙胜内粗江，1963.VI.6。

474. 勐宋无突叶蝉 *Tahrana mengshuengensis* Zhang, 1994

   正模：云南西双版纳勐龙勐宋，1958.IV.27。

475. 王氏片叶蝉 *Thagria wangi* Zhang, 1994

   正模：海南尖峰岭天池，1980.III.23。

476. 郑氏片叶蝉 *Thagria zhengi* Zhang *et* An, 1994

   副模：云南西双版纳勐龙勐宋，1958.IV.24。

477. 华犀角杆蝉 *Wolfella sinensis* Zhang *et* Shen, 1994

   副模：广西龙胜红滩，1963.VI.12；广西龙胜白岩，1963.VI.18。

（三十八）角蝉科 Membracidae

478. *Achon yunnanensis* Chou, 1980
     正模：云南西双版纳勐海，1958.VII.25。

479. 锐巨刺角蝉 *Centrotypus oxyricornis* Chou *et* Yuan, 1983
     副模：云南西双版纳勐海茶场，1957.IV.24。

480. 马尔康圆角蝉 *Gargara barkamensis* Chou *et* Yuan, 1992
     正模、副模：四川马尔康，1983.VIII.7。

481. 云南阿林卡圆角蝉 *Kotogargara alini yunnanensis* Yuan *et* Chou, 1992
     正模：云南泸水，1981.VI.8。

482. 黄胫无齿角蝉 *Nondenticentrus flavipes* Yuan *et* Chou, 1992
     正模、配模、副模：四川南坪九寨沟，1983.IX.3。

483. 壮无齿角蝉 *Nondenticentrus oedothorectus* Yuan *et* Zhou, 1992
     正模、副模：云南德钦，1981.IX.2。

484. 长瓣无齿角蝉 *Nondenticentrus longivulatus* Yuan *et* Zhou, 1992
     正模、副模：云南德钦白茫雪山，1981.VIII.28。

485. 中甸无齿角蝉 *Nondenticetrus zhongdianensis* Yuan *et* Zhou, 1992
     正模、副模：云南中甸，1981.VIII.3。

486. 弯刺无齿角蝉 *Nondenticetrus curvispeneus* Chou *et* Yuan, 1992
     配模、副模：云南维西攀天阁，1981.VII.13。

487. 白斑无齿角蝉 *Nondenticetrus albimaculasus* Yuan *et* Cui, 1992
     正模、副模：四川泸定新兴，1983.IV.13。

488. 狭膜无齿角蝉 *Nondenticetrus angustimembranosus* Yuan *et* Cui, 1992
     配模：四川卧龙，1983.VII.29。

489. 短瓣无齿角蝉 *Nondenticetrus brevivalvulatus* Chou *et* Yuan, 1992
     正模、配模、副模：云南中甸格咱，1981.VIII.4。

490. 黑无齿角蝉 *Nondenticetrus melanicus* Yuan *et* Cui, 1992
     配模：四川卧龙，1983.VIII.3。

491. Y 纹三刺角蝉 *Tricentrus gamamaculatus* Yuan *et* Cui, 1992
     副模：云南泸水片马，1981.V.26～31。

492. 宽缘三刺角蝉 *Tricentrus longimarnis* Yuan *et* Cui, 1992
     正模、配模：四川卧龙，1983.VII.24。

（三十九）沫蝉科 Cercopidae

493. 全黑长头沫蝉 *Abidama totinigra* Chou *et* Wo, 1992
     正模、副模：四川泸定磨西海螺沟，1982. IX.18。

494. 透翅直脉曙沫蝉 *Eoscarta (Euthiaeoscarta) transparena* Chou *et* Wo, 1992
     配模：云南兰坪金顶，1984.VII.21。

495. 小短背沫蝉 *Kanoscarta notanella* Chou *et* Wu, 1992

　　正模、副模：云南兰坪，1984.VIII.22。

496. 周氏管尾沫蝉 *Stenaulophrys Choui* Yuan *et* Wu, 1992

　　配模：云南兰坪金顶，1984.VIII.18。

(四十)尖胸沫蝉科 Aphrophoridae

497. 叉突岐脊沫蝉 *Jembrana forcipenis* Zhou, Yuan *et* Liang, 1992

　　正模：四川南平九寨沟，1983.IV.5。

498. 黄氏岐脊沫蝉 *Jembrana huangi* Zhou, Yuan *et* Liang, 1992

　　正模、配模、副模：四川马尔康，1983.VIII.21。

499. 宽齿岐脊沫蝉 *Jembrana latidentata* Zhou, Yuan *et* Liang, 1992

　　正模、配模、副模：四川巴塘义敦，1982.VIII.16。

500. 四川岐脊沫蝉 *Jembrana sichuanensis* Zhou, Yuan *et* Liang, 1992

　　正模：四川贡嘎山燕子沟，1983.VI.2。

501. 云南岐脊沫蝉 *Jembrana yunnanensis* Zhou, Yuan *et* Liang, 1992

　　正模：云南维西攀天阁，1981.VII.17。

(四十一)耳叶蝉科 Ledridae

502. 烟灰耳叶蝉 *Ledra fumata* Kuoh, 1992

　　正模：云南中甸小中甸，1981.VIII.2。

503. 锈耳叶蝉 *Ledra rubiginosa* Kuoh, 1992

　　正模：云南维西攀天阁，1981.VII.23。

504. 灰黑耳叶蝉 *Ledra rubricans* Kuoh, 1992

　　配模：四川马尔康，1983.VIII.20。

505. 浓绿翅片叶蝉 *Platycephala graminea* Kuoh, 1992

　　正模：云南丽江玉龙山，1984.VII.20。

506. 片突翅片叶蝉 *Platycephala laminate* Kuoh, 1992

　　正模：四川泸定新兴，1983.VI.13。

507. 红纹角胸叶蝉 *Tituria plagiata* Kuoh, 1992

　　正模、副模：云南德钦阿东，1981. IX.15。

508. 黑面砂面叶蝉 *Rrenoledra nignifrons* Kuoh, 1992

　　正模：云南泸水姚家坪，1981. V.12。

(四十二)横脊叶蝉科 Evacanthidae

509. 二带横脊叶蝉 *Evacanthus bivittatus* Kuoh, 1992

　　副模：四川卧龙，1983.VIII.8。

510. 指片横脊叶蝉 *Evacanthus digitatus* Kuoh, 1992

　　配模、副模：云南维西犁地坪，1984.VIII.13；副模：云南德钦梅里雪山东坡，1982.VII.22。

511. 片刺横脊叶蝉 *Evacanthus laminatus* Kuoh, 1992
　　副模：四川雅江兵站，1982.VIII.26。

512. 黄褐横脊叶蝉 *Evacanthus ochraceus* Kuoh, 1992
　　正模、配模、副模：四川南平九寨沟，1983.IX.7。

513. 红脉横脊叶蝉 *Evacanthus rubrivenosus* Kuoh, 1992
　　正模、配模：四川康定，1983.VI.24。

514. 刺茎横脊叶蝉 *Evacanthus spinosus* Kuoh, 1992
　　正模：云南南坪九寨沟，1983.IX.3。

（四十三）广头叶蝉科 Macropsidae

515. 黄绿广头叶蝉 *Macropsis flavovirens* Kuoh, 1992
　　正模：云南丽江玉龙山，1984.VII.23。

516. 淡点广头叶蝉 *Macropsis pallidinota* Kuoh, 1992
　　副模：云南维西犁地坪，1984.VIII.13。

517. 橙翅横皱叶蝉 *Oncopsis aurantiaca* Kuoh, 1992
　　正模：云南中甸小中甸，1984.VIII.1。

518. 黄绿横皱叶蝉 *Oncopsis flavovirens* Kuoh, 1992
　　正模、副模：云南德钦梅里雪山，1982.VII.29。

519. 烟翅横皱叶蝉 *Oncopsis fumosa* Kuoh, 1992
　　正模、配模、副模：云南中甸小中甸，1984.VIII.1。

520. 黄褐横皱叶蝉 *Oncopsis testacea* Kuoh, 1992
　　正模：云南中甸小中甸，1984.VIII.1。

521. 三斑横皱叶蝉 *Oncopsis trimaculata* Kuoh, 1992
　　正模：四川贡嘎山燕子沟，1983.VI.4。

（四十四）大叶蝉科 Tettigellidae

522. 长斑凹大叶蝉 *Bothrogonia (Obothrogonia) longimaculata* Kuoh, 1992
　　正模、配模、副模：四川泸定磨西，1982.IX.13。

523. 大斑凹大叶蝉 *Bothrogonia (Obothrogonia) macromaculata* Kuoh, 1992
　　正模、配模：四川泸定磨西 1983.VI.19。

（四十五）毛叶蝉科 Hylicidae

524. 栗黑锥头叶蝉 *Sudra picea* Kuoh, 1992
　　正模、副模：西藏芒康海通，1982.VIII.2。

（四十六）鸟叶蝉科 Gyponidae

525. 斑长盾叶蝉 *Haranga maculate* Kuoh, 1992
　　正模、配模、副模：四川泸定磨西，1983.V.17。

526. 白点乌叶蝉 *Penthimia alboguttata* Kuoh, 1992
副模：四川乡城，1982.VII.18。

527. 麻点乌叶蝉 *Penthimia densa* Kuoh, 1992
副模：四川贡嘎山燕子沟，1983.VI.10。

528. 烟端乌叶蝉 *Penthimia fumosa* Kuoh, 1992
正模、副模：云南梅里雪山东坡，1982.VII.22。

529. 栗斑乌叶蝉 *Penthimia rubramaculata* Kuoh, 1992
副模：四川理县米亚罗，1983.VIII.14。

530. 云乌叶蝉 *Penthimia yunnana* Kuoh, 1992
正模、配模：云南维西攀天阁，1981.VII.20。

(四十七)隐脉叶蝉科 Nirvanidae

531. 黑背消室叶蝉 *Chudania nigridorsalis* Kuoh, 1992
正模：四川南平九寨沟，1983.IX.3。

532. 黑带小板叶蝉 *Oniella nigrovittata* Kuoh, 1992
正模：四川南坪九寨沟，1983.IX.7。

533. 黑面拟隐脉叶蝉 *Pseudonirvana nigrifrons* Kuoh, 1992
正模：西藏芒康海通，1982.VIII.8。

(四十八)片角叶蝉科 Idioceridae

534. 三条曲板叶蝉 *Tautocerus trivittatus* Kuoh, 1992
正模：四川理县米亚罗，1983.VIII.8。

(四十九)离脉叶蝉科 Coilidiidae

535. 黄褐小头叶蝉 *Placidus testaceus* Kuoh, 1992
正模、副模：四川巴塘义敦，1982.VIII.16。

(五十)广翅蜡蝉科 Ricaniidae

536. 曲突类广蜡蝉 *Ricanoides flexus* Xu, Liang *et* Wang
正模：云南（地点不详），1957.IV.26。

(五十一)木虱科 Psyllidae

537. *Cacopsylla atericaudae* Li *et* Yang, 1992
配模、副模：四川康定燕子沟，1983.VI.8。

538. 肛弯喀木虱 *Cacopsylla campylodroma* Li *et* Yang, 1992
正模、配模、副模：四川红原风质口，1983.VIII.26。

539. 长尾喀木虱 *Cacopsylla flexicaudata* Li *et* Yang, 1992
正模、副模：云南中甸格咱，1981.VIII.4。

540. 细茎喀木虱 *Cacopsylla gracilenta* Li *et* Yang, 1992

    正模：云南小中甸，1984.VIII.2。

541. 长角喀木虱 *Cacopsylla longicornis* Li *et* Yang, 1992

    副模：四川卧龙三圣沟，1985.VIII.5, 8。

542. 桩喀木虱 *Cacopsylla palaris* Li *et* Yang, 1992

    正模、配模：四川卧龙三圣沟，1982.VII.8；副模：四川贡嘎山，1982.IX.2。

543. 五斑豆木虱 *Cyamophilia quinguemaculata* Li *et* Yang, 1992

    正模、配模、副模：四川乡城，1982.VII.3。

544. 王氏喀木虱 *Cacopsylla wangi* Li *et* Yang, 1992

    正模、配模、副模：四川贡嘎山燕子沟，1983.VI.8。

545. *Trioza oviptera* Li *et* Yang, 1992

    正模、副模：四川康定贡嘎山，1983.VI.8。

（五十二）个木虱科 Triozidae

546. 卵翅线角木虱 *Trioza oviptera* (Li *et* Yang), 1992

    正模：四川贡嘎山燕子沟，1983.VI.8。

十、半翅目 Hemiptera

（五十三）同蝽科 Acanthosomatidae

547. 迷板同蝽 *Platacantha difficilis* Liu

    正模：云南德钦梅里雪山，1982.VII.23；副模：云南德钦，1981.IX.2。

548. 彩肩板同蝽 *Platacantha discolor* Liu

    配模：云南德钦梅里雪山，1982.VII.23。

549. 壮尾板同蝽 *Platacantha robusta* Liu

    配模：云南中甸县格咱，1981.VIII.8。

（五十四）花蝽科 Anthocoridae

550. *Anthocoris atricomis* Bu *et* Zheng

    正模：云南泸水姚家坪，1981.VI.6。

（五十五）扁蝽科 Aradidae

551. *Mezira similis* Hsiao, 1964

    副模：云南西双版纳勐海茶场，1957.IV.24。

552. 滇喙扁蝽 *Mezira yunnana* Hsiao, 1964

    副模：云南西双版纳勐养，1957.III.31；云南西双版纳勐海茶场，1957.IV.24。

(五十六) 缘蝽科 Coreidae

553. 光锥缘蝽 *Acestra yunnana* Hsiao, 1963

   副模：云南西双版纳勐养, 1957.III.31；云南西双版纳橄榄坝, 1957.III.20。

554. 点拟棘缘蝽 *Cletomorpha simulans* Hsiao, 1963

   副模：云南西双版纳勐养，1957.III.25；云南西双版纳橄榄坝, 1957.IV.18。

555. 怪缘蝽 *Cordysceles turpis* Hsiao, 1963

   副模：云南景洪-勐龙, 1957.IV.29；云南元江，1957.V.16。

556. 云南岗缘蝽 *Gonocerus yunnanensis* Hsiao, 1964

   副模：云南西双版纳大勐龙, 1958.IV.14。

557. 版纳同缘蝽 *Homoeocerus* (*Anacanthocoris*) *bannaensis* Hsiao, 1962

   配模：云南西双版纳橄榄坝, 1957.III.17。

558. 双斑同缘蝽 *Homoeocerus* (*Anacanthocoris*) *bipunctatus* Hsiao, 1962

   副模：云南西双版纳橄榄坝, 1957.IV.17；云南西双版纳小勐养, 1957.IV.1。

559. 黄边同缘蝽 *Homoeocerus* (*Anacanthocoris*) *limbatus* Hsiao, 1963

   副模：云南西双版纳小勐养, 1957.V.5。

560. *Hygia* (*Hygia*) *signata* Ren, 1987

   正模：云南泸水，1981.V.27。

561. 钩曼缘蝽 *Manocoreus grypidus* Ren, 1993

   正模：湖北利川，1987.VII.23；配模：湖北鹤峰沙元，1989.VIII.1。

562. 黑刺锤缘蝽 *Marcius yunnanus* Ren, 1993

   正模、配模：湖南桑植天平山，1988.VIII.13。

563. 小竹缘蝽 *Notobitiella elegans* Hsiao, 1963

   正模：云南西双版纳小勐养, 1957.V.5。

564. 锈赭缘蝽 *Ochrochira ferruginea* Hsiao, 1982

   副模：云南西双版纳勐海茶场, 1957.IV.24；云南西双版纳勐海茶场, 1957.IV.24。

565. 细足赭缘蝽 *Ochrochira stenopodura* Ren, 1993

   正模：湖南永顺杉木河林场, 1988.VIII.7。

566. *Petillocoris longipes* Hsiao, 1963

   正模：云南西双版纳勐龙勐宋, 1958.IV.20。

567. *Pterigomia yunnanna* Ren, 1992

   正模：云南泸水片马，1981.V.29。

(五十七) 龟蝽科 Plataspidae

568. *Neotiarocoris leishanensis* Lin *et* Zhang, 1992

   正模：贵州雷山雷公山，1988.VII.3。

（五十八）长蝽科 Lygaeidae

569. 红肿鳃长蝽 *Arocatus aurantium* Zou *et* Zheng，不详
     正模：云南西双版纳橄榄坝, 1957.III.16。

570. *Calacanthia sichuanicus* Chen *et* Zheng, 1992
     正模、配模：四川巴塘海子山，1982.VIII.20。

571. 云南显脉长蝽 *Lygaeosoma yunnanensis* Zou *et* Zheng, 1981
     副模：云南西双版纳勐养，1957.III.26。

572. 王氏红长蝽 *Lygaeus wangi* Zheng *et* Zou, 1992
     正模、副模：云南德钦梅里雪山, 1982.VII.29；配模：四川乡城中热乌，1982.VII.8。

573. 西藏巨股长蝽 *Macropes monticolus* Hsiao *et* Zheng, 1981
     正模：西藏聂拉木樟木，1966.V.9。

574. 方胸斑长蝽 *Scolopostethus quadratus* Zheng, 1981
     正模：西藏聂拉木曲乡, 1966.V.17。

（五十九）盲蝽科 Miridae

575. 王氏颈盲蝽 *Pachypeltis wangi* Zheng *et* Li, 1993
     正模、副模：湖南永顺杉木河林场，1988.VIII.4。

576. *Stenodema daliensis* Zheng, 1992
     正模、副模：云南大理点苍山，1981.VI.29。

（六十）姬蝽科 Nabidae

577. 樟木山姬蝽 *Oronabis zhangmuensis* Ren, 1981
     正模：西藏聂拉木樟木, 1966.V.6。

（六十一）蝽科 Pentatomidae

578. *Breddiniella yunnanica* Zhang, 1982
     配模：云南景洪普文-龙山，1957.V.8。

579. 扁胸狄蝽 *Dymantiscus marginatus* Hsiao, 1981
     正模、配模、副模：西藏聂拉木樟木，1966.V.11。

580. *Homalagonia chinensis* Lin, Zhang *et* Xiong, 1992
     正模、副模：湖南永顺，1988.VIII.7。

581. *Prionaca yunnanensis* Zhang *et* Lin, 1992
     正模、副模：云南泸水，1981.VI.11。

（六十二）猎蝽科 Reduviidae

582. 红荆猎蝽 *Acanthaspis ruficeps* Hsiao, 1976
     副模：云南省西双版纳小勐养，1958.X.20；1957.VI.9。

583. 黑腹壮猎蝽 *Biasticus ventralis* Hsiao, 1979

    副模：云南西双版纳大勐龙, 1957.IV.12；云南西双版纳小勐养, 1957.VIII.1。

584. 短头光猎蝽 *Ectrychotes breviceps* Hsiao, 1973

    副模：云南西双版纳勐遮，1958.VII.2。

585. 华菱猎蝽 *Isyndus sinicus* Hsiao，不详

    副模：云南西双版纳勐阿, 1958.VII.3。

586. 王颗粒猎蝽 *Keliocoris wangi* Ren, 1992

    正模：四川盐源金河，1984.VI.29。

587. *Lestometus* (*Brachysandalus*) *coscaronae* Cai

    副模：云南西双版纳勐阿, 1958.VI.6。

588. 刺剑猎蝽 *Lisarda spinosa* Hsiao, 1974

    正模：云南西双版纳橄榄坝, 1957.IV.17。

589. *Reduvius flavonotus* Cai

    配模：云南西双版纳小勐养，1957.VI.16。

590. 小红猛猎蝽 *Sphedanolestes anellus* Hsiao, 1979

    正模、配模：云南西双版纳勐阿，1958.VIII.6, 22。

591. 黄棵猛猎蝽 *Sphedanolestes granulipes* Hsiao, 1981

    正模：西藏聂拉木樟木，1966.V.6；副模：西藏聂拉木樟木，1974.V.11。

592. 二色犀猎蝽 *Sycanus bicolor* Hsiao, 1979

    副模：云南西双版纳勐遮，1958.VI.14。

593. 红犀猎蝽 *Sycanus rufus* Hsiao, 1979

    副模：云南澜沧，1957.VIII.25～31。

(六十三)异蝽科 Urostylidae

594. 萼突盲异蝽 *Urochela calycis* Ren, 1984

    正模：云南泸水姚家坪，1981.VI.6。

595. 山壮盲异蝽 *Urochela montana* Ren, 1984

    正模：云南泸水片马，1981.V.26。

596. *Urochela nigrolineatus* Yang

    副模：云南西双版纳勐龙-勐宋，1958.IV.24。

597. *Urochela rubralineata* Yang

    配模、副模：广西龙胜，1963.VI.4。

598. 云南盲异蝽 *Urochela yunnanana* Ren, 1984

    正模：云南泸水片马，1981.V.27；副模：云南泸水姚家坪，1981.VI.2。

599. 云南娇异蝽 *Urostylis yunnanensis* Yang，不详

    正模：云南西双版纳勐遮，1958.VI.25。

十一、广翅目 Megaloptera

(六十四)齿蛉科 Corydalidae

600. 异角星齿蛉 *Protohermes differentialis* Yang et Yang, 1986
    正模：广西龙州大青山, 1963.IV.19。

十二、脉翅目 Neuroptera

(六十五)草蛉科 Chrysopidae

601. 褐斑三阶草蛉 *Chrysopidia holzeli* Wang et Yang, 1992
    正模：湖南桑植天平山, 1988.VIII.14。

602. 蜀线草蛉 *Cunctochrysa shuenica* Yang, Yang et Wang, 1992
    正模：四川乡城, 1982.VI.28。

603. 玉龙线草蛉 *Cunctochrysa yulongshana* Yang, 1992
    正模：云南丽江玉龙山, 1984.VII.27。

604. 王氏叉草蛉 *Dichochrysa wangi* Yang et Yang, 1987
    正模、配模：四川乡城, 1982.VI.26。

605. 短角意草蛉 *Italochrysa brevicornis* Yang et Wang, 1994
    正模：四川泸定县磨西, 1982.IX.18。

606. 四川意草蛉 *Italochrysa sichuanica* Yang, Yang et Wang, 1992
    正模：四川盐源县金河，1984.VII.1。

607. 永胜意草蛉 *Italochrysa yongshengana* Yang, Yang et Wang, 2005
    正模：云南永胜县六德，1984.VII.15。

608. 四川罗草蛉 *Retipenna sichuanica* Yang, 1987
    正模：四川泸定新兴, 1983.VI.14。

609. 马尔康替草蛉 *Tjederina barkamana* Yang, 1992
    配模：云南中甸冲江河, 1984.VIII.5；副模：四川马尔康，1983.VIII.17。

610. 德钦替草蛉 *Tjederina deqenana* Yang et Wang, 1987
    正模：云南德钦梅里雪山, 1982.VII.23。

(六十六)溪蛉科 Osmylidae

611. 淡黄异溪蛉 *Heterosmylus flavidus* Yang, 1992
    正模：云南泸水姚家坪, 1981.VI.4。

612. 卧龙异溪蛉 *Heterosmylus wolonganus* Yang, 1992
    正模：四川卧龙, 1993.VII.25。

613. *Sinosmylus hengduanus* Yang, 1992
    正模：云南泸水姚家坪, 1981.VI.4。

614. *Spilosmylus ludinganus* Yang, 1992

　　正模、配模：四川泸定磨西，1983.VI.12。

（六十七）栉角蛉科 Dilaridae

615. 山地栉角蛉 *Dilar montanus* Yang, 1992

　　正模：四川乡城中热乌，1982.VII.5。

616. 王氏栉角蛉 *Dilar wangi* Yang, 1992

　　正模：云南中甸翁水，1982.VII.10。

十三、长翅目 Mecoptera

（六十八）蚊蝎蛉科 Bittacidae

617. *Bicaubittacus mengyangicus* Tan *et* Hua, 2009

　　正模：云南西双版纳小勐养，1957.V.6；副模：云南西双版纳小勐养，1957.V.6。

十四、双翅目 Diptera

（六十九）食虫虻科 Asilidae

618. 东方钩喙食虫虻 *Ancylorrhymchus orientalis* Shi, 1995

　　配模：云南西双版纳小勐养，1957.V.11。

619. 端毛拱翅食虫虻 *Clephtdronneura apicihirta* Shi, 1995

　　配模：云南西双版纳勐海，1958.VII.24。

620. 喇叭拱翅食虫虻 *Clephtdronneura bella* Shi, 1995

　　副模：云南西双版纳勐阿，1958.VIII.4, 6, 19；云南西双版纳小勐养，1957.X.28。

621. 双齿拱翅食虫虻 *Clephtdronneura bidensa* Shi, 1995

　　副模：广西龙州水口，1963.V.4。

622. 筒拱翅食虫虻 *Clephtdronneura cyxilindra* Shi, 1995

　　正模：云南西双版纳勐腊 1958.XI.4。

623. 黑拱翅食虫虻 *Clephtdronneura nigrata* Shi, 1995

　　正模：云南澜沧，1957.8.1；副模：云南西双版纳小勐养，1957.10.22。

624. *Clephtdronneura trifissura* Shi, 1995

　　配模：云南澜沧，1957.VII.7；副模：云南西双版纳小勐养，1957.X.24。

625. 异色腿食虫虻 *Hoplopheromerus allochrous* Shi, 1993

　　正模：贵州雷山桃江，1988.VII.17。

626. 黑足齿腿食虫虻 *Merodontina nigripes* Shi, 1991

　　副模：云南西双版纳勐混，1958.V.25；云南西双版纳小勐养，1957.V.4。

627. 直翅腿食虫虻 *Merodontina rectidensa* Shi, 1991

　　副模：云南景洪石灰窑，1957.IV.27；云南思茅，1957.V.11。

628. 联三叉食虫虻 *Trichomachimus conjugus* Shi, 1992

　　副模：四川汶川卧龙三圣沟，1983.VIII.9；云南德钦阿东，1981.IX.2, 4。

629. 长三叉食虫虻 *Trichomachimus elongatus* Shi, 1992

　　副模：西藏芒康海通，1982.VIII.9。

630. 大三叉食虫虻 *Trichomachimus grandis* Shi, 1992

　　正模：云南维西攀天阁，1981.VII.25；副模：四川汶川卧龙三圣沟，1983.VIII.9。

631. 突叶三叉食虫虻 *Trichomachimus lobus* Shi, 1992

　　副模：四川乡城中热乌，1982.VII.7；云南丽江玉龙山，1984.VII.24。

632. 黑角三叉食虫虻 *Trichomachimus nigricornis* Shi, 1992

　　正模：云南维西攀天阁，1981.VII.25。

633. 黑三叉食虫虻 *Trichomachimus nigrus* Shi, 1992

　　正模：四川巴塘义敦，1982.VIII.16。

634. 斜三叉食虫虻 *Trichomachimus obliquus* Shi, 1992

　　副模：云南丽江玉龙山，1984.VII.24。

635. 红三叉食虫虻 *Trichomachimus rufus* Shi, 1992

　　副模：四川乡城柴柯，1982.VI.20。

636. 管三叉食虫虻 *Trichomachimus tubus* Shi, 1992

　　副模：四川甘孜，1983.VII.1；四川甘孜马尼干戈，1983.VII.8。

637. 北京籽角食虫虻 *Xenomyza beijingensis* Shi, 1995

　　正模：北京房山上方山，1961.VII.15～18。

638. 双色籽角食虫虻 *Xenomyza bicolor* Shi, 1995

　　正模：云南西双版纳勐遮，1958.VIII.29；副模：云南西双版纳勐阿，1958.VIII.21。

639. 毛背籽角食虫虻 *Xenomyza hirtidoralis* Shi, 1995

　　正模：四川马尔康，1983.VIII.20。

640. 亮黑籽角食虫虻 *Xenomyza nigriscan* Shi, 1995

　　正模：广西龙胜，1963.VI.20。

（七十）甲蝇科 Celyphidae

641. 陈氏瓢甲蝇 *Celyphus cheni* Shi, 1996

　　正模：云南西双版纳大勐龙，1958.IV.13。

642. 锥卵甲蝇 *Oocelyphus coniferis* Shi, 1996

　　配模：湖北鹤峰沙元，1989.VIII.1。

643. 微毛甲蝇 *Celyphus microchaetus* Shi, 1996

　　正模：湖北利川星斗山，1989.VII.24。

644. 黑跗甲蝇 *Celyphus nigritarsus* Shi, 1996

　　正模：广西龙胜红滩，1963.VI.12。

645. 黑卵甲蝇 *Oocelyphus nigritus* Shi, 1996

　　配模：云南泸水片马，1981.V.26～31；云南泸水老窝，1981.VI.22。

646. *Paracelyphus hyacinthus* Bigot

　　副模：云南景洪勐解，1957.IV.22。

（七十一）花蝇科 Anthomyiidae

647. 德格泉花蝇 *Pegohylemyia degeensis* Fan *et* Zheng, 1992

　　正模：四川德格，1983.VII.7。

（七十二）丽蝇科 Calliphoridae

648. 川西蚓蝇 *Onesia chuanxiensis* Chen *et* Fan, 1992

　　副模：四川甘孜，1983.VI.29。

649. 卧龙蚓蝇 *Onesia wolongensis* Chen *et* Fan, 1992

　　副模：四川卧龙，1983.VII.23。

650. 康定变丽蝇 *Paradichosia kangdingensis* Chen *et* Fan, 1992

　　副模：云南德钦梅里雪山，1982.VII.22。

（七十三）蝇科 Muscidae

651. 甘孜胡棘蝇 *Pogonomyia ganziensis* Fan, 1992

　　正模：四川甘孜，1988.VI.19。

652. 雀儿山胡棘蝇 *Pogonomyia qiaoershanensis* Fan, 1992

　　副模：四川雀儿山西坡，1983.VII.7。

（七十四）秆蝇科 Chloropidae

653. *Pachylophus chinoiseensis* Nartshuk, 1962

　　正模、副模：云南西双版纳小勐养，1957.III.26。

（七十五）虻科 Tabanidae

654. 泸水瘤虻 *Hybomitra lushuiensis* Wang, 1988

　　副模：云南泸水姚家坪，1981.VI.6, 10；云南泸水，1981.VI.10。

（七十六）寄蝇科 Tachinidae

655. 优势狭颊寄蝇 *Carcelia dominantalis* Chao *et* Liang, 2002

　　副模：北京房山区上方山，1961.VII.15～19。

656. 长生节狭颊寄蝇 *Carcelia* (*Senometopia*) *longiepandriuma* Chao *et* Liang, 2002

　　副模：云南西双版纳勐遮，1958.IX.2。

657. 黑角狭颊寄蝇 *Carcelia nigrantennata* Chao *et* Liang, 1986

　　正模：云南西双版纳勐阿，1958.V.16。

658. 岛洪狭颊寄蝇 *Carcelia shimai* Chao *et* Liang, 2002

　　副模：云南兰坪，1984.VIII.19；云南维西白济汛，1981.VII.13。

659. 巨眼鬃绿寄蝇 *Chrysocosmius ocellosetus* Chao *et* Zhou, 1989
  副模：四川乡城柴柯，1982.VI.20；四川道孚，1983.VII.12。

660. 天蛾赘寄蝇 *Drino hersei* Liang *et* Chao, 1992
  副模：北京香山，1962.VIII.31；1962.IX.2。

661. 长角赘寄蝇 *Drino longicornis* Chao *et* Liang, 1992
  副模：云南中甸小中甸，1984.VIII.5。

662. 厚粉赘寄蝇 *Drino pollinosa* Chao *et* Liang, 1996
  副模：北京延庆八达岭，1962.VI.30；1961.VII.5。

663. 腹球广颜寄蝇 *Eurithia globiventris* Chao *et* Shi, 1981
  正模：新疆和静巴伦台，1960.V.22。

664. 宽肛追寄蝇 *Exorista grandiforceps* Chao, 1964
  正模：广西龙胜天坪山，1963.VI.3。

665. 中介追寄蝇 *Exorista intermedius* Chao *et* Liang, 1992
  正模、副模：四川盐源金河，1984.VII.1。

666. 缘刺追寄蝇 *Exorista spina* Chao *et* Liang, 1992
  正模、副模：云南永胜六德，1984.VII.8～9。

667. 王氏追寄蝇 *Exorista wangi* Chao *et* Liang, 1992
  正模、副模：四川盐源金河，1984.VI.30。

668. 叉尾黄角寄蝇 *Flavicorniculum forficalum* Chao *et* Shi, 1981
  正模：广西龙胜内粗江，1963.VI.8。

669. 密鬃黄角寄蝇 *Flavicorniculum multisetosum* Chao *et* Shi, 1981
  正模、副模：广西龙胜内粗江，1963.VI.8。

670. 红豪寄蝇 *Hystriomyia rubra* Chao, 1974
  正模、配模、副模：青海玉树小苏莽，1964.VII.19, 23。

671. 长尾裸背寄蝇 *Istochaeta longicauda* Liang *et* Chao, 1995
  正模：西藏聂拉木樟木，1966.V.8。

672. 亮黑短须寄蝇 *Linnaemya claripalla* Chao *et* Shi, 1980
  正模、副模：青海玉树布朗，1964.VIII.12。

673. 东方密克寄蝇 *Mikia orientalis* Chao *et* Zhou, 1996
  配模：云南西双版纳小勐养，1957.IX.2。

674. 云南密克寄蝇 *Mikia yunnanica* Chao *et* Zhou, 1996
  副模：云南西双版纳小勐养，1957.IV.2；云南景洪一勐海，1957.IV.23。

675. 隆肛新怯寄蝇 *Neophryxe exserticercus* Liang *et* Chao, 1992
  副模：云南西双版纳小勐养，1957.III.31。

676. 黄毛拟俏饰寄蝇 *Parerigonesis flavihirta* Chao *et* Sun, 1990
  正模：云南泸水片马，1981.V.29。

677. 双齿长须寄蝇 *Peleteria bidentata* Chao *et* Zhou, 1987
  副模：西藏芒康海通，1982.VIII.11。

678. 红黄佩雷寄蝇 *Peleteria honghuang* Chao, 1979

　　副模：北京市延庆八达岭，1974.VIII.28；北京市门头沟百花山，1963.VIII.24。

679. 亮黑佩雷寄蝇 *Peleteria lianghei* Chao, 1979

　　正模：青海玉树布朗, 1964.VIII.13；副模：青海玉树巴塘，1964.VII.27。

680. 曲突佩雷寄蝇 *Peleteria qutu* Chao, 1979

　　正模、副模：青海玉树小苏莽，1964.VII.6。

681. 拟饰腹鬃月寄蝇 *Setalunula blepharipoides* Chao et Yang, 1990

　　副模：云南澜沧，1957.VIII.3；云南西双版纳小勐养，1957.VI.13。

682. 短翅茸毛寄蝇 *Tachina breviala* Chao, 1987

　　正模：青海玉树布朗，1964.VIII.13；副模：青海玉树布朗，1964.VIII.13。

683. 青藏寄蝇 *Tachina qingzangensis* (Chao, 1982)

　　正模、配模、副模：青海玉树巴塘，1964.VII.26。

684. 洛灯寄蝇 *Tachina rohdendorfiana* Chao et Arnaud, 1993

　　正模：云南昆明西山，1957.III.2。

685. 中华托蒂寄蝇 *Tothillia sinensis* Chao et Zhou, 1993

　　配模：四川马尔康，1983.VIII.18；副模：四川马尔康，1983.VIII.18。

686. 刺腹寄蝇 *Tachina spina* (Chao, 1987)

　　副模：四川理县米亚罗，1983.VIII.14；云南维西犁地坪，1984.VIII.13。

687. 北京温寄蝇 *Winthemia beijingensis* Chao et Liang, 1996

　　副模：北京卧佛寺, 1961.VIII.30, 1961.VII.3；北京香山，1962.IX.10。

688. 缘鬃温寄蝇 *Winthemia marginalis* Shima, Chao et Zhang, 1992

　　副模：云南西双版纳勐遮，1958.VIII.28。

十五、鳞翅目 Lepidoptera

（七十七）灯蛾科 Arctiidae

689. 红粉灯蛾 *Alphaea hongfenna* Fang, 1983

　　副模：云南泸水志奔山，1981.VI.24～25。

690. 均带金苔蛾 *Chrysorabdia equivitta* Fang, 1986

　　正模、副模：四川泸定磨西，1982.VI.18。

691. 白颈雪苔蛾 *Cyana albicollis* Fang, 1992

　　副模：四川理县米亚罗，1983.VIII.14。

692. 小棒雪苔蛾 *Cyana bacilla* Fang, 1992

　　副模：广西凭祥，1963.IV.10。

693. 细纹雪苔蛾 *Cyana gracilis* Fang, 1992

　　副模：云南中甸格咱，1981.VIII.9。

694. 前痣土苔蛾 *Eilema stigma* Fang, 2000

　　副模：四川汶川卧龙，1983.VII.26。

695. 窄条荷苔蛾 *Ghoria angustifascia* (Fang, 1986)

配模：四川汶川卧龙，1983.VII.29；副模：四川汶川卧龙，1983.VII.29；四川九寨沟 1983.IX.3。

696. 纯望灯蛾 *Lemyra sincera* Fang, 1993

副模：云南省泸水姚家坪，1981.VI.2～4。

697. 樟木望灯蛾 *Lemyra zhangmuna* (Fang, 1982)

副模：西藏聂拉木樟木，1966.V.9。

698. 丽美苔蛾 *Miltochrista callida* Fang, 1991

副模：四川峨眉山清音阁，1957.VI.22。

699. 红颈美苔蛾 *Miltochrista ruficollis* Fang, 1991

副模：云南泸水姚家坪，1981.VI.2～4。

700. 安美苔蛾 *Miltochrista tuta* Fang, 1991

正模、副模：云南西双版纳勐阿，1958.VIII.16～18。

701. 点干苔蛾 *Siccia punctata* Fang, 2000

副模：云南西双版纳勐海，1958.VII.21。

702. 滇西污灯蛾 *Spilarctia dianxi* Fang et Cao, 1984

正模：云南保山，1981.VI.17。

703. 后白瓦苔蛾 *Vamuna postalba* (Fang, 1990)

正模、配模：四川汶川卧龙，1983.VII.26；副模：四川泸定新兴，1982.VI.13。

(七十八)圆钩蛾科 Cyclidiidae

704. 四星圆钩蛾 *Cyclidia tetraspota* Chu et Wang, 1987

副模：云南西双版纳易武勐仑，1958.V.28。

(七十九)钩蛾科 Drepanidae

705. 眉铃钩蛾 *Macrocilix ophrysa* Chu et Wang, 1988

正模：云南泸水姚家坪, 1981.VI.4。

706. 大理山钩蛾 *Oreta dalia* Chu et Wang, 1987

正模、配模、副模：云南大理点苍山，1981.VII.1。

707. 闪纹山钩蛾 *Oreta zigzaga* Chu et Wang, 1987

正模：云南泸水姚家坪，1981.VI.4。

708. 浪纹黄钩蛾 *Tridrepana hypha* Chu et Wang, 1988

正模：云南泸水姚家坪，1981.VI.4。

(八十)灰蝶科 Lycaenidae

709. *Palaeophilotes triphysina yüliana* Lee, 1963

正模、副模：新疆尉犁塔四场，1960.V.17。

710. *Sinocupido lokiangensis* Lee, 1963

正模、配模、副模：新疆若羌阿拉干，1960.V.7。

(八十一)夜蛾科 Noctuidae

711. 暗带窄眼夜蛾 *Anarta fasciata* Chen, 1982
正模：西藏定日绒布寺，1966.VI.2。

712. 黄歹夜蛾 *Diarsia pallens* Chen, 1993
正模：四川汶川卧龙，1983.VII.24。

713. 聂拉木冥夜蛾 *Erebophasma nyalamensis* Chen, 1984
正模：西藏聂拉木县可曲，1966.VI.19。

714. 暗狭翅夜蛾 *Hermonassa obscura* Chen, 1985
正模：云南德钦白茫雪山，1981.VIII.27。

715. 川狭翅夜蛾 *Hermonassa chuana* Chen, 1993
正模：四川雅江兵站，1982.VIII.24。

716. 红缘绿夜蛾 *Isochlora rubicosta* Chen, 1982
正模：青海昂久，1965.VII.24。

(八十二)蛱蝶科 Nymphalidae

717. *Neptis lucida* Lee, 1962
正模：云南西双版纳橄榄坝, 1957.III.20。

(八十三)凤蝶科 Papilionidae

718. *Papilio castor kanlinpanus* Lee, 1962
正模：云南西双版纳橄榄坝, 1957.III.15。

(八十四)螟蛾科 Pyralidae

719. 黄褐拟峰斑螟 *Anabasis fusciflabida* Du, Song *et* Wu, 2005
副模：云南西双版纳勐海，1958.VII.19。

720. 黑基栉角斑螟 *Ceroprepes atribasilaris* Du, Song *et* Yang, 2005
正模：云南西双版纳勐海，1958.VII.20。

721. 类钩状金草螟 *Chrysoteuchia hamatoides* Song *et* Chen, 2001
正模：青海昂欠洋，1965.VII.10。

(八十五)网蛾科 Thyrididae

722. 小星网蛾 *Banisia iota* Chu *et* Wang, 1991
正模：云南西双版纳勐海，1958.VI.21。

723. 棕赤网蛾 *Rhodoneura fuscusa* Chu *et* Wang, 1992
正模：云南西双版纳勐海，1958.VII.19。

724. 中带网蛾 *Rhodoneura midfascia* Chu *et* Wang, 1992
副模：四川汶川卧龙, 1983.VII.26。

725. 乱纹网蛾 *Rhodoneura mixisa* Chu *et* Wang, 1992

正模：西藏聂拉木，1966.V.15。

（八十六）卷蛾科 Tortricidae

726. 维西永黄卷蛾 *Archips tharsaleopus weixiensis* Liu, 1987

副模：云南维西攀天阁，1987.VII.21～25。

727. 青丛卷蛾 *Gnorismoneura vallifica* Meyrick, 1935

副模：广西龙胜天平山，1963.VI.4。

十六、膜翅目 Hymenoptera

（八十七）地蜂科 Andrenidae

728. 云南地蜂 *Andrena* (*Chlorandrena*) *yunnanica* Xu *et* Tadauchi, 2002

正模：云南中甸小中甸，1984.VII.31。

729. 光腹地蜂 *Andrena* (*Cnemidandrena*) *granulitergorum* Tadauchi *et* Xu, 2002

副模：云南永胜六德，1984.VII.10；四川泸定新兴燕子沟，1982.IX.17。

730. 赫氏地蜂 *Andrena* (*Cnemidandrena*) *hedini* Tadauchi *et* Xu, 2002

副模：新疆乌恰波斯坦铁列克，1959.VII.9。

731. 汤川氏地蜂 *Andrena* (*Cordandrena*) *yukawai* Tadauchi *et* Xu, 2004

副模：新疆乌库公路天山北坡，1960.VI.13；新疆富蕴，1960.VII.12。

732. 藏地蜂 *Andrena* (*Hoplandrena*) *tibetica* Xu *et* Tadauchi, 2005

副模：云南中甸，1981.VIII.22。

733. 北京地蜂 *Andrena* (*Leimelissa*) *beijingensis* Xu, 1994

正模：北京市海淀区清河，1962.IV.18。

734. 光唇地蜂 *Andrena* (*Lepidandrena*) *stiloclypeata* Wu, 1987

副模：云南德钦梅里雪山，1982.VII.21～24。

735. *Andrena* (*Melandrena*) *moriolla* Xu *et* Tadauchi

副模：新疆乌库公路天山北坡，1960.VI.11。

736. 青海地蜂 *Andrena* (*Plastandrena*) *qinhaiensis* Xu, 1994

正模、副模：青海玉树巴塘，1964.VII.28。

737. 天山地蜂 *Andrena* (*Simandrena*) *tianshana* Tadauchi *et* Xu, 1995

正模、副模：新疆乌库公路天山北坡，1960.VI.11。

738. 吴氏地蜂 *Andrena* (*Simandrena*) *wuae* Tadauchi *et* Xu, 1995

副模：北京市门头沟小龙门，1985.VII.26。

739. 四川地蜂 *Andrena* (*Taeniandrena*) *metasequolae* Tadauchi *et* Xu, 2003

正模、副模：四川乡城柴柯，1982.VI.21。

740. 黄跗䅺蜂 *Panurginus flavotarsus* Wu, 1993

配模：四川德格马尼十戈，1983.VII.7；副模：四川理塘，1982.VII.5。

(八十八)蜜蜂科 Apidae

741. 捷条蜂 *Anthophora badia* Wu, 1993

正模：四川乡城中热乌，1982.VII.1。

742. 北京条蜂 *Anthophora (Anthomegilla) beijingensis* Wu, 1986

正模：北京市海淀区卧佛寺，1961.IV.13。

743. 光条蜂 *Anthophora (Caranthophora) stilobia* Wu, 2000

正模：新疆青河二台，1960.VI.30；副模：新疆青河二台，1960.VI.30。

744. 叉胫条蜂 *Anthophora (Paramegilla) furcotibialis* Wu, 1985

正模：四川乡城，1982.VI.17。

745. 四川条蜂 *Anthophora (Rhinomegilla) sichuanensis* Wu, 1986

正模：四川乡城，1982.VI.18。

746. 云南无垫蜂 *Amegilla (Glossamegilla) yunnanensis* Wu, 1983

正模：云南西双版纳小勐养，1957.VII.14；配模：云南西双版纳勐阿，1958.VIII.8。

747. 波氏芦蜂 *Ceratina (Ceratinidia) popovii* Wu, 1963

副模：云南景洪，1957.III.11。

748. 黑跗长足条蜂 *Elaphropoda nigrotarsa* Wu, 1979

正模、配模：北京房山上方山，1961.VII.19。

749. 海南回条蜂 *Habropoda hainanensis* Wu, 1991

正模：海南乐东尖峰岭，1980.IV.18。

750. 腹毛刷回条蜂 *Habropoda ventiscopula* Wu, 1984

正模：云南德钦阿东，1987.IX.5。

751. 云南回条蜂 *Habropoda yunnanensis* Wu, 1983

正模：云南西双版纳小勐养，1957.X.21。

752. 浅背原木蜂 *Proxylocopa (Ancylocopa) nix rufotarsa* Wu, 1983

正模、副模：新疆青河二台，1960.VI.30；副模：新疆布尔津，1960.VIII.28。

753. 褐背原木蜂新疆亚种 *Proxylocopa (Ancylocopa) parviceps xinjiangensis* Wu, 1983

正模、配模：新疆布尔津，1960.VIII.28；副模：新疆布尔津，1960.VIII.28。

754. 新疆原木蜂 *Proxylocopa (Ancylocopa) xijiangensis* Wu, 1983

正模：新疆布尔津，1960.VIII.25；副模：新疆布尔津，1960.VIII.28；新疆哈巴河，1960.IX.1。

755. 云南木蜂 *Xylocopa (Platynopoda) yunnanensis* Wu, 1982

正模、副模：云南西双版纳勐阿，1958.X.13。

(八十九)隧蜂科 Halictidae

756. 拟高原杜隧蜂 *Dufourea pseudometallica* Wu, 1990

正模、副模：西藏芒康海通，1982.VII.10；副模：四川理县米亚罗，1983.VIII.14。

757. 西藏杜隧蜂 *Dufourea tibetensis* Wu, 1990

副模：西藏芒康海通，1982.VIII.9～10。

758. 云南杜隧蜂 *Dufourea yunnanensis* Wu, 1990

    副模：云南中甸小中甸，1984.VIII.2。

759. 唇拟隧蜂 *Halictoides* (*Halictoides*) *clypeatus* Wu, 1983

    正模、副模：云南德钦阿东，1981.IX.5。

760. 宽颚拟隧蜂 *Halictoides* (*Cephalictoides*) *megamandibularis* Wu, 1983

    正模：云南中甸大雪山，1981.VIII.17；副模：云南中甸格咱, 1981.VIII.8。

761. 扁胫拟隧蜂 *Halictoides* (*Cephalictoides*) *subclavicrus* Wu, 1982

    正模、配模、副模：西藏聂拉木，1966.VI.23～25。

762. 毛角隧蜂 *Halictus* (*Protohalictus*) *hedini hebeiensis* Pesenko *et* Wu, 1997

    副模：北京延庆三堡，1979.VII.30；北京延庆八达岭，1962.VI.28。

763. 拟革唇拉隧蜂 *Lasioglossum* (*Lasioglossum*) *mutilloides* Pesenko *et* Wu

    副模：云南兰坪金顶，1984.VII.24。

764. 网淡拉隧蜂 *Lasioglossum* (*Lasioglossum*) *netium* Pesenko *et* Wu

    正模：云南维西攀天阁，1981.VII.22。

765. 淡脉隧蜂 *Lasioglossum* (*Leuchalictus*) *zholum* Pesenko *et* Wu

    副模：云南中甸县翁水，1982.VII.10。

766. 广西彩带蜂 *Nomia* (*Acunomia*) *guangxiensis* Wu, 1983

    正模：广西临桂宛田，1963.VII.1。

767. 云南彩带蜂 *Nomia* (*Acunomia*) *yunnanensis* Wu, 1983

    副模：云南西双版纳勐遮，1958.VII.1；云南西双版纳小勐养，1957.X.22。

768. 云南毛隧蜂 *Pachyhalictus yunnanicus* Pesenko *et* Wu, 1997

    正模：云南西双版纳勐遮，1958.IX.4。

769. 黑棒腹蜂 *Rhopalomelissa* (*Trichorhopalomelissa*) *nigra* Wu, 1985

    正模、配模：云南西双版纳勐遮，1958.VI.13；副模：云南西双版纳勐阿，1958.VI.13。

770. 玉米棒腹蜂 *Rhopalomelissa* (*Trichorhopalomelissa*) *zeae* Wu, 1985

    正模、副模：湖南宜章，1974.VI.29。

(九十)切叶蜂科 Megachilidae

771. 向日葵黄斑蜂 *Anthidium* (*Proanthidium*) *helianthinum* Wu, 2004

    副模：新疆和田，1959.VI.3；新疆布尔津，1960.VIII.27～28；四川泸定德威，1981.VI.21。

772. 脊臀裂爪蜂 *Chelostoma* (*Ceraheriades*) *carinocaudata* Wu, 2004

    副模：云南中甸土营村，1982.VI.21。

773. 脊唇裂爪蜂 *Chelostoma carinoclypeatum* Wu, 1992

    副模：四川乡城柴柯，1982.VI.20。

774. 片唇裂爪蜂 *Chelostoma* (*Ceraheriades*) *lamellum* Wu, 1992

    正模、副模：四川乡城柴柯，1982.VI.21～22。

775. 长舌唇裂爪蜂 *Chelostoma* (*Ceraheriades*) *longilabralis* Wu, 2004

    正模：西藏芒康海通，1982.VIII.11。

776. 拟片唇裂爪蜂 *Chelostoma* (*Ceraheriades*) *sublamellum* Wu, 1992

　　　正模、配模、副模：云南德钦梅里雪山，1982.VII.21~24。

777. 双叶拟孔蜂 *Hoplitis* (s. str.) *bilobulata* Wu, 1992

　　　配模、副模：云南德钦阿东，1981.IX.6~8。

778. 新疆拟孔蜂 *Hoplitis* (*Liosmia*) *xinjiangensis* Wu, 1987

　　　正模：新疆阿勒泰阿祖拜，1960.VIII.5。

779. 白毛切叶蜂 *Megachile* (*Amegachile*) *alboplumla* Wu, 2005

　　　正模、副模：云南西双版纳小勐养，1957.X.20。

780. 宽头切叶蜂 *Megachile* (*Pseudomegachile*) *eurycephala* Wu, 2005

　　　副模：四川米易，1984.VIII.4；四川乡城，1982.VI.27。

781. 羽毛切叶蜂 *Megachile* (*Xanthosaurus*) *plumatus* Wu, 2005

　　　正模：四川乡城柴柯，1982.VI.21。

782. 尖顶暗蜂 *Stelis verticalis* Wu, 1992

　　　正模、副模：四川乡城柴柯，1982.VI.21。

783. 泸定准黄斑蜂 *Trachusa* (*Paraanthidium*) *ludingensis* (Wu, 1992)

　　　正模：四川泸定磨西海螺沟，1982.IX.18。

784. 桔色准黄斑蜂 *Trachusa* (*Paraanthidium*) *rubopunctatum* (Wu, 1992)

　　　副模：云南中甸冲江河，1984.VIII.7；四川乡城柴柯，1982.VI.22。

(九十一)姬蜂科 Ichneumonidae

785. 双污翅姬蜂 *Spilopteron bigeminatum* Wang *et* Yao, 1992

　　　正模、配模：贵州雷山雷公山，1988.VI.30。

(九十二)准蜂科 Melittidae

786. 米氏宽痣蜂 *Macropis* (*Sinomacropis*) *micheneri* Wu, 1992

　　　副模：云南永胜禄德，1984.VII.9。

787. 山准蜂 *Melitta montana* Wu, 1992

　　　副模：四川泸定磨西，1983.VI.19；云南丽江石鼓，1981.VII.30。

(九十三)泥蜂科 Sphecidae

788. 脊胸瘤腿泥蜂 *Alysson carinatus* Wu *et* Zhou, 1987

　　　正模：云南维西攀天阁，1981.VII.18。

789. 云南瘤腿泥蜂 *Alysson yunnanensis* Wu *et* Zhou, 1987

　　　副模：云南西双版纳易武版纳勐仑，1958.IX.25。

790. 红腹节腹泥蜂 *Cerceris rufiabdominalis* Wu *et* Zhou

　　　副模：云南西双版纳勐阿，1958.V.25, 30。

791. 皱侧缨角泥蜂 *Crossocerus* (*Ablepharipus*) *rugosipleuralis* Li *et* Yang, 2003

　　　副模：西藏芒康海通，1982.VIII.8；云南德钦白茫雪山，1981.VIII.26。

792. 侧突缨角泥蜂 *Crossocerus* (*Apocrabo*) *pleuralituberculi* Li *et* He, 2004

　　　副模：四川泸定新兴林场，1982.IX.15。

793. 领脊缨角泥蜂 *Crossocerus* (*Blepharipus*) *carinicollaris* Li *et* Wu, 2006

　　　正模：云南维西攀天阁，1981.VII.18。

794. 粗点缨角泥蜂 *Crossocerus* (*Blepharipus*) *rudipunctatus* Li *et* Wu, 2006

　　　副模：云南丽江拉美蓉，1984.VII.11。

795. 狭颈额方头泥蜂 *Entomognathus* (*Koxinga*) *angustibialis* Li, 2000

　　　正模：云南西双版纳勐阿，1958.X.13。

注：以本人姓名命名的物种：

1. 书永氏金叶甲 *Chrysolina shuyongi* Ge *et* Daccordi, 2011

　　　正模：云南维西犁地坪，1984.VIII.14。

2. 王氏额凹萤叶甲 *Sermyloides wangi* Yang, 1993

　　　正模、配模：湖北利川星斗山，1989.VII.21。

3. 王氏拟虎天牛 *Paraclytus wangi* Miroshnikov *et* Lin, 2012

　　　正模：四川泸定新兴，1983.VI.19。

4. *Neoserica* (s.l.) *shuyongi* Ahrens, Fabrizi *et* Liu, 2016

　　　正模：海南尖峰岭天池，1980.IV.25，750m，副模：海南尖峰岭天池，1980.IV.10，800m。

5. 王氏叉襀 *Nemoura wangi* Li *et* Yang

　　　正模、副模：新疆乌库公路天山北坡，1960.VI.14。

6. 王氏片叶蝉 *Thagria wangi* Zhang, 1994

　　　正模：海南尖峰岭天池，1980.III.23。

7. 王氏喀木虱 *Cacopsylla wangi* Li *et* Yang, 1992

　　　正模、配模、副模：四川贡嘎山燕子沟，1983.VI.8。

8. 王氏红长蝽 *Lygaeus wangi* Zheng *et* Zou, 1992

　　　正模、副模：云南德钦梅里雪山，1982.VII.29；配模：四川乡城中热乌，1982.VII.8。

9. 王氏颈盲蝽 *Pachypeltis wangi* Zheng *et* Li, 1993

　　　正模、副模：湖南永顺杉木河林场，1988.VIII.4。

10. 王颗粒猎蝽 *Keliocoris wangi* Ren, 1992

　　　正模：四川盐源金河，1984.VI.29。

11. 王氏叉草蛉 *Dichochrysa wangi* Yang *et* Yang, 1987

　　　正模、配模：四川乡城，1982.VI.26。

12. 王氏栉角蛉 *Dilar wangi* Yang, 1992

　　　正模：云南中甸翁水，1982.VII.10。

13. 王氏追寄蝇 *Exorista wangi* Chao *et* Liang, 1992

　　　正模、副模：四川盐源金河，1984.VI.30。

1986.VIII.28　于长白山天池流石滩前
发现我国首个蛩蠊目昆虫

1988.VIII　湖南永顺县杉木河林场采集留影

1994.IV　重庆市万州王二包夜晚灯诱昆虫

1995.VI.9~10　湖北兴山龙门河林场采集留影,于延芬摄

1995.VI.9~10　湖北兴山龙门河林场采集留影,于延芬摄

1995年于湖北兴山龙门河林场捕捉蝴蝶

1985.VII 北京中小学生物夏令营

1985.VII 北京小龙门
与北京中小学生物夏令营老师交谈

1995.VI.18 重庆万州王二包
与中央电视台《与你同行》栏目组钟里满交流

1995.VI.18 重庆万州王二包林业队采集

1995.VI.18 重庆万州王二包林业队采集

1995.VI.18 重庆万州王二包林业队采集

1981.V.16 与张学忠于昆明西山鱼跃龙门前合影

1982.VII.12 与李志英先生于云南中甸大雪山合影

1984.IX 云南昆明横断山考察队合影
（左起：李畅方，陈一心，牛春来，王书永，邵宝祥，范建国）

1988.VIII 武陵山考察队于湖南永顺衫木河合影

1998.VII.8 与杨星科于甘肃岷山哈达铺合影

1996.X.19 与杨星科（左）、吴焰玉（右）于福建武夷山合影

1990.VI.17 于山西省农业科学院植物保护研究所
作横断山考察报告

1991.X 于福建将乐龙栖山作报告

1992年第19届世界昆虫学大会代表叶甲专题组
作《横断山区叶甲科昆虫区系》的报告

1992年第19届世界昆虫学大会与世界叶甲专家合影

1997.X 中国昆虫学大会
于黄山与任国栋（左）、陈学新（右）合影

2001.V.10 于北京植物园热带植物温室参加青藏讨论会
与葛斯琴合影

1990.II 庆朱弘复先生八十华诞合影

1990.IX.20 中国科学院动物研究所
四十周年所庆鞘翅组合影

1996.IV.12 庆钦俊德院士八十华诞合影

陪同谭娟杰先生（90岁）拜会钦俊德院士
（左起：王书永、谭先生、钦先生夫人、钦先生、杨星科）

2005年春节前夕原昆虫分类室退休人员合影

2012年重阳节原昆虫分类室75岁、80岁、85岁寿星
与乔格侠副所长合影

1996.X.20　与老伴孙素琴于武夷山山顶合影

1988.VII.17　湖南桑植天子山留影

与老伴重游长白山天池合影

与老伴于八达岭林场采集留影

办公室留影

竺可桢奖章

毛翅刀刺跳甲

Aphthonoides pubipennis

Wang, 1992

陈氏凹胫跳甲

Chaetocnema cheni

Ruan *et al.*, 2014

窄凹胫跳甲

Chaetocnema constricta

Ruan *et al.*, 2014

德钦凹胫跳甲

Chaetocnema deqinensis

Ruan *et al.*, 2014

金平凹胫跳甲

Chaetocnema kingpinensis

Ruan *et al.*, 2014

玉龙凹胫跳甲

Chaetocnema yulongensis

Ruan *et al.*, 2014

短翅丝跳甲

Hespera brachyelytra

Chen *et* Wang, 1984

王氏拟虎天牛

Paraclytus wangi

Miroshinikov *et* Lin, 2012

直斑新脊萤叶甲

Xingeina vittata

Chen Jiang *et* Wang, 1997